FRANZ FERZAK

PRESENTS

NIKOLA TESLA

SEINE ERFINDUNGEN

Franz Ferzak: Nikola Tesla, Seine Erfindungen

Vertrieb:
Ammergauer Str. 80
86971 Peiting
Tel.: 08861-59018
Fax: 08861-67091
www.michaelsverlag.de
E-mail: mvv@michaelsverlag.de

Gesamtproduktion: Franz Ferzak
Fotos: FFWASP Private Collection

Printed in Germany
ISBN 978-3-9805835-6-5

NIKOLA TESLA

(1856-1943)

Erfinder des Wechselstrommotors
Begründer der Hochfrequenz- und Hochspannungstechnik
Erfinder der Leuchtstofflampen,
der Elektrotherapie,
der Fernsteuerung,
des Radios,
des Prinzips des Radars,
der drahtlosen Energieübertragung,
der Tesla-Turbine,
des elektromechanischen Oszillators,
einer "Freien-Energie-Maschine",
der Todesstrahlen
und vieler anderer Dinge.

INHALTSVERZEICHNIS

EINLEITUNG

Nach der Veröffentlichung meiner Kurzbiografie im Jahr 1986 ist das Interesse an Tesla sprunghaft angestiegen. Ein Hauptgrund für die neu erwachte Popularität dieses Erfinders ist, dass er sich publizitätmäßig sehr gut ausschlachten lässt, was an der geheimnisvollen Aura liegt, die diesen Mann umgibt. Ausserdem natürlich an seinen aussergewöhnlichen Erfindungen, die teilweise unterdrückt wurden oder nur im Geheimen verwendet werden.

In den letzten Jahren sind eine Reihe von Büchern über Tesla erschienen, allerdings handelt es sich hierbei nur um Übersetzungen amerikanischer Biografien. Da in den vergangenen zwanzig Jahren in den USA erheblich neues Material erschienen ist, habe ich mich entschlossen, meine inzwischen veraltete Biografie auf den neuesten Stand zu bringen und eine ausführliche und mehr oder minder komplette Zusammenfassung des Teslaschen Lebens und Werkes zu schreiben. Dies hat zur Folge gehabt, dass ein sehr umfangreiches Buch entstanden ist, das weit über 500 Seiten einnimmt. Dies liegt allerdings auch daran, dass hierin zum ersten Mal praktisch das gesamte Fotomaterial, das bisher über Tesla veröffentlicht worden ist, Aufnahme gefunden hat. Selbstverständlich dürften im Tesla-Museum in Belgrad noch eine große Zahl weiterer Fotos, Zeichnungen und anderer Unterlagen existieren, aber diese Dinge sind auch nach 50 Jahren immer noch nicht publiziert worden, wenn man von einem herausragenden Buch des neuen Direktors des Tesla-Museums Branko Jovanovic absieht, das leider bisher nur in jugoslawischer Sprache erschienen ist. (Dies hat sich inzwischen allerdings geändert.

Vor allem durch ein Buch ist in den letzten Jahren frischer Wind in die Tesla-Forschung gebracht worden. Es handelt sich hierbei um Marc Seifers großartige Biografie "Wizard -- The Life and Times of Nikola Tesla" aus dem Jahr 1996, zweifelsohne das fundierteste Werk über Tesla. Hierin ist es Seifer gelungen, eine ganze Reihe neuer biografischer Daten aufzudecken. Zwei weitere Bücher wurden von Leland Anderson, dem bekanntesten Tesla-Experten in den USA, herausgegeben, nämlich "Tesla on his Work with Alternate Currents" und "Guided Weapons & Computer Technology". Hierin legt Tesla seine gesamten Radioforschungen in seinen eigenen Worten dar, wodurch sich ein völlig neuer Einblick in seine diesbezüglichen Arbeiten ergibt, was dieses Buch wahrscheinlich zu einem der wichtigsten Dokumente der frühen Geschichte der Radiotechnik macht.

Was alle Bücher über Tesla gemeinsam haben, sieht man von Leland Andersons Publikationen ab, ist, dass die Autoren natürlich von Wissenschaft und Technik nicht den blankesten Schimmer haben. In diesem Buch werden Teslas Erfindungen, Entdeckungen und Theorien, von denen eindeutige Unterlagen existieren, zum ersten Mal überhaupt in einer akkurat geordneten Form dargeboten. Ausserdem werden diese zum ersten Mal im Licht der neuen Physik der weichen Elektronen und des Äthers einer kritischen Beurteilung unterzogen, was ein völlig neues Licht auf Teslas Technik wirft.

Selbstverständlich darf man dieses Buch noch nicht als endgültige Darstellung von Teslas Leben und Schaffen betrachten, da von seinen letzten Lebensjahren zu wenig bekannt ist und er mit großer Sicherheit an Geheimprojekten gearbeitet hat. Allerdings bietet es eine sichere Basis, von der aus man die Forschung weiter vorantreiben kann.

Ich hoffe, dass dem Leser mein neues Buch zusagt und es genauso freundlich aufgenommen wird wie das Vorgängerwerk.

Aus finanziellen Gründen muss das Werk in zwei Teilen erscheinen. Im vorliegenden zweiten Teil werden Teslas Erfindungen zum ersten Mal in detaillierter und technischer Form zusammengefasst.

DIE ENTWICKLUNG DER WECHSELSTROMTECHNIK

DIE ELEKTROTECHNIK VOR TESLA

Bevor hier näher auf Teslas Erfindungen, die er vor dem Amerikanischen Institut für Elektroingenieure der Öffentlichkeit präsentierte, eingegangen wird, soll ein kurzer Überblick über die bisherigen Entwicklung der Elektrotechnik bis zu dieser Zeit gegeben werden.

Der Beginn der Elektrotechnik kann mit dem Jahr 1780 -- hundert Jahre vor der Entdeckung des Drehfeldes durch Tesla -- angegeben werden. Bei Experimenten mit Froschschenkeln, die mit verschiedenen Metallen in Berührung gebracht wurden, nahm Galvani Stromstöße wahr, die sich in Zuckungen der Froschschenkel äusserten. Volta erkannte bald, dass sich durch Aufeinanderschichten von unterschiedlichen Metallen, die durch nasse Tücher voneinander getrennt waren, ein elektrischer Strom erzeugen ließ, der noch verstärkt werden konnte, wenn man mehrere solcher Voltasäulen hintereinanderschaltete. Zum ersten Mal in der neueren Geschichte stand somit ein Gerät zur Stromerzeugung zur Verfügung.

Im Jahr 1826 stellte Ohm dann nach langen Versuchen zur Leitfähigkeit verschiedener Metalle sein Ohmsches Gesetz auf. 1831 wurde durch Faraday, der den Zusammenhang zwischen elektrischen Strom und Magnetismus untersuchte, die Induktion entdeckt. Hierunter versteht man das Entstehen eines elektrischen Stromes in einem Leiter, der sich in einem Magnetfeld bewegt. Dieser Strom wurde Wechselstrom genannt, da er seine Richtung periodisch veränderte.

Versuche, den Wechselstrom für den Antrieb von Maschinen zu nutzen, scheiterten. Erst durch die Erfindung des Kommutators, der den Wechselstrom in pulsierenden Gleichstrom verwandelte, gelang es, erste Gleichstrommaschinen zu bauen. Durch verschiedene Verbesserungen, wie Zylinderinduktoren, Elektromagnete, Ring- und Trommelanker, war es ungefähr bis 1870 möglich, technisch brauchbare Elektromotoren und Generatoren auf Gleichstrombasis herzustellen. Die Erfindung der ersten brauchbaren Bogenlampe durch Jablochkoff im Jahr 1876 und der Glühlampe, die bis 1880 durch Männer wie Lane-Fox, Swan und Edison zur Produktionsreife gebracht wurden, führte in kurzer Zeit zum Bau von Kraftwerken, die den Strom für private Haushalte lieferten.

Links: Thomas Alva Edison mit seiner ersten Glühbirne
Rechts: Michael Faraday, der Entdecker der elektromagnetischen Induktion

Diese zum größten Teil von Edison errichteten Anlagen, waren nur in der Lage, ein kleines Gebiet von ein paar Quadratkilometern mit Strom zu versorgen, denn um bei einer Kraftübertragung über große Entfernungen die Verluste möglichst klein zu halten, hätte man höhere Spannungen benötigt, und diese konnte mit der damaligen Gleichstromtechnik nicht erreicht werden. Elektrotechnikern wie Gaulard, Gibbs, Deri, Zipernowsky und Blathy in Europa und Elichu Thomson in Amerika gelang es zwar, erste Wechselstromgeneratoren und -transformatoren zu bauen, aber die Entwicklung eines Wechselstrommotors machte keine Fortschritte, und so schien die Zukunft allein dem Gleichstrom zu gehören.

Insgesamt darf also festgehalten werden, dass sich die Elektroindustrie noch in den Kinderschuhen befand und erst im Jahre 1882 mit der Errichtung des ersten Elektrizitätswerkes in New York durch Edison damit begonnen wurde, den elektrischen Strom für weitere Bevölkerungskreise und die Industrie zugänglich zu machen. Bis zum Jahre 1887 waren einige hundert Kraftwerke in Betrieb, welche größtenteils mit Gleichstrom arbeiteten. Allein dreissig Stationen, die George Westinghouse, der die Patente von Gaulard und Gibbs erworben hatte, errichten worden waren, wurden mit Wechselstrom betrieben.

Als Kontrast wollen wir nun Tesla selbst seine eigene Version der Geschichte der Elektrotechnik erzählen lassen: *Wer immer die Größe unse-*

*Edisons Dynamo "Mary Anne mit der langen Taille"
aus dem Jahr 1879 im Deutschen Museum*

rer Zeit richtig einschätzen möchte, sollte die Geschichte der Entwicklung der Elektrotechnik studieren. Hier wird er dann eine Geschichte finden, die noch wunderbarer ist als jede Erzählung aus 1001 Nacht. Sie beginnt lange vor der christlichen Ära, als Thales, Theophrastus und Plinius von magischen Eigenschaften des Elektrons sprechen -- jenes wertvolle Material, das wir Bernstein nennen. .. Die Berichte, selbst wenn sie sehr selten sind, sind von einer Art, die uns zu der Überzeugung führen muss, dass zumindest einige Eingeweihte ein tieferes Verständnis der Bernsteinphänomene besessen haben müssen. Ich möchte nur die Geschichte von Moses erwähnen, der zweifelsohne ein geschulter Elektrotechniker war, der seiner Zeit weit voraus war. Die Bibel beschreibt minutiös eine Maschine, in der Elektrizität durch die Reibung der Luft gegen Seidentücher erzeugt und in einem Behälter, der wie ein Kondensator konstruiert war, gespeichert wurde. Es ist plausibel anzunehmen, dass die Söhne Aarons durch eine Hochspannungsentladung getötet worden sind und dass das vestalische Feuer der Römer elektrischer Natur war.

Dass den Altertumsfilosofen viele Tatsachen in Bezug auf diese feine Kraft bekannt waren, kann mit Sicherheit geschlossen werden. Das Wunder ist nur, dass 2000 Jahre vergangen sind, bis Gilbert im Jahr 1600 sein berühmtes Werk veröffentlichte -- die erste wissenschaftliche Abhandlung über die Elektrizität und den Magnetismus. Zum Teil kann diese lange Periode der Untätigkeit erklärt werden. Der Schulunterricht war das Privileg von einigen wenigen, und alle Informationen wurde eifersüchtig bewacht. Die Menschheit hat sich in Gilberts Zeit kaum verändert, aber seine klaren Lehren hatten eine sehr große Wirkung auf die Gelehrten. Reibungsmaschinen wurden in schneller Folge gebaut, und die Experimente und Beobachtungen vervielfältigten sich. Allmählich machten die Angst und der Aberglaube einer wissenschaftlichen Einsicht Platz, und im Jahr 1745 wurde die Welt von der Nachricht überrascht, dass es Kleist und Leyden gelungen war, die Elektrizität in Flaschen einzufangen, aus denen sie mit großem Lärm und einer zerstörerischen Kraft entwich. Dies war die Geburtsstunde des Kondensators, vielleicht das wunderbarste elektrische Gerät, das je erfunden wurde.

In den folgenden vierzig Jahren wurden zwei weitere Fortschritte gemacht. Einer davon war Franklins Demonstration der Identität der feinen Seele des Bernsteins und des furchteinflößenden Donnerkeils des Jupiters; und der andere war die Erfindung der Kontaktbatterie und der chemischen Batterie von Galvany und Volta, aus denen das magische Fluidum in unbegrenzten Mengen bezogen werden konnte. Die folgenden vierzig Jahre trugen noch größere Früchte. Oersted machte einen bedeutenden Fortschritt, als er die Ablenkung einer magnetischen Nadel durch einen elektrischen Strom aufzeigen konnte, Arago erzeugte den Elektromagneten, Seebeck im Jahr 1831 die Thermosäule und die Krönung all dieser

Leistungen, Faraday gab bekannt, dass er aus einem Magneten Elektrizität erhalten habe und auf diese Weise das Prinzip dieser wundervollen Maschine, des Dynamos, entdeckt hatte, der sowohl für die wissenschaftliche Forschungen als auch für praktische Anwendungen eine neue Ära einleitete.

Von dieser Zeit an folgten Erfindungen von unschätzbarem Wert in schneller Folge aufeinander. Der Telegraf, das Telefon, der Phonograph und die Glühbirne, der Induktionsmotor, Schwingungsumwandler, Röntgenstrahlen, Radium, die drahtlose Technik und viele andere revolutionäre Erfindungen wurden gemacht, wodurch sich die Lebensbedingungen grundlegend veränderten. Seit den 84 Jahren, die seitdem vergangen sind, wurden die schwachen Kräfte, die im lebendigen Bernstein und im Magneteisenstein vorhanden sind, in zyklopische Kräfte verwandelt, die die Räder des menschlichen Fortschritt mit immer größerer Geschwindigkeit antreiben. Dies ist in Kurzfassung die märchenhafte Geschichte der Elektrizität von Thales bis zur heutigen Zeit.

EIN NEUES SYSTEM VON WECHSELSTROMMOTOREN UND -TRANSFORMATOREN

In seinen gleichnamigen Vortrag aus dem Jahr 1888 sagt Tesla folgendes: *Bevor ich dieses System ausführlich beschreiben werde, halte ich es für notwendig, ein paar Bemerkungen über die bei Gleichstromgeneratoren und -motoren vorhandenen Verhältnisse zu machen, die zwar allgemein bekannt sind, aber trotzdem oft nicht beachtet werden.*

In unseren Dynamomaschinen erzeugen wir bekanntlich Wechselströme, die wir mit Hilfe eines Kommutators gleichrichten, einer komplizierten Vorrichtung und, wie man wohl mit Recht behaupten kann, der Quelle der meisten Störungen beim Betrieb dieser Maschinen. Die auf diese Weise gleichgerichteten Ströme können im Motor jedoch nicht benutzt werden, sondern sie müssen -- ebenfalls durch eine ähnlich unzuverlässige Vorrichtung -- wieder in ihren ursprünglichen Zustand, d.h. also in Wechselströme, umgewandelt werden. Die Funktion des Kommutators ist rein äusserlicher Art und beeinflusst in keinster Weise die grundsätzliche Funktion der Maschinen. In Wirklichkeit sind daher alle Maschinen Wechselstrommaschinen, und die von ihnen erzeugten Ströme zeigen sich nur im äusseren Stromkreis als Gleichströme, wenn sie vom Generator zum Motor fließen. ...

Die Funktion eines Kommutators bei einem Motor ist zweifacher Art: Erstens kehrt er die Ströme, die durch den Motor fließen, um, und zweitens bewirkt er eine automatische Verschiebung der Pole einer seiner magnetischen Teile. Wenn man also annimmt, dass die beiden überflüssigen

Operationen in diesem System, also die Gleichrichtung der Wechselströme im Generator und die Umkehr der Gleichströme im Motor, ausgeschaltet werden, dann wäre es nur noch erforderlich, eine Verschiebung der Pole eines der Teile zu erzeugen, ... Wie Tesla dies erreicht hat, wollen wir im folgenden durch Zitate aus seinen diesbezüglichen deutschen Patenten darlegen.

Tesla wurden auf dem Gebiet der Drehstromtechnik bis zum Jahr 1891 insgesamt 41 Patente erteilt. Sie decken das gesamte Gebiet dieser neuen Technik ab. Seine sieben Grundpatente, die er innerhalb von drei Monaten im Jahr 1887 in Amerika zur Anmeldung brachte, ermöglichten die Übertragung elektrischer Energie über große Entfernungen, lieferten der Industrie einen einfachen Elektromotor, der die Produktionskraft enorm erhöhte, und sind bis heute die Grundlage der gesamten Elektrizitätswirtschaft. Die Stromerzeugung und -verteilung auf der ganzen Welt erfolgt bis heute mit den Generatoren und Transformatoren, die Tesla bis zum Jahr 1887 entwickelte. Nikola Tesla kann deshalb mit gutem Grund als der Vater der Elektrizität bezeichnet werden, denn er schuf die Mittel zur Nutzung der elektrischen Energie für die breite Masse. Hier soll deshalb eine Übersicht über die wichtigsten Patente gegeben werden.

Die beiden Grundpatente vom 12. Oktober 1887 tragen die Titel "Electro-Magnetic Motor" (Nr. **381.968**) und "Electric Transmission of Power" (Nr. **382.280**). In Deutschland sind verschiedene amerikanische Anmeldungen zusammengefasst, in denen sowohl **Synchronmotoren** als auch **Asynchronmotoren** und **Kurzschlussmotoren** beschrieben sind. Das Patent trägt den Titel "Verbindung der Drahtspulen bei Elektrizitätserzeugern mit denen von Motoren". In diesem Patent mit der Nummer **47 885** vom 1. Mai 1888 heisst es:

Die praktische Lösung der Aufgabe der elektrischen Umwandlung und Übertragung von mechanischer Kraft enthält gewisse Erfordernisse, welche zu erfüllen die bisher angewendeten Apparate und Systeme nicht im Stande gewesen sind.

Eine derartige Lösung erfordert in erster Linie eine gleichmäßige Geschwindigkeit des Motors unter allen Umständen, dann aber erscheint es auch als eine Notwendigkeit, eine größere Ersparnis als bisher bei der Umwandlung zu erzielen, einen billigeren, zuverlässigeren und einfacheren Apparat herzustellen, so zwar, dass durch denselben alle die Gefahren und Nachteile vermieden werden, die aus der Verwendung von Strömen hoher Spannung, wie solche für eine nutzbringende Übertragung erforderlich sind, entstehen.

Vorliegende Erfindung umfasst ein neues Verfahren nebst neuem Apparat zum Herbeiführen der Kraftübertragung durch elektrische Vermittlung. Bei der Ausübung vorliegender Erfindung findet ein Motor mit zwei oder mehr unabhängigen erregenden Stromkreisen Anwendung, durch welche

Experimenteller Induktionsmotor, der von Tesla ungefähr im Jahr 1888 gebaut wurde und später einem wissenschaftlichen Museum übergeben wurde

in unten beschriebener Weise alternierende Ströme geschickt werden, welche eine fortschreitende Verschiebung des Magnetismus oder der Kraftlinien bewirken, was in Gemäßheit wohlbekannter Theorien die Tätigkeit des Motors hervorruft.

Es ist ersichtlich, dass eine geeignete fortschreitende Verschiebung oder Bewegung der Kraftlinien nutzbar gemacht werden kann, um eine Bewegung oder Drehung jedes Elementes des Motors, der Armatur des magnetischen Feldes herbeizuführen und dass, wenn durch die verschiedenen Stromkreise des Motors geleiteten Ströme die geeignete Richtung haben kein Kommutator für den Motor erforderlich wird. Um also in dem System die sämtlichen gebräuchlichen Kommutator-Einrichtungen zu vermeiden sind die Stromkreise des Motors direkt mit denen einer geeigneten Erzeugungsquelle für Wechselströme verbunden.

Fig. 1 bis 8 und 1a bis 8a sind Entwürfe, welche den Grundgedanken der Wirkungsweise vorliegender Erfindung zur Anschauung bringen. Die übrigen Figuren sind Ansichten des Apparates in verschiedenen Ausführungsformen, durch welche die Erfindung in Ausübung gesetzt werden kann, und welche ihrer Reihenfolge nach noch beschrieben werden.

Fig. 9 ist ein Entwurf, welcher einen Motor, einen Erzeuger und die verbindenden Stromkreise in Gemäßheit der Erfindung darstellt. M ist der Motor und G der denselben antreibende Erzeuger. Der Motor umfasst einen Ring R, der am besten aus dünnen isolierten Eisenringen oder Ringplatten zusammengesetzt wird, so dass er so empfänglich wie möglich für in Bezug auf seinen magnetischen Zustand eintretende Änderungen ist; derselbe wird von vier Spulen C C C1 C1 umgeben, die aus isoliertem Draht bestehen und symmetrisch angeordnet sind. Die einander diametral gegenüberliegenden Spulen sind verbunden, so dass sie paarweise bei Herstellung freier Pole an diametral gegenüberliegenden Teilen des Ringes zusammenwirken. Die so verbleibenden vier freien Enden sind mit den Klemmschrauben T T T1 T1, wie angegeben, verbunden. ...

Es erübrigt jetzt noch, die Wirkungsweise dieses Systems zu erläutern, zu welchem Ende auf die Entwürfe der Fig. 1 bis 8 und 1a bis 8a behufs Veranschaulichung der verschiedenen Wandlungen, welche die Spulen des Erzeugers beim Betrieb durchzumachen haben, und der entsprechenden, daraus folgenden, im Motor erzeugten magnetischen Änderungen verwiesen wird.

Die Umdrehung des Ankers des Erzeugers zwischen den Feldmagneten N S ruft, wie ersichtlich, in den Spulen B B1 wechselnde Ströme hervor, deren Intensität und Richtung von den bekannten Gesetzen abhängig ist. Bei der in der Fig. 1 angegebenen Stellung der Spulen ist der Strom in der Spule B praktisch gleich Null, während die Spule B1 zu derselben Zeit ihren stärksten Strom entwickelt; durch die in Fig. 9 getroffenen Vorrichtungen kann der diese Spule einschließende Stromkreis auch beispielsweise die Spulen C C des Motors, Fig. 1a, einschließen. Die Folge hiervon würde sein, dass mit Hilfe der entsprechenden Verbindungen eine Magnetisierung des Ringes R stattfände, wobei die Pole sich auf der Linie N-S befänden.

Wird dieselbe Ordnung der Verbindungen zwischen der Spule B und den Spulen C1 C1 beobachtet, so haben die letzteren, wenn sie von einem Strom durchflossen werden, das Bestreben, die Pole unter rechten Winkel zur Linie N-S der Fig. 1a zu erregen. Es ergibt sich daher, dass, wenn die Erzeugerspulen eine Achtelumdrehung gemacht haben, beide Spulenpaare C und C1 von Strömen durchflossen werden, die sich insofern entgegenwirken, wie die Lage der Pole in Betracht kommt. Die Lage der Pole wird daher durch den erzielten Effekt der magnetisierenden Kräfte der Spulen bestimmt, d.h. dieselbe wird am Ring entlang zu einer Stellung vorrücken, welche einer Achtelumdrehung des Ankers des Erzeugers entspricht. In Fig. 3 ist der Anker des Erzeugers um eine Viertelumdrehung vorgerückt. An der angegebenen Stelle ist der Strom in der Spule B am stärksten, während er in B1 gleich Null ist, indem die letzere Spule sich in ihrer neutralen Lage befindet. Die Pole des Ringes R werden folglich in Fig. 3a in eine Stellung verschoben, die um 90° von der zu Anfang gezeigten abweicht. Die bei jeder aufeinander folgenden Achtelumdrehung bestehenden Bedingungen sind in gleicher Weise in den übrigen Figuren veranschaulicht. ...

NIKOLA TESLA in NEW-YORK (V. St. A.).

Verbindung der Drahtspulen bei Elektricitätserzeugern mit denen von Motoren.

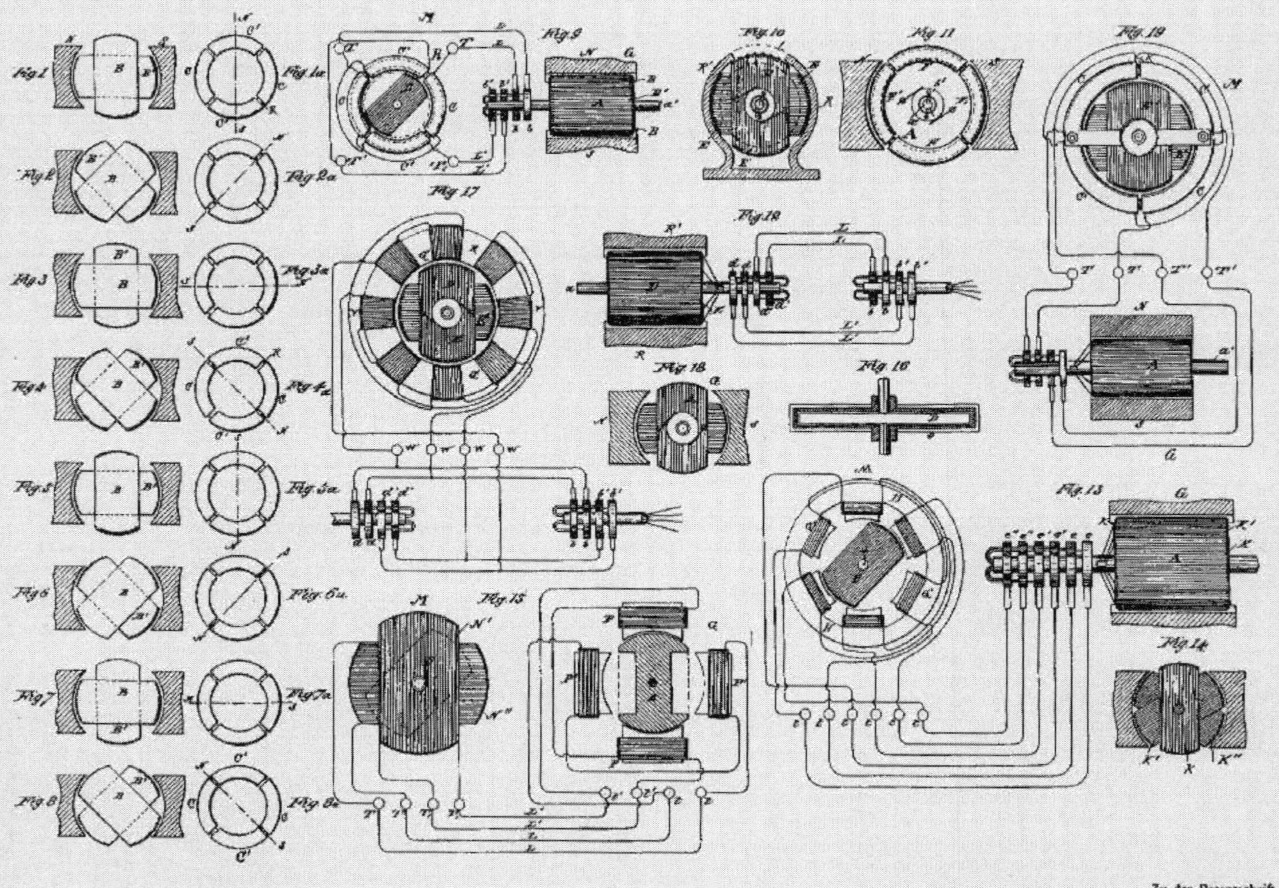

Zu der Patentschrift

№ 47885.

PHOTOGR. DRUCK DER REICHSDRUCKEREI.

Nach Beendigung einer vollständigen Umdrehung tritt der zu Anfang vorhanden gewesene Zustand wieder ein, und dieselbe Wirkungsweise wiederholt sich während der nächsten und jeder weiter folgenden Umdrehung; es ergibt sich also, dass jede Umdrehung des Ankers des Erzeugers eine entsprechende Verschiebung der Pole oder Kraftlinien um den Ring herum hervorruft. ...

Behufs Erläuterung anderer die Ausübung vorliegender Erfindung ermöglichender Ausführungsformen des Apparates wird jetzt auf die übrigen Figuren der Zeichnungen verwiesen.

Fig. 10 zeigt einen Motor teilweise in der Ansicht und teilweise im Schnitt. Fig. 12 zeigt denselben in der Kopfansicht mit dem magnetischen Feld im Schnitt und einem Entwurf der Verbindungen. Fig. 11 ist eine End- oder Seitenansicht des Erzeugers, ebenfalls mit dem magnetischen Feld im Schnitt. Diese Ausführungsform des Motors kann an Stelle der beschriebenen verwendet werden. ...

Fig. 19 stellt einen der Fig. 9 ähnlichen Entwurf dar und veranschaulicht eine Abänderung des Motors. In dieser Figur sind die verschiedenen Teile dieselben wie in Fig. 9, ausgenommen, dass der Ankerkern des Motors, der ein Zylinder oder eine Scheibe ist, unter rechten Winkel zueinander mit zwei Spulen umwickelt ist. Die beiden Spulen bilden unabhängige geschlossene Stromkreise.

Wenn ein derart konstruierter Motor frei läuft, so findet die Drehung des Ankers gleichzeitig mit der Drehung der Pole im Felde statt, und unter diesen Umständen wird nur sehr wenig Strom in den Spulen C1 C bemerklich, bei verringerter Geschwindigkeit aber werden die Ströme in der Spule so verstärkt, dass die drehende Wirkung in denselben Verhältnis vermehrt wird.

Dieses Konstruktionsprinzip lässt viele abgeänderte Anordnungen zu, von denen die meisten von selbst aus den beschriebenen Konstruktionen sich ergeben; so können beispielsweise der Anker oder die induzierten Spulen, oder diejenigen, in welchen die Ströme durch Induktion entstehen, festliegend sein und die wechselnden Ströme vom Erzeuger mittelst geeigneter gleitender Kontakte durch die drehenden induzierenden oder Feldspulen geleitet werden. Es ist ebenso ersichtlich, dass die induzierten Rollen beweglich und die magnetischen Teile des Motors fest sein können.

Ein charakteristisches Merkmal der in Gemäßheit dieses Grundgedankens konstruierten und betätigten Motoren ist das denselben innewohnende Vermögen der fast augenblicklichen Umsteuerung infolge der Wendung eines der erregenden Ströme vom Erzeuger. ...

Anstatt der in der Zeichnung veranschaulichten Feldmagnete können für die Motoren durch einen kontinuierlichen Strom erregte Weicheisen-Feldmagnete angewendet werden. Dieser Vorschlag bietet große Vorteile, aber es ist charakteristisch, dass, wenn in einem derart betätigten Motor

Erstes Modell eines Induktionsmotors, das Tesla 1888 bei seinem Vortrag vor dem Institut der Amerikanischen Elektroingenieure präsentierte (Tesla Museum, Belgrad)

der Feldmagnet durch seine Spule stark erregt wird und die Stromkreise durch die Ankerspulen geschlossen werden (wobei eine bestimmte Geschwindigkeit für den Erzeuger angenommen ist), der Motor nicht angeht, dass aber, wenn das magnetische Feld nur wenig erregt oder im allgemeinen in solchem Zustand ist, dass die magnetische Influenz des Ankers das Übergewicht hat, der Motor zu bewegen sich anfängt und bei genügendem Strom seine normale oder maximale Geschwindigkeit erreicht. Aus diesem Grund ist es wünschenswert, beim Angehenlassen und bis der Motor seine normale Geschwindigkeit fast oder ganz erreicht hat, den Stromkreis des magnetischen Feldes offen zu halten oder doch nur wenig Strom den Durchgang durch denselben zu gestatten.

Eine andere Eigentümlichkeit dieses Motors ist, dass seine Umdrehungsrichtung nicht durch Umwenden der Richtung des durch die Feldspulen gehenden Stromes umgesteuert wird, da die Drehrichtung nicht von der Polarität des Feldes, sondern von der Richtung abhängt, in welcher die Pole des Ankers verschoben werden. Behufs Umsteuerung des

Motors müssen die Verbindungen eines jeden der erregenden Stromkreise umgekehrt werden. ...

Nach diesem Prinzip konstruierte und betriebene Motoren behalten dieselbe Geschwindigkeit in allen Fällen innerhalb ihrer normalen Arbeitsgrenzen bei, und sollte durch eine plötzliche Überladung die Geschwindigkeit des Motors einmal gehemmt werden, so verringert sich auch gleichzeitig mit derselben die Geschwindigkeit des Erzeugers, wenn dessen motorische Kraft nicht zu groß ist. Diese Eigenschaften erscheinen bei dieser besonderen Ausführungsform des Motors unter gewissen Umständen als sehr nützlich.

Nach dieser Beschreibung der Erfindung und einer ihrer verschiedenen Anwendungsformen wird die Aufmerksamkeit auf gewisse charakteristische Eigenschaften gelenkt, welche die Erfindung bei ihrer Anwendung bietet. Aus Betrachtung des in Fig. 9 dargestellten Motors ergibt sich, dass, da die Scheibe D das Bestreben hat, beständig den Punkten der größten Anziehung zu folgen und letztere bei jeder Umdrehung des Ankers des Erzeugers einmal um den Ring herum verschoben werden, die Bewegungen der Scheibe gleichzeitig mit denen des Ankers A stattfinden. Dieses Kennzeichen findet sich bei allen übrigen Ausführungsformen, in denen eine Umdrehung des Ankers des Erzeugers eine Verschiebung der Pole des Motors um 360° hervorbringen.

In der besonderen, in Fig. 5 dargestellten Abänderung oder in anderen auf denselben Grundgedanken beruhenden Konstruktionsformen, ist die Anzahl der aus einer Umdrehung des Erzeugerankers entstehenden wechselnden Impulse eine doppelte im Vergleich mit den vorhergehenden Fällen, und werden die Polaritäten des Motors bei einer Umdrehung des Erzeugerankers zweimal im Kreise herum verschoben. Derselbe Effekt wird durch die Anordnung nach Fig. 17 erzielt, wo die Pole beider Elemente in entgegengesetzten Richtungen verschoben werden.

Wenn man wieder den als Vorbild für die Erfindung anzusehenden Apparat der Fig. 9 betrachtet, so ergibt sich, dass, da die auf die Scheibe D ausgeübte anziehende Wirkung am größten ist, wenn sich die Scheibe in ihrer gehörigen bezüglichen Stellung zu den auf dem Ring R entstehenden Polen befindet; d.h. wenn ihre Enden oder Pole denen des Ringes unmittelbar folgen, die Geschwindigkeit des Motors unter allen Umständen innerhalb der normalen Arbeitsgrenzen in Wirklichkeit eine Konstante ist.

Die Geschwindigkeit kann niemals die durch den Erzeuger bestimmte willkürliche Grenze überschreiten, und ferner ist wenigstens innerhalb gewisser Grenzen die Motorgeschwindigkeit von der Stromstärke unabhängig. ...

Er stellt folgenden Patentanspruch: *Ein Motor, dessen Spulen in mehrere voneinander getrennte Gruppen geteilt sind, welche mit den gleichfalls in getrennte Gruppen geteilten Spulen des Elektrizitätserzeugers verbun-*

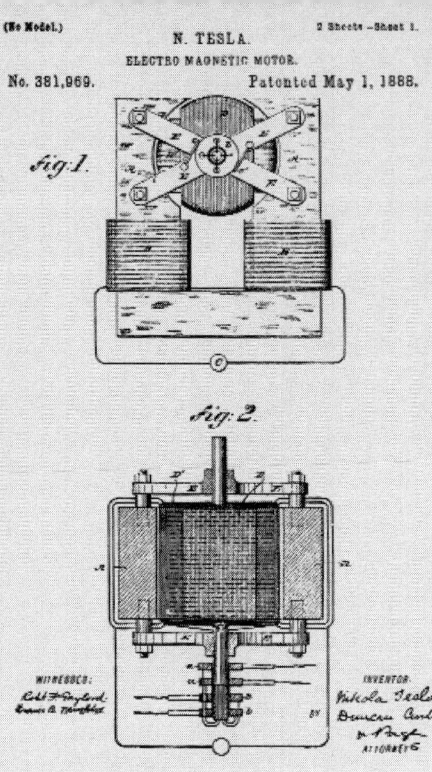

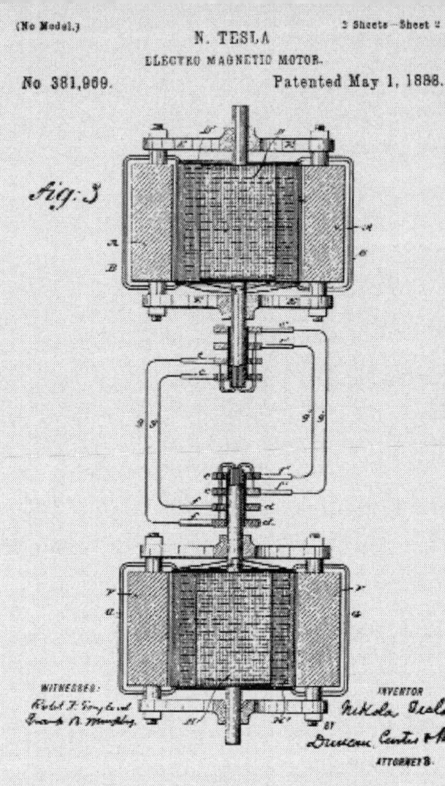

den sind, so dass ebenso viel unabhängige Stromkreise gebildet werden als Gruppen vorhanden sind, die derart geschaltet sind, dass die Bewegung des Motorankers durch die Verschiebung der Pole im Motor bewirkt wird.

In den beiden amerikanischen Patenten **381.969** und **382.281** wird der **Drehstrom-Asynchronmotor mit Gleichstromerregung** beschrieben: *Ich habe herausgefunden, dass es vorteilhaft ist, wenn man die Feldmagnete mit einer Spule oder Spulen versieht und einen Gleichstrom durch diese hindurchschickt, wodurch ein ständiges Feld aufrecht erhalten wird, und in dieser Eigenschaft besteht meine derzeitige Erfindung. ...*

Der Generator, der den Motor betreibt, kann von der genau gleichen Konstruktion sein; ... Die Wirkung des Generators erzeugt im Motoranker eine progressive Verschiebung der Pole und ruft eine Drehung des Ankers hervor, die in entgegengesetzter Richtung zu derjenigen der Pole erfolgt. Wenn nun durch die Feldmagnete Gleichstrom geschickt wird, so dass die Magnete A A stark magnetisiert werden, wird die Geschwindigkeit des Motors, die von derjenigen des Generators abhängt, nicht zunehmen, aber die Kraft, die seine Rotation erzeugt, wird proportional zur durch die Spulen B B zugeführten Energie zunehmen.

Eine Eigenschaft dieses Motors ist, dass seine Drehrichtung durch die Umkehrung des Stromes durch die Feldspulen nicht umgekehrt werden kann, weil die Drehrichtung nicht von der Polarität des Feldes abhängt, sondern von der Richtung, in welcher die Pole des Ankers verschoben werden. Um die Drehrichtung des Motors umzukehren, müssen die Verbindungen der Stromkreise g g umgekehrt werden.

Ich habe herausgefunden, dass der Motor nicht anläuft, wenn die Feldmagnete des Motors durch die Spulen B B stark erregt werden und wenn der Stromkreis durch die Ankerspulen geschlossen ist, vorausgesetzt der Generator läuft bereits mit einer bestimmten Geschwindigkeit. Aber wenn der Feldmagnet nur leicht magnetisiert ist oder sich allgemein in einem solchen Zustand befindet, dass der magnetische Einfluss des Ankers in Bezug auf den magnetischen Zustand überwiegt, wird der Motor mit ausreichend Strom anlaufen und seine Maximal- oder Normalgeschwindigkeit erreichen. Aus diesem Grund ist es wünschenswert, beim Starten und bis der Motor seine Normalgeschwindigkeit voll oder annähernd erreicht hat, die Feldstromkreise offen zu halten oder nur wenig Strom durch sie hindurchgehen zu lassen. Ich habe jedoch herausgefunden, dass durch das Anlaufen des Generators auch der Motor gestartet wird, und dass die Geschwindigkeit des Motors synchron mit dem Generator zunimmt, falls sowohl die Feldmagnete des Generators als auch des Motors stark magnetisiert sind. Motoren, die nach diesem Prinzipien konstruiert und betrieben werden, behalten praktisch absolut die gleiche Geschwindigkeit bei allen Lasten bei, jedenfalls innerhalb der normalen Betriebsgrenzen. Ich habe in der Praxis beobachtet, dass durch Überbelastung des Motors die Geschwindigkeit des Generators beeinflusst wird, und wenn die Antriebskraft des Generators nicht allzu groß ist, so verringerst sich seine Geschwindigkeit synchron mit der des Motors.

Im amerikanischen Patent mit der Nummer **382.279** vom 30. November 1887 beschreibt Tesla eine weiteren Typ eines Drehstrommotors, der heute allgemein als **Kurzschlussmotor** bekannt. Hierbei wird der Rotor oder der Stator mit kurzgeschlossen Wicklungen versehen. In diesem Patent verwendet er jedoch auch Schleifringe an der Ankerwelle, so dass hierdurch auch ein sogenannter **Schleifringmotor** abgedeckt ist. *Ein Vorteil und eine charakteristische Eigenschaft dieser Motoren, die im Einklang mit der Erfindung konstruiert und betrieben werden, ist, dass ihre Drehrichtung praktisch sofort umgekehrt werden kann, sobald einer der Erregerströme des Generators umgekehrt wird.*

In den beiden Patenten mit den Nummern **381.970** und **382.282** mit den Titeln “System of Electrical Distribution” und “Method of Converting and Distributing Electric Currents” vom 1. Mai 1887 beschreibt Tesla die **Verteilung des Drehstroms** und wie man diesen mit Hilfe von Drehstromtransformatoren auf verschiedene Spannungen transformieren kann. In

(No Model.) 2 Sheets—Sheet 1.

N. TESLA.

ELECTRO MAGNETIC MOTOR.

No. 382,279. Patented May 1, 1888.

Fig. 1.

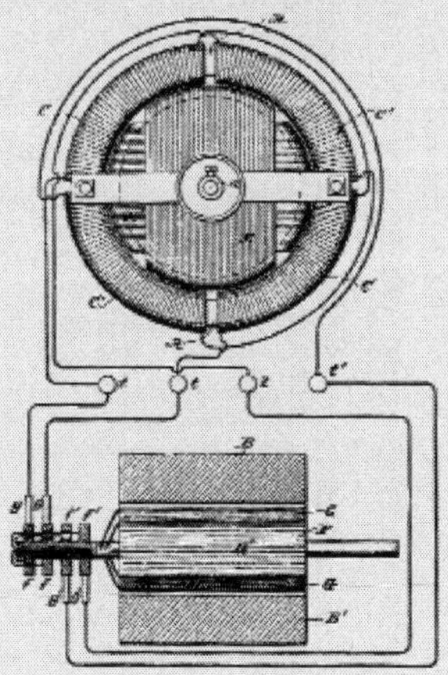

Fig: 2

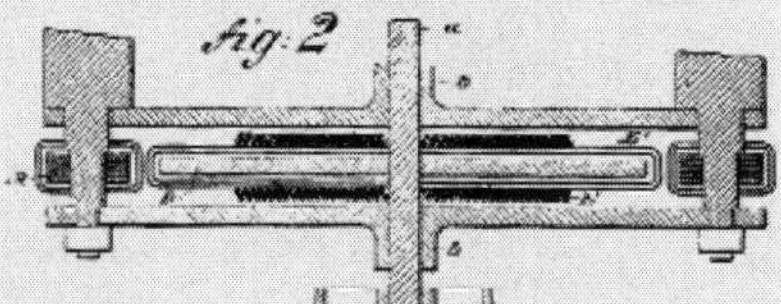

WITNESSES:
Robt. F. Gaylord
Frank B. Murphy

INVENTOR
Nikola Tesla
BY
Duncan, Curtis & Page
ATTORNEYS

(No Model.) 2 Sheets—Sheet 2.

N. TESLA.

ELECTRO MAGNETIC MOTOR.

No. 382,279. Patented May 1, 1888.

Fig: 3.

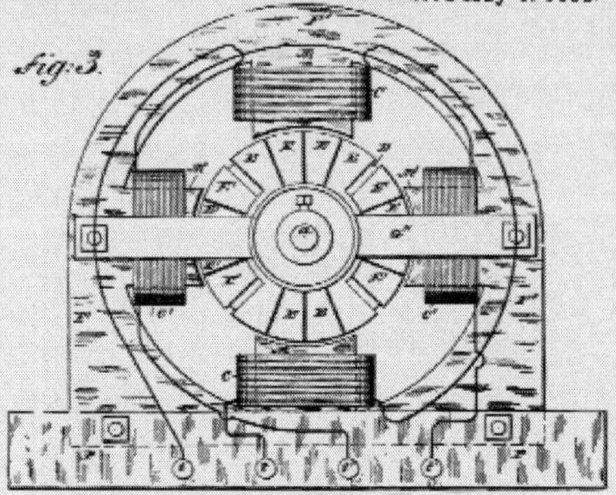

Fig: 4.

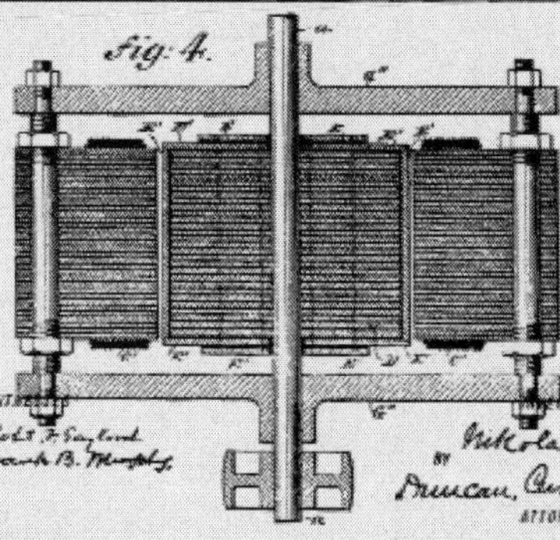

WITNESSES
Robt. F. Gaylord
Frank B. Murphy

INVENTOR
Nikola Tesla
BY
Duncan, Curtis & Page
ATTORNEYS.

(No Model.) 2 Sheets—Sheet 1.

N. TESLA.

SYSTEM OF ELECTRICAL DISTRIBUTION.

No. 381,970. Patented May 1, 1888.

Fig: 1

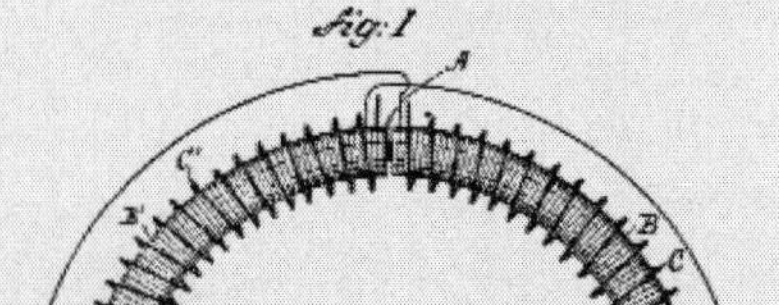

Fig: 2

WITNESSES:
Robt. H. Duncan
Robt. F. Gaylord

INVENTOR.
Nikola Tesla.
BY
Duncan, Curtis & Page
his ATTORNEYS

(No Model.) 2 Sheets—Sheet 2.

N. TESLA.

SYSTEM OF ELECTRICAL DISTRIBUTION.

No. 381,970. Patented May 1, 1888.

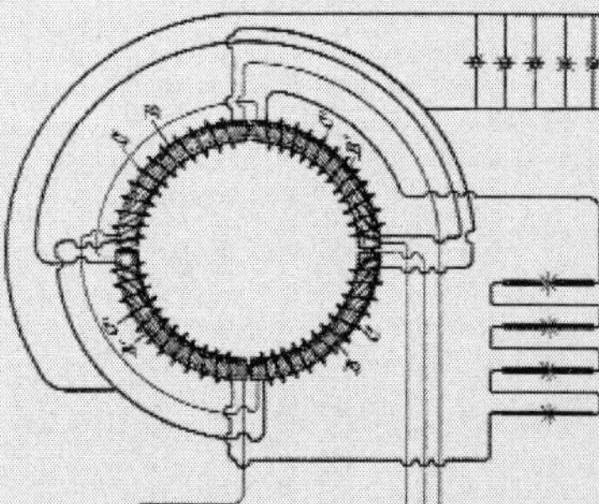

Fig: 3.

WITNESSES:
Robt. H. Duncan
Robt. F. Gaylord

INVENTOR.
Nikola Tesla.
BY
Duncan, Curtis & Page
his ATTORNEYS.

NIKOLA TESLA in NEW YORK (V. ST. A.).
Schaltung eines Transformators und den zugehörigen Elektricitätserzeugers.

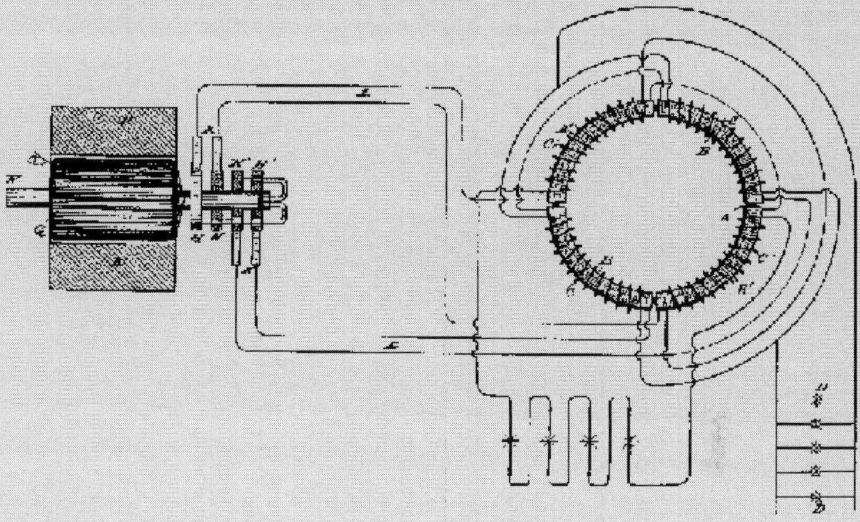

Deutschland wurde ihm hierfür unter dem Titel "Schaltung eines Transformators und des zugehörigen Elektrizitätserzeugers" am 1. Mai 1888 unter der Nummer **47 012** ein Patent erteilt. Hierin heisst es:

Vorliegende Erfindung bezieht sich auf diejenigen Systeme von elektrischer Umverteilung, bei denen ein Strom von einer einzigen Quelle in einem Haupt- oder Übertragungsstromkreis mittelst zweckentsprechender Induktionsrollen veranlasst wird, einen oder mehrere Ströme in einem oder mehreren besonderen Arbeitsstromkreisen zu induzieren.

Die Hauptzwecke der Erfindung sind dieselben, wie sie früher durch die Anwendung der vorerwähnten Systeme erzielt worden sind, d.h. den Strom von einer einzigen Quelle zu teilen, um dadurch eine Anzahl von Lampen, Motoren und anderen Verbrauchsstellen unabhängig zu kontrollieren und in Betrieb zu setzen, und zwar von derselben Stromquelle aus, und in einigen Fällen einen Strom von hohem Potential im Hauptstromkreis in einen solchen von größerer Menge und niedrigerem Potential in dem oder den Verbrauchsstromkreisen zu reduzieren. ...

Das bei vorliegender Einrichtung angewendete Verfahren besteht darin, dass man die Linie oder die Punkte der höchsten Wirkung in einem Induktionsfeld fortschreitend und ununterbrochen über die Windungen einer Spule oder eines Leiters verschiebt, der sich innerhalb der Influenz dieses Feldes befindet und einen Teil eines sekundären oder Arbeitsstromkreises bildet oder in letzteren eingeschlossen wird.

Er stellt folgenden Patentanspruch: *Bei Transformatoren die Teilung der primären Spulen in voneinander unabhängige Gruppen, welche mit den entsprechenden, in gleichfalls voneinander unabhängige Gruppen geteilten Ankerspulen eines Elektrizitätserzeugers verbunden sind und, abwechselnd in den Stromkreis eingeschaltet, durch die Verschiebung der Pole einen Induktionsstrom erzeugen.*

Im Patent mit der Nummer **390.413** mit dem Titel "System of Electrical Distribution" vom 10. April 1888 nennt Tesla eine weitere Verbesserung seines Systems, die darin besteht, dass für alle Stromkreise eine **gemeinsame Rückleitung** verwendet wird. Im Patent **390.414** mit dem Titel "Dynamo-Electric Machine" vom 23. April 1888 ist gezeigt, wie gewöhnliche Gleichstromgeneratoren auch als Drehstromgeneratoren verwendet werden können, und gleichzeitig wird die **Sternschaltung** beschrieben.

Das Patent **390.721** vom 28. April 1888 mit dem Titel "Dynamo-Electric Machine" bezieht sich auf einen Asynchronmotor, in welchem eine Mehrphasen-Erregermaschine in die Statorwicklung des Generators ein Drehfeld einer bestimmten Drehzahl erzeugt, während der Rotor eine entsprechende Anzahl von Spulenpaaren hat, in denen ein neuer Mehrphasenstrom erzeugt wird, der über Schleifringe an den Verbraucher weitergeleitet wird. Und im Patent **487.796** mit dem Titel "System of Electrical Transmission of Power" vom 15. Mai 1888 ist gezeigt, wie **Multipolarmaschinen** für die Energieübertragung eingesetzt werden können.

Eine große Zahl der Patente auf dem Gebiet der Wechselstromtechnik bezieht sich auf das Problem der Kraftübertragung mit einphasigem Wechselstrom. Zu diesem Zweck benutzte Tesla **Motoren mit Hilfsphase**, wobei die Phasendifferenz durch verschiedenste Mittel wie durch Widerstände, Kondensatoren, Transformierung usw. erzeugt wurde. Slavko Boksan schreibt hierüber Folgendes:

"Am 18. Februar und 14. März 1889 meldete Tesla die Patente **401.520** und **405.859** an, in welchen verschiedene Mittel angegeben sind, wie gewöhnliche Synchronmotoren für Einphasenwechselstrom durch einfache Umschaltung als Asynchronmotoren anlaufen und bei erreichtem Synchronismus als Synchronmotoren arbeiten können. ...

In den Patenten **416.191**, **416.192** und **418.248** vom 20. Mai 1889 zeigt Tesla verschiedene **Einphasenmotoren mit Schleifringanker**, .. Ein weiteres Patent **416.194** vom selben Datum bezieht sich auf eine Erfindung, gemäß welcher in allen seinen Drehstrommotoren ... der beste Wirkungsgrad und stärkste Kraft entwickelt wird, wenn Stator und Rotor sowohl in Bezug auf magnetische Eigenschaften wie auch in Bezug auf ihre Massen und Kupfergewichte nahezu gleich gemacht werden. In beiden Elementen sollen demnach nach Möglichkeit gleiche Amperewindungszahlen angestrebt werden. Das Patent **455.067** vom 27. Januar 1891 behandelt einen **Drehstrommotor mit Schleifringanker** und Kondensator im Ankerstrom-

(No Model.) 3 Sheets—Sheet 1.

N. TESLA.

SYSTEM OF ELECTRICAL DISTRIBUTION.

No. 390,413 Patented Oct. 2. 1888.

Fig. 1

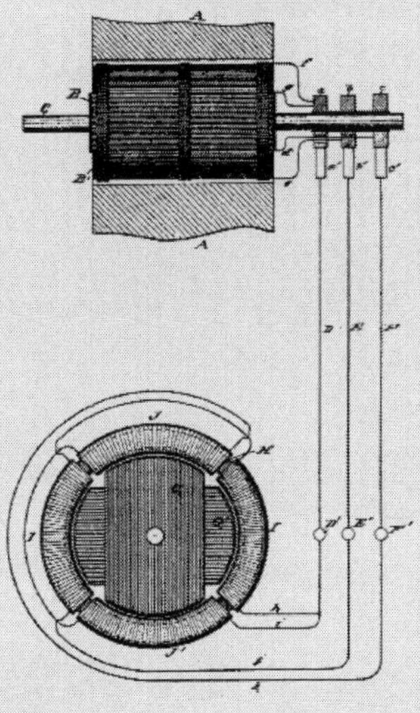

WITNESSES:
Raphael Netter
Frank B. Murphy

INVENTOR
Nikola Tesla
BY
Duncan, Curtis & Page
ATTORNEY

(No Model.) 3 Sheets—Sheet 2.

N. TESLA

SYSTEM OF ELECTRICAL DISTRIBUTION.

No. 390,413. Patented Oct. 2, 1888.

Fig. 2

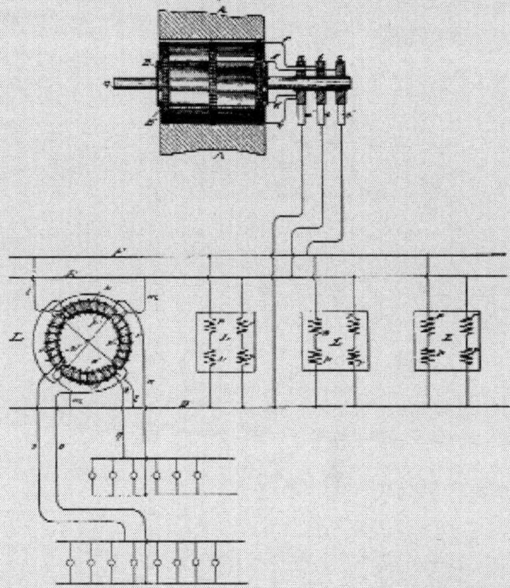

WITNESSES:
Raphael Netter
Frank B. Murphy

INVENTOR
Nikola Tesla
BY
Duncan, Curtis & Page

(No Model.) 2 Sheets—Sheet 1.

N. TESLA.

DYNAMO ELECTRIC MACHINE.

No. 390,414. Patented Oct. 2, 1888.

Fig. 1

WITNESSES:
Raphael Netter
Frank B. Hartley

INVENTOR
Nikola Tesla
BY
Duncan, Curtis & Page

(No Model.) 2 Sheets—Sheet 2.

N. TESLA

DYNAMO ELECTRIC MACHINE.

No. 390,414 Patented Oct. 2, 1888.

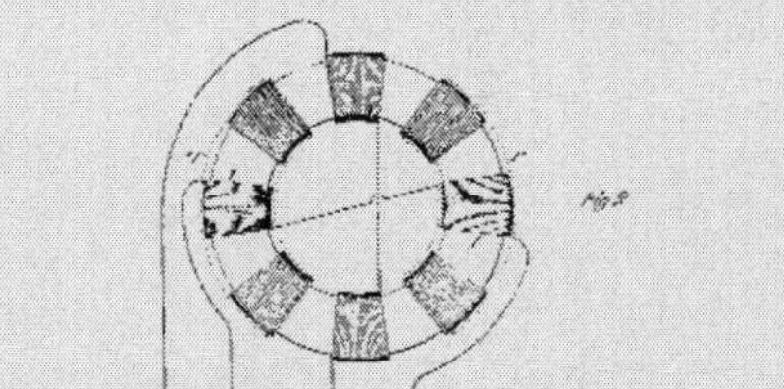

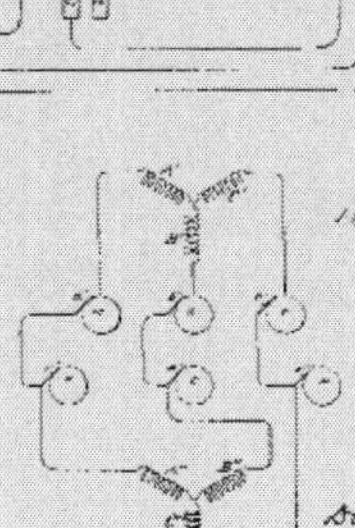

WITNESSES.
Raphael Netter
Frank B. Hartley

INVENTOR
Nikola Tesla
BY
Duncan, Curtis & Page
ATTORNEYS.

(No Model.)

N. TESLA.

DYNAMO ELECTRIC MACHINE.

No. 390,721. Patented Oct. 9, 1888.

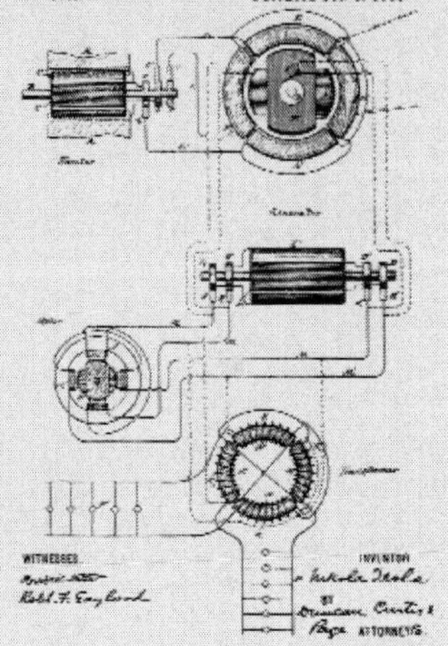

(No Model.) 3 Sheets—Sheet 3.

N. TESLA.

SYSTEM OF ELECTRICAL TRANSMISSION OF POWER.

No. 487,796. Patented Dec. 13, 1892.

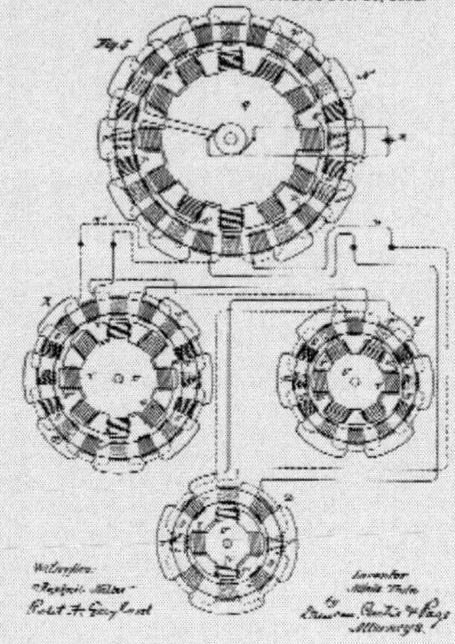

(No Model.)

N. TESLA.

METHOD OF OPERATING ELECTRO MAGNETIC MOTORS.

No. 401,520. Patented Apr. 16, 1889.

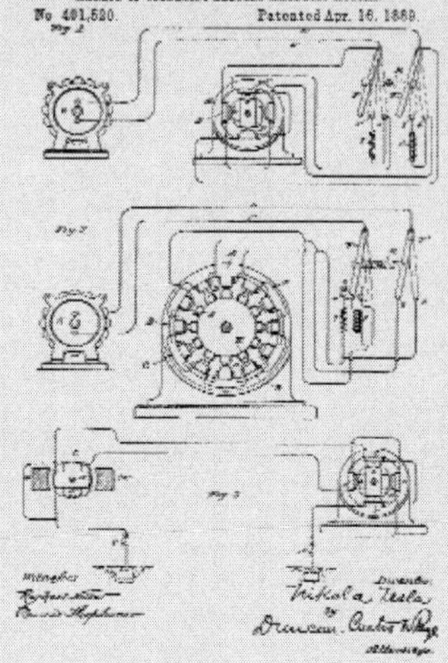

(No Model.)

N. TESLA.

METHOD OF ELECTRICAL POWER TRANSMISSION.

No. 405,859. Patented June 25, 1889.

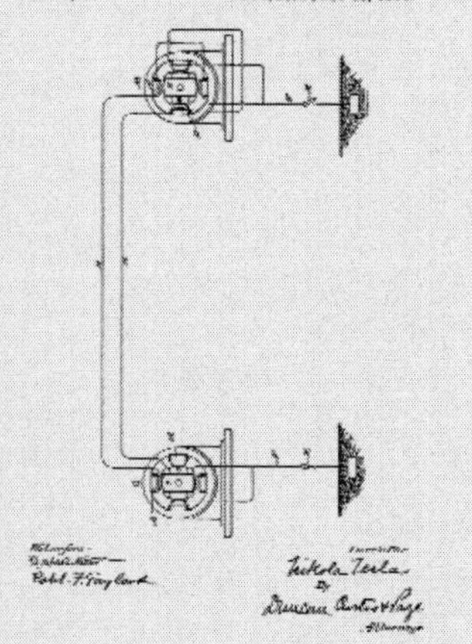

(No Model.)

N. TESLA.

ELECTRO MAGNETIC MOTOR.

No. 410,248. Patented Dec. 31, 1889.

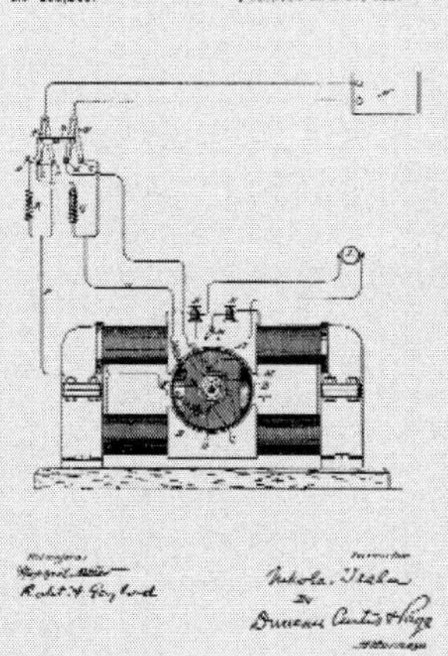

(No Model.)

N. TESLA.

ELECTRIC MOTOR.

No. 416,194. Patented Dec. 3, 1889.

(No Model.) 3 Sheets—Sheet 1.

N. TESLA.

ELECTRO MAGNETIC MOTOR.

No. 416,191. Patented Dec. 3, 1889.

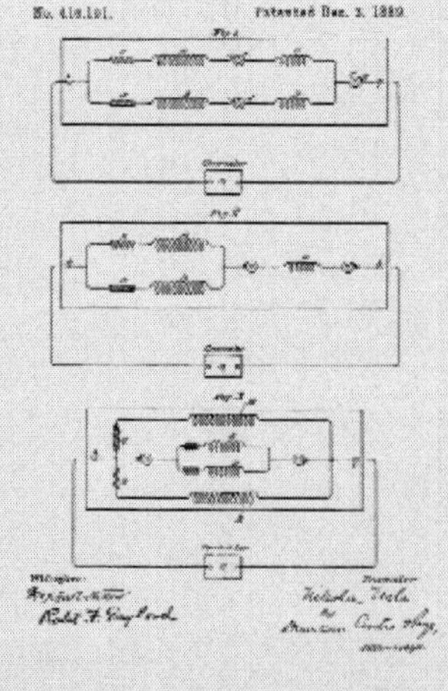

(No Model.) 2 Sheets—Sheet 1.

N. TESLA.

METHOD OF OPERATING ELECTRO MAGNETIC MOTORS.

No. 416,192. Patented Dec. 3, 1889.

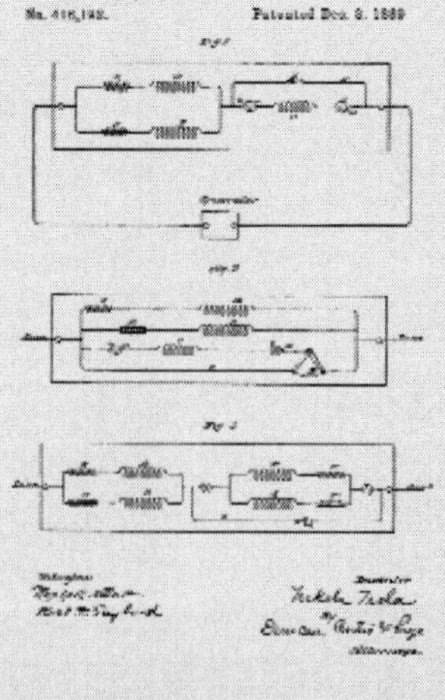

(No Model.) 2 Sheets—Sheet 2.

N. TESLA.

METHOD OF OPERATING ELECTRO MAGNETIC MOTORS.

No. 416,193. Patented Dec. 3, 1889.

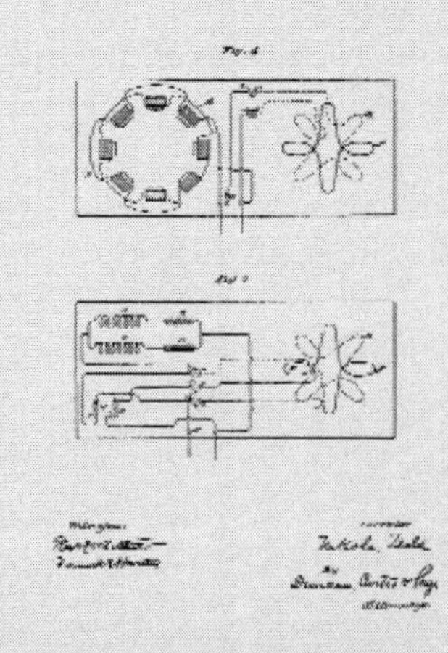

(No Model.)

N. TESLA.

ELECTRO MAGNETIC MOTOR.

No. 455,067 Patented June 30, 1891.

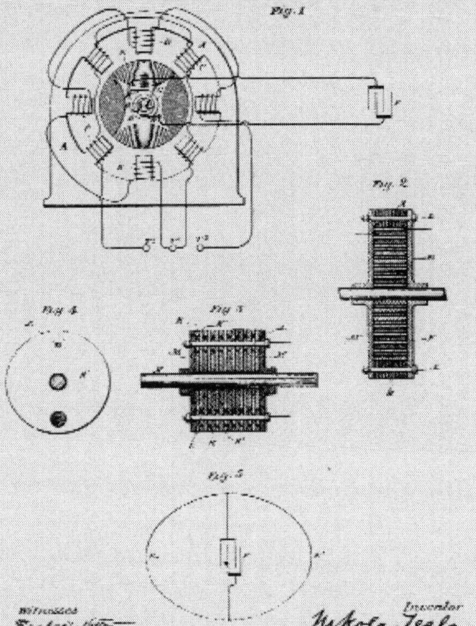

Witnesses
Raphaël Netter
Frank B. Murphy

Inventor
Nikola Tesla
by
Duncan & Page
Attorneys.

(No Model.)

N. TESLA.

ELECTRO MAGNETIC MOTOR.

No. 464,666. Patented Dec. 8, 1891.

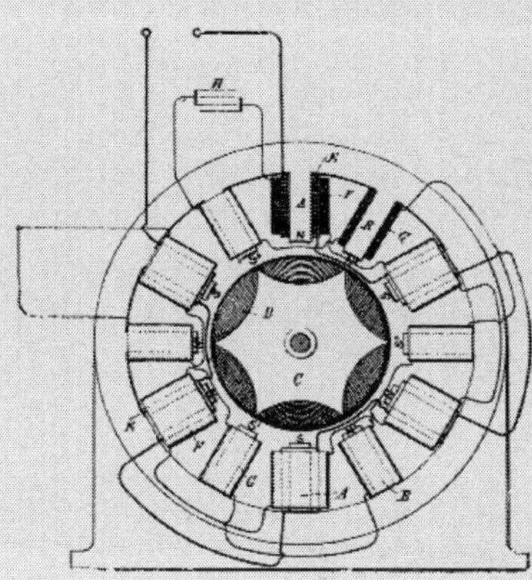

Witnesses:
Raphaël Netter
Frank B. Murphy

Inventor
Nikola Tesla
by
Duncan & Page.

(No Model.) 2 Sheets—Sheet 1.

N. TESLA.

ELECTRO MAGNETIC MOTOR.

No. 459,772. Patented Sept. 22, 1891.

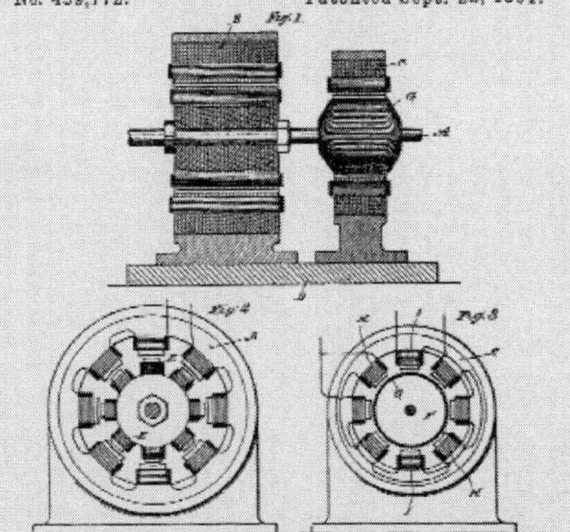

Witnesses:
Raphaël Netter
Robt F. Gaylord

Inventor
Nikola Tesla
By
Duncan, Curtis & Page

(No Model.) 2 Sheets—Sheet 2.

N. TESLA.

ELECTRO MAGNETIC MOTOR.

No. 459,772. Patented Sept. 22, 1891.

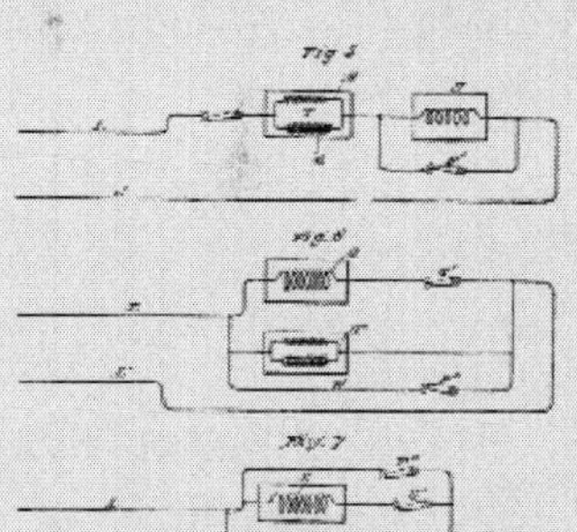

Witnesses:
Raphaël Netter
Robt F. Gaylord

Inventor
Nikola Tesla
by
Duncan, Curtis & Page
Attorneys.

NIKOLA TESLA IN NEW-YORK (V. St. A.).

Feldmagnetanordnung für Wechselstromkraftmaschinen.

Fig. 1.

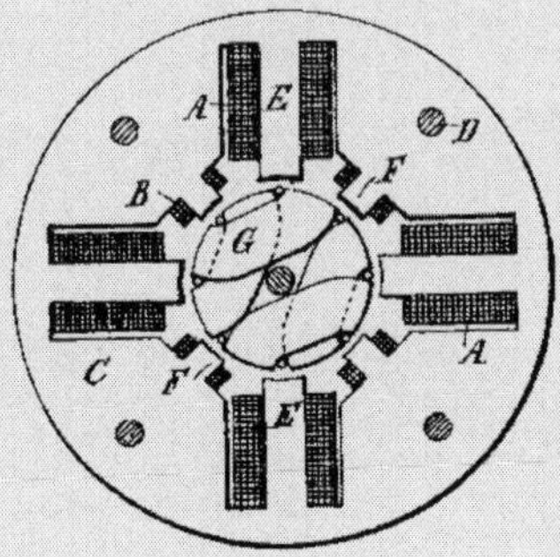

Fig. 2.

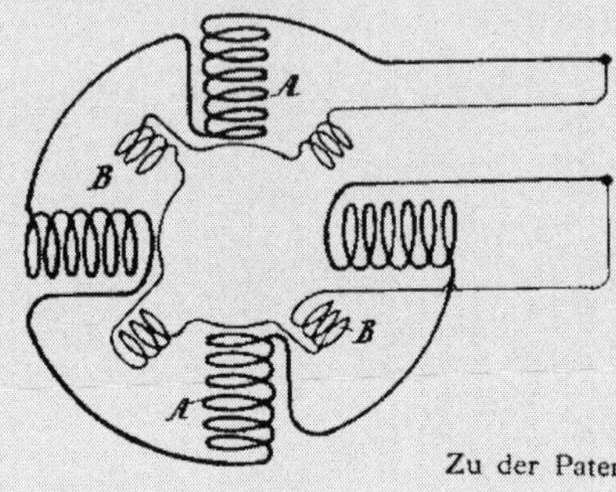

Zu der Patentschrift

№ 58774.

kreis und das Patent **464.666** vom 13. Juli 1891 betrifft einen **Einphasenmotor mit einem Kondensator im Hilfsphasenkreis des Stators**, welche beliebige Phasendifferenz zwischen dem Hauptstrom und der Hilfsphase sichert. Das Patent **459.772** vom 6. April 1891 behandelt einen Einphasen-Synchronmotor, welcher mit einem kleinen Einphasen-Asynchronmotor mit Hilfsphase gekuppelt ist. Der Asynchronmotor mit der Hilfsphase dient dazu, den großen Synchronmotor auf Synchronismus zu bringen."

In Deutschland meldete Tesla für diese Art von Maschinen nur zwei Patente an, welche folgende Titel tragen: "Feldmagnetanordnung für Wechselstrommaschinen" (Nr. **58 774**) und "Wechselstromtreibmaschine mit auf eine in sich geschlossene Ankerwicklung wirkenden Haupt- und Hilfsmagneten" (Nr. **66 802**). Im letzteren stellt er folgenden Patentanspruch:

Eine Wechselstromtreibmaschine mit in sich geschlossener Ankerwicklung, bei welcher die Stellen des gleichzeitig stärksten Auftretens magnetischer Erscheinungen im Anker und in den Feldmagneten dadurch einander möglichst genähert werden, dass zwischen den Hauptfeldmagneten angeordnete Hilfs-Feldmagnete, deren Spulen mit denen der Haupt-Feldmagnete (von anderer Selbstinduktion) paarig parallel geschaltet und so angeordnet sind, dass die beiden Felder sich in der Masse des Ankers schneiden, in dem Anker magnetische Phasen hervorrufen, welche zu anderer Zeit auftreten, als die von den Haupt-Feldmagneten in demselben hervorgerufenen Phasen, so dass die von den Hilfsmagneten im Anker erzeugten Pole mit denen der Hauptmagnete und die von den Hauptmagneten im Anker erzeugten Pole mit denen der Hilfsmagnete zusammenwirken.

DER STREIT UM DIE URHEBERSCHAFT DES WECHSELSTROMSYSTEMS

"Eigentlich sollte niemals der kleinste Zweifel über die Anerkennung bestehen, die Tesla nicht nur für die Erfindung des rotierenden Magnetfeldes gebührt, sondern auch für die Konstruktion des ersten praktisch brauchbaren Wechselstrommotors, weiters für die Entwicklung des Drehstromsystems, die Herstellung der hierfür erforderlichen Dynamos und der Vielfalt von Motorgeneratoren und Umformern, schließlich auch für die Einführung von Drehstromtransformatoren zur Erhöhung und Senkung der Spannung und dadurch von wirtschaftlichen Methoden zur Übertragung elektrischer Energie auf große Entfernungen. Trotzdem hat man ungerechterweise die Urheberschaft anderen Forschern zugeschrieben und haben andere sie für sich in Anspruch genommen. Es ist Tesla zwar gelungen, die Berechtigung seiner Ansprüche zu beweisen, aber in der Zwischenzeit ist ihm durch unfaire Konkurrenz sehr geschadet worden. Es ist eine Tatsache, dass bis auf den heutigen Tag weder die elektrotechnische Wissenschaft, noch die Behörden, noch die elektrische Großindustrie Tesla die ihm gebührende Anerkennung gezollt haben. Hätten sie es getan, dann wäre Teslas Name mindestens ebenso berühmt wie die Namen Edison und Westinghouse."

So schreibt O´Neill, und nach dem im vorhergehenden Kapitel gesagten dürfte es in dieser Hinsicht wirklich keine Zweifel geben. Trotzdem fanden sich nach der Veröffentlichung seiner Patente im Jahr 1888 bald verschiedene Erfinder, die Teslas Entdeckungen für sich in Anspruch nahmen oder von anderen, welche diese unter Umgehung der Patentrechte industriell ausnutzten, als solche angeführt wurden.

In der Hauptsache wurden unter anderem folgende Namen genannt: **Arago**, der im Jahr 1824 ein kleines Gerät gebaut hatte, das aus einer sich im Magnetfeld rotierenden Kupferscheibe bestand; **Charles Bradley** und **Marcel Deprez**, der nur eine mathematische Theorie des Drehfeldes aufgestellt hatte. Am meisten berief man sich jedoch auf **Galileo Ferraris**. Dieser hatte im Jahr 1885 ein rotierendes Magnetfeld erzeugt und einen Einphasenwechselstrommotor mit Hilfsphase und einer Leistung von nicht einmal 3 Watt gebaut, war aber aufgrund der Experimente zu dem Ergebnis gelangt, dass ein solches Gerät für den praktischen Gebrauch untauglich sei. Erst unter dem Einfluss von Teslas Patentanmeldungen hatte er im Jahr 1888 einen Vortrag vor der Akademie der Wissenschaften in Turin gehalten, der von den Gegner Teslas in vielen gerichtlichen Auseinandersetzungen als Hauptargument für die Unhaltbarkeit der Teslaschen Ansprüche herangezogen wurde. Professor Pupin schrieb in Bezug auf Ferraris in einem Brief Folgendes an Tesla: "Ferraris Humbug wurde von Ihren Konkurrenten in schändlicher Weise breitgetreten. Wie ich die ganze Sache bisher verstehe, bin ich mir sicher, dass es leicht gezeigt werden kann, dass es ein gigantischer Schritt von Ferraris´ Wirbelpol zu Teslas rotierendem Magnetfeld ist. ... Wenn es irgend etwas auf der Welt gibt, an das ich ganz und gar glaube, dann ist es eines, und das ist, dass es einzig und allein ihr Verdienst ist, die praktische Bedeutung des Wechselstroms für Motoren aufgezeigt zu haben."

Tesla selbst äusserste sich später einmal so über seine Gegner: *Ein paar Worte sollten in Bezug auf die verschiedenen Ansprüche, die nach der Veröffentlichung meiner Patente im Jahr 1888 gemacht wurden und die danach in zahllosen Verhandlungen ausgefochten wurden, gesagt werden. Es gab drei Anwärter für diese Ehre:* ***Ferraris****,* ***Schallenberger*** *und* ***Cabanellas****. Alle drei scheiterten kläglich. Die Gegner meiner Patente brachten Ferraris Ansprüche mit allem Nachdruck vor, aber jeder, der sein kleines italienisches Pamphlet durchliest, das im Frühling des Jahres 1888 erschien, und es mit den Patenten, die sieben Monate zuvor eingereicht wurden, und mit meinem Vortrag vor dem "Amerikanischen Institut der Elektroingenieure" vergleicht, wird sich sehr leicht eine Meinung bilden können. Abgesehen davon, dass Prof. Ferraris Veröffentlichung erst später erschien, betraf sie nur den Zweiphasenmotor, und ein Patentantrag von ihm wurde aufgrund meiner Ansprüche abgelehnt. Er verwendete nie einen der wesentlichen Teile, aus denen mein System besteht, und in Bezug auf den Zweiphasenmotor war er entschieden der Meinung, dass er wertlos sei. Sowohl Ferraris als auch Schallenberger entdeckten die Rotation zufällig, als sie mit Gaullard- und Gibbs-Transformatoren arbeiteten und hatten Schwierigkeiten, die Wirkung zu erklären. Keiner von ihnen baute einen Motor mit einem Drehfeld wie ich, und auch die Theorien waren nicht die gleichen.*

Was Cabanelles Ansprüche angingen, so war der einzige Grund für diese eine einzige und fehlerhafte technische Schrift. Einige übereifrige Freunde hatten ein U.S. Patent, das Bradley erteilt worden war, als gleichaltrige Aufzeichnung interpretiert, aber es gibt absolut keine Grundlage für einen solchen Anspruch. Die ursprüngliche Eingabe beschreibt nur einen Generator mit zwei Stromkreisen, die nur dazu dienten, die Leistung des Geräts zu erhöhen. Diese Idee war nicht gerade neu, da zu dieser Zeit eine Reihe solcher Maschinen existierten. Zu behaupten, dass es sich hierbei um einen Vorläufer meiner Rotationstransformatoren gehandelt hat, ist völlig abwegig. Sie hätten vielleicht als ein Element meines Transformatorsystems verwendet werden können, aber sie waren nichts ande-

Zwei verschiedene Modelle von Ferraris Motor aus dem Jahr 1886

res als Dynamos mit zwei Stromkreisen, die in anderer Absicht konstruiert worden waren und in der völligen Unwissenheit der neuen und wunderbaren Phänomene, die durch meine Entdeckung offenbart wurden.

Tesla selbst verlangte in seinen Patenten nie den Patentschutz auf das Prinzip des Rotationsfeldes, wie man in seinem deutschen Patent aus dem Jahr 1888 mit der Nr. 47 885 klar ersehen kann, allerdings zeigt er auch deutlich die Unterschiede zu seinen Vorgängern auf:

Es ist nicht neu, die Drehung eines Motors der Pole herbeizuführen. Man hat dies getan, indem man durch unabhängige Erregungsspulen auf einem der Elemente den Strom von einer Batterie oder anderen Quelle für direkten oder kontinuierlichen Strom hindurchgehen ließ und diesen Strom dann mittelst geeigneter mechanischer Vorrichtungen so wendete, dass er durch die Spulen in abwechselnd entgegengesetzter Richtung hindurchfloss. In solchen Fallen bleibt indessen das Potential des erregenden Stromes dasselbe, und nur die Richtung desselben ändert sich. In Gemäßheit vorliegender Erfindung dagegen kommen rein wechselnde Ströme zur Anwendung und besteht die Erfindung in der Art und Weise des Betriebes eines Apparates zur Nutzbarmachung solcher Ströme.

Der Unterschied zwischen den beiden Verfahrungsweisen ist: Durch die Erzeugung eines wechselnden Stromes, dessen jeder Impuls ein Steigen und Fallen des Potentials bedingt, werden die Zustände des Erzeugers im Motor genau wiedergegeben und die Pole kontinuierlich und nicht intermittierend vorgeschoben. Hierzu kommt, dass die praktische Schwierigkeit

(No Model.) 2 Sheets—Sheet 2.

N. TESLA

ELECTRO MAGNETIC MOTOR.

No 381,969. Patented May 1, 1888.

Fig: 3

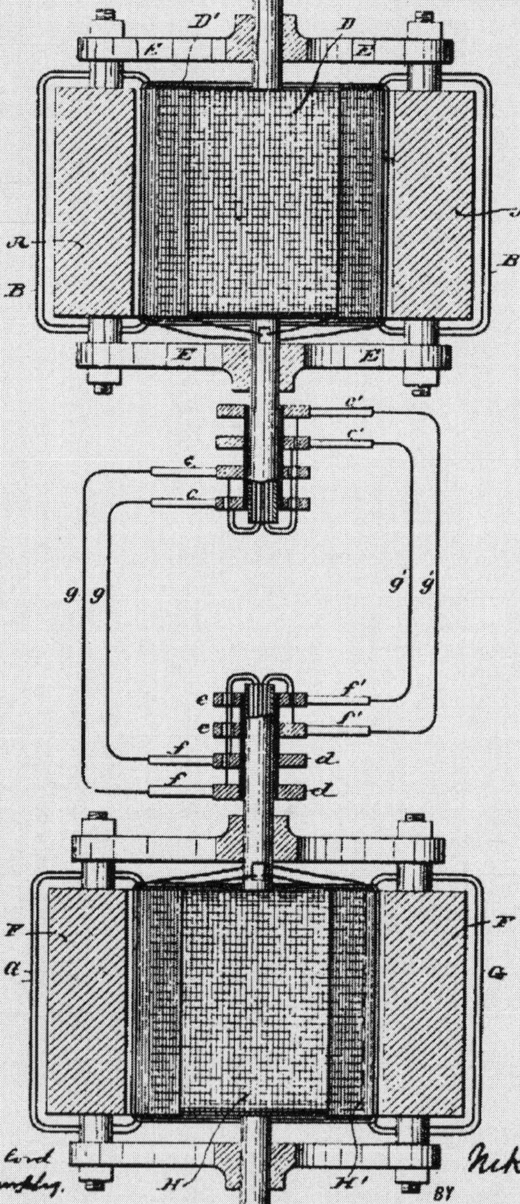

WITNESSES:

Robt. F. Gaylord

Frank B. Murphy.

INVENTOR

Nikola Tesla

BY

Duncan, Curtis & Page

ATTORNEYS.

der Unterbrechung oder Wendung eines Stromes von irgendeiner beträchtlichen Stärke so groß ist, dass keine der bis jetzt bekannten Vorrichtungen die Kraftübertragung durch Umkehrung eines kontinuierlichen oder Gleichstromes in der beschriebenen Weise gewerblich verwertbar bewerkstelligen konnte.

Soweit also das Verfahren der Beeinflussung eines Elementes des Motors in Betracht kommt, gründet sich die vorliegende Erfindung auf die Benutzung eines wechselnden Stromes im Gegensatz zu einem gewendeten Strom oder einen Strom, welcher ein kontinuierlicher und gleichgerichteter ist und von Spule zu Spule mit Hilfe eines Kommutators, Stromwenders oder Stromunterbrechers verschoben wird. Bezüglich desjenigen Teiles der Erfindung, welcher in der gleichzeitigen Beeinflussung beider Elemente des Motors besteht, liegt die Anwendung sowohl von wechselnden als auch von gewendeten Strömen innerhalb des Bereiches des Erfindungsgedankens, obgleich der Verwendung der letztgenannten Ströme eine besondere praktische Bedeutung nicht beigemessen wird.

Slavko Boksan äusserst sich wie folgt über dieses Thema: "Teslas Leistungen auf dem Gebiete der Drehstromtechnik fanden sachlich durch die Versuchsanlage bei Lauffen/Frankfurt am Main und durch die große Hydrozentrale an den Niagarafällen schnelle und hervorragende Anerkennung. Die Anerkennung in der Fachliteratur war aber nicht entsprechend und steht mit dem hohen wissenschaftlichen und technischen Wert des zustande gebrachten Werkes in gar keinem Verhältnis. Wir finden sogar sehr oft Teslas Namen in der Fachliteratur mit seinem Werke gar nicht erwähnt, und oft wird die Entdeckung des Drehfeldes sogar nur dem italienischen Professor Ferraris zugeschrieben.

Alles dies ist begreiflich. Erst nach und nach und zuerst nur den Interessierten ist die ganze Bedeutung der großen Entdeckung und der umfangreichen Erfindungen zum vollen Bewusstsein gekommen; und da Tesla nicht nur verschiedene konstruktive Erfindungen, sondern auch die Grundprinzipien patentiert hatte, ist es begreiflich, welche Feindschaft er hervorrufen musste. Man konnte Tesla nicht vergessen, dass er auf die ganze Starkstromindustrie Hand gelegt hatte, und als die ganze ungeheure Tragweite seines Werkes allgemein bekannt und erkannt wurde, ging der Kampf sowohl in der Industrie als auch in der Literatur gegen ihn los."

In den Vereinigten Staaten gab es hierfür einen einfachen Grund: Die Firma *Westinghouse* besaß sämtliche Rechte an Teslas System, und wenn die anderen Gesellschaften nicht Pleite gehen wollten, dann mussten sie sich auf legale oder illegale Weise eben die Rechte an Teslas Erfindungen beschaffen. Zu diesem Zweck bediente man sich altbekannter Mittel: Man stiftete eine schöne Verwirrung, log und vertuschte, was den üblichen Erfolg brachte, weil anfangs praktisch keiner die Bedeutung dieser Erfindungen in ihrem ganzen Ausmaß erkannte. In dem Durcheinander der ganzen Streitigkeiten über die Urheberschaft des Drehstromsystems konnten sich dann die Plagiatoren tummeln und Teslas Induktionsmotor unter Umgehung der Patentrechte produzieren. Nachdem das ganze Theater dann vorbei war, kam es zu einer friedlichen Einigung über die gemeinsame Nutzung der Teslaschen Erfindungen, also vor allem zwischen *Westinghouse* und *General Electrics*, nämlich Edison, der natürlich Teslas System übernahm. Dies wiederum hatte seinen einfachen Grund darin, dass *General Electric* praktisch Morgan gehörte, und dieser hatte schon dafür gesorgt, dass diese Gesellschaft ihren Anteil an der Ausbeutung des Wechselstromsystems erhielt, wenn es ihm auch nicht gelungen war, die gesamte Elektroindustrie unter seine Kontrolle zu bringen. Bis heute sind *General Electrics* und *Westinghouse* in den Vereinigten Staaten die größten Elektrounternehmen.

Tesla schrieb darüber später Folgendes: *Wenn die "Edison Company" nicht schließlich mein System übernommen hätte, dann wäre sie ausgelöscht worden, und trotzdem ist von keinem dieser Leute meinen Arbeiten bisher die geringste Anerkennung gezollt worden, was ein äusserst bemerkenswerter Fall der sprichwörtlichen Unfairness und Undankbarkeit von Unternehmen ist. Aber die Gründe hierfür braucht man nicht lange zu suchen. Einer ihrer berühmten Vertreter sagte mir, dass sie jedes Jahr 10 Millionen Dollar ausgeben, um Edisons Name im öffentlichen Bewusstsein zu halten, und er fügte hinzu, dass dieser noch mehr wert wäre. Natürlich ist jede Stimme, die sich erhebt, um die Leute vom wirklichen Stand der Dinge zu unterrichten, wie das Zwitschern eines kleinen Spatzen im Tosen des Niagarafalls im Vergleich zu dem unaufhörlichen und ohrenbetäubenden Geschrei von den Hausdächern. Auf diese Weise ist es gekommen, dass nur sehr wenige klare Vorstellungen von der Lage der Dinge besitzen. In Wahrheit hat mein System nicht nur Energie für alle möglichen Zwecke überall auf der Welt geliefert, sondern auch die elektrischen Beleuchtungsmethoden revolutioniert und diese zu einem großen kommerziellen Erfolg gemacht, indem die Enegiekosten gesenkt und die Entfernungen der Übertragung gewaltig gesteigert wurden.*

Im Jahr 1900 wurde die Frage nach dem Erfinder des Wechselstrommotors von **Richter Townsend** vom Bezirksgericht in Connecticut endgültig entschieden. In der Urteilsverkündigung schrieb er unter anderem Folgendes: "Es blieb dem Genie Tesla vorbehalten, die ungeregelten, ungebändigten und bis dahin feindlichen Elemente in Natur und Technik zu bändigen und nutzbar zu machen, um mit ihrer Hilfe die Maschinen für den Menschen anzutreiben. Er war es, der zuerst zeigte, wie man das Spielzeug von Arago in eine Arbeitsmaschine, das "Laborexperiment" von Bailey in einen für die Praxis erfolgreichen Motor, ein Messinstrument in eine Antriebsmaschine umwandeln könne. Er kam als Erster auf den Gedanken, dass man gerade die früher störenden Phänomene bei der Richtungsänderung, d.h. den Polwechsel, dazu verwenden könne, um eine krafterzeugende Drehung, ein wirbelndes Kraftfeld, hervorzubringen."

Abschließend möchten wir noch ein Zitat von Charles Scott, einem früheren Mitarbeiter Teslas anführen, der Folgendes über Teslas epochale Leistung schreibt: "Die wahre Bedeutung liegt aber weder in der Erfindung selbst, noch in der wunderbaren Vergrößerung der Anwendung von Elektrizität für elektrische Beleuchtung und Antriebszwecke, sondern in ihrer industriellen, ökonomischen und sozialen Wirksamkeit. In den letzten Jahrzehnten wurde die Anwendung der Energieerzeugung in der Industrie in den Vereinigten Staaten viele Male vergrößert, ebenso schnell wie die Anzahl der Erwerbsunternehmungen. Die Produktion wurde in demselben Maße enorm vergrößert, in welche die Energie, die der Motor liefert, verwendet wurde. Unternehmungen wachsen, die Arbeitszeit wird reduziert und so ist eine neue Möglichkeit für die Entwicklung der intellektuellen, ästhetischen und geistigen Phasen des Lebens geschaffen worden. Die Elektrizität in der Fabrik, in den Häusern und auf den Straßen hat in wenigen Jahrzehnten bedeutende Veränderungen hervorgerufen und wird in den kommenden Jahrhunderten Einflüsse herbeiführen, die man heute noch gar nicht voraussehen kann."

DIE ENTWICKLUNG DER HOCH-FREQUENZ- UND HOCHSPANNUNGSTECHNIK

FRÜHERE FORSCHUNGEN

Im Jahr 1746 wurde von den beiden Naturforschern Kleist und Cunaeus der Kondensator erfunden. Dieser hatte anfangs die Form einer Leydenschen Flasche, die beiderseits mit Staniolpapier beklebt war und deren Innenseiten positiv aufgeladen wurden. Bei Experimenten mit diesem Gerät stellte Henry 1842 und Helmholtz 1847 fest, dass die Entladung zwischen den beiden Staniolbelägen in einer solchen Flasche nicht in Form einer einmaligen Übertragung der elektrischen Energie vor sich geht, sondern in Form von abnehmenden Schwingungen.

In einer mathematischen Abhandlung mit dem Titel "Über abklingende elektrische Ströme" aus dem Jahr 1856 stellte Lord Kelvin (William Thomson mit bürgerlichem Namen) eine Theorie der Funkenentladung in einem Thomsonschen Schwingkreis auf. Es gelang ihm die Resonanzfrequenz eines solchen Schwingkreises, der aus einer Kombination von Spule und Kondensator besteht, zu berechnen. Einige Jahre später erfolgten Experimente von Physikern wie Wheatstone und Fedderson, welche die Dauer der Funkenentladung in einer Leydenschen Flasche bestimmen konnten. Paalzows Versuche mit Geißlerschen Röhren, also evakuierten Glasröhren, zeigten auf, dass die Entladung in solchen Röhren ebenfalls in Form alternierender Ströme hoher Freqeuenz vor sich geht.

Zusammenfassend kann also gesagt werden, dass die Forschungen auf diesem Gebiet noch rein experimenteller und theoretischer Natur waren, und eine praktische Verwendung der beobachteten Effekte, ohne eine geeignete Maschine zur Erzeugung hochfrequenter Ströme, noch in weiter Ferne lag. Erst durch Teslas Erfindung des Induktionsmotors und der hieraus entwickelten ersten Hochfrequenzmaschinen wurde eine technische Nutzung von Hochfrequenzströmen in vielfältigster Weise ermöglicht.

TESLAS WECHSELSTROMMASCHINEN UND HOCHFREQUENZOSZILLATOREN

Wie schon gesagt, handelte es sich bei den ersten Hochfrequenzgeneratoren, die Tesla baute, um **Wechselstrommaschinen** oder -generatoren, die allerdings im Unterschied zu normalen Induktionsmotoren bis zu 480 Pole besaßen, wodurch dann z.B. bei einer Drehzahl von 1 500 U/min eine Frequenz von ungefähr 10 000 Hertz bei einer Leistung von vielleicht 10 KW erzeugt wurden.

Über die Anfangsschwierigkeiten bei der Entwicklung solcher Maschinen schrieb Tesla im Jahr 1891 Folgendes: *Der Autor möchte hier nur nebenbei erwähnen, dass jeder, der zum ersten Mal versucht, eine solche Maschine zu konstruieren, eine Leidensgeschichte erzählen kann. Als erstes wird er einen Anker mit der erforderlichen Anzahl von Polvorsprüngen herstellen. Er wird sich dann davon überzeugen können, dass er ein Gerät gebaut hat, das eine ganze Wagneroper begleiten könnte. Es kann ausserdem die Eigenschaft besitzen, mechanische Energie in einer fast perfekten Art und Weise in Wärme umzuwandeln. Wenn eine Umkehr der Polarität der Vorsprünge vorhanden ist, wird die Maschine Wärme abgeben, wenn keine Umkehr vorhanden ist, wird die Erwärmung geringer sein, aber die abgegebene Leistung wird praktisch auf Null sinken. Er wird dann das Eisen im Anker weglassen und wird vom Regen in die Traufe kommen. Er wird von einer Schwierigkeit zur anderen gelangen, aber nach ein paar Versuchen wird er vielleicht das bekommen, was er sich wünscht.*

Da er diese Maschinen anfangs für Bogenlampen entwickelte, um die Geräusche zu verhindern, die beim Betrieb dieser Lampen mit niedrigfrequentem Wechselstrom auftraten, wurde diese Erfindung unter dem Titel “Method of Operating Arc-Lamps” am 1. Oktober 1890 beim Patentamt eingereicht und erhielt die Nr. **447.920**. Sechs Wochen später meldete er einen verbesserten Typ dieser Maschine unter dem Titel “Alternating-Elelectric-Current Generator” (**447.921**) an, bei dem er eine Konstruktion zeigte, durch welche die Schwierigkeiten, die sich durch die Verwendung von Polvorsprüngen ergaben, überwunden wurden, und ein wirtschaftlicherer Betrieb einer solchen Maschine gesichert wurde. Durch Hintereinanderschaltung mehrerer solcher **Hochfrequenzmaschinen** oder auch **Alternatoren**, wie sie auch genannt wurden, konnte die Frequenz entsprechend erhöht werden. Dieses Prinzip wurde 1907 von Fessenden verwendet, der Maschinen für 75 000 Hertz und Alexanderson, der 1910 solche mit 100 000 Hertz baute, die allerdings nur eine Leistung von ein paar

(No Model.)

N. TESLA.

METHOD OF OPERATING ARC LAMPS.

No. 447,920. Patented Mar. 10, 1891.

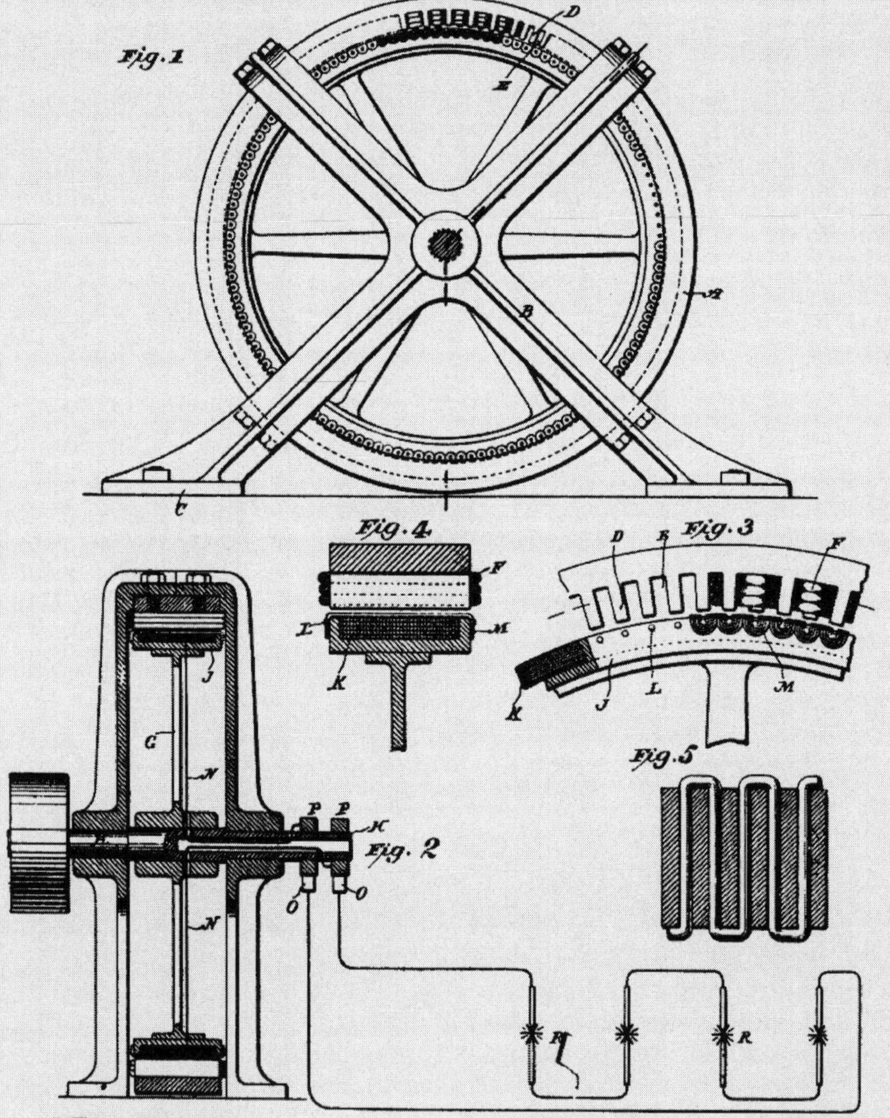

Witnesses:
Raphael Netter
M. G. Tracy

Inventor
Nikola Tesla
by
Duncan & Page
Attorneys.

(No Model.) 2 Sheets—Sheet 1.

N. TESLA.

ALTERNATING ELECTRIC CURRENT GENERATOR.

No. 447,921. Patented Mar. 10, 1891.

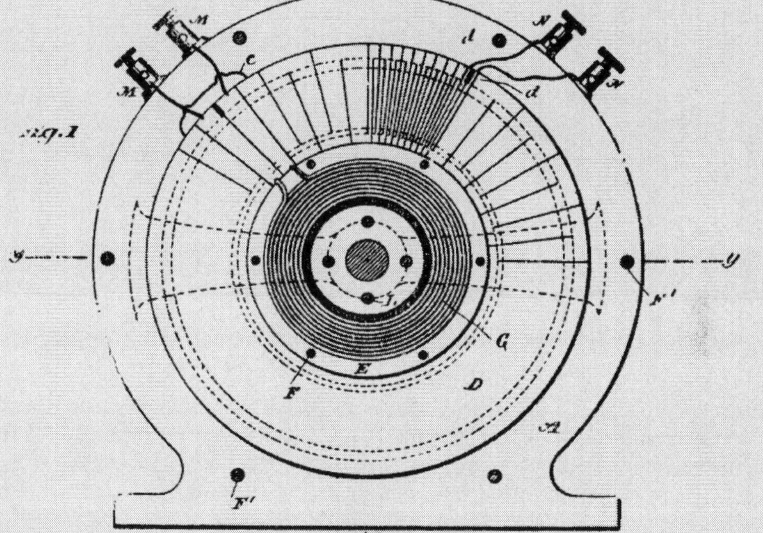
Fig. 1

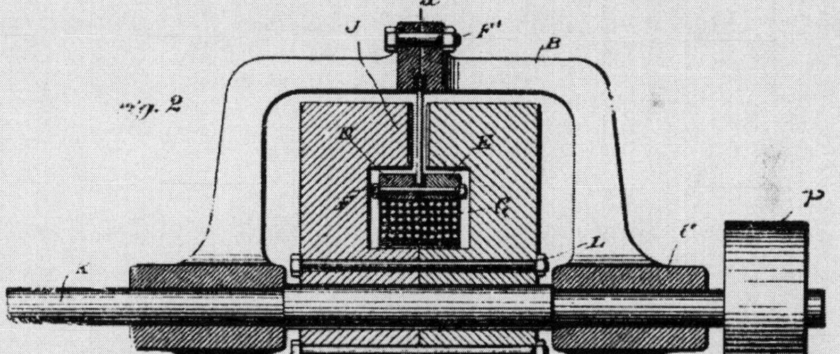
Fig. 2

Witnesses:
Ernest Hopkinson
Frank B. Murphy.

Inventor
Nikola Tesla
by
Duncan & Page
Attorneys.

Die ersten Hochfrequenzmaschinen oder Alternatoren, die Tesla konstruierte

Kilowatt besaßen. Erst einige Jahre später gelang es Alexanderson, Generatoren mit 200 Kilowatt zu konstruieren, die eine Frequenz von 25 000 Hertz besaßen. Bei all diesen Geräten handelte es sich um Sendeanlagen für die ersten amerikanischen Radiostationen. Tesla selbst hatte solche Maschinen schon wesentlich früher, nämlich 1899 in Colorado, für Übertragungszwecke verwendet und bereits damals Maschinen konstruieren können, die Leistungen bis zu 200 KW bei bis zu 10 000 Hertz erreichten, und auch solche, die bis zu 35 000 Hertz liefern konnten. Dieser Typ von Hochfrequenzmaschinen wurde immerhin bis in die Dreissiger Jahre hinein in Radiostationen verwendet.

Tesla suchte schon früh nach anderen Methoden, um wesentlich höhere Frequenzen zu erzielen, ausserdem konnte mit den genannten Maschinen nur ein Wirkungsgrad von 50% erreicht werden. Durch Lord Kelvins Theorie der Kondensatorentladungen war er auf die Idee gekommen, den **Kondensator** zur Erzeugung von Hochfrequenzschwingungen und hoher Spannungen einzusetzen. In seinem Vortrag aus dem Jahr 1898 vor der Elektrotherapeutischen Vereinigung schreibt er darüber Folgendes: *Es ist sehr wahrscheinlich, dass nur sehr wenige ... wissen, welch ein wundervolles Instrument ein Kondensator tatsächlich ist. Ich möchte ihnen nur eine kleine Vorstellung hiervon geben. Man kann z.B. mit einem Kondensator, der so klein ist, dass er in die Westentasche passt, bei entsprechender Anwendung extrem hohe elektrische Spannungen erzeugen, die hundertmal größer sind, wenn es notwendig ist, als die der größten statischen Maschinen. ... Solche Ergebnisse kann man leicht erzielen, da ein Kondensator die aufgespeicherte Energie in unglaublich kurzer Zeit entladen kann. In der Physik ist nichts bekannt, wodurch ähnliche Dinge erreicht werden könnten. ... Einem Kondensator am ähnlichsten ist noch ein Explosivmittel wie Dynamit. Aber selbst die stärkste Explosion einer solchen Verbindung kann nicht mit der Entladung oder Explosion eines Kondensators verglichen werden. Denn der Druck, der durch die Detonation einer chemischen Verbindung erzeugt wird, wird mit Dutzenden von Tonnen pro Quadratzentimeter gemessen, während derjenige einer Kondensatorentladung Tausende von Tonnen pro Quadratzentimeter beträgt.*

Tesla meldete sein neues Verfahren zur Erzeugung von Hochfrequenzströmen am 4. Februar 1891 unter dem Titel "Method and Apparatus for Electrical Conversion and Distribution" unter der Nr**. 462.418** zum Patent an. Er schreibt hierin, dass seine Erfindung auf folgende elektrische Erscheinungen beruht:

Erstens, wenn ein Kondensator oder Leiter, der eine bestimmte Kapazität besitzt, durch einen geeigneten Generator über einen Stromkreis entladen wird, dann wird die Entladung unter bestimmten Bedingungen einen intermittierenden oder oszillatorischen Charakter aufweisen. Zweitens, wenn zwei Punkte eines elektrischen Stromkreises, durch den ein Strom

(No Model.)

N. TESLA

METHOD OF AND APPARATUS FOR ELECTRICAL CONVERSION AND DISTRIBUTION

No. 462,418 Patented Nov. 3, 1891

Fig. 1

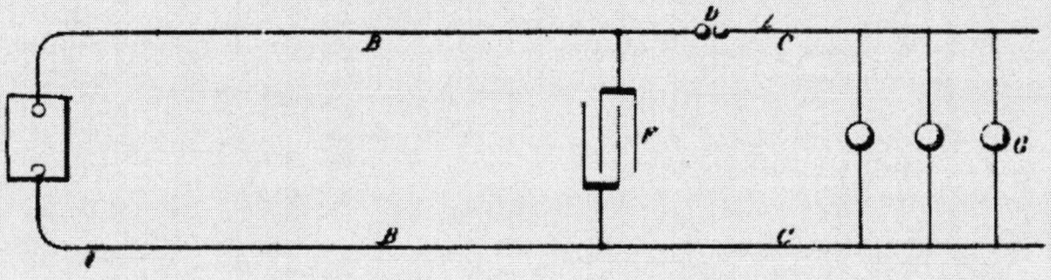

Fig. 2

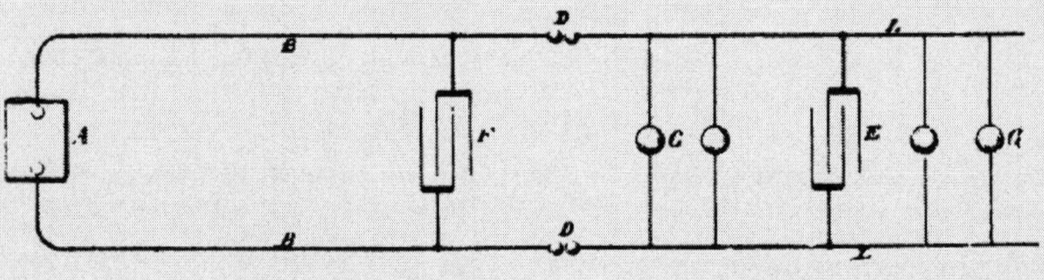

Witnesses:

Raphaël Netter

Frank B. Murphy.

Inventor

Nikola Tesla

by Duncan & Page.

Attorneys.

fließt, der in seiner Stärke schnell steigt und fällt, mit den zwei Platten oder Armaturen eines Kondensators verbunden wird, kann eine Änderung der Stromstärke im gesamten Stromkreis oder nur in einem Teil desselben hervorgerufen werden. Drittens, die Größe oder die Art einer solchen Änderung der Stromstärke hängt von der Kapazität des Kondensators, der Selbstinduktion und dem Widerstand des Stromkreises oder eines seiner Teile und der Periode oder der Wechselrate des Stromes ab. Es muss jedoch hinzugefügt werden, dass diese einzelnen Faktoren -- die Kapazität, die Selbstinduktion und die Periode -- alle miteinander in einem Verhältnis stehen, dass dem Elektriker bekannt ist. Aber um eine solche Umwandlung mit Kondensatoren praktisch brauchbar zu machen, ist es vor allem aufgrund des größeren Wirkungsgrades, der größeren Leistung und der Kosten des Apparates wünschenswert, Stromimpulse zu erzeugen, die mit größtmöglicher Schnelligkeit aufeinanderfolgen, oder anders ausgedrückt, die Dauer jedes Impulses, Wechsels oder jeder Oszillation des Stromes äusserst kurz zu machen. Dass die Vorteile eines solches Systems bisher nicht in größerem Maße genutzt werden konnten, liegt vielleicht an den vielen Schwierigkeiten, die auftreten, wenn man dieses Ergebnis mechanisch erreichen will, wie z.B. durch Rotationsschalter oder Unterbrecher. Um diese Schwierigkeiten zu umgehen, habe ich in meiner derzeitigen Erfindung die oben genannten Tatsachen ausgenutzt, die schon lange erkannt worden sind, um einen Kondensator oder Leiter mit einer bestimmten Kapazität aus einer geeigneten Quelle zu laden, wodurch es unter bestimmten Umständen, die von der Kapazität des Kondensators oder Leiters, der Selbstinduktion und dem Widerstand des Entaldungsstromkreises abhängen, weiterhin der Schnelligkeit der Ladung und der Abnahme der elektrischen Energie, zu einer Entladung kommt, welche die Form von Oszillationen extrem kurzer Dauer annimmt.

Allgemein gesagt gehe ich nach folgenden Plan vor, um meine Erfindung in die Tat umzusetzen: Ich verwende einen Generator vorzugsweise mit hoher Spannung, der in der Lage ist, entweder Gleichstrom oder Wechselstrom zu liefern. Diesen Generator verbinde ich mit einem Kondensator oder Leiter bestimmter Kapazität und entlade die angesammelte Energie disruptiv durch einen Luftspalt oder anderweitig durch einen Arbeitsstromkreis, der Verbraucher und falls nötig auch Kondensatoren enthält. Diese Entladungen können entweder gleichgerichtet oder alternierend oder intermittierend verlaufen, mehr oder minder schnell aufeinander folgen oder sehr schnell hin- und heroszillieren. Durch die Wirkung des Kondensators werden die Stromimpulse oder Entladungen hoher Spannung und sehr geringer Stromstärke in einen Strom geringerer Spannung und größerer Stromstärke umgewandelt. Die Erzeugung und Anwendung eines Stromes, der so schnell oszilliert oder alterniert (die Schwingungszahl kann mehrere Millionen in der Sekunde betragen) gewährleistet unter anderem folgende Vorteile: Erstens, die Kapazität des Kondensators wird bei einer gegebenen Leistung wesentlich verringert. Zweitens, der Wirkungsgrad des Kondensators wird erhöht. Und drittens, die Stromumwandlung wird verbessert.

Mir ist es auf diese Weise gelungen, ein System der Umwandlung zu erzeugen, das sich wesentlich von bisher bekannten unterscheidet, erstens in Hinsicht auf die Anzahl der Impulse, Wechsel oder Oszillationen des Stromes pro Zeiteinheit und zweitens in Hinsicht auf die Art und Weise, in der die Impulse erhalten werden.

In einem weiteren Patent vom 25. April 1891 mit der Nr. **454.622** und dem Titel "System of Electric Lighting" beschreibt Tesla dann einen Hochfrequenzoszillator oder -transformator, der später auch **Teslatransformator** genannt wurde: *Um Ströme sehr hoher Frequenz und sehr hoher Spannung zu erzeugen, können bestimmte bekannte Geräte verwendet werden. ... Den Strom hoher Frequenz, der ... notwendig ist, um meine Erfindung erfolgreich in die Praxis umzusetzen, erzeuge ich durch die disruptive Entladung der akkumulierten Energie eines Kondensators, welche dadurch aufrecht erhalten wird, indem der genannte Kondensator durch eine geeignete Quelle geladen und in einen Stromkreis entladen wird, der eine Selbstinduktion, Kapazität, einen Widerstand und eine Periode besitzt, die in einem bestimmten Verhältnis zueinander stehen, welches bekannt ist. ... Nachdem ich auf die oben genannte Art einen Strom extrem hoher Frequenz erhalten habe, erhalte ich mittels einer Induktionsspule äusserst hohe Spannungen -- und zwar dadurch, dass ich in den Stromkreis, in dem die disruptive Entladung stattfindet, die Primärwicklung einer geeigneten Induktionsspule einschalte, und mit Hilfe der Sekundärwicklung, die einen wesentlich längeren und dünneren Draht besitzt, transformiere ich die Ströme auf extrem hohe Spannungen.*

Die hierbei verwendete verbesserte Induktionsspule, die später als Teslaspule bezeichnet wurde, hat er auch in seinen Vorträgen und in Artikeln ausführlichst beschrieben, worauf wir allerdings erst im Kapitel über die Hochspannungstechnik eingehen wollen.

Tesla erkannte bald, dass der Wirkungsgrad solcher Hochfrequenzoszillatoren sehr schlecht war, was seinen Grund in den Verlusten, die in der Funkenstrecke auftraten, hatte. Um diese Schwierigkeiten zu umgehen, ersann er verschiedene Methoden der **Funken- oder Lichtbogenlöschung**, wie z.B. **magnetische und elektromagnetische Löschung**, unterteilte Funkenstrecken (**Serienfunkenstrecke**), **Löschung durch ein Luftgebläse**, **Rotationsfunkenstrecken** und Löschung in verdünnten Gasen oder Luft, Flüssigkeiten (Öl und vor allem Quecksilber). Weiters setze er natürlich auch Vakuumröhren zur Erzeugung von Hochfrequenzströmen ein, wobei sich die Funkenstrecke dann eben innerhalb der hoch evakuierten Röhre befindet. Von diesen Geräten ließ Tesla um die tausend

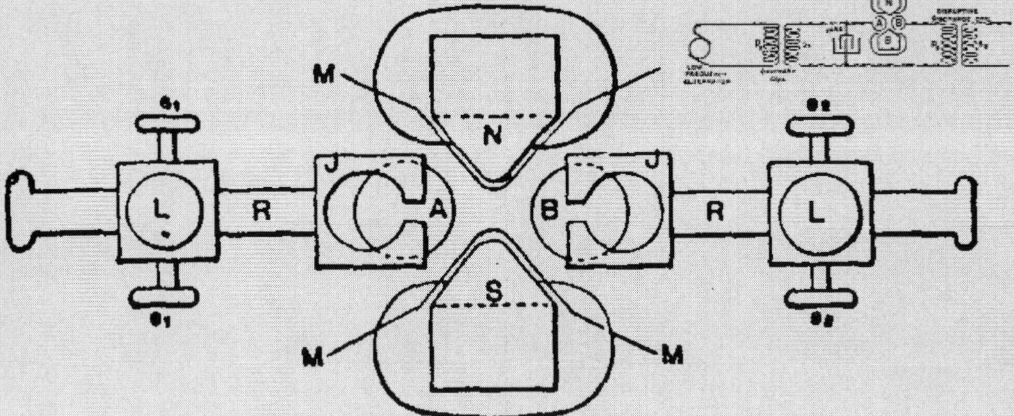

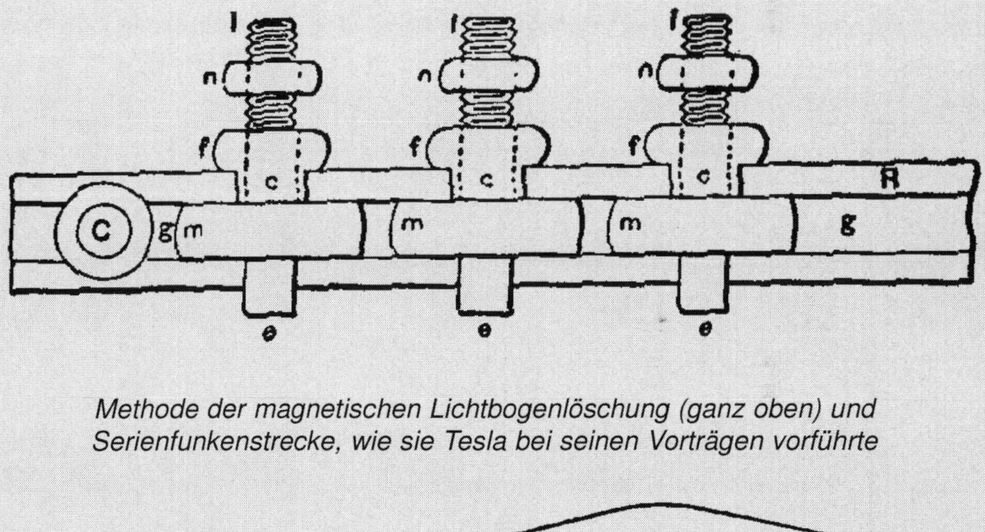

Methode der magnetischen Lichtbogenlöschung (ganz oben) und Serienfunkenstrecke, wie sie Tesla bei seinen Vorträgen vorführte

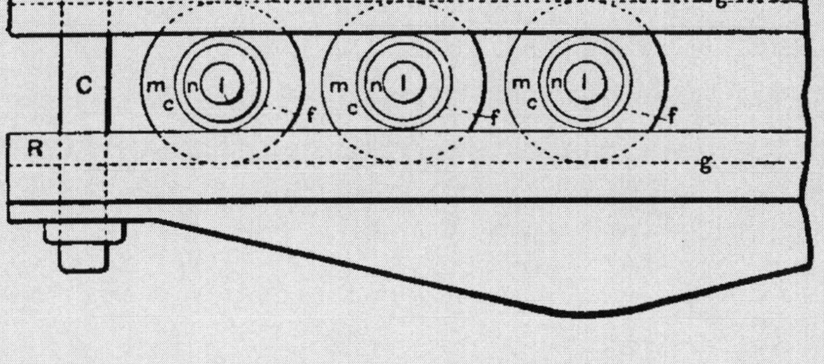

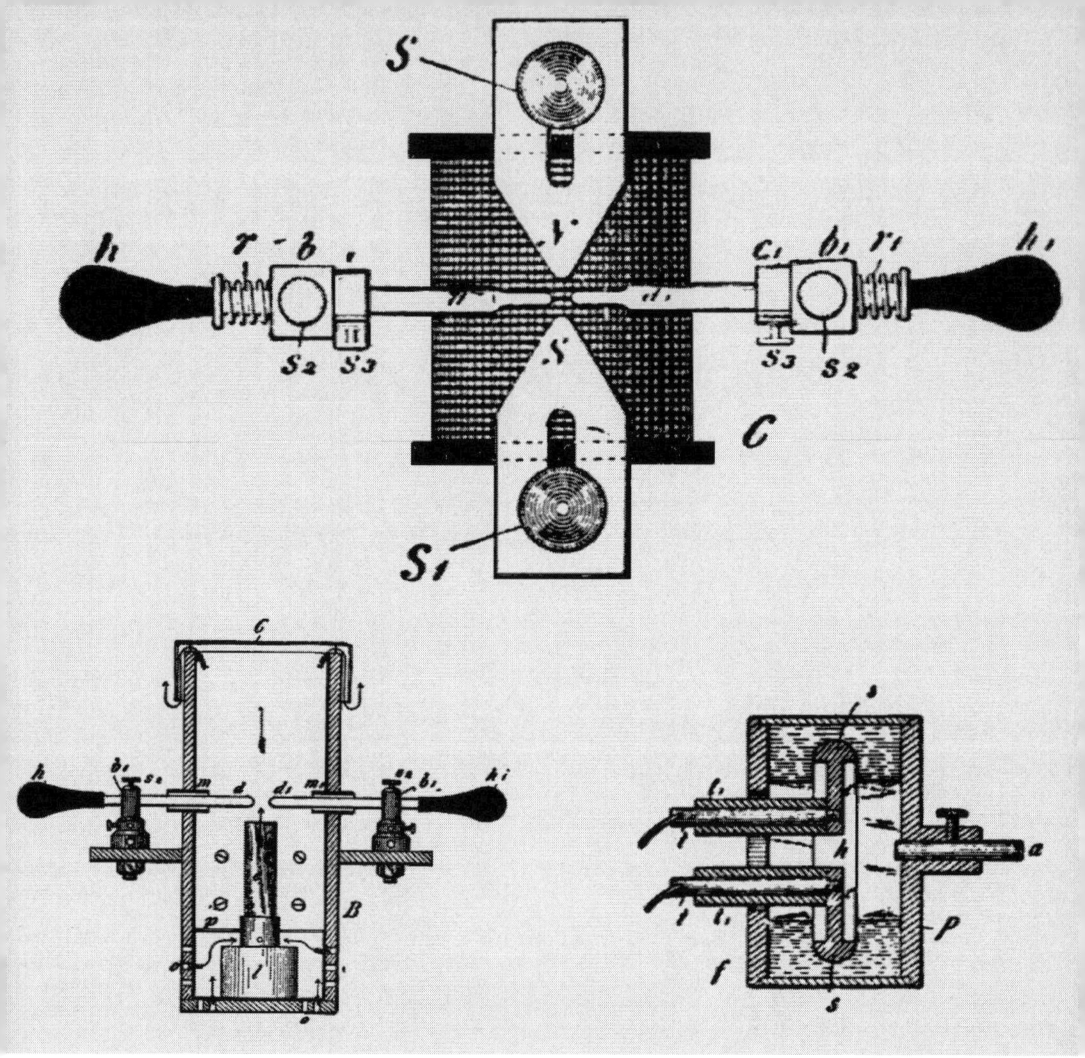

Lichtbogenlöschung durch Magnete, mittels Luftgebläse und Rotationsfunkenstrecke

Stück bauen, aber ausser für Beleuchtungszwecke resultierte hieraus nicht ein einziges Patent. Allerdings stellen seine Forschungen auf diesem Gebiet die Grundlage für die spätere Entwicklung der Elektronenröhre durch Männer wie Lee de Forest und Meissner dar.

Die genannten Methoden der Funkenlöschung ließ Tesla nur teilweise patentieren, allerdings sind sie in seinen Vorträgen, aus denen wir im folgenden einige Zitate anführen wollen, ausreichend beschrieben und werden dort als **Entlader** bezeichnet. Weitere Namen für diese Geräte sind **Unterbrecher** und **Stromkreisregler.**

Da es oft vorkommt, dass die Schwingungen nicht leicht zustande kommen, vor allem wenn eine Gleichstromquelle verwendet wird, ist es von Vorteil, einen Unterbrecher mit dem Bogen zu verbinden. Ich habe z.B. vor einiger Zeit zu diesem Zweck die Verwendung eines Luftstroms oder eines Magneten oder anderer derartiger Vorrichtungen, die jederzeit zur Verfügung stehen, vorgeschlagen. Ein Magnet ist vor allem bei der Umwandlung von Gleichströmen von Vorteil, da er hier sehr effektiv eingesetzt werden kann. ...

Ein solches Gerät hat sich oft als notwendig erwiesen, vor allem wenn die elektromotorische Kraft nicht groß genug war, um einen Durchschlag der Entladung herbeizuführen oder auch um einen Kurzschluss des Generators aufgrund der Berührung der Stifte zu vermeiden. Die Frequenz der Stromunterbrechungen durch den Magneten hängt von der Stärke des Magnetfelds und von der Spannungsdifferenz am Ende des Bogens ab. Im allgemeinen folgen die Unterbrechungen so schnell aufeinander, dass sie einen musikalischen Ton erzeugen.

Ein anderer Entlader arbeitete mit erhitzter Luft: *Wenn die Luft auf eine bestimmte Temperatur erwärmt wird, dann verringert sich ihre Isolierungsfähigkeit. Ihre dielektrischen Eigenschaften werden praktisch geschwächt, und deshalb ist es möglich, den Bogen über eine wesentlich größere Entfernung zu erzeugen. Der Luftspalt sollte natürlich noch ausreichend isolierend wirken, damit es zu einer Durchschlagsentladung kommen kann. Der unter diesen Umständen gebildete Bogen kann ausserordentlich empfindlich gemacht werden, wenn er eine bestimmte Länge besitzt. Der schwache Luftzug durch die Öffnung ... über der Lampe ist völlig ausreichend, um schnell aufeinanderfolgende Unterbrechungen zu erzeugen. Die Einstellung erfolgt durch die Temperatur- und Geschwindigkeitsveränderung des Luftzugs.*

Tesla fand jedoch schließlich heraus, dass das beste Medium für den Entladungsspalt deswegen ein fester oder sogar flüssiger Körper wäre: *Es ist schwierig, sich einen Körper vorzustellen, der die Eigenschaft besitzt, eine auftretende Bruchstelle sofort wieder zu schließen. Eine Flüssigkeit verhält sich allerdings, vor allem unter hohem Druck, praktisch wie ein Festkörper und besitzt ausserdem die Fähigkeit, die Bruchstelle sofort wieder zu schließen. Hierdurch kam ich auf die Idee, dass ein flüssiger Isolator als Dielektrikum besser geeignet wäre als Luft. ...*

Durch Entladungen dieser Art mit ***Flüssigkeitsunterbrechern****, von denen ich verschiedene Formen herstellte, ließen sich sehr starke Wirkungen erzeugen. Wie erwartet konnten auf diese Weise bei gegebener Drahtlänge weitaus längere Funken erhalten werden als bei der Verwendung von Luft. Im allgemeinen war bei der beschriebenen Form des Entladers die Geschwindigkeit und aufgrund der Flüssigkeitsreibung dementsprechend auch der Druck beschränkt, aber die praktisch erreichbare Ge-*

(No Model.)

N. TESLA.

MEANS FOR GENERATING ELECTRIC CURRENTS.

No. 514,168. Patented Feb. 6, 1894.

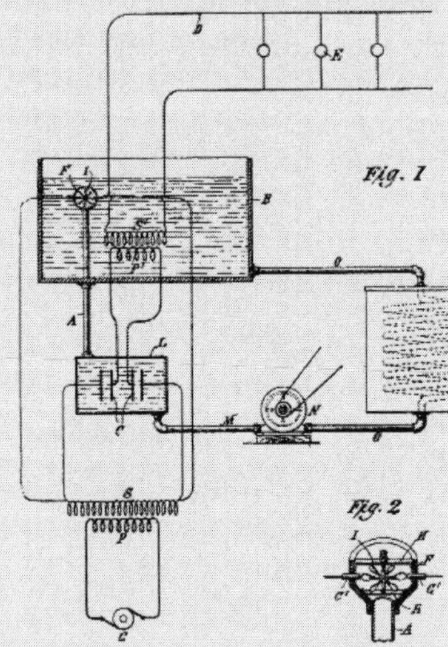

Witnesses
Raphael Netter
James N. Catlow

Inventor
Nikola Tesla
By his Attorneys
Duncan & Page

(No Model.) 2 Sheets—Sheet 1

N. TESLA.

APPARATUS FOR PRODUCING ELECTRICAL CURRENTS OF HIGH FREQUENCY.

No. 568,180. Patented Sept. 22, 1896.

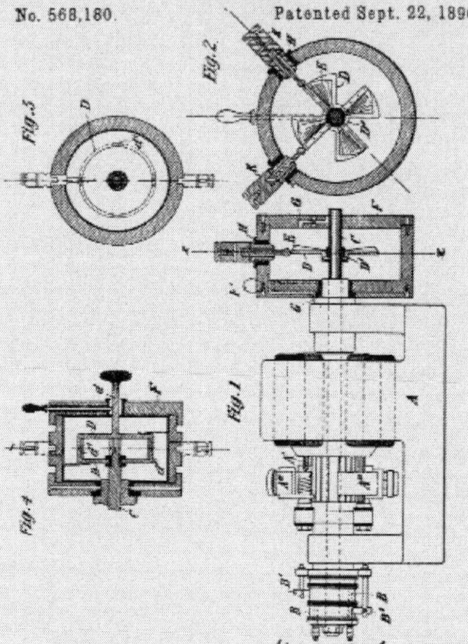

WITNESSES:
Edwin B. Hopkinson

Nikola Tesla, INVENTOR
BY
Kerr, Curtis & Page, ATTORNEYS

(No Model.) 2 Sheets—Sheet 1

N. TESLA.

METHOD OF AND APPARATUS FOR PRODUCING CURRENTS OF HIGH FREQUENCY.

No. 568,179. Patented Sept. 22, 1896.

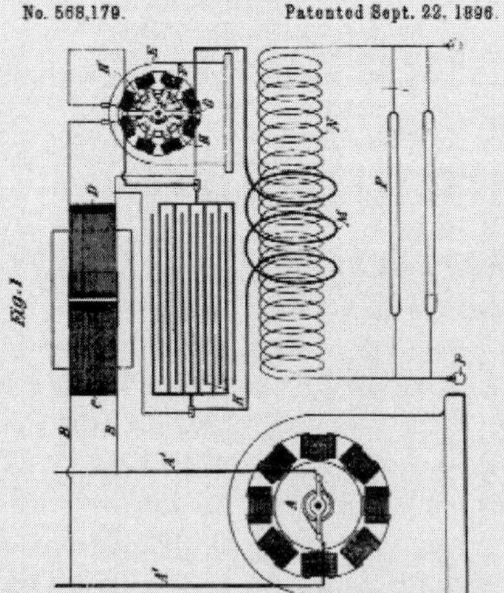

WITNESSES
Drury W. Cooper
Edwin B. Hopkinson

INVENTOR
Nikola Tesla
BY
Kerr, Curtis & Page
ATTORNEYS

(No Model.) 2 Sheets—Sheet 2

N. TESLA.

METHOD OF AND APPARATUS FOR PRODUCING CURRENTS OF HIGH FREQUENCY.

No. 568,179. Patented Sept. 22, 1896.

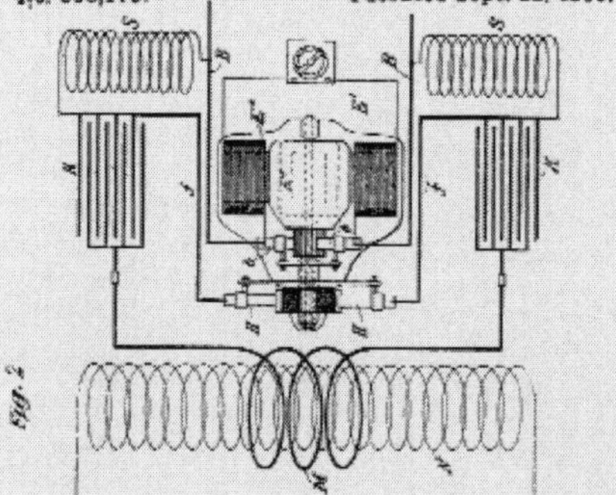

WITNESSES
Drury W. Cooper
Edwin B. Hopkinson

INVENTOR
Nikola Tesla
BY
Kerr, Curtis & Page
ATTORNEYS

schwindigkeit war mehr als ausreichend, um eine Zahl von Unterbrechungen zu erzeugen, die für normale Stromkreise geeignet war.

In den Vereinigten Staaten wurden einige dieser Geräte unter dem Titel "Apparatus for Producing Electric Currents of High Frequency" patentiert und die späteren Entwicklungen, die mit Quecksilber arbeiteten, unter "Electric Circuit Controllers", also Stromkreisregler. In Deutschland wurden letztgenannte unter dem Namen "Stromunterbrecher mit flüssigem Leiter" patentiert. Von den erstgenannten sind hier zwei Patente erschienen, die folgende Titel tragen: "Stromkreisregler für die Umwandlung von Strömen geringer Wechselzahl in solche von hoher Wechselzahl mittels Kondensatorentladungen" und "Einrichtung zur Erzielung von Strömen hoher Frequenz aus Gleichströmen durch Kondensatorentladungen". Hierbei sind mehrere amerikanischen Patente zusammengefasst.

Wir wollen hier nur einige Zitate aus Teslas deutschen Patenten aus dem Jahr 1898 mit den Nummern **109 865**, **110 049** und **110 050** anführen, die sich auf Rotationsunterbrecher mit Quecksilber beziehen, da sich diese Methode am besten bewährt hat und damit der größte Wirkungsgrad erreicht werden konnte.

Der Erfinder hat bisher mehrere Verfahren und Apparate erdacht und unter Patentschutz stellen lassen, welche die Erzeugung, die Umsetzung und die Nutzbarmachung elektrischer Ströme von sehr hoher Wechselzahl bezweckte und auf dem Prinzip beruhten, einen Kondensator zu laden und ihn im allgemeinen durch die Primärspule eines Transformators wieder zu entladen, in dessen Sekundärspule die Arbeitsströme erzeugt wurden, und zwar unter derartigen Bedingungen, dass man einen schwingenden oder sich schnell unterbrechenden Strom erzielte.

Bei einigen der Apparate, welche der Erfinder bisher zur Ausführung des oben angegebenen Verfahrens gebaut hat, hat er eine Vorrichtung zum Schließen und Unterbrechen eines elektrischen Stromkreises oder eines Zweigkreises desselben benutzt, zum Zwecke, den Transformator zu laden und zu entladen.

Gegenstand vorliegenden Patentes ist nun ein Stromunterbrecher, bei welchem ... ein in Bewegung versetzter flüssiger Leiter als Kontakt dient. Der Grundgedanke der Anordnung und der Wirkung des nach vorliegender Erfindung ausgeführten Apparates lässt sich leicht verstehen aus der folgenden Erklärung seiner Natur und der Art und Weise seines Gebrauches. Bei jeder Vorrichtung, welche einen elektrischen Stromkreis mit ziemlicher Plötzlichkeit schließt und unterbricht, erfolgt ein Energieverlust während der Zeitdauer des Schließens und Unterbrechens oder während beider, der seinen Grund in dem Stromübergang findet, der durch den zwischen den sich nähernden oder entfernenden Klemmen sich bildenden Flammenbogen oder, allgemein, über einen Weg von hohem Widerstand stattfindet. ... Der durch die erwähnten Ursachen erzeugte Energieverlust

No. 609,247. N. TESLA. Patented Aug. 16, 1898.

ELECTRIC CIRCUIT CONTROLLER.

(Application filed Mar. 12, 1898.)

(No Model.)

Fig. 1

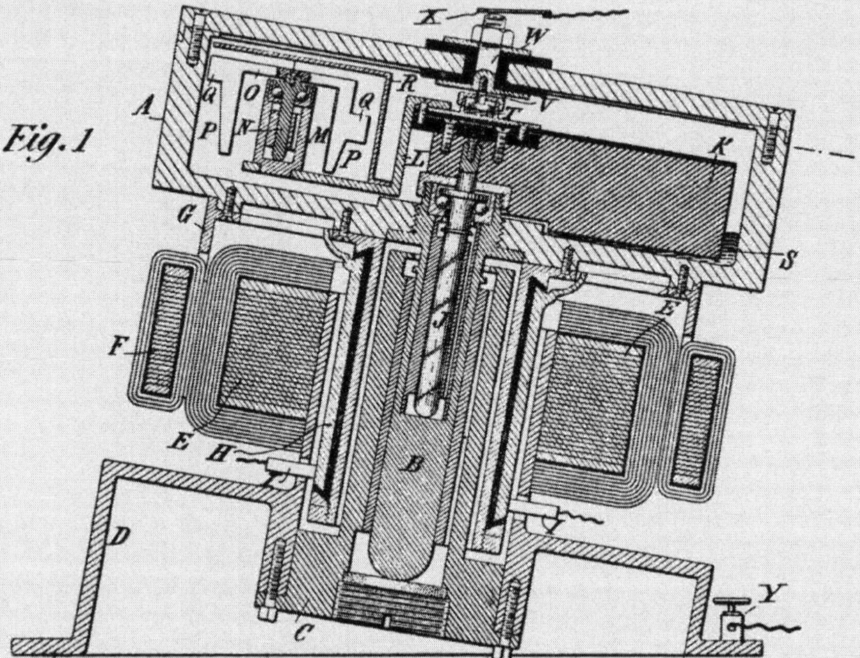

Fig. 2

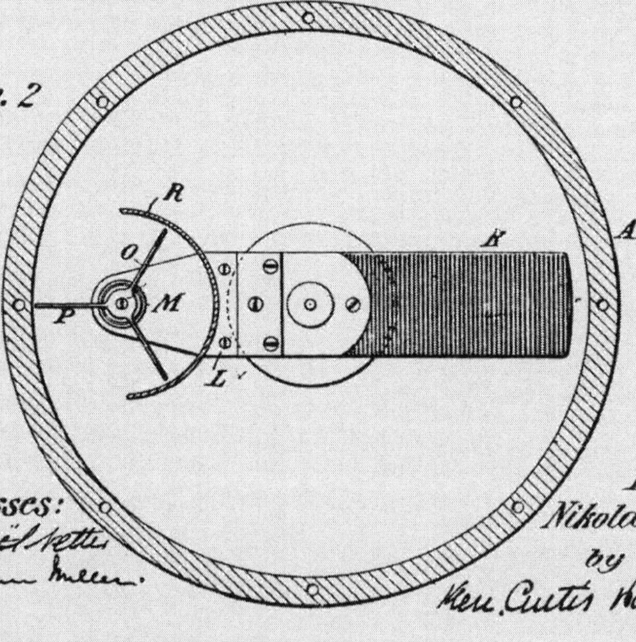

Witnesses:
Raphaël Netter
Benjamin Miller

Inventor
Nikola Tesla
by
Kerr, Curtis & Page Att'ys

kann ziemlich beträchtlich sein und ist im allgemeinen der Art, dass er die Anwendung des Stromunterbrechers wesentlich beschränkt und eine praktische und wirtschaftliche Umwandlung einer erheblichen Menge elektrischer Energie durch seine Anwendung nahezu unmöglich macht, besonders in Fällen, wo eine sehr schnelle Aufeinanderfolge der Stromschlüsse und Unterbrechungen verlangt wird.

Ausgedehnte Versuche und einige Nachforschungen zum Zwecke, ein Mittel zu entdecken, um den bei dem Gebrauch der gewöhnlichen Stromunterbrecher vorkommenden Energieverlust zu vermeiden, haben den Erfinder dahin geführt, gewisse Gesetze zu erkennen, welche diesen Energieverlust regeln, und zeigen, dass er hauptsächlich von der Geschwindigkeit abhängt, mit der die Klemmen einander sich nähern oder entfernen, also mehr oder weniger von der Form der Stromwelle. ...

Man hat bisher vielfache Vorrichtungen zum Schließen und Unterbrechen eines elektrischen Stromes benutzt oder vorgeschlagen, bei denen die den Stromschluss bewirkenden Kontaktspitzen oder Klemmen in einem luftleeren Behälter angeordnet oder durch eine unwirksame Atmosphäre umgeben waren; aber gewisse theoretische Bedingungen, welche für einen vollständigen Erfolg notwendig sind, wie der Erfinder erkannt hat, konnten mit den bisher angewendeten Mitteln nicht erreicht werden. Diese Bedingungen mögen im Folgenden aufgezählt werden:

1. Das Medium, von dem die Kontaktspitzen umgeben sind, muss eine möglichst hohe isolierende Wirkung haben, so dass die Klemmen auf einen ausserordentlich kleinen Abstand genähert werden können, bevor der Strom über den Zwischenraum überspringt.

2. Bei der Stromunterbrechung müsste die dielektrische Masse sofort wieder zwischen die Kontaktteile treten, oder mit anderen Worten, die Wiederherstellung der isolierenden Kraft müsste augenblicklich erfolgen, um die Zeit, während welcher der Verlust hauptsächlich stattfindet, auf ein Minimum herabzusetzen.

3. Das Medium müsste chemisch unwirksam sein, so dass die Zerstörung der Elektroden so viel als möglich verringert und chemische Prozesse verhindert werden, die durch die Wärmeentwicklung oder ganz allgemein durch den Energieverlust erzeugt werden können.

4. Die Freigabe des Stromüberganges durch das Medium unter Anwendung elektrischer Spannung dürfte nicht allmählich erfolgen, sondern müsste sehr plötzlich wirken, in der Art eines Bruches, ähnlich dem eines festen Stückes, wie z.B. eines Glasstockes, wenn es in einen Schraubstock eingepresst wird.

5. Am wichtigsten ist, dass das Medium der Art sein muss, dass der Bogen, wenn er sich gebildet hat, auf die geringstmöglichen linearen Dimensionen beschränkt wird und sich nicht ausdehnt oder ausbreitet.

No. 613,735. Patented Nov. 8, 1898.

N. TESLA.

ELECTRIC CIRCUIT CONTROLLER.

(Application filed Apr. 19, 1898.)

(No Model.) 2 Sheets—Sheet 2.

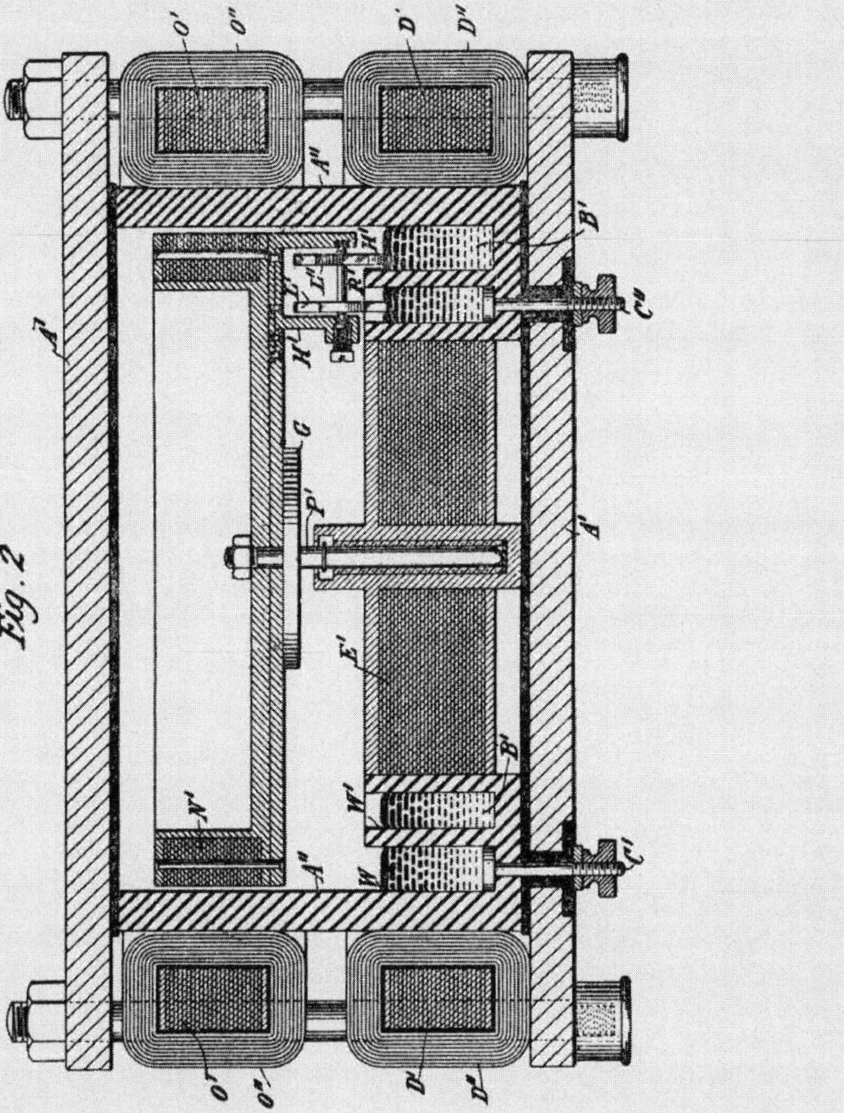

Fig. 2

Witnesses:
Raphaël Netter
Benjamin Miller.

Nikola Tesla, Inventor
by Kerr, Curtis & Page Att'ys

Als eine Stufe in der Richtung die theoretischen Anforderungen hat der Erfinder bisher bei einigen seiner Stromunterbrecher eine Flüssigkeit von hoher isolierender Fähigkeit benutzt, wie z.B. Kohlenwasserstoff in flüssigem Zustand, und hat diesen am besten mit großer Geschwindigkeit zwischen die sich nähernden und entfernenden Kontaktspitzen des Stromunterbrechers gedrückt. Durch Anwendung einer derartigen flüssigen Isolierung wurde ein sehr gut sich kennzeichnender Fortschritt erreicht, wobei einige von den obigen Anforderungen auf diesem Wege erreicht wurden, andere Fehler aber noch blieben, vorzüglich derjenige, der auf der Tatsache beruht, dass die isolierende Flüssigkeit ebenso wie ein leerer Raum, allerdings in geringerem Grad, die Ausdehnung des Bogens in der Länge und Stärke ermöglicht, so dass er alle Grade des Widerstandes annehmen kann und dadurch einen größeren oder geringeren Energieverlust bewirkt.

Um diesen Übelstand zu beseitigen und die theoretischen Bedingungen noch besser zu erfüllen, die für ein wirksames Arbeiten der Stromunterbrecher notwendig sind, ist der Erfinder schließlich darauf geführt worden, ein gasförmiges Isoliermedium zu benutzen, das einem hohen Druck ausgesetzt ist. Die Anwendung eines hohen Druckes auf das Medium, in welchem der Stromschluss und die Stromunterbrechung stattfindet, bringt eine Anzahl besonderer Vorteile mit sich. Der eine dieser Vorteile lässt sich am besten durch gut durchgeführte Versuche beweisen, welche zeigen, dass die Schlagweite eines Bogens ungefähr umgekehrt proportional ist zu dem Druck des gasförmigen Mediums, in welchem sich der Bogen bildet. Aber mit Rücksicht auf die Tatsache, dass in den meisten in der Praxis vorkommenden Fällen die Schlagweite sehr gering ist, da die Potentialdifferenz zwischen den Elektroden gewöhnlich nicht mehr als einige hundert Volt beträgt, so sind die wirtschaftlichen Vorteile, die sich aus der Verringerung der Schlagweite, besonders beim Nähern der Klemmen ergeben, nicht von einer sehr großen praktischen Bedeutung. Ein viel bedeutenderer Vorteil, den der Erfinder als eine neue Wirkung gefunden hat, die seiner Beobachtung nach sich aus der Wirkung eines derartigen unter Druck stehenden Mediums auf den Bogen ergibt, ist der, dass der Querschnitt des Bogens ungefähr im umgekehrten Verhältnis zu dem Druck verringert wird. Da also unter sonst gleichen Bedingungen der Energieverlust in einem Bogen proportional zu dem Querschnitt desselben ist, so folgt hieraus ganz allgemein ein sehr bedeutender Gewinn für die Ausnutzung der elektrischen Energie. Ein Merkmal von großem praktischen Wert liegt ebenso in der Tatsache, dass die isolierende Wirkung des unter Druck stehenden Mediums nicht wesentlich geschwächt wird, sogar bei erheblichem Anwachsen der Temperatur, und ferner darin, dass Druckänderungen innerhalb weiter Grenzen, wenn der Apparat richtig gebaut ist, nicht merkbar die Wirkung des Stromunterbrechers beeinflussen. In mancher anderen Hinsicht dagegen erfüllt ein Gas unter starkem Druck nahezu alle

NIKOLA TESLA IN NEW-YORK.

Stromunterbrecher mit flüssigem Leiter.

Fig. 1.

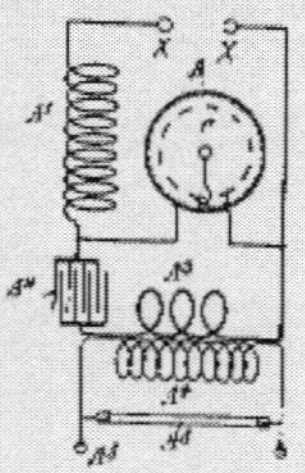

Fig. 2.

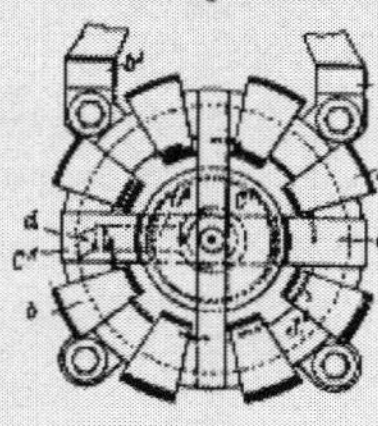

Fig. 3.

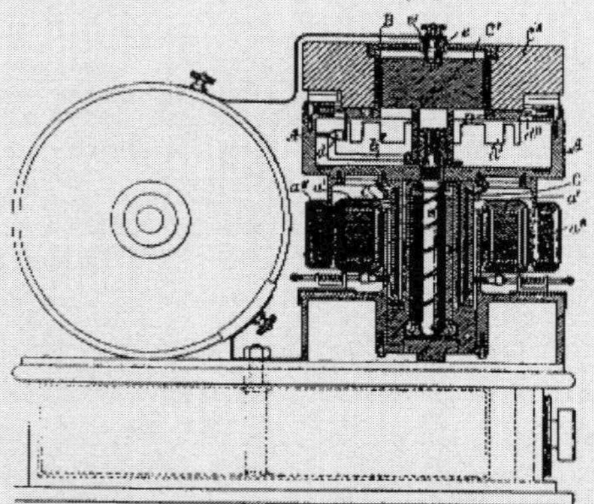

Fig. 4.

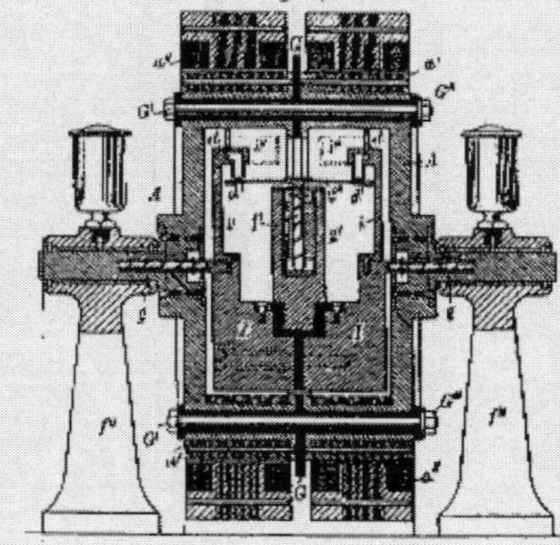

Fig. 5.

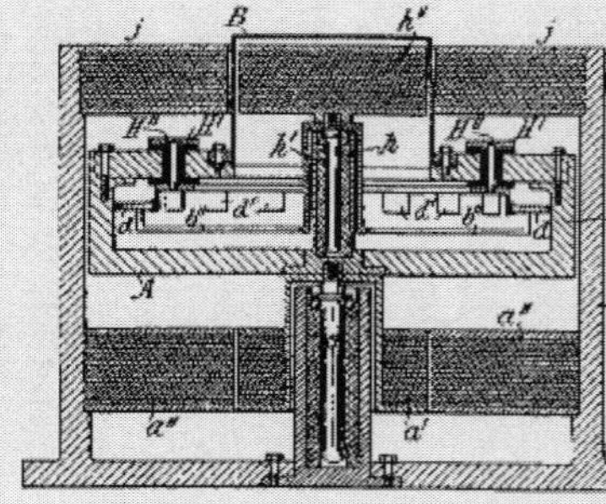

Fig. 6.

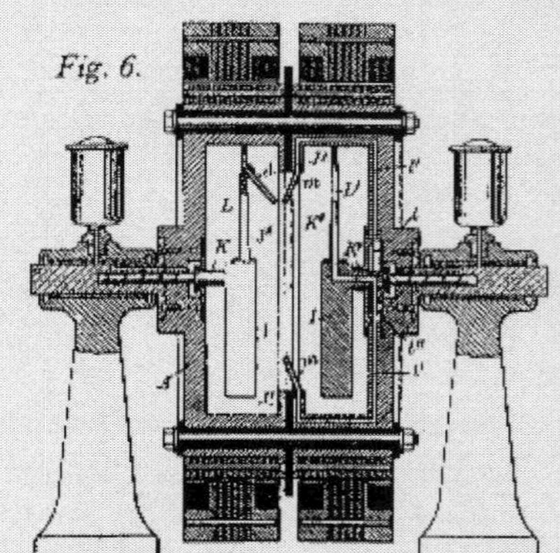

Fig. 7.

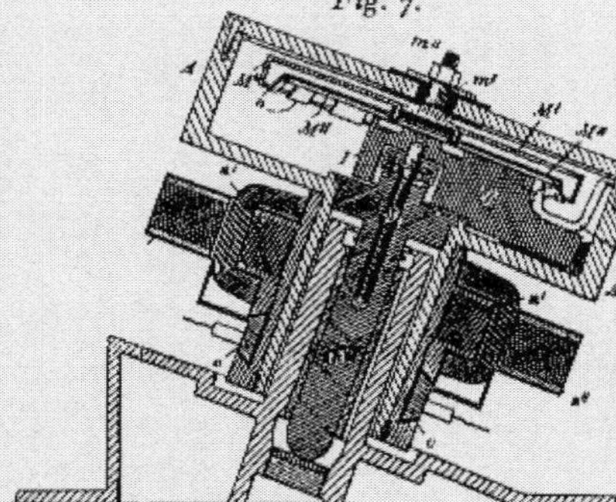

oben erwähnten Anforderungen, was das plötzliche Abbrechen und die schnelle Wiederherstellung der Isolierwirkung betrifft, und ebenso auch in Bezug auf die chemische Unwirksamkeit, die man durch geeignete Auswahl des Gases leicht erreichen kann.

Bei Anwendung dieses Merkmales der vorliegenden Erfindung kann das Medium unter Druck erzeugt oder erhalten werden in irgendeiner geeigneten Weise, da sich die Anordnung nicht auf irgendeine spezielle Vorrichtung für diesen Zweck beschränkt. Der Erfinder zieht jedoch vor, den gewünschten Erfolg dadurch zu erreichen, dass er den Stromunterbrecher oder wenigstens so viel von demselben, dass die Stromklemmen mit eingeschlossen sind, in eine geschlossene Kammer oder einen Behälter mit festen Wänden einschließt, dessen Inneres mit einem kleinen Behälter für verflüssigtes Gas in Verbindung steht.

Er stellt unter anderem folgende Patentansprüche:

1. Stromunterbrecher mit flüssigem Leiter, dadurch gekennzeichnet, dass der flüssige Leiter infolge Umdrehung seines Behälters (A) an der Behälterwand zum Aufstieg gebracht wird und in Form eines ruhenden Strahles mit rotierenden Leitern (d') den Stromschluss bewirkt.

2. Eine Ausführungsform des im Anspruch 1 gekennzeichneten Stromunterbrechers, bei welcher das an der Wand des horizontal (Fig. 3 und 5) oder vertikal (Fig. 4) in Umdrehung versetzten Behälters (A) aufsteigende Quecksilber durch ein horizontales bezw. vertikales, feststehend im Behälter angeordnetes Rohr (d) aufgenommen und gegen die horizontal rotierenden festen Leiter (d') geleitet wird.

3. Eine Ausführungsform des im Anspruch 1 gekennzeichneten Stromunterbrechers, bei welcher der rotierende Leiter durch einen Quecksilberstrahl nach Patent 103 704 in der Weise gebildet wird, dass das an der Behälterwand aufsteigende Quecksilber durch ein feststehendes Rohr (L´) aufgenommen und zu einer Kammer (l) der Behälterwand und aus dieser durch Kanäle (l´) zu den Düsen (m) geführt wird (Fig. 6).

In Bezug auf diese Oszillatoren veröffentlichte Tesla im Jahr 1919 einen Artikel, in dem er in Rückblick auf seine Forschungen auf diesem Gebiet Folgendes sagt: *Es gibt wenige Bereiche der Forschung, die sich so fruchtbar erwiesen haben, wie jener der Hochfrequenzströme. Ihre einzigartigen Eigenschaften und der spektakuläre Charakter der Phänomene, die sie zur Schau stellen, zogen sofort die weltweite Aufmerksamkeit auf sich. Wissenschaftler interessierten sich für ihre Erforschung, die Ingenieure wurden von den wirtschaftlichen Möglichkeiten angezogen und die Ärzte erkannten in ihnen ein langgesuchtes Mittel zur wirkungsvollen Behandlung körperlicher Krankheiten. Seit der Veröffentlichung meiner ersten Forschungsergebnisse im Jahr 1891 sind Hunderte von Bänden über dieses Thema geschrieben und viele unschätzbare Ergebnisse durch dieses neue Mittel erzielt worden. Und trotzdem befindet sich diese*

Technik erst in den Kinderschuhen, denn in der Zukunft warten unvergleichlich größere Dinge auf uns.

Von Beginn an erkannte ich die Notwendigkeit, wirkungsvolle Geräte herzustellen, um den schnell wachsenden Bedarf zu decken, und während der folgenden acht Jahre nach meiner ersten Bekanntmachung entwickelte ich nicht weniger als fünfzig Typen dieser Transformatoren oder elektrischen Oszillatoren, von denen jeder in allen Einzelheiten perfekt und so verfeinert war, dass ich selbst heute nicht in der Lage wäre, einen davon zu verbessern. Wenn ich mich von praktischen Überlegungen leiten lassen hätte, dann hätte ich vielleicht ein großes und profitables Geschäft aufbauen und der Welt schließlich einen großen Dienst erweisen können. Aber die Umstände und die Aussicht auf noch größere Errungenschaften zwangen mich dazu, meine Bemühungen in eine andere Richtung zu lenken. Und so ist es gekommen, dass bald Geräte auf den Markt gebracht werden, die seltsamerweise schon vor zwanzig Jahren vollendet worden sind.

Diese Oszillatoren sind eigens für den Betrieb von Gleichstrom- und Wechselstrombeleuchtungssystemen bestimmt und erzeugen gedämpfte und ungedämpfte Schwingungen oder Ströme jeder gewünschten Frequenz, Stärke und Spannung innerhalb weiter Bereiche. Sie sind kompakt, in sich geschlossen, benötigen lange Zeit keine Wartung und werden sich für verschiedene Zwecke als nützlich erweisen, wie z.B. für die drahtlose Telegrafie und Telefonie, Umwandlung elektrischer Energie, Bildung chemischer Verbindungen durch Schmelzung und Vereinigung, Synthese von Gasen, Herstellung von Ozon, für Beleuchtungssysteme, zum Schweissen, für städtische, klinische und häusliche Gesundheitseinrichtungen, zur Sterilisation und viele andere Anwendungen in wissenschaftlichen Labors und Industriebetrieben. ...

Die grundsätzlichen Teile eines solchen Oszillators sind folgende: Ein Kondensator, eine Selbstinduktionsspule, um diesen auf eine hohe Spannung aufzuladen, ein Stromkreisregler und ein Transformator, der von den oszillierenden Entladungen des Kondensators gespeist wird. Es sind zumindest drei, aber normalerweise vier, fünf oder sogar sechs abgestimmte Stromkreise vorhanden, und die Regulierung erfolgt auf verschiedene Weise, meistens bloß durch eine Einstellschraube. Unter günstigen Bedingungen wird ein Wirkungsgrad von 85% erreicht, was sagen soll, dass dieser Prozentsatz der zugeführten Energie im Sekundärkreis des Transformators zurückgewonnen werden kann. Während der Haupterfolg dieser Art von Geräten seinen Grund offensichtlich in den wunderbaren Kräften des Kondensators hat, ergeben sich doch aus der Verkettung der Stromkreise unter Einhaltung genauer harmonischer Beziehungen, der Minimalisierung von Reibungsverlusten und anderen Verlusten, was eines der Hauptziele bei der Konstruktion war, spezielle Eigenschaften.

Verschiedene Typen von Teslas Hochfrequenzoszillatoren

Die Funktion ist folgende: Wenn das Gerät durch das Umlegen des Schalters eingeschaltet wird, fließt der Netzstrom durch die Selbstinduktionsspule und magnetisiert den darin befindlichen Eisenkern und trennt die Kontakte vom Regler. Die induzierte Hochspannung lädt dann den Kondensator auf, und nach dem Schließen der Kontakte wird die aufgespeicherte Energie durch den Primärkreis freigesetzt, wodurch sich eine lange Reihe von Schwingungen bildet, die den abgestimmten Sekundärstromkreis erregen.

Um den Betrieb dieser Hochfrequenzgeräte noch weiter zu verbessern, entwickelte Tesla verschiedene Methoden. Hier ist in erster Linie die Resonanz der gekoppelten Hochfrequenzschwingkreise zu nennen. Schon als Kind hatte Tesla die erstaunlichen Wirkungen der **Resonanz** beobachten können: *Eines Wintertags gelang es mir in Begleitung von anderen Jungen einen steilen Berg hinaufzuklettern. Der Schnee war ziemlich tief und ein warmer Südwind machte ihn für unsere Zwecke genau richtig. Wir vergnügten uns damit, Schneebälle zu werfen, die dann eine bestimmte Entfernung nach unten rollten und hierbei mehr oder weniger Schnee mitnahmen, und jeder versuchte den anderen in dieser Hinsicht zu übertreffen. Plötzlich sahen wir einen Ball, der alles übertraf und so enorm anschwoll, dass er so groß wie ein Haus wurde. Mit einem Donnern stürzte er ins Tal und ließ den Boden erbeben. Ich war sprachlos und konnte nicht verstehen, wie dies passieren konnte. Ich hatte das Bild der Lawine noch Wochen danach vor Augen, und ich wunderte mich, wie irgendetwas, das so klein war, so riesig werden konnte. Seit dieser Zeit faszinierte mich die Verstärkung von schwachen Bewegungen, und als ich Jahre später meine Studien zur mechanischen und elektrischen Resonanz begann, war ich von Anfang an äusserst interessiert. ...*

Auch in seinen Vorträgen betont er schon die Bedeutung der Resonanz: *Den Resonanzwirkungen wird von den Ingenieuren immer mehr Beachtung geschenkt, und sie sind für den praktischen Betrieb aller Arten von Geräten, die mit Wechselstrom arbeiten, von großer Bedeutung. Aus diesem Grund möchte ich einige allgemeine Bemerkungen in Bezug auf diese Effekte machen. Es ist klar, dass eine Rückleitung mit der Zeit unnötig werden wird, falls es uns gelingt, die Resonanzwirkungen beim Betrieb elektrischer Geräte praktisch zu verwenden, da eine elektrische Schwingung mit einem Draht genauso und manchmal sogar besser als mit zwei Drähten übertragen werden kann. Wir müssen uns also zuerst einmal fragen, ob reine Resonanzwirkungen überhaupt erzeugt werden können. Sowohl die Theorie wie auch die Erfahrung zeigen, dass dies in der Natur unmöglich ist, da die Verluste in den schwingenden Körpern und in der Umgebung zunehmen, wenn die Schwingungen immer stärker werden, und die diese notwendigerweise beschränken, da sie sich sonst unendlich verstärken würden. Es ist ein glücklicher Umstand, dass sich keine reine Re-*

Eine der bekanntesten Aufnahmen eines Teslaschen Hochfrequenzoszillators

No. 11,865. Reissued Oct. 23, 1900.

N. TESLA.

METHOD OF INSULATING ELECTRIC CONDUCTORS.

(Application filed Sept. 21, 1900.)

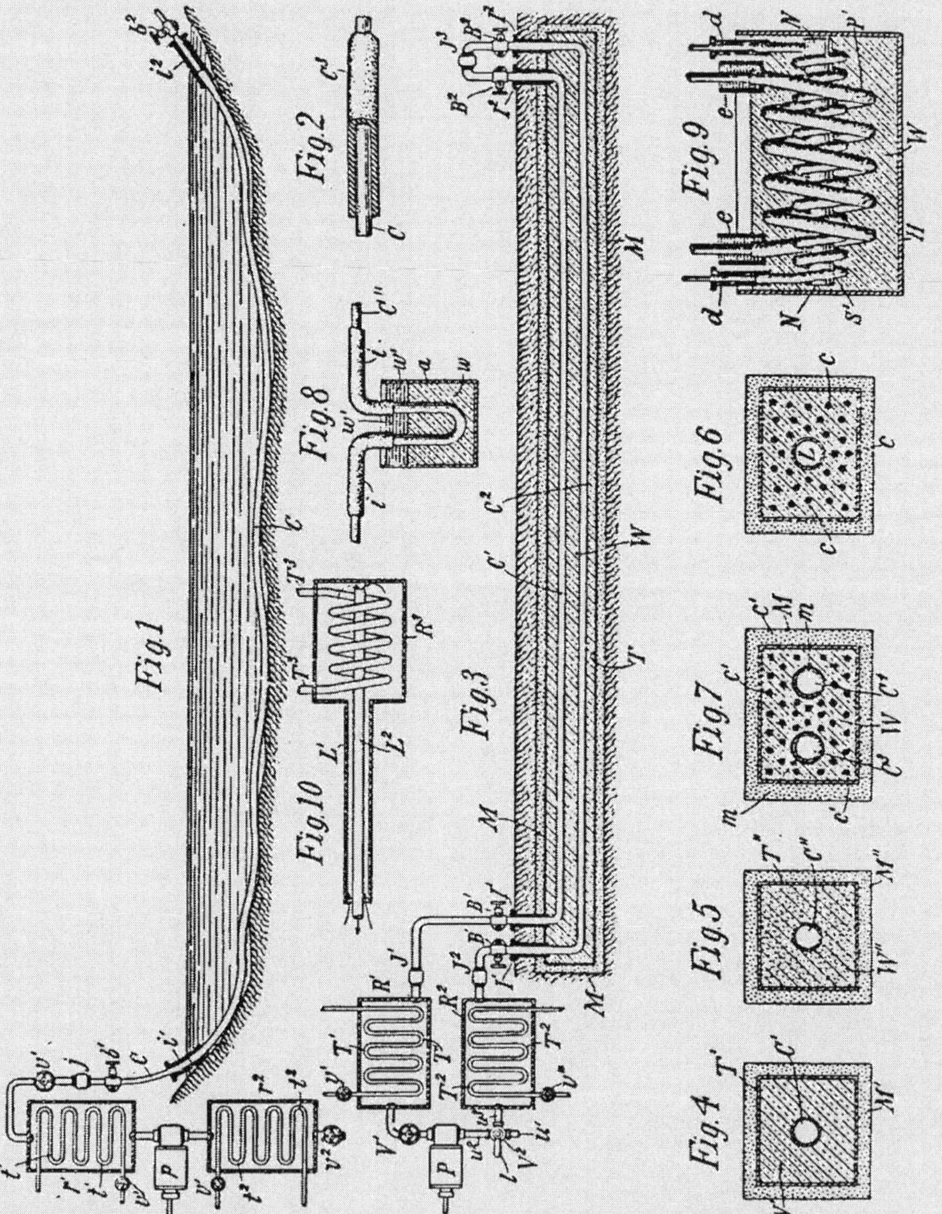

Witnesses:
Raphaël Netter
Benjamin Miller

Nikola Tesla Inventor

by Kerr Page & Cooper Attys.

NIKOLA TESLA IN NEW-YORK.

Verfahren zur Erzeugung elektrischer Schwingungen.

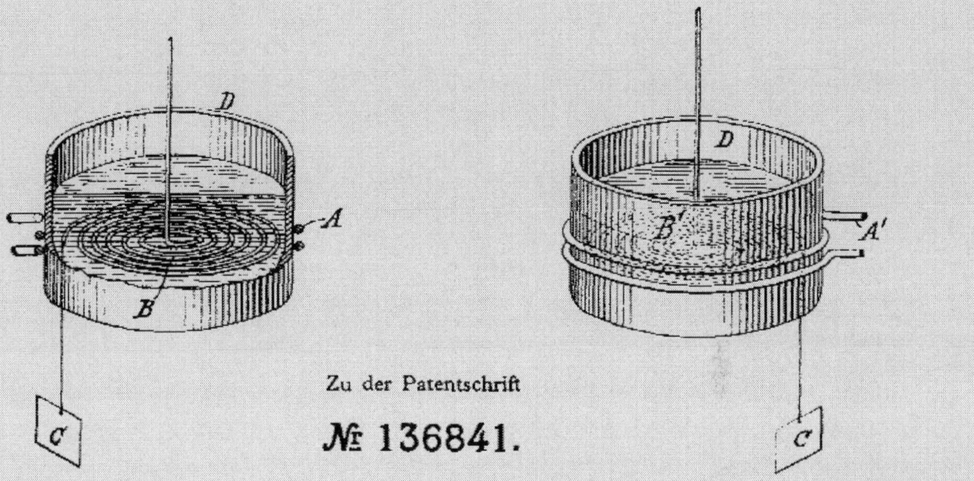

Zu der Patentschrift

№ 136841.

sonanz erzeugen lässt, denn wenn dies der Fall wäre, dann ließe sich kaum sagen, welche Gefahren auf einen ahnungslosen Experimentator warten würden. Bis zu einem bestimmten Grad ist eine Resonanz jedoch herstellbar, wobei die Größe der Effekte durch die unvollkommene Leitfähigkeit und die unvollkommene Elastizität der Medien oder allgemein gesagt durch Reibungsverluste begrenzt ist. Je geringer diese Verluste sind, umso eindrucksvoller sind die Effekte.

In seinem deutschen Patent mit der Nummer **99 173** vom 22. September 1896 schreibt Tesla Folgendes über die Resonanz: *Bei Anwendung der Erfindung hat man für eine derartige Einstellung der elektrischen Konstanten Sorge zu tragen, dass im gewöhnlichen Betrieb der Zustand der Resonanz annähernd obwaltet. Zu diesem Zwecke macht man die Anzahl der in der Zeiteinheit in den Ladungsstromkreis eingeführten Stromimpulse gleich der Periode des Ladungsstromkreises selbst oder bringt sie im allgemeinen in Einklang mit derselben und erhält gleichzeitig dieselben Beziehungen zwischen dem Ladungs- und Entladungsstromkreis aufrecht. Jede Abweichung von dieser Bedingung ergibt eine Verringerung der Leistung; man nutzt deshalb diesen Umstand dadurch aus, dass man die Leistung durch entsprechende Änderung der Frequenz der Impulse oder Schwingungen in den verschiedenen Stromkreisen regelt. Da die Periodizität eines bestimmten Stromkreises von dem Verhältnis seines Widerstandes, seiner Selbstinduktion und Kapazität abhängig ist, so kann eine Änderung* *eines oder mehrerer von diesen Faktoren eine Änderung der Periode zur Folge haben.*

Zur Verstärkung von Hochfrequenzschwingungen benutze Tesla auch als Erster **gekühlte Leitungen**. In diesem Bereich sind zwei Patentanmeldungen zu nennen. Zum einem "Means for Increasing the Intensity of Electrical Oscillations" vom 21. März 1900 (Nr. **609.235**), das in Deutschland am 10. Juli 1901 unter dem Titel "Verfahren zur Erzeugung elektrischer Schwingungen" unter der Nummer **136 841** patentiert wurde. Hierin heisst es:

Der Erfindung liegt die Tatsache zu Grunde, dass, wenn ein zum freien Schwingen eingerichteter Stromkreis auf niedriger Temperatur gehalten wird, die in demselben erregten Schwingungen bis zu einem aussergewöhnlichen Grad gesteigert werden und längere Zeit sich fortsetzen. Damit ist die Möglichkeit gegeben, neue Wirkungen zu erzielen, die bisher nicht erreichbar waren.

Im wesentlichen besteht die Erfindung demnach in einem Verfahren zur Erzeugung elektrischer Schwingungen in der Weise, dass das elektrische Schwingungssystem durch künstliche Mittel (flüssige Gase, Kältemischungen oder dergl.) auf niedriger Temperatur gehalten werden, zum Zweck, durch Erniedrigung des elektrischen Leitungswiderstandes die Dämpfung der Schwingungen zu verringern und damit die Aufnahmefähigkeit des Systems für die Schwingungen zu vergrößern.

In einem weiteren Patent vom 15. Januar 1900 mit der Nummer **658.838** und einem praktisch gleichlautenden Patent mit der Nr. **11.865** vom 21. September 1900 beschreibt er prinzipiell eine ähnliche Methode, die ebenfalls darin besteht, dass die Leitungen mit einer gefrorenen Substanz, wie z.B. Eis oder verflüssigten Gasen wie Wasserstoff usw., umgeben werden oder dass die Kühlflüssigkeit durch einen hohlen Leiter geleitet wird. Allerdings handelt es sich hier um eine wesentlich ausgeklügeltere Methode als im zuvor genannten Patent. Er sieht diese Methode allgemein für die Energieübertragung vor, aber auch für die Nachrichtenübertragung, *wodurch die Übertragung elektrischer Energie mit einer bisher nicht erreichbaren Wirtschaftlichkeit erfolgen kann und über Entfernungen, die bis heute unmöglich waren, ...*

Eine dritte Methode der Schwingungsverstärkung ist das **Prinzip der losen Kopplung**, wie es später bezeichnet wurde. Es besteht einfach darin, dass die Primär- und die Sekundärspule in einem bestimmten Abstand voneinander gesetzt werden, womit freie Oszillationen erzeugt werden. Um den Effekt noch zu erhöhen, verwendete Tesla konische und spiralförmige Spulen, die im nächsten Kapitel besprochen werden. Hiermit erzeugte er Stromkreise mit hoher Selbstinduktion und geringem Widerstand, wodurch die Spannung, sprich Stärke der Schwingungen wesentlich erhöht wurde.

DIE HOCHSPANNUNGSTECHNIK

Die Entwicklung der Hochspannungstechnik kann eigentlich nicht getrennt von der Hochfrequenztechnik gesehen werden, da Tesla in den meisten seiner Oszillatoren natürlich sowohl hochfrequente Ströme als auch hohe Spannungen einsetzte, und von Anfang an an beiden Problemen arbeitete. Die Lösung des letztgenannten Problems gelang Tesla vor allem durch verbesserte Isolierungsmethoden, der Entfernung der Luft aus den Geräten, wodurch er die Spannung um das Zehnfache erhöhen konnte, und später durch die Verwendung spiralförmiger und konischer Spulen.

Bei der Verwendung von Strömen mit hoher Spannung kann man gar nicht genug Vorsorge treffen, um Büschelentladungen zu verhindern. In einer Hauptleitung, die solche Ströme führt, in einer Induktionsspule, in einem Transformator oder in einem Kondensator stellen Büschelentladungen eine große Gefahr für die Isolierung dar. Vor allem in einem Kondensator müssen die Gasbestanteile sorgfältig entfernt werden, weil in diesem die geladenen Oberflächen sehr nahe beieinanderliegen, und wenn die Spannung hoch ist, wird sich die Isolierung genauso sicher auflösen wie ein Gewicht nach unten fallen wird, wenn man es loslässt, wenn nur eine einzige größere Gasblase vorhanden ist, wohingegen der Kondensator gefahrlos eine viel höhere Spannungsdifferenz aushalten kann, wenn alle Gasbestandteile sorgfältig entfernt worden sind. Eine Hauptleitung, die Wechselstrom hoher Spannung führt, kann bloß durch ein Luftloch oder einen kleinen Riss in der Isolierung beschädigt werden, umso mehr, weil ein Luftloch Gase enthalten kann, die einen niedrigen Druck besitzen. Da es fast unmöglich erscheint, solche kleinen Fehler völlig zu beseitigen, bin ich zu der Ansicht gelangt, dass wir bei der zukünftigen Übertragung von elektrischer Energie durch Ströme hoher Spannung eine flüssige Isolierung verwenden werden. Die Kosten hierfür sind ein großer Nachteil, aber wenn wir ein Öl als Isolierung verwenden, dann wird die Übertragung von elektrischer Energie mit vielleicht 100 000 Volt oder noch mehr zumindest mit hohen Frequenzen so einfach, dass dies kaum mehr als Ingenieursleistung bezeichnet werden kann. Mit einer Ölisolierung und Wechselstrommotoren kann die Kraftübertragung gefahrlos in einem industriellen Maßstab über eine Entfernung von 1 600 km durchgeführt werden.

Diese Entdeckung Teslas findet sich in den Patenten mit den Titeln “Electrical Condenser” (Nr. **464.667** vom 1. August 1891 und **567.818** vom 17. Juni 1896) und “Manufacture of Electrical Coils & c.” vom 5. November

N. TESLA.

MANUFACTURE OF ELECTRICAL CONDENSERS, COILS, &c.

No. 577,671. Patented Feb. 23, 1897

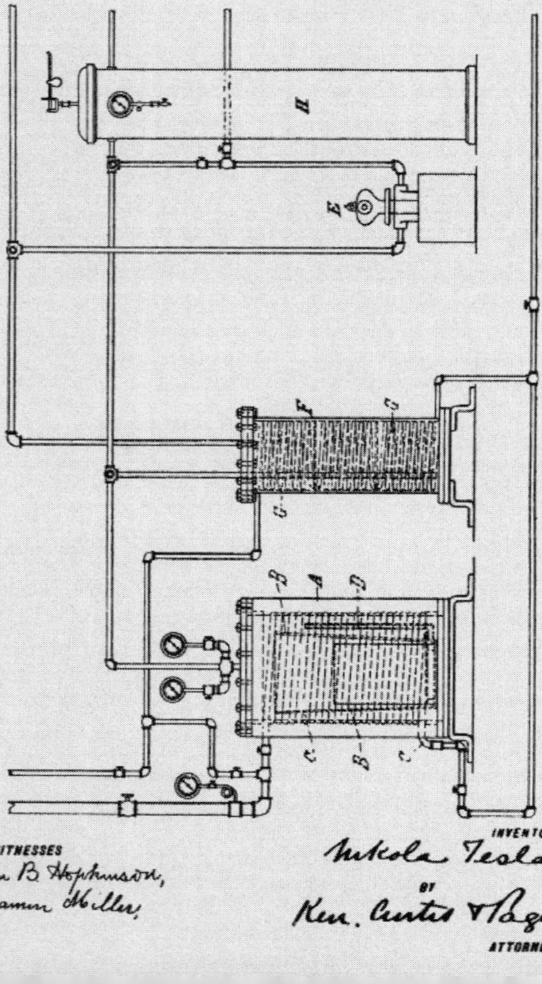

WITNESSES

Edwin B. Hopkinson,

Benjamin Miller,

INVENTOR

Nikola Tesla

BY

Kerr, Curtis & Page

ATTORNEYS.

(No Model.)

N. TESLA.

ELECTRICAL CONDENSER.

No. 567,818. Patented Sept. 15, 1896.

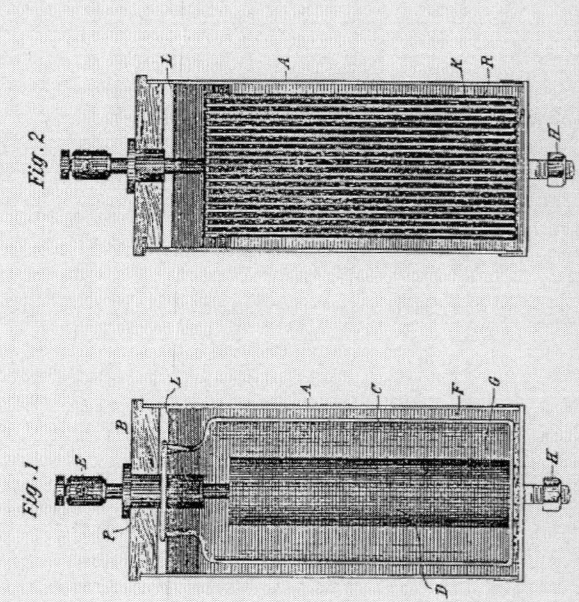

WITNESSES

Raphaël Netter

Drury W. Cooper

INVENTOR

Nikola Tesla

BY

Kerr, Curtis & Page

ATTORNEYS

1896 mit der Nummer **577.671**. Die hierin beschriebene Prozedur ist folgende: Die Spule, der Kondensator oder ähnliche Dinge werden in ein evakuiertes Gefäß gebracht, das dann mit einem Isoliermaterial wie Paraffin aufgefüllt wird, welches dann durch Erhitzung verflüssigt wird. Nach einer Periode langsamer Abkühlung, in dem das Paraffin in alle Zwischenräume eindringt und die Luft entfernt wird, wird Pressluft zugeführt, bis die gesamte Masse fest ist. Durch diese Art von Isolierung konnten elektrische Geräte mit einer wesentlich höheren Spannung betrieben werden.

In einem Artikel aus dem Jahr 1898 beschreibt Tesla die Entwicklung seiner neuartigen **Induktionsspule** (**Teslaspule**) im Rückblick folgendermaßen: *Es wurde aber bald erkannt, dass für das Erreichen des obengenannten Zieles Gleichstromgeneratoren praktisch nicht verwendet werden konnten, ganz abgesehen von den damit verbundenen Beschränkungen. Es war genauso, wie wenn jemand versuchen würde, mit Hilfe einer gleichmäßigen Kraft Pfeiler in den Boden zu rammen. Dies würde schwerfällige und leistungsstarke Maschinen erfordern und wäre sehr unpraktisch. Eine unvergleichlich bessere Art, hohe Spannungen zu erzeugen, ist es, mit kräftigen Schlägen zu arbeiten wie mit einem Hammer. In einem solchen Fall baut sich der Druck an der Stelle des Aufpralls auf, wenn die Bewegung des Hammers plötzlich gestoppt wird, und dieser Druck ist um so größer, je geringer die erzeugte Versetzung ist, und wenn das Material absolut starr, unkomprimierbar und unelastisch wäre, könnte durch einen kleinen Schlag ein unendlicher Druck erzeugt werden. Auf diese Weise ist man gezwungen, einen Transformator oder eine Induktionsspule zu verwenden, um große elektrische Spannungen zu erhalten. Die erste Schwierigkeit, auf die man stieß, war die Isolierung, und es ist vielleicht für jene, die mit diesem Thema nicht so vertraut sind, interessant und nützlich zu zeigen, wie durch allmähliche Verbesserungen aus einem üblichen Induktionsgerät, das nur Ströme mit einer geringen elektromotorischen Kraft liefern kann, schließlich ein Apparat entwickelt wurde, bei dem praktisch keine Grenzen für die erzeugbaren Spannungen vorhanden sind.*

Nachdem man zuerst einen Transformator mit einem geschlossenen Kern ausgewählt hat, erkennt man sehr leicht, dass er aus offensichtlichen Gründen für den gewünschten Zweck ungeeignet ist. Nichtsdestotrotz ist es mir mit Hilfe des Planes, der im ersten Diagramm ... gezeigt wird, gelungen, fast 200 000 Volt zu erreichen, und ich glaube, dass mehr als das Doppelte der Spannung mit einer solchen Anordnung möglich ist, bei der unabhängige und vollkommen isolierte Stromquellen verwendet werden, welche den Strom für den Primärkreis liefern, was sich ohne weitere Erklärung aus dem Diagramm ablesen lässt. Die offensichtlichen Beschränkungen von Geräten mit geschlossenen Kernen in Bezug auf die Isolierung, Wechselrate und der Frequenz der Stromimpulse führte zur Verwendung eines offenen Kernes, und die verschiedenen Diagramme in der Abbildung

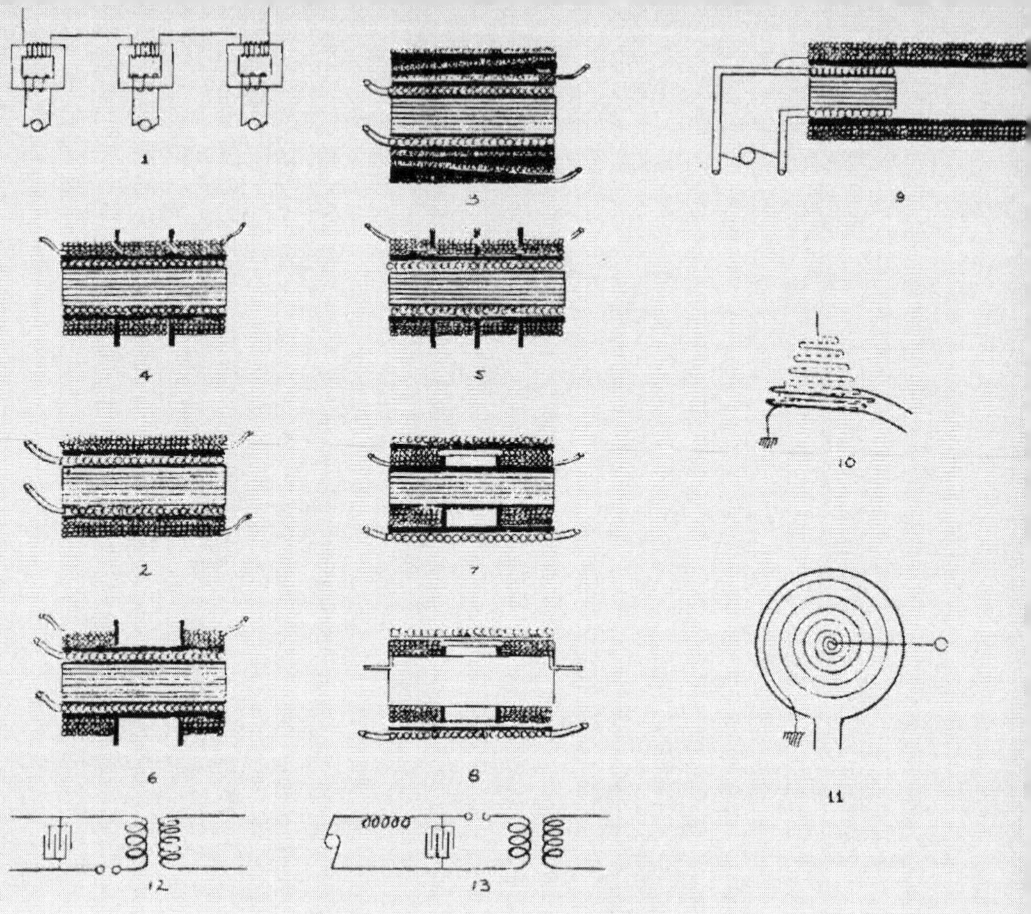

Diagramm, das die Entwicklung der Teslaspule aufzeigt

beziehen sich auf Abwandlungen, wie sie allmählich in Bezug auf die Art der Isolierung und der Wicklung der Spulen gemacht wurden. Im zweiten Diagramm ist die alte und primitive Isolierungsmethode gezeigt. Im dritten Diagramm sind die übereinanderliegenden Lagen isoliert, wobei die Dicke allmählich von einem Ende zum anderen zunimmt und an der Stelle der größten Spannung am dicksten ist. Die Dicke kann man leicht im voraus berechnen, und sie sollte so sein, dass die Isolierung ungefähr überall gleichmäßig belastet wird. Da es unpraktisch war, viele Lagen übereinanderzulegen, wie im dritten Diagramm gezeigt wird, wurde naturgemäß eine Veränderung gemacht, wie sie im vierten Diagramm dargestellt ist und die zu einer weiteren Verbesserung führte, die im fünften Diagramm gezeigt ist. Es wurde allerdings erkannt, dass das Wickeln mehrerer Spulen keine Vorteile bietet und dass nur zwei Sekundärspulen notwendig waren, die in der Mitte verbunden sind, was im sechsten Diagramm abgebildet ist, wobei die Sekundärspulen selbstverständlich so wie im dritten Diagramm gewickelt sind. Als nächstes wurde die übliche Lage der Primär- und Sekundärwindungen vertauscht, um die Leistung der Spule zu erhöhen und andere Vorteile zu erzielen, und hieraus ergab sich die Spule im siebten Diagramm, wobei die zwei Sekundärspulen mit ihren äusseren, anstatt der inneren Enden verbunden sind wie zuvor. Diese Konstruktion war wesentlich besser als jene, die im sechsten Diagramm gezeigt wird, da die Primär- und Sekundärspulen in einer engeren induktiven Beziehung standen. Aber als diese Spule mit ausreichend hoher Spannung betrieben wurde, wurde herausgefunden, dass der Eisenkern die Funkenlänge beschränkte, und dann wurde auf zwei isolierte Kerne, einer in jeder Spule, zurückgegriffen, die schließlich weggelassen wurden, und auf diese Weise ergab sich die Spule, die im achten Diagramm dargestellt ist, die ich bei verschiedenen Anlässen beschrieben habe und die von allen genannten Konstruktionen bei einer gegebenen Größe die Erzielung der höchsten Spannungen erlaubt, wenn ein Spule mit zwei Anschlüssen verwendet wird.

Aber selbst bei diesem vervollkommneten Typ war es nicht möglich, eine bestimmte Spannung zu überschreiten, und die weitere Forschung führte zu einem neuen Typ, den ich als Spule mit einem Anschluss bezeichnet habe und der im neunten Diagramm gezeigt wird und inzwischen allgemein bekannt ist. Bei dieser Spule erfolgt die Einstellung so, dass die Länge der Sekundärspule ungefähr ein Viertel der Wellenlänge beträgt, wobei unter diesen Bedingungen die höchsten Spannungen am freien Anschluss erzeugt werden. In der Folge wandte ich solche Einstellungen auch für die Spulen im achten Diagramm an, wodurch ich sie beträchtlich verbessern konnte. ... Weitere Untersuchungen in Bezug auf Spulen mit einem Anschluss führten schließlich Schritt für Schritt zur Entwicklung größere Spulen, die in zwei typischen Formen im zehnten und elften Diagramm gezeigt sind. ...

Obwohl mir klar war, dass höhere elektromotorische Kräfte mit größeren Apparaten erreichbar waren, hatte ich das instinktive Gefühl, dass ich mein Ziel auch durch eine geeignete Konstruktion eines vergleichsweise kleinen und kompakten Transformators erreichen konnte. Als ich meine Versuche mit Sekundärspulen in Form von flachen Spiralen fortführte, wie sie in meinen Patenten dargestellt werden, war ich überrascht, dass hierbei keine Entladungen in Form von Lichtströmungen zu beobachten waren. Es dauerte nicht lange, bis ich herausfand, dass dies seinen Grund in der Lage der Windungen und der gegenseitigen Beeinflussung dieser hatte. Indem ich diese Beobachtung ausnützte, ging ich dazu über, Hochspannungsleiter mit Windungen von beträchtlichem Durchmesser zu verwenden, die ausreichend weit voneinander entfernt waren, um die Streu-

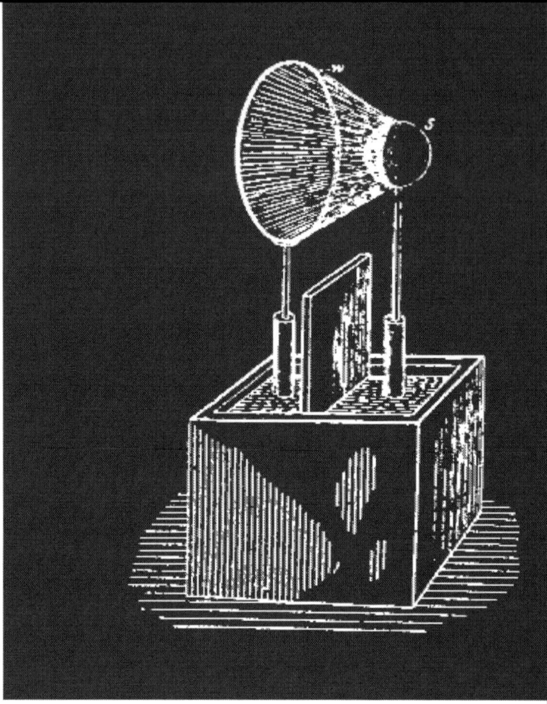

Einige Experimente, die Tesla mit seiner neuen Spule bei seinen Vorträgen vorführte

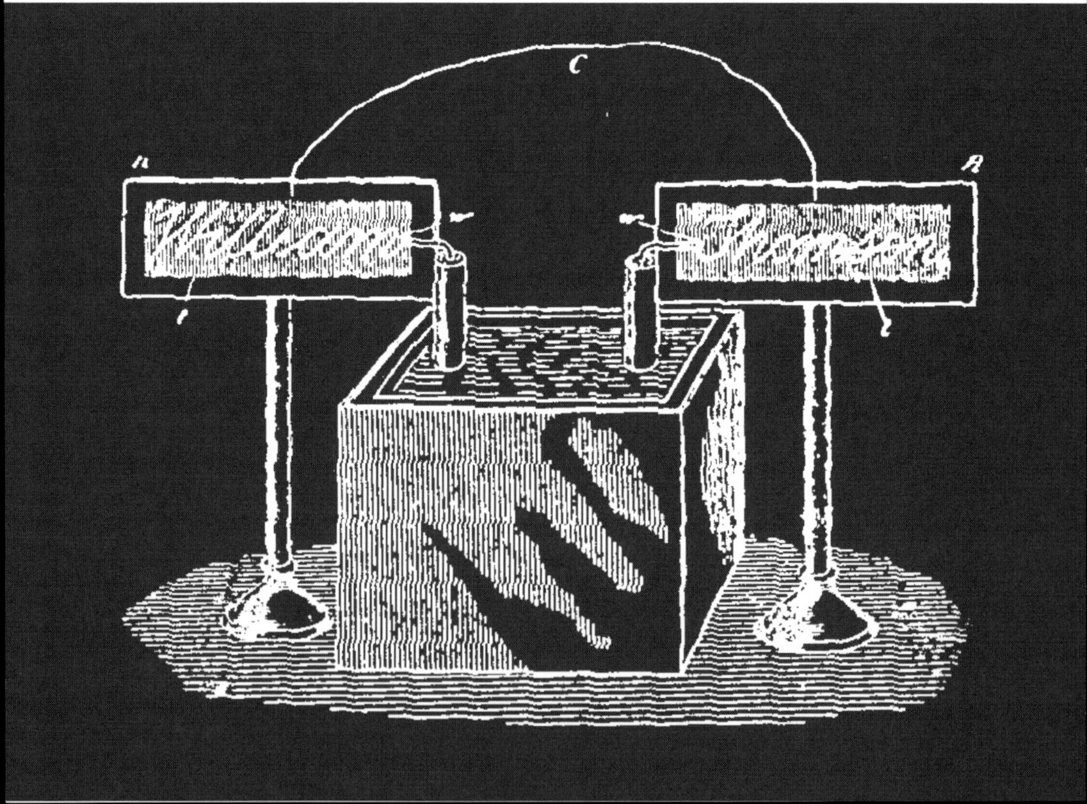

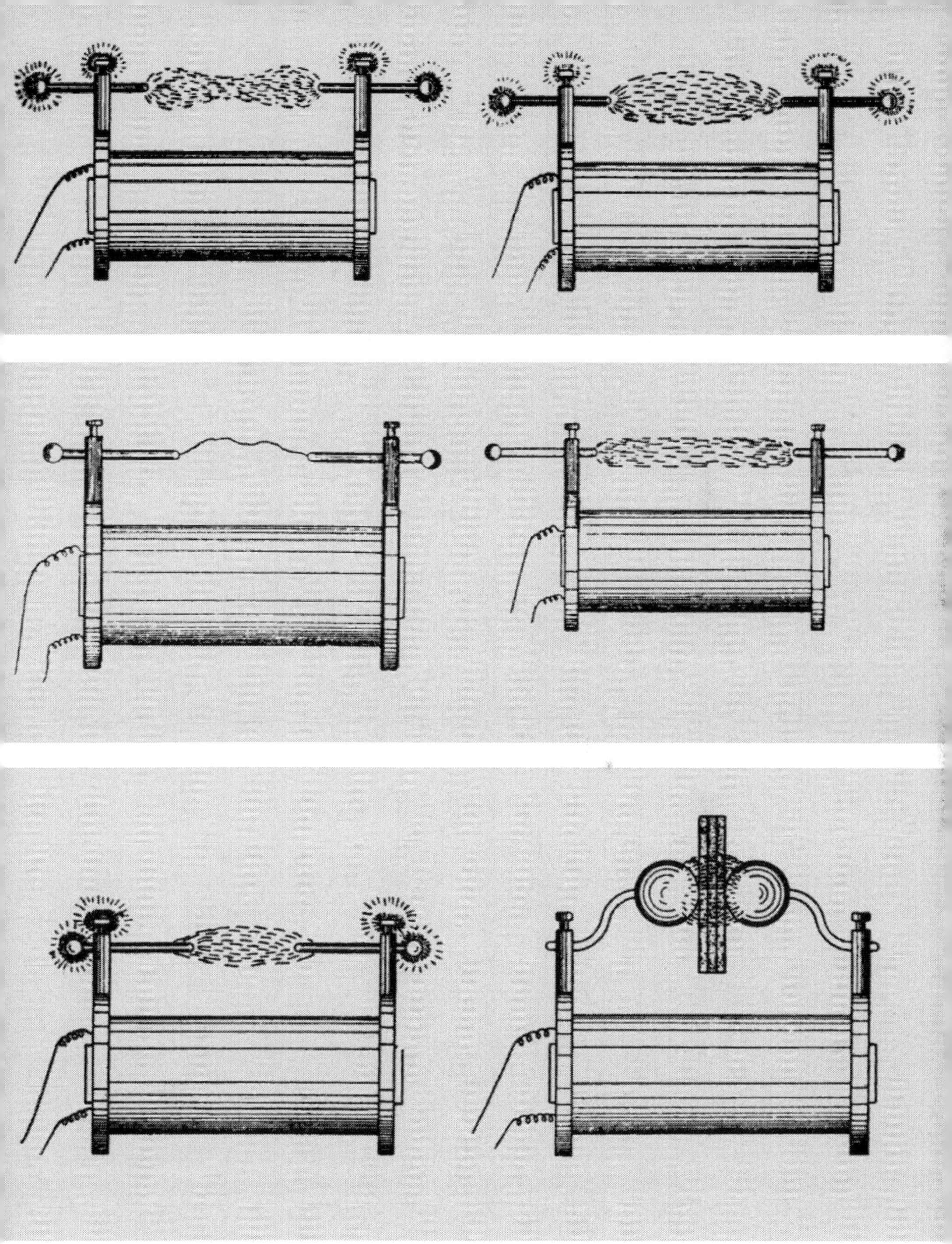

Büschelentladungen zwischen den Anschlüssen der Teslaspule, wie sie Tesla bei seinem Vortrag im Jahr 1891 in New York vorführte

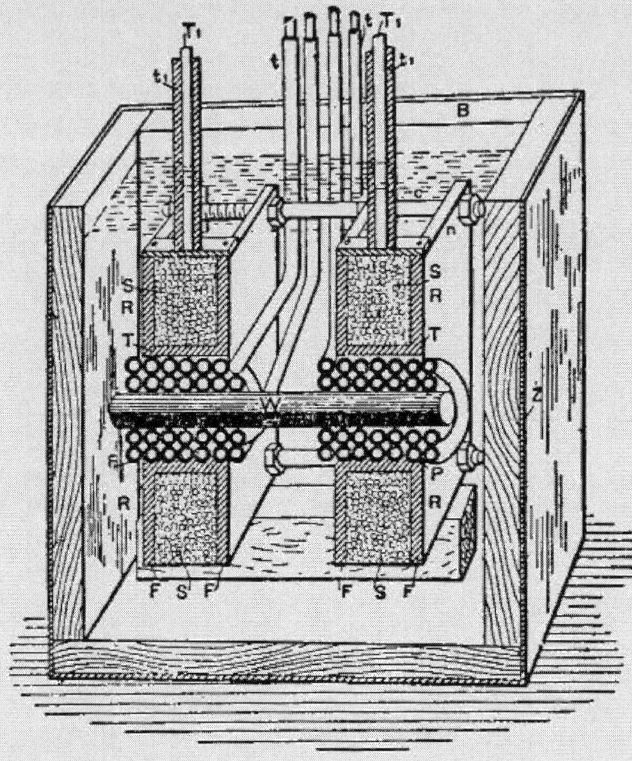

Das Innere einer Teslaspule mit Ölisolierung

ung der Kapazität niedrig zu halten und gleichzeitig die Akkumulation einer übermäßigen Ladung an jeder Stelle der Windungen zu unterbinden. Die Anwendung dieses Prinzips ermöglichte es mir, Spannungen von bis zu vier Millionen Volt zu erzeugen, was ungefähr die oberste Grenze meines neuen Laboratoriums in der Houston Street war, da sich die Entladungen über einen Bereich von fast fünf Metern erstreckten.

Diese Erfindung findet ihren Niederschlag in dem Patent vom 7. Juli 1893, das den Titel "Coil for Electro-Magnets" und die Nummer **512.340** trägt. Eine verbesserte Version dieser Erfindung ließ Tesla am 20. März 1897 unter dem Titel "Electric Transformer" und der Nummer **593.138** patentieren. Er verwendet hierbei entweder eine konische Spule oder eine flache Spirale. Er schreibt: *Da die Sekundärspule mit der Primärspule elektrisch verbunden ist, besitzt die letztere praktisch die gleiche Spannung wie gegenüberliegende Teile der Sekundärspule, so dass keine Neigung zur Funkenbildung von einer zur anderen Spule vorhanden ist. Aus-*

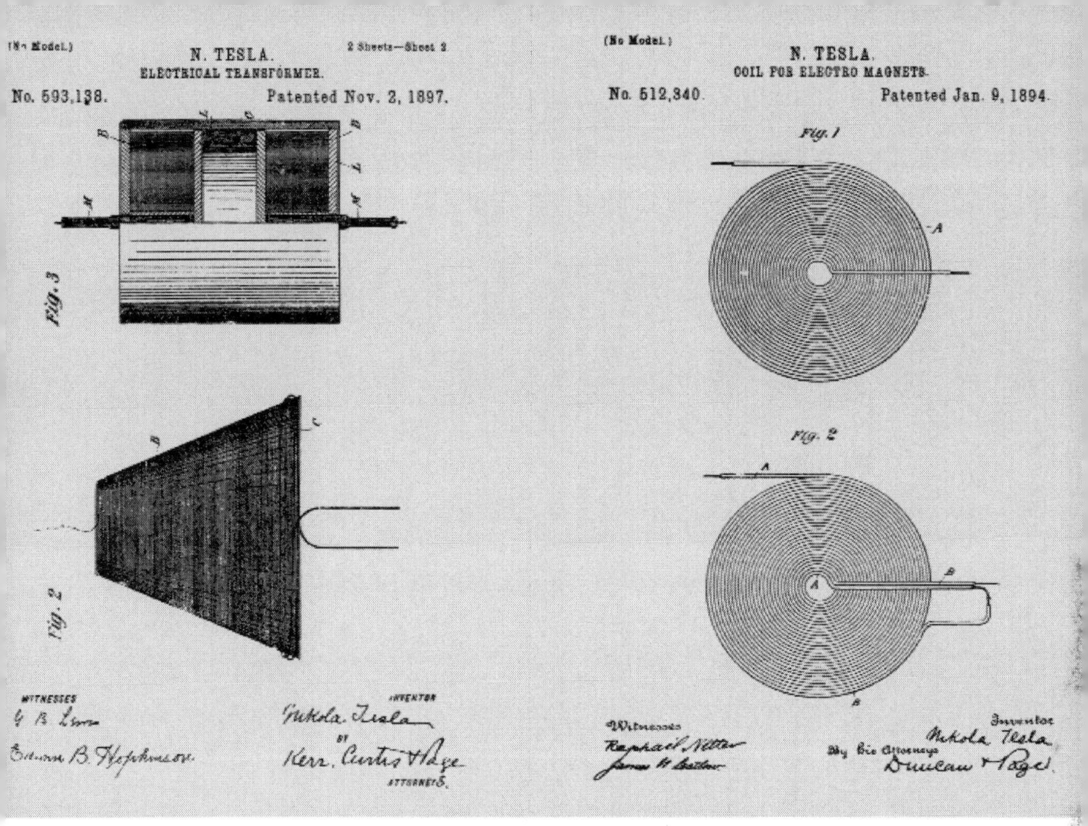

Zwei Patente der Teslaschen Hochspannungsspulen aus dem Jahr 1894 und 1897

serdem ist die Gefahr durch den Apparat aufgrund von Entladungen durch den Körper einer Person, die das Gerät bedient oder sich diesem nähert, auf ein Minimum gesenkt, da sowohl die Primär- wie auch die Sekundärspule geerdet und der Netzanschluss der Spule entfernt vom Gerät und geschützt ist.

Hierbei handelt es sich im Prinzip um eine Vorform Teslas berühmten **Verstärkungstransmitters**, der von großer Bedeutung für sein Radio- und Energieübertragungssystem ist und den er einmal so charakterisierte: *Nun denn, in erster Linie handelt es sich um einen Transformator auf Resonanzbasis mit einer Sekundärspule, in der die einzelnen Teile, die unter hoher Spannung stehen von beträchtlicher Fläche und im Raum entlang einer idealen Hüllfläche mit großem Krümmungsradius und einem geeigneten Abstand angeordnet sind, wodurch sich überall eine geringe elektrische Oberflächendichte ergibt, so dass es zu keinem Leck kommen kann, selbst wenn der Leiter aus blankem Draht besteht. Er ist für jede Frequenz geeignet, von ein paar bis zu vielen tausend Schwingungen pro Sekunde,*

Hochspannungsentladungen der riesigen Spulen in Teslas Laboratorium in Colorado Springs

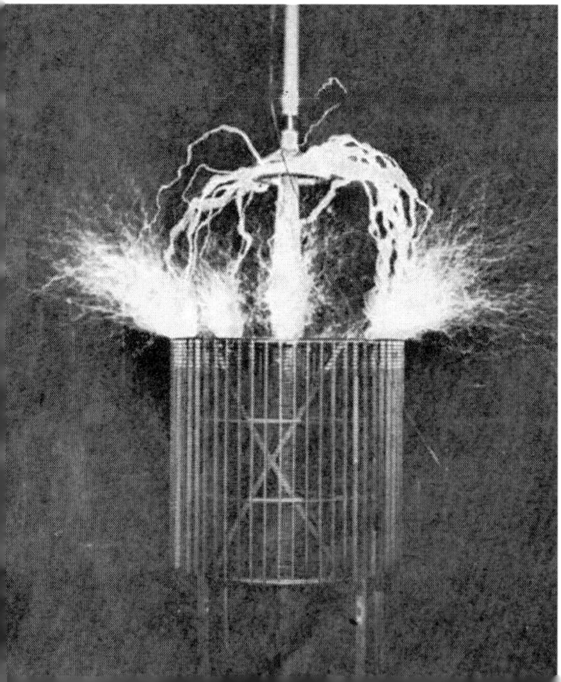

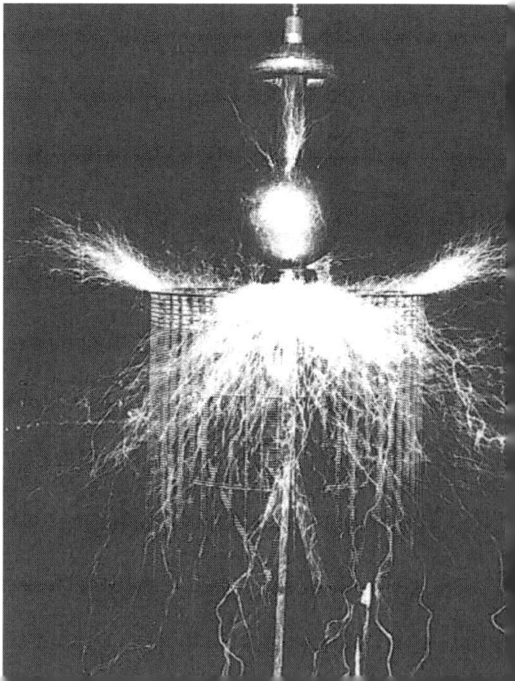

Entladung einer von Teslas konischen Hochspannungsspulen

und er kann für die Erzeugung von extrem hohen Stromstärken verwendet werden oder für geringere Stromstärken und immense elektromotorische Kräfte. Die maximale elektrische Spannung hängt nur von der Krümmung der Oberfläche ab, auf denen sich die geladenen Teile befinden, und von der Fläche.

Ausgehend von meinen vergangenen Erfahrungen sind 100 Mio. Volt auf jeden Fall möglich. Auf der anderen Seite können Ströme mit Tausenden von Volt in der Antenne erreicht werden. ... Theoretisch ist ein Terminal von weniger als 27 m Durchmesser ausreichend, um eine elektromotorische Kraft dieser Größenordnung zu erzielen, während der Durchmesser für Ströme in der Antenne im Bereich von 2 000 bis 4 000 Ampere bei den üblichen Frequenzen nicht größer als 9 m zu sein braucht.

Im engeren Sinn handelt es sich bei diesem drahtlosen Transmitter um ein Gerät, bei dem die Hertzschen Wellen im Vergleich zur Gesamtenergie völlig vernachlässigbar sind. Aufgrund dieser Verhältnisse ist der Dämpfungsgrad extrem niedrig und in der erhöht angebrachten Kapazität wird eine enorme Ladung gespeichert. Ein solcher Stromkreis kann dann durch Impulse beliebiger Art erregt werden, sogar durch solche mit niedrigen Frequenzen und er wird sinusförmige und kontinuierliche Schwingungen wie die einer Wechselstrommaschine abgeben.

Auf den kleinstmöglichen Nenner gebracht, ist dieser Transmitter jedoch ein Transformator, der abgesehen von diesen Eigenschaften genau den elektrischen Konstanten und Eigenschaften der Erdkugel angepasst ist, wodurch diese Anordnung für die drahtlose Übertragung von Energie höchst effektiv und leistungsfähig wird. Die Entfernung spielt dann absolut keine Rolle mehr, es gibt keine Verminderung in der Intensität der übertragenen Impulse. Es ist sogar möglich, die Wirkung mit der Entfernung von der Anlage zu erhöhen -- und zwar nach einem exakten mathematischen Gesetz.

Zusammenfassend können wir also sagen, dass es Tesla in fast zehnjähriger zäher Arbeit gelungen ist, eine völlig neue Technik zu schaffen, deren Anwendung vor allem im Bereich der Radio-, Medizin- und Beleuchtungstechnik und in vielen anderen Bereichen zu einer wahren technischen Revolution geführt hat. Obwohl er damit eindeutig als der alleinige Begründer der Hochfrequenz- und Hochspannungstechnik angesehen werden muss, sind viele seiner Erfindungen auf diesem Gebiet nicht mit seinem Namen verbunden und wurden gar anderen zugeschrieben. Die Gründe hierfür sind vor allem darin zu suchen, dass die hauptsächliche Anwendung der Hochfrequenzströme anfangs in der Radiotechnik lag und Teslas gesamtes Radiosystem von anderen gestohlen wurde, die natürlich später geringes Interesse daran zeigten, den Namen Tesla in diesem Zusammenhang zu nennen. Hierauf werden wir in einem späteren Kapitel noch genauer eingehen.

ELEKTRISCHE BELEUCHTUNG MITTELS HOCHFREQUENZSTRÖMEN

Teslas Bemühungen konzentrierten sich anfangs seiner Hochfrequenzforschungen hauptsächlich auf die Verwirklichung eines verbesserten Beleuchtungssystems. Im Jahr 1885 hatte er ja schon Erfahrung auf diesem Gebiet sammeln können, als er für die *Tesla Electric Light Company* an der Verbesserung der Bogenlampen gearbeitet hatte. Nachdem er dann bis 1890 die Entwicklung des Wechselstromsystems vorangetrieben hatte, baute er seine erste Hochfrequenzmaschine, die wie gesagt anfangs nur für Bogenlampen eingesetzt wurde, um die Geräusche, die beim Betrieb mit normalem niedrigfrequenten Wechselstrom auftraten, zu beseitigen. Danach wandte er sich allerdings Experimenten mit evakuierten Röhren zu, speziell sogenannten Geissler- oder Lenardröhren. Sein Hauptziel bestand hierbei vor allem darin Beleuchtungsmethoden zu finden, mit denen ein höherer Wirkungsgrad als mit den damals verwendeten Glühbirnen erzielt werden konnte. Da er zu dieser Zeit mit seinen Wechselstrommaschinen und seiner Teslaspule schon in der Lage war, hohe Frequenzen und Spannungen zu erreichen, konnte er mit diesen Geräten bisher nicht dagewesene Leuchterscheinungen erzeugen, die er in seinen Vorträgen ausführlichst beschrieb und zu dieser Zeit als sensationell betrachtet wurden: *Hier habe ich eine einfache Glasröhre, die teilweise evakuiert ist. Ich nehme sie in die Hand. Ich berühre den Draht, durch den Wechselstrom hoher Spannung fließt, mit meinem Körper und die Röhre in meiner Hand wird hell erleuchtet. Wie immer ich sie auch im Raum bewegen mag, ihr weiches, angenehmes Licht bleibt mit unverminderter Helligkeit erhalten. Hier habe ich eine luftleere Birne, die nur an einen einzigen Draht angeschlossen ist. Während ich auf dieser isolierten Plattform stehe, nehme ich sie in die Hand und ein im Innern angebrachter Platinknopf wird zu einem lebhaften Glühen angeregt. Hier habe ich eine Birne an einen stromdurchflossenen Draht angeschlossen, die sich mit den bezauberndsten Farben phosphoreszierenden Lichtes füllt, wenn ich ihren Metallsockel berühre.*

Als er solche Versuche mit Lampen, die ohne direkten elektrischen Anschluss leuchteten, bei seinem Vortrag in St. Louis im Jahr 1893 vorführte, glaubten einige Zuschauer in den billigen hinteren Reihen gar, dass es sich hierbei um das Werk des Teufels handeln würde und sie verließen in Panik den Zuschauerraum.

Unter allen Versuchen, die mit schnell wechselnden Strömen durchgeführt werden können, sind diejenigen am interessantesten, die sich auf die Herstellung eines praktisch verwendbaren Beleuchtungsgeräts beziehen. Es lässt sich nicht bestreiten, dass die heutigen Methoden sehr energieverschwendend sind, selbst wenn sie auch herausragende Fortschritte darstellen. Es müssen bessere Methoden gefunden und vollkommenere Apparate konstruiert werden. Die moderne Forschung hat neue Möglichkeiten für die Erzeugung einer wirkungsvollen Lichtquelle eröffnet ...

Tesla sieht aufgrund seiner Hochfrequenzforschungen sogar eine normale Flamme als eine elektrische Erscheinung an: *Es erscheint seltsam, dass wir nach Jahrhunderten der Bekanntschaft mit der Flamme nun im Zeitalter der elektrischen Beleuchtung und elektrischer Heizungssysteme schließlich zu der Erkenntnis gelangen, dass wir eigentlich schon seit undenklichen Zeiten "elektrisches Licht und elektrische Wärme" zu unserer Verfügung gehabt haben. Es ist äusserst interessant, dass wir auch durch andere als chemische Mittel eine wirkliche Flamme erzeugen können, die ohne Verbrauch von irgendwelchem Material, Licht und Wärme abstrahlt. Und um dies zu erreichen, müssen wir nur die Methoden zur Erzeugung extrem hoher Frequenzen und Spannungen vervollkommnen. Ich hege keinen Zweifel, dass das sich am Ende eines Drahtes bildende Büschel seine charakteristischen Eigenschaften verlieren und eine flammenähnliche Form annehmen würde, wenn es uns gelingen würde, die Spannung mit ausreichender Schnelligkeit und Stärke alternieren zu lassen. Die Flamme muss ihren Ursprung in den elektrostatischen Wirkungen der Moleküle haben.*

Tesla teilt die Lichterscheinungen in vier Klassen ein: Glühen eines festen Körpers, Phosphoreszenz, Glühen oder Phosphoreszieren eines verdünnten Gases und Leuchterscheinungen bei normalem Druck. Hierüber sagt er Folgendes:

Ich habe herausgefunden, dass elektrostatische Wirkungen in verschiedenartiger Weise zur Erzeugung von Licht eingesetzt werden können. Wir können z.B. einen Körper aus feuerfestem Material in eine geschlossene und besser noch mehr oder minder evakuierte Birne setzen, diesen dann mit einer Stromquelle verbinden, die einen schnell wechselnden Strom hoher Spannung abgibt, und hierdurch erreichen, dass die Gasmoleküle auf diesen mit extrem hoher Geschwindigkeit sehr oft in der Sekunde auftreffen und ihn auf diese Weise mit Trillionen unsichtbarer Hämmer schlagen, bis er glühend wird. Oder wir können einen Körper in eine hoch evakuierte Birne setzen, also in ein Vakuum, bei dem es zu keiner Entladung kommt und durch die Verwendung sehr hoher Frequenzen und Spannun-

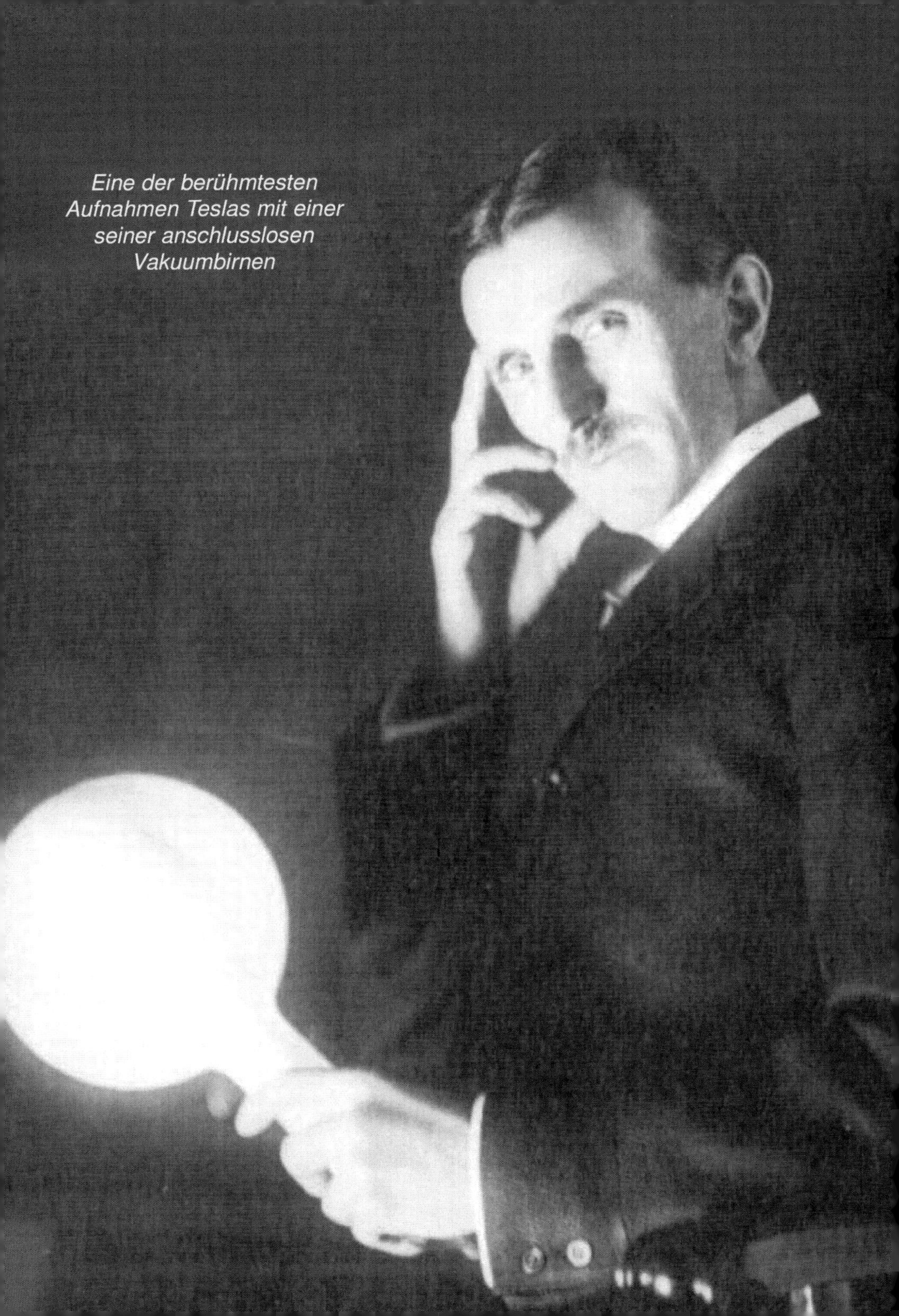

Eine der berühmtesten Aufnahmen Teslas mit einer seiner anschlusslosen Vakuumbirnen

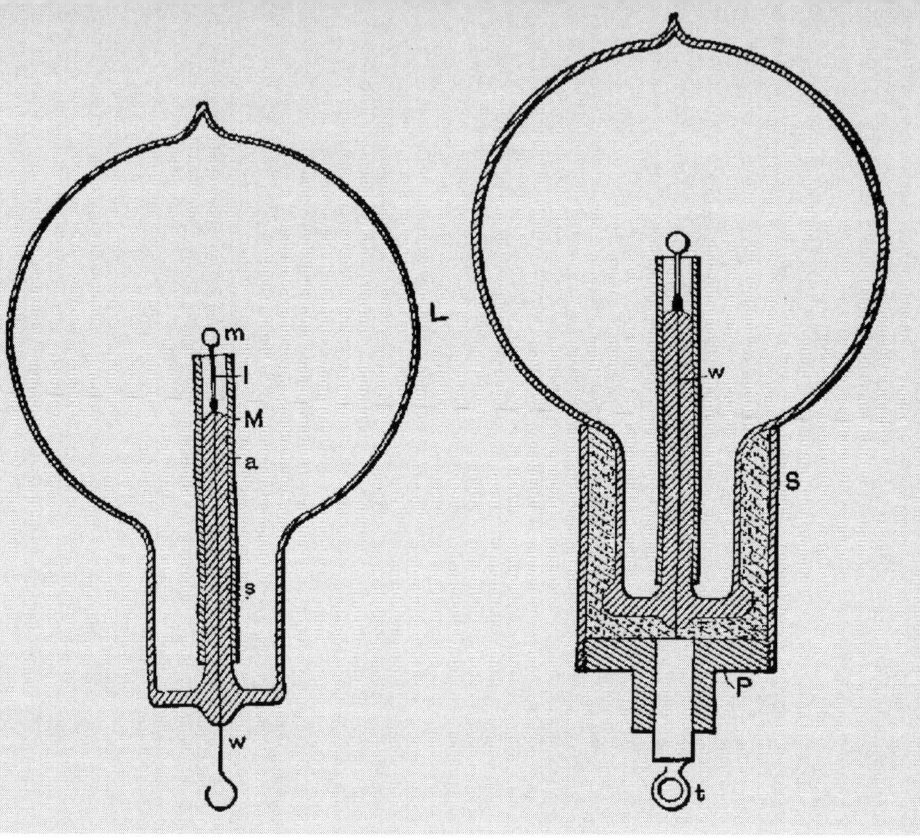

Verschiedene Typen von Kohleknopflampen, mit denen Tesla experimentierte

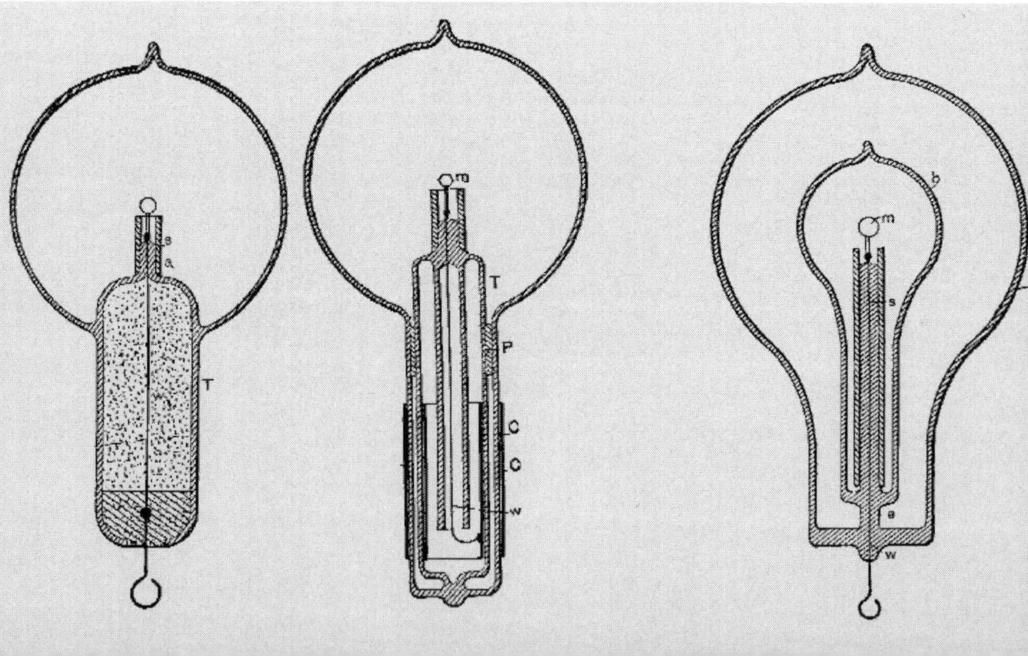

gen ausreichend Energie von diesem auf andere Körper in der Nähe oder allgemein auf die Umgebung übertragen, um dort jeden gewünschten Glühgrad aufrecht zu erhalten. Oder wir können schließlich auch durch schnell wechselnde hohe Spannungen den Äther stören, der von den Molekülen eines Gases mitgeführt wird, oder seine statische Ladung beeinflussen und es hierdurch in Schwingungen versetzen und zur Abgabe von Licht veranlassen.

Über das **Glühen eines Knopfes** oder überhaupt eines festen Körpers sagt er Folgendes: *Ich habe zuvor darauf hingewiesen, dass ein dünner Leiter, wie z.B. ein Glühfaden, der mit den Anschlüssen eines Hochspannungstransformators verbunden ist, teilweise durch den Leitungsstrom und teilweise durch das Bombardement der Gasmoleküle zum Glühen gebracht wird. Je kürzer und dicker der Glühfaden ist, um so größer ist der Einfluss des letzteren. Und wenn man den Faden auf einen kleinen Knopf reduziert, dann muss praktisch die gesamte Wärmewirkung dem Bombardement zugeschrieben werden. Aus diesem Grund wird der Knopf in dem zuvor gezeigten Experiment durch den rhythmischen Aufprall von frei beweglichen Teilchen in der Birne zum Glühen gebracht. Bei diesen Körpern kann es sich um Gasrückstände, Staubteilchen oder Stücke, die von der Elektrode weggerissen wurden, handeln. Aber egal welche Teilchen es auch immer sind, sicher ist, dass die Erwärmung des Knopfes hauptsächlich durch den Druck bedingt wird, den solche frei beweglichen Teilchen oder überhaupt aus Atomen bestehende Materie auf diesen ausüben. Die Erwärmung ist um so stärker, je größer die Energie und die Zahl der Zusammenstöße pro Sekunde ist. ...*

In Bezug auf das Glühen eines feuerfesten Knopfes (oder Glühfadens) in einem evakuierten Gefäß ... können die hauptsächlichen Erfahrungen, die bei der Herstellung solcher Birne als Leitfaden dienen können, folgendermaßen zusammengefasst werden: 1. Der Knopf sollte so klein wie möglich, kugelförmig und aus feuerfestem Material sein, das einem Abtrag am besten widerstehen kann, und seine Oberfläche sollte glatt oder poliert sein. 2. Die Stütze, auf dem der Knopf angebracht ist, sollte sehr dünn und durch Aluminiumplättchen oder Glimmerpapier geschützt sein, wie ich schon bei anderer Gelegenheit beschrieben habe. 3. Die Birne sollte so stark wie möglich evakuiert werden. 4. Die Frequenz der Ströme sollte so hoch sein, wie dies praktisch machbar ist. 5. Die Ströme sollten harmonisch steigen und fallen, ohne plötzliche Unterbrechungen. 6. Die Wärme sollte dadurch auf den Knopf konzentriert werden, indem dieser in eine kleine Birne eingeschlossen wird oder anderweitig. 7. Der Raum zwischen der kleinen Birne und der äusseren Birne sollte hoch evakuiert sein.

Tesla konnte in seinen Lampen auch ein so starkes Bombardement erzeugen, dass der Knopf oder irgendein anderer Körper vollständig aufgelöst wurde. Selbst die härtesten Materialien konnten dieser Wirkung

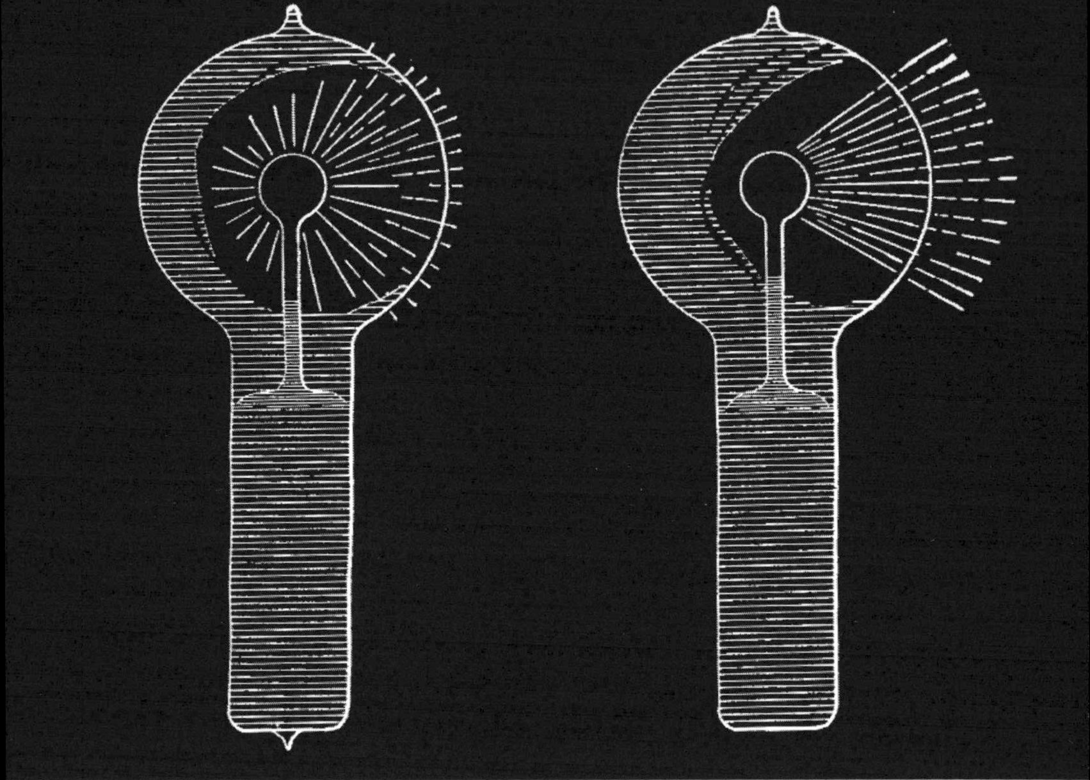

Büschelentladungen in Kohleknopflampen, wobei es sich in Wirklichkeit um Elektronen handelt, was zu dieser Zeit allerdings noch nicht bekannt war

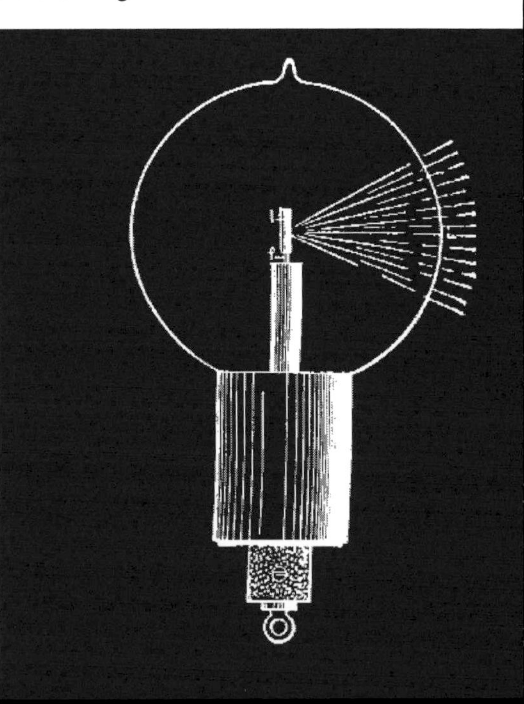

nicht standhalten. Wie er jedoch herausfand, erwies sich Karborundum als am widerstandsfähigsten.

So ungewöhnlich es auch klingen mag, die Kohleknopflampe beinhaltete schon das Prinzip des **Elektronenmikroskops mit Punktabtastung**. Bei diesem Verfahren wird die zu untersuchende Substanz unter großer Spannung gehalten, wodurch winzige Teilchen geradlinig weggeschleudert werden, die dann auf einer Glaskugel ein stark vergrößertes Muster der mikroskopisch kleinen Fläche erzeugen. Tesla erwähnt in seinem Vortrag aus dem Jahr 1892 ein ähnliches Phänomen:

Es gibt immer irgendwelche Unregelmäßigkeiten, selbst wenn die Oberfläche sehr fein poliert ist, was selbstverständlich bei den meisten feuerfesten Körpern, die als Elektroden verwendet werden, unmöglich ist. Stellen sie sich vor, dass eine Stelle der Elektrode heisser wird. Hierdurch geht der größte Teil der Entladung sofort durch diese Stelle und ein winziges Stück wird vielleicht geschmolzen und verdampft. ... An einem bestimmten Punkt werden zwei, drei oder ein halbes Dutzend phosphoreszierende Stellen auf dem Globus sichtbar. Diese Stellen des Glases werden offensichtlich stärker beschossen als die anderen, was seinen Grund in der ungleichmäßigen Verteilung der elektrischen Dichte hat, was seine Ursache in scharfen Erhebungen oder allgemein gesagt Unregelmäßigkeiten der Elektrode hat. Aber die leuchtenden Flecken verändern dauernd ihre Position, was besonders gut zu beobachten ist, wenn es einem gelingt, nur ein paar solcher Stellen zu erzeugen, und dies zeigt an, dass sich die Beschaffenheit der Elektrode laufend ändert.

Ausser der Kohleknopflampe experimentierte Tesla auch noch mit einer Vielzahl anderer Birnen und Röhren. Hier sind vor allem solche zu nennen, in denen er phosphoreszierende und fluoreszierende Stoffe zum Leuchten brachte. Aufgrund seiner Untersuchungen hatte er vermutet, dass nicht das gesamte von einer Lampe abgestrahlte Licht im sichtbaren Bereich liegen kann. Um dies nachzuweisen, beschichtete er seine Birnen mit verschiedenen selbstleuchtenden Stoffen wie z.B. Zinksulfid, welche dann durch den unsichtbaren Teil der Strahlung zum Leuchten gebracht wurden oder er verwendete Quecksilberdampf. Durch einige Flüssigkeiten wurden herrliche Phosphoreszenz- oder Fluoreszenzerscheinungen erzeugt, die allerdings nur ein paar Sekunden andauerten:

Wenn z.B. eine Birne eine Spur von Öl an den Wänden aufweist und der Strom eingeschaltet wird, dann dauert die Phosphoreszenz nur einige Augenblicke, bis das Öl entfernt ist. Von den bisher untersuchten Stoffen scheint Zinksulfid am ehesten für die Erzeugung von Phosphoreszenzerscheinungen geeignet. Einige Proben, die mir freundlicherweise durch Prof. Henry aus Paris zur Verfügung gestellt wurden, sind in vielen dieser Birnen verwendet worden. Einer der Nachteile des Sulfids ist, dass es sein Lichtemissionsvermögen schon bei ziemlich geringen Temperaturen ver-

Einige Versuche mit Lampen und Birnen, die Tesla bei seinen Vorträgen zeigte

liert. Es kann deshalb nur bei schwachen Wirkungen verwendet werden. Es ist erwähnenswert, dass es eine schwarze Farbe annimmt, wenn es von einer Aluminiumelektrode aus heftig bombardiert wird, seltsamerweise aber wieder in den ursprünglichen Zustand zurückkehrt, wenn es sich abkühlt.

Bei einer seiner Lampen verwendete Tesla statt eines Kohleknopfes auch einen Rubinkristall, der durch die hohe Spannung und Frequenz geschmolzen wurde, wobei es nach seiner Beschreibung zu urteilen höchstwahrscheinlich zur Abstrahlung von **Laserlicht** kam. Die Anordnung, die er beschreibt, entspricht nämlich genau derjenigen, die auch später für Rubinlaser zum Einsatz gekommen ist: *Während dieses Schmelzprozesses wurden im allgemeinen herrliche Lichteffekte beobachtet, die kaum zu beschreiben sind. ... Als erstes kann man einen schmalen Trichter aus weissem Licht sehen, der gegen den oberen Teil der Birne projiziert wird, wo er einen unregelmäßigen phosphoreszierenden Fleck erzeugt. Wenn die Spitze des Rubins schmilzt, wird die Phosphoreszenz äusserst stark; da aber die Atome mit einer viel höheren Geschwindigkeit von der Oberfläche des Tropfens abgestrahlt werden, wird das Glas bald heiss und "müde" und dann leuchtet nur noch die äussere Umrandung des Fleckes. Auf diese Art und Weise wird eine intensiv phosphoreszierende und scharf gezeichnete Linie ... erzeugt, die den Umrissen des Tropfens entspricht, und sich langsam über die Birne bewegt, wenn der Tropfen größer wird. Wenn die Masse zu kochen beginnt, bilden sich kleine Blasen und Höhlen, wodurch farbige, dunkle Punkte auf dem Glas erzeugt werden. Die Birne kann hierbei auf den Kopf gestellt werden, ohne dass man Angst haben muss, dass der Tropfen herausfällt, da er eine bemerkenswerte Viskosität besitzt.*

Auch bei gasgefüllten Röhren, die an einer Seite mit einem phosphoreszierenden Pulver versehen waren, konnte er laserartige Lichtabstrahlungen beobachten, die alle bisher in dieser Hinsicht beobachteten Erscheinungen bei weitem übertrafen. Dieses Reflexionsprinzip wird heute in Gaslasern eingesetzt, die mit Helium und Neon arbeiten.

Seinen Vortrag im Jahr 1893 in Philadelphia beschloss Tesla mit einigen Aufsehen erregenden Experimenten mit Vakuumlampen, die ohne Anschluss leuchteten: *Jeder Bereich der wissenschaftlichen Forschung hat seinen eigenen Reiz, aber elektrische Untersuchungen scheinen eine besondere Anziehungskraft zu besitzen, denn es gibt keinen Versuch oder keine Beobachtung auf diesem Gebiet, die uns nicht stark beeindrucken würde. Und trotzdem glaube ich, dass von den ganzen seltsamen Dingen, die wir beobachten, eine Vakuumröhre, die durch einen elektrischen Impuls aus einer fernen Stromquelle erregt wird, und deren wunderbares Licht plötzlich aus der Dunkelheit auftaucht und ein Zimmer hell erleuchtet, eine der schönsten Erscheinungen ist, die unser Auge entzücken*

Teslas Vorführung von Vakuumbirnen, die ohne Anschluss leuchten

kann. Noch interessanter ist es, wenn wir durch die Verringerung der fundamentalen Entladungen auf eine sehr geringe Zahl und durch Herumschwingen der Röhre alle möglichen leuchtenden Linien erzeugen. Ich nehme z.B. eine lange gerade Röhre oder eine quadratische oder ein Quadrat, das an einer langen Röhre befestigt ist, und wenn ich diese mit der Hand herumschwinge, kann ich die Speichen eines Rades, eine Grammesche Wicklung, eine Trommelwicklung, die Wicklung eines Wechselstrommotors usw. nachahmen. Aus der Ferne ist die Wirkung zwar schwach und es geht viel von ihrer Schönheit verloren, aber aus der Nähe oder wenn man die Röhre in der Hand hält, kann man dem Zauber ihres Lichts nicht widerstehen.

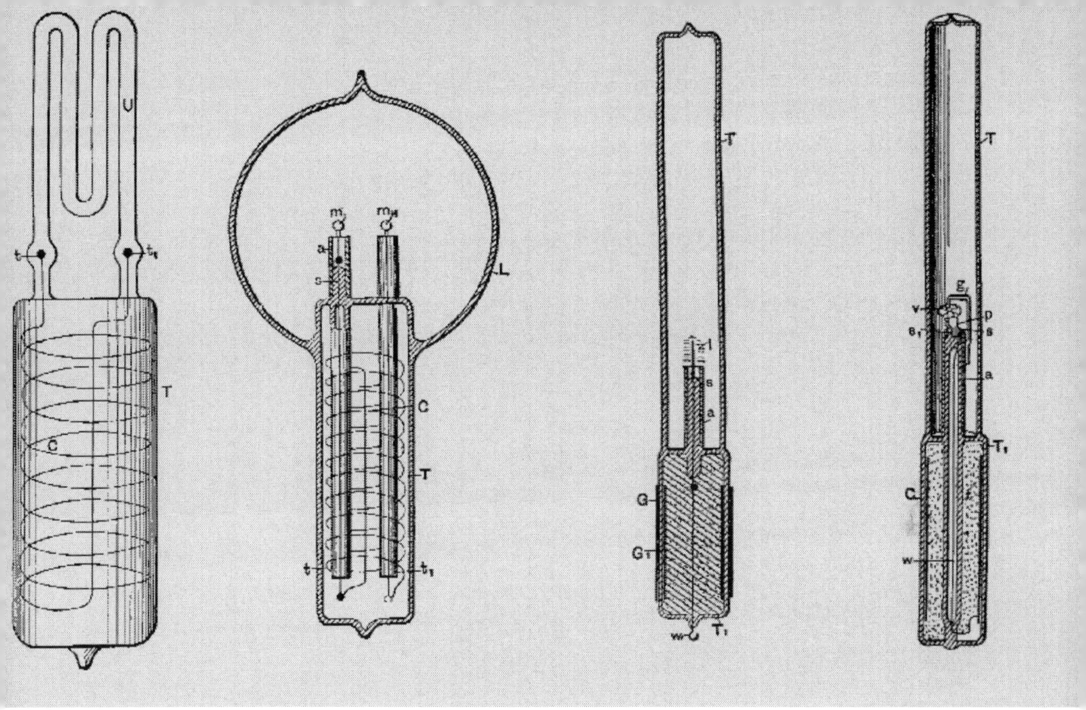

Verschiedene Typen von Birnen und Lampen, die Tesla bei seinen Vorträgen demonstrierte

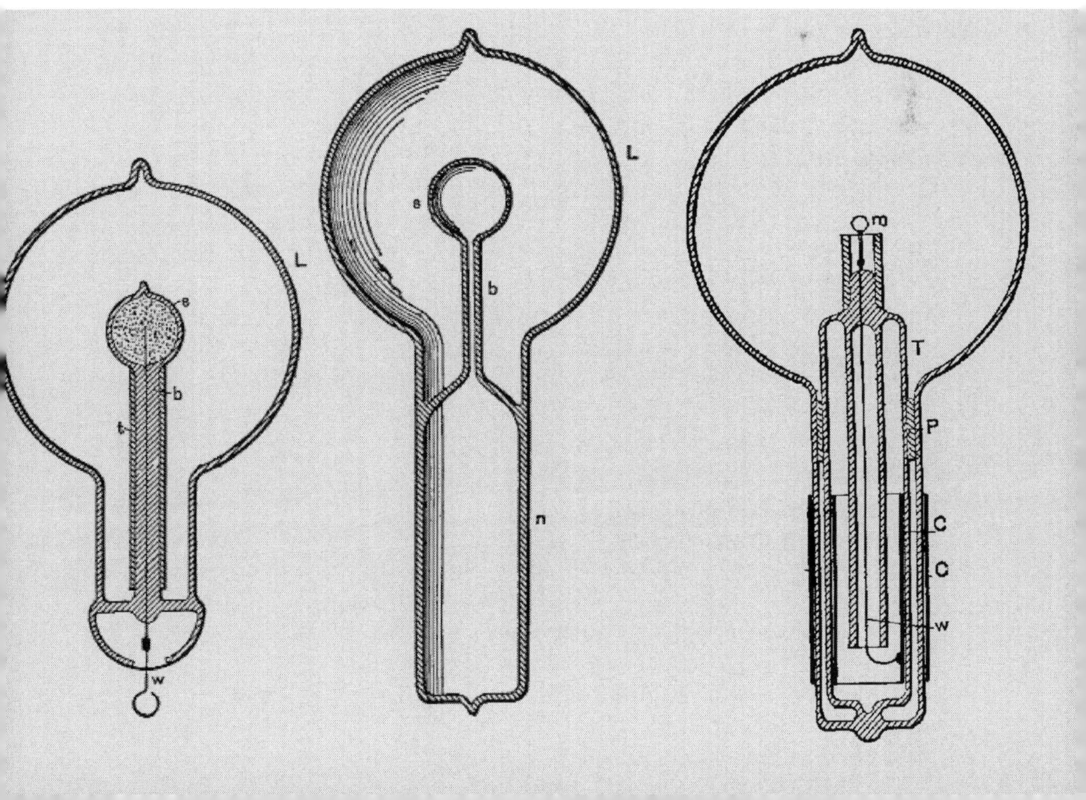

Tesla nutzte seine Entdeckungen auf diesem Gebiet auch dazu aus, um sein Laboratorium mit Lampen, die keinen Anschluss besaßen, zu beleuchten. Hierzu verband er einfach einen Draht, der rings an den Wänden nahe der Decke angebracht war, mit einer Wechselstrommaschine und einer Teslaspule, wodurch sich im gesamten Raum ein so starkes elektromagnetisches Feld bildete, dass seine Vakuumlampen an jeden beliebigen Ort zum Leuchten gebracht wurden. Er verwendete hierbei auch schon Schaltkreise, die so abgestimmt waren, dass dadurch nur bestimmte Lampen zum Ansprechen gebracht werden konnten. Hieraus entwikkelte er später das für die Radiotechnik so wichtige Prinzip der "Technik der Individualisierung".

Ein ähnliches System beschreibt er auch in einem seiner Vorträge: *Anstatt die Röhre durch Induktion zum Leuchten zu bringen, kann man diese auch mit einer äusseren und wenn erforderlich auch mit einer inneren Kondensatorummantelung versehen und sie dann irgendwo im Zimmer an einem Leiter aufhängen, der mit einem Anschluss der Spule verbunden ist. Auf diese Weise kann man ein sehr weiches Licht erzeugen.*

Die ideale Art einen Saal oder ein Zimmer zu beleuchten würde jedoch darin bestehen, wenn man solche Bedingungen schafft, dass ein Leuchtkörper im gesamten Raum leuchtet, egal wo man ihn auch hinbewegt oder hinstellt, und ohne dass er eine elektrische Verbindung besitzt. Es ist mir gelungen, solche Verhältnisse herzustellen, indem ich in einem Zimmer ein starkes, schnell wechselndes elektrostatisches Feld erzeugte. Zu diesem Zweck hängte ich in einiger Entfernung von der Decke ein Metallblech an isolierenden Schnüren auf und verband dieses mit dem einen Anschluss einer Induktionsspule, während der andere Anschluss mit der Erde verbunden wurde. Oder ich hängte ... zwei Bleche auf, von denen jedes mit einer der Anschlüsse der Spule verbunden wurde und deren Größe entsprechend dimensioniert worden waren. Eine evakuierte Röhre kann dann irgendwo zwischen die Bleche gehalten werden oder irgendwo hingestellt werden, selbst in einer größeren Entfernung, und sie leuchtet dann die ganze Zeit.

Trotz seiner umfangreichen Forschungsarbeit auf dem Gebiet der Beleuchtungstechnik meldete Tesla hierfür nur drei Patente an, was seinen Grund hauptsächlich darin gehabt haben dürfte, dass er sich die nächsten Jahre intensiv mit der Entwicklung der Radiotechnik befasste und aus Zeitmangel die kommerzielle Ausnutzung seiner Entdeckung anderen überlassen musste.

Teslas erstes Patent in diesem Bereich datiert vom 25. April 1891 und trägt die Nr. **454.622** und den Titel "System of Electric Lighting". Hierin schreibt er, dass zur wirtschaftlichen Erzeugung von Licht sowohl eine hohe Frequenz als auch eine hohe Spannung notwendig ist, wobei erstere bei mindestens zehn- bis zwanzigtausend Hertz und die letztere bei

(No Model.)

N. TESLA.

SYSTEM OF ELECTRIC LIGHTING.

No. 454,622. Patented June 23, 1891.

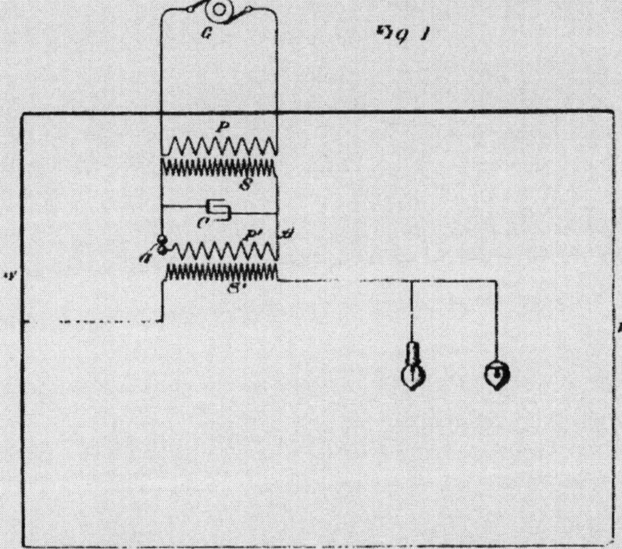

Fig. 2

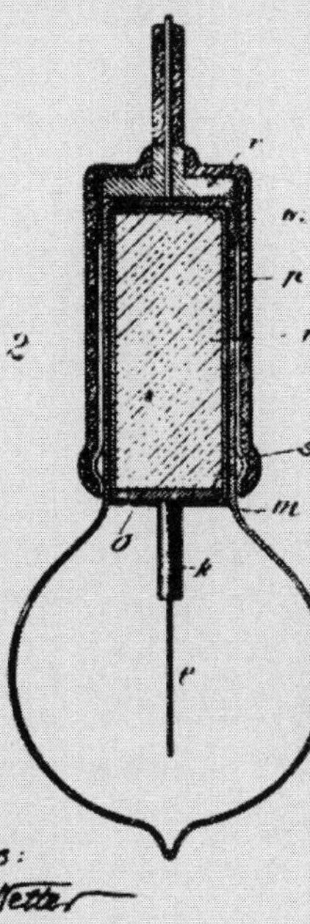

Fig. 3

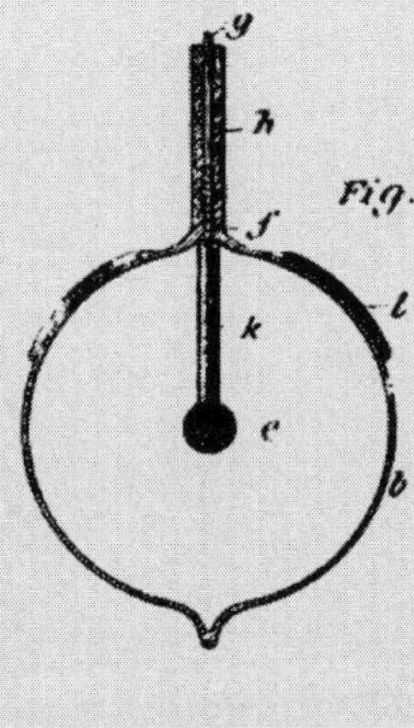

Witnesses:

Raphaël Netter

Ernest Hopkinson

Inventor

Nikola Tesla

by Duncan & Page,

Attorneys

mindesten zwanzigtausend Volt liegen sollte, jedoch können beide Werte natürlich wesentlich höher sein. Zur Erzeugung hoher Frequenzen benutzt Tesla in diesem Fall vorzugsweise die Methode der disruptiven Entladung der aufgespeicherten Energie eines Kondensators, die wir schon beschrieben haben, und die Spannung wird mit seiner verbesserten Induktionsspule hochtransformiert. Als lichtgebenden Körper ist entweder ein Knopf oder Stiel aus Kohle vorgesehen, der in einer evakuierten Birne untergebracht ist.

Er verlangt den Patentschutz für folgende Einrichtung: *In einem System der elektrischen Beleuchtung die Kombination einer Quelle von Strömen mit enormer Frequenz und extrem hoher Spannung, lichtgebender Körper, die jeweils aus einem leitenden Material bestehen, das in einem evakuierten oder mit verdünnter Luft versehen Behälter eingeschlossen und direkt oder induktiv über Leiter mit einem der Anschlüsse besagter Quelle verbunden sind, wobei alle Teile des Leiters zwischen der besagten Quelle und dem lichtgebenden Körper isoliert und geschützt sind, um die Streuung der elektrischen Energie zu verhindern, ...*

Drei Wochen nach diesem Patent folgte eine weitere Anmeldung, diesmal mit dem Titel “Electric Incandescent Lamp”, welche die Nummer **445.059** trägt. Hierin beschreibt Tesla eine Lampe mit zwei Elektroden, die sich in einer Birne befinden, die über einen Punkt hinaus evakuiert ist, bei dem es zu keiner Entladung mehr kommen kann. *Da diese Lampen ... in jedem System, in dem die zuvor beschriebenen Spannungs- und Frequenzverhältnisse nicht vorhanden sind, völlig unbrauchbar sind, so dass die verschiedenen Lampen, die bisher für den Gebrauch im Zusammenhang mit Hochspannungsströmen gebaut worden sind, und in welchen die Evakuierung notgedrungenermaßen nicht über den Punkt, bei dem es zu keiner Entladung mehr kommt, hinausgeführt worden ist, sind sie in meinem neuen System praktisch wertlos, und das die neue Eigenschaft meiner Lampen, welche sie von anderen unterscheidet, dass sie also über den Punkt hinaus, bei dem es zu keiner Entladung kommen kann, evakuiert sind.*

Sein drittes und letztes Patent vom 2. Januar 1892, das sich diesmal “Incandescent Electrical Light” nennt und die Nummer **514.170** trägt, bezieht sich ausschließlich auf eine Kohleknopflampe. Er verlangt hier den Schutz für eine Methode, um die Streuung der Energie in dieser Lampe zu verhindern, was er mit Hilfe eines statischen Schirmes erreicht, der darin besteht, dass der Zuleitungsdraht und andere Drähte mit einem leitenden Material umgeben werden, wodurch die Lichtausbeute wesentlich erhöht werden konnte.

Alle in diesem Kapitel aufgeführten Birnen und Röhren haben lange Zeit keine technische Anwendung gefunden -- nicht zuletzt dadurch, dass ein Anschluss solcher Lampen an das normale Netz nicht so einfach möglich

(No Model.)

N. TESLA.

ELECTRIC INCANDESCENT LAMP.

No. 455,069. Patented June 30, 1891

Fig. 1

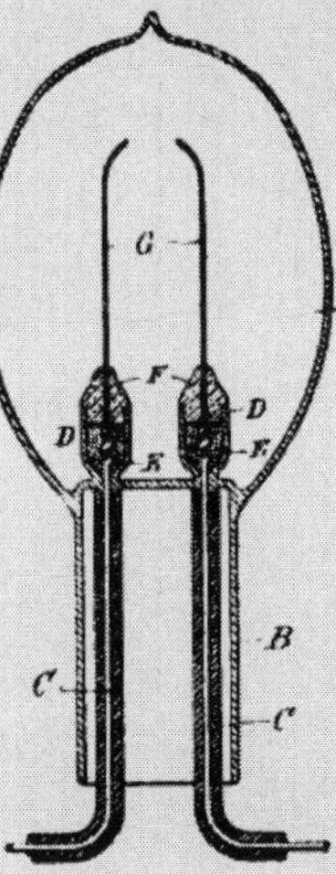

Fig. 2

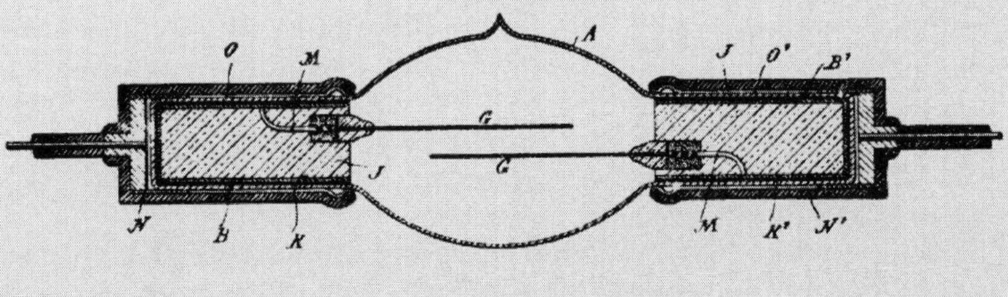

Witnesses:

Raphaël Netter

Frank B. Murphy.

Inventor

Nikola Tesla

by

Duncan & Page

Attorneys.

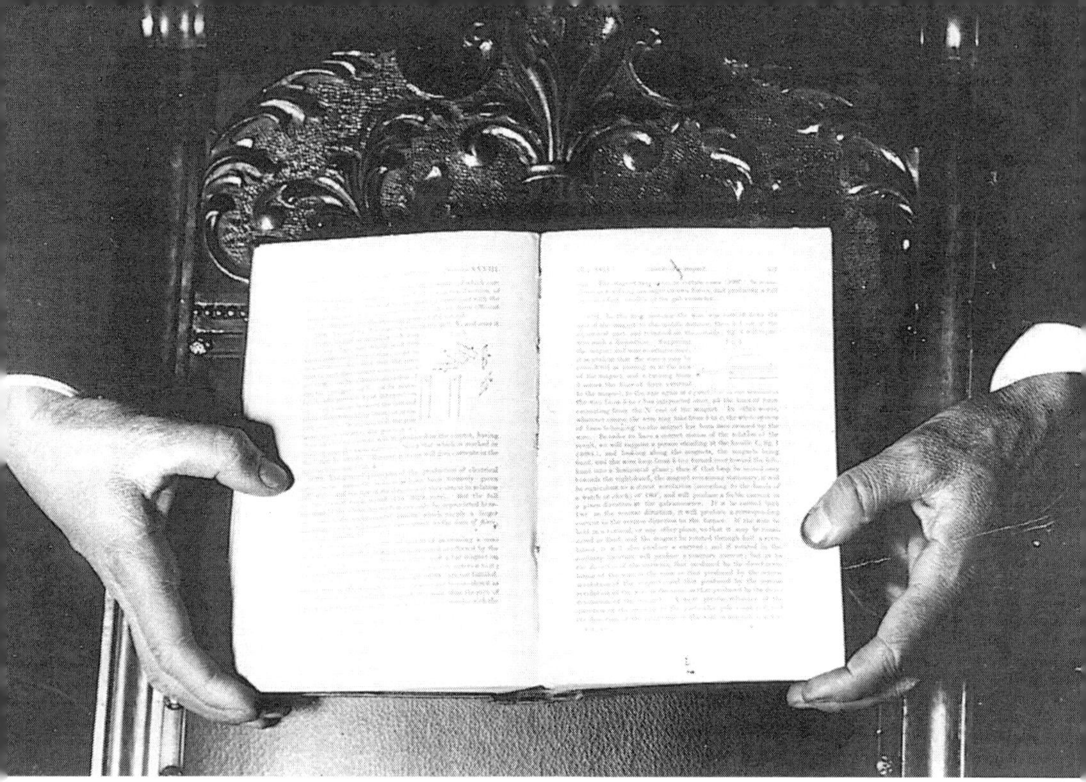

Fotografie eines Buches mittels Teslas Vakuumlampen.

war und auch noch kein brauchbares Glas vorhanden war. Erst wesentlich später kam dann billiges Quarzglas auf den Markt. Ausserdem wurde ihre Einführung wie gesagt von den großen Stromproduzenten jahrezehntelang behindert, da sie Einnahmeeinbußen befürchteten, was schon äusserst kurzsichtig war. Heutzutage erstrahlt jede große Stadt im Licht der Neon- und Leuchtstofflampen, die, genau wie Teslas Lampen, alle möglichen Formen und Farben besitzen, und nur die wenigsten wissen, dass sie dieses Lichtermeer Tesla zu verdanken haben.

Tesla führte auch viele Experimente durch, die den Zweck hatten, seine Vakuumlampen für **fotografische Zwecke** einzusetzen und war überhaupt der Erste, der Aufnahmen mit künstlichem Licht gemacht hat. Schon im Jahr 1898 waren seine Arbeiten auf diesem Gebiet ziemlich weit fortgeschritten: *Eine ziemlich interessante Eigenschaft von Fotografien, die mit Röhren mit relativ geringer Lichtstärke gemacht wurden, war, dass sich das Licht und die Schatten sehr gut abzeichneten, ungefähr so wie bei sehr kurzen Belichtungszeiten mit Blitzlicht, aber die Umrisse waren nicht scharf und es waren praktisch keine Einzelheiten sichtbar.*

Durch die Herstellung von Röhren mit wesentlich größerer Lichtstärke wurden in dieser Hinsicht beträchtliche Verbesserungen erzielt, und dieser Fortschritt veranlasste mich, in dieser Richtung weitere Anstrengungen zu unternehmen, die schließlich zur Herstellung einer Röhre führten, die eine Lichtstärke besaß, die Hunderten oder sogar Tausenden der üblichen Vakuumröhren entsprach. Ich bin mir auch ganz sicher, dass ich noch lange nicht die Grenze der erzeugbaren Lichtmenge erreicht habe, und ich glaube, dass die Beleuchtungsmethode schließlich bei Leuchttürmen Verwendung finden wird. Dies darf man als die seltsamste und am wenigsten erwartete Entwicklung in Bezug auf Vakuumröhren betrachten. ...

Gleichzeitig mit diesem Fortschritt wurden beim Wirkungsgrad des erzeugten Lichtes entsprechende Verbesserungen erzielt. Ein paar Worte zu diesem Thema dürften nicht fehl am Platz sein, wenn man die populären und falschen Ansichten, die immer noch in Bezug auf den Energieverbrauch von Vakuumröhren, die auf die übliche Weise erleuchtet werden, in Betracht zieht. Diese Ansicht, der ich selbst lange Zeit anhing, wie ich zugeben muss, ist so tief verwurzelt, dass kurz nach meinen ersten Arbeiten Sir David Solomon und Messr. Pike & Harris versuchten, solche Röhren auf breiter Basis als Konkurrenz zum Beleuchtungssystem mit Glühbirnen einzuführen, was kläglich scheiterte. Das Unternehmen, das in technischen Zeitschriften kommentiert wurde, war lobenswert genug, aber es war nicht schwierig, dessen Ausgang vorherzusehen; denn obwohl die Hochfrequenzströme, die aus der Wechselstrommaschine erhalten wurden, bessere Ergebnisse brachten als unterbrochene Ströme und sie auch in einer einigermaßen wirtschaftlichen Art erhalten wurden, war der Wirkungsgrad des gesamten Systems notwendigerweise zu klein, um mit den Glühbirnen mithalten zu können. Nach dem Grund für den großen Energieverbrauch, der oft zehnmal größer sein kann als derjenige von Glühbirnen bei einer entsprechenden Lichtmenge, braucht man nicht lange zu suchen. Eine Vakuumröhre, vor allem wenn sie sehr groß ist, besitzt eine sehr große Strahlungsoberfläche und ist in der Lage, große Energiemengen abzugeben, ohne dass die Temperatur merklich steigt. ...

Es können natürlich Bilder durch sofortige Belichtungen erhalten werden, aber es ist herausgefunden worden, dass es besser ist, länger und in einer größeren Entfernung von der Röhre zu belichten. Die bisher erzielten Ergebnisse lassen es möglich erscheinen, dass diese Art von Licht von großer Bedeutung für die Fotografie werden wird, und nicht nur deswegen, weil der Künstler in der Lage sein wird, die Bedingungen bei jedem Experiment genau einzustellen, um die besten Ergebnisse zu erzielen, was mit normalem Licht unmöglich ist. Er wird hierdurch auch vom Tageslicht völlig unabhängig sein und seine Arbeit zu jeder Stunde, Tag und Nacht, ausführen können. Es kann auch für den Maler von Wert sein, obwohl ich seine Verwendung für solche Zwecke immer noch für problematisch halte.

ELEKTROMECHANISCHE OSZILLATOREN

Anfang der Neunziger Jahre entwickelte Tesla zur Erzeugung von Hochfrequenzschwingungen auch elektromechanische Oszillatoren, die durch komprimierte Luft oder Dampf betrieben wurden und Schwingungen von solcher Gleichmäßigkeit lieferten, dass sie sogar zum Antrieb von Uhren benutzt werden konnten. In den Vereinigten Staaten patentierte er diese Geräte unter dem Namen "Steam Engine" (**517.900**), "Electric Generator" (**511.916**) und "Reciprocating Engine" (**514.169**). In Deutschland wurde diese Erfindung unter dem doch etwas seltsamen Titel "Durch Dampf oder Druckluft betriebenes, geradlinig schwingendes Pendel" (Nr. **84 335**) und "Vorrichtung zur Erzeugung elektrischer Ströme von gleichbleibender Schwingungszahl" (Nr. **87 269**) im Jahr 1893 patentiert. Im erstgenannten Patent heisst es:

Bei den bisher gebräuchlichen Treibmaschinen hat man eine unter wechselnder Belastung möglichst gleichmäßige Bewegungsgeschwindigkeit dadurch zu erzielen versucht, dass man mit den hin- und herbewegten Maschinenteilen Schwungräder oder gleichwertige andere kreisend bewegte Organe von großem Beharrungsvermögen verband. Nach vorliegender Erfindung wird die Gleichmäßigkeit der Bewegung auf neuartige, vorteilhaftere Weise und unter Vermeidung der den Maschinen vorerwähnter Art anhaftenden Übelstände dadurch gesichert, dass man die Bewegungsgeschwindigkeit des Kolbens durch einen federnden Körper, zweckmäßig einen in geschlossenem Raum befindlichen Luftkörper, regelt, indem man die Elastizität oder den Widerstand dieses federnden Körpers einerseits und das Beharrungsvermögen des Kolbens oder beweglichen Maschinenteils andererseits in ein solches Verhältnis zueinander bringt, dass diejenigen Kräfte, welche dahin wirken, die bewegten Teile in eine bestimmte Lage zu bringen, dem Bewegungsausschlag dieser Teile proportional sind. Zu diesem Zwecke lässt man bei der nach vorliegender Erfindung eingerichteten Maschine den durch Dampf oder ein unter Spannung befindliches Gas in hin- und hergehende Bewegung versetzten Kolben entweder unmittelbar oder mittelbar auf einen im geschlossenen Raum befindlichen Luftkörper in der Weise einwirken, dass der Kolben, indem er bei der Hin- und Herbewegung sich der einen oder anderen von seinen beiden Endlagern nähert, den Luftkörper zusammendrückt, der dadurch eine gewisse federnde Wirkung ausübt und den Kolben wieder zurückzubewegen strebt. Die normale Spannung des auf den Kolben einwirkenden Treibmittels bewirkt bei der so eingerichteten Maschine einen

Kolbenhub von bestimmter Größe. In dem Maß, in welchem die Spannung des Treibmittels über den normalen Wert steigt oder unter denselben herabgeht, wird der Kolbenbub vergrößert oder verringert und dementsprechend der federnde Luftkörper mehr oder weniger zusammengedrückt, so dass er im einen Fall mit größerer und im anderen Fall mit geringerer Kraft auf den Kolben zurückwirkt. Man hat es also in der Hand, durch entsprechende Abmessung des Widerstandes des federnden Körpers einerseits und des Beharrungsvermögens der bewegten Maschinenteile andererseits die Bewegungsgeschwindigkeit zu einer fortwährend sich gleichbleibenden zu machen. Von etwaigen Schwankungen in der Spannung des Treibmittels wird bei dieser Einrichtung nicht die Bewegungsgeschwindigkeit, sondern nur die Größe der Bewegung beeinflusst, genau wie bei einem Pendel die Änderungen in der dasselbe periodisch anstoßenden Kraft nicht die Schwingungsphasen, sondern nur den Ausschlag der Schwingung ändern.

Er stellt folgenden Patentanspruch: *Ein durch Dampf oder Druckluft betriebenes, geradlinig hin- und herschwingendes Pendel, gekennzeichnet durch die starre Verbindung oder Vereinigung eines zwischen Federn oder Luftpolstern gehaltenen schwingenden Körpers J mit einem Kolben B, der nach einmaligem Anstoß den Zu- und Abfluß des Druckmittels so steuert, dass Körper J und Kolben B dauernd in Schwingung erhalten werden.*

Im zweiten Patent bezieht sich Tesla speziell auf die Verwendung dieses Geräts zur Erzeugung konstanter elektrischer Schwingungen: *Nach vorliegender Erfindung werden elektrische Ströme gleichbleibender Wechselzahl durch eine Kraftmaschine und einem elektrischen Stromerzeuger erzielt, welche letzteren derart eingerichtet und zueinander in Beziehung gebracht sind, dass 1. die Kraftmaschine allein imstande ist, dem bewegenden Element des Stromerzeugers eine schwingende Bewegung von gleichbleibender Schwingungszahl zu erteilen, oder dass 2. einerseits die Periode der Hin- und Herbewegung der Treibmaschine und andererseits die natürliche Schwingungsgeschwindigkeit des elektrischen Systems einander so annähernd gleichkommen, dass eine Resonanzwirkung gesichert wird, oder dass 3. die Treibmaschine, während sie vollauf im Stand bleibt, die einmal begonnene Schwingung beizubehalten, doch nicht die Kraft hat, die Schwingungsgeschwindiglieit entgegen dem Einfluss der Periodizität des elektromagnetischen Systems zu lindern.*

Zur Erreichung dieser Bedingungen bedient sich der Erfinder einer Treibmaschine, welche den Gegenstand des Patentes Nr. 84335, Kl. 83, bildet, und auf deren wesentlichste Merkmale, soweit diese für den vorliegenden Fall in Betracht kommen, nachstehend Bezug genommen werden soll. Bei dieser Maschine bilden ein frei bewegter Kolben und ein mit diesem zusammenwirkender federnder Körper ein elastisches System von bestimmter Schwingungsdauer, durch welches der Spule oder dem Anker

NIKOLA TESLA IN NEW-YORK, V. ST. A.

Vorrichtung zur Erzeugung elektrischer Ströme von gleichbleibender Schwingungszahl.

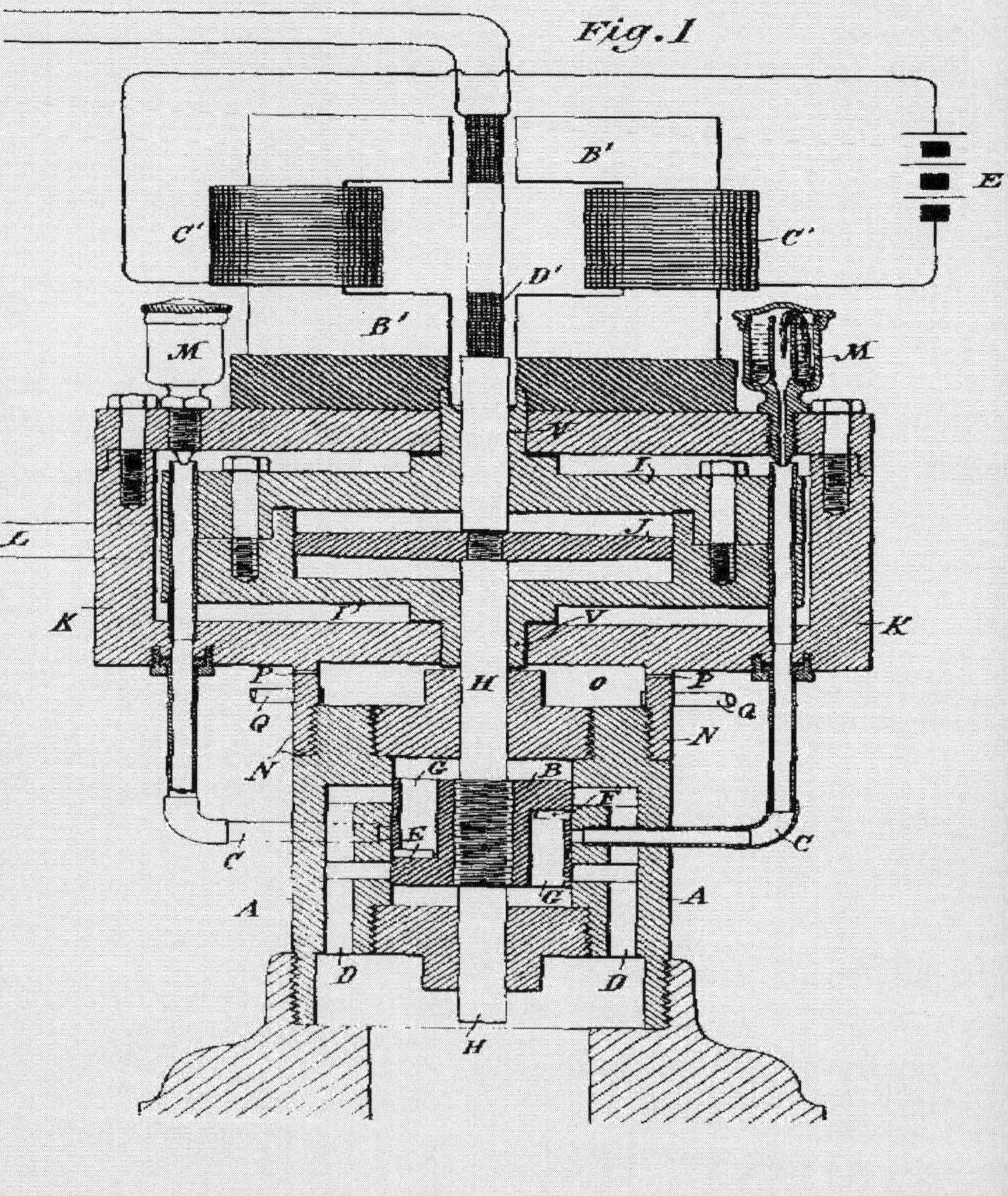

Fig. 2

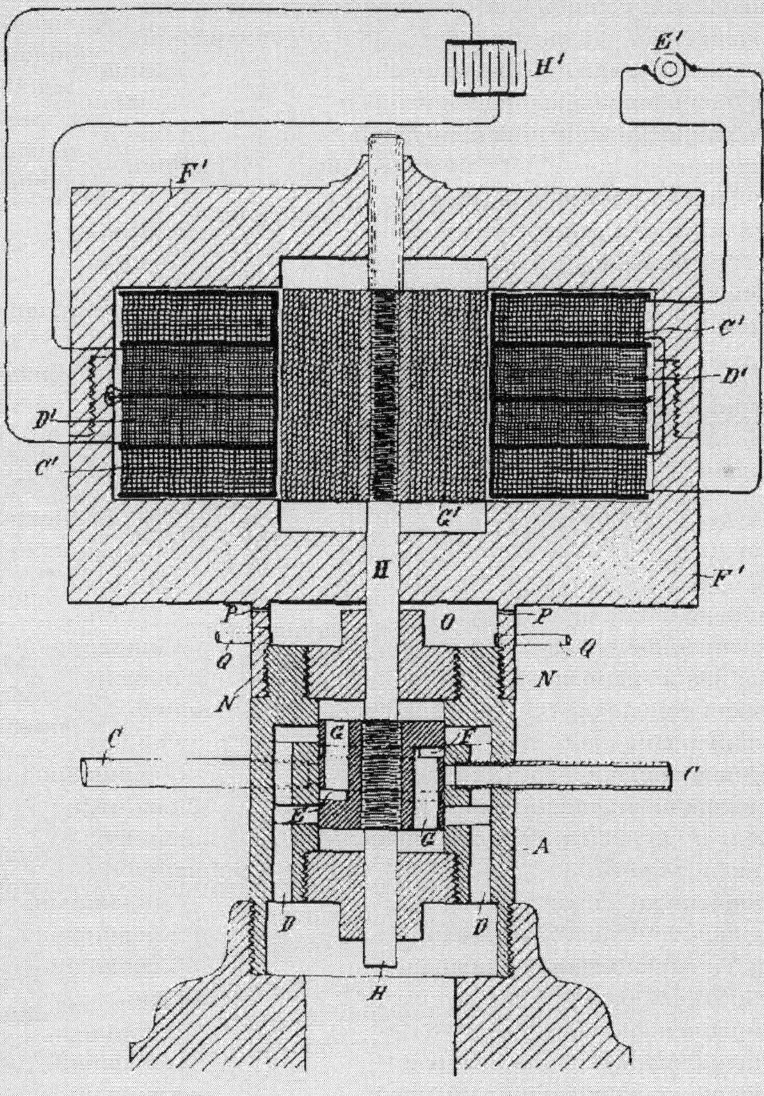

Zu der Patentschrift

№ 87269.

(No Model.)

2 Sheets—Sheet 2.

N. TESLA.
STEAM ENGINE.

No. 517,900. Patented Apr. 10, 1894.

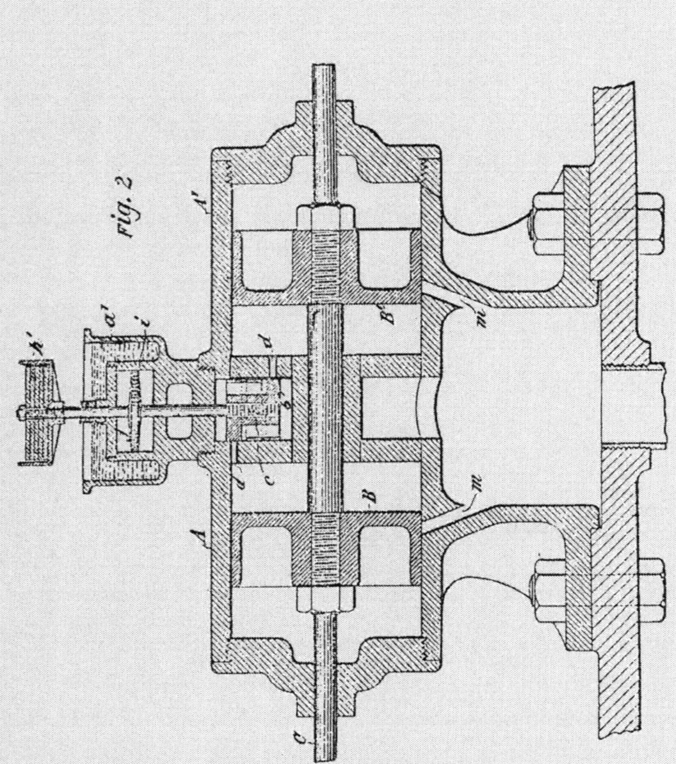

Fig. 2

Witnesses:
Raphaël Netter
Ernest Hopkinson

Inventor
Nikola Tesla
by Duncan & Page
Attorneys.

(No Model.)

N. TESLA.
RECIPROCATING ENGINE.

No. 514,169. Patented Feb. 6, 1894.

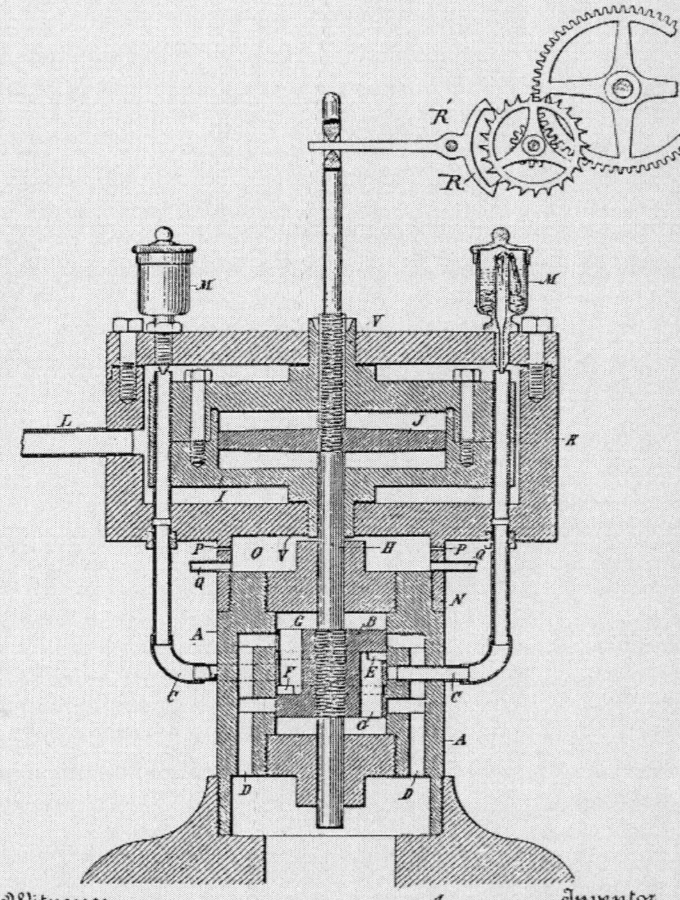

Witnesses
Raphaël Netter
R. F. Gaylord

Inventor
Nikola Tesla
By his Attorneys
Duncan & Page.

eines Elektrizitätserzeuger Schwingungen von gleichbleibender Schwingungszahl erteilt werden.

Die Maschine, welche sich selbst auf eine bestimmte Schwingungszahl einzuregeln strebt, wirkt durch einen frei, d.h. nicht zwangsläufig hin- und herbewegten Teil mit dem mit diesem Teil verbundenen beweglichen Leiter oder dem Ankerkern eines elektrischen Stromerzeugers, welchem letzteren vermöge der elektrischen Verhältnisse des Stromkreises ebenfalls eine bestimmte Schwingungszahl zukommt, in der Weise zusammen, dass durch die gegenseitige Einwirkung der beiden möglichst übereinstimmend gewählten Schwingungszahlen die aus dem Zusammenspiel sich ergebende Schwingungszahl der ganzen Vorrichtung eine möglichst gleichbleibende wird. ...

Bei der Anwendung der Kraftmaschine zu dem angegebenen Zweck kommen aber gewisse Verhältnisse in Betracht, welche berücksichtigt werden müssen, wenn anders ein befriedigendes Ergebnis erzielt werden soll. Wenn man nämlich einen Leiter im Magnetfeld bewegt und einen Strom darin zirkulieren lässt, so kann es vorkommen, dass die zwischen dem Leiter und dem Magnetfeld stattfindenden elektromagnetischen Rückwirkungen die mechanischen Schwingungsbewegungen in dem Maß stören, dass der Isochronismus unterbrochen wird. Dies könnte beispielsweise dann eintreten, wenn die elektromagnetische Rückwirkung im Verhältnis zur Kraft der Treibmaschine sehr groß ist und eine Verzögerung des Stromes stattfindet, so dass die elektromotorische Reaktion eine ähnliche Wirkung hervorruft, wie solche durch eine Änderung in der Spannung der Feder hervorgerufen werden würde. Wenn man aber den Stromkreis des Stromerzeugers so einrichtet, dass die Phasen der elektromotorischen Kraft und des Stromes der Zeit nach zusammenfallen, d.h. also, wenn der Strom eine Verzögerung nicht erfährt, so wirkt der von der Maschine getriebene Stromerzeuger lediglich in der Art eines Reibungswiderstandes und wird für gewöhnlich die Periodizität der mechanischen Schwingungen nicht ändern, sondern höchstens den Ausschlag dieser Schwingungen. Diese Wirkung lässt sich leicht durch entsprechende Bemessung der Selbstinduktion und der Kapazität des Stromkreises einschließlich des Stromerzeugers sichern.

Es hat sich ferner als zweckmäßig erwiesen, die Perioden der Bewegungen der Kraftmaschine den natürlichen Perioden der elektrischen Schwingungen des Stromerzeugers gleich zu machen, um auf diese Weise die für die elektrische Resonanz günstigsten Bedingungen zu sichern und die Möglichkeit einer störenden Beeinflussung der Perioden der mechanischen Schwingungen auf ein Mindestmaß zu beschränken. Es hat sich indessen auch gezeigt, dass die Maschine und der mit dieser verbundene Stromerzeuger auch dann mit konstanter Periode schwingen, wenn selbst die zur Aufrechterhaltung einer konstanten Periode seitens der Maschine als solcher notwendigen theoretischen Bedingungen nicht streng innegehalten wurden, wenn man also beispielsweise statt zur Sicherung eines federnden Luftkörpers von im wesentlichen sich gleichbleibendem Widerstand bei der Maschine einen besonderen Luftzylinder und Plunger anzuwenden -- den Kolben unmittelbar auf Luftpolster wirken ließ, die an den Enden des Kolbenzylinders selbst angeordnet waren, obwohl die Starrheit solcher Luftpolster oder entsprechender Federn durch die im Zylinder vorkommenden Druckverändernissen wesentlich beeinflusst und geändert werden kann. Indessen wird man dadurch, dass man mit einer solchen Maschine einen Stromerzeuger verbindet, dessen eigene Periodizität annähernd derjenigen der Maschine entspricht, eine konstante Schwingungsbewegung auch bei einem innerhalb ziemlich weiter Grenzen wechselnden Druck aufrechterhalten können, indem das elektromagnetische System nach dieser Richtung regelnd wirkt.

Es ist ferner beobachtet worden, dass der seitens des elektromagnetischen Systems ausgeübte Einfluss unter gewissen Verhältnissen in dem Maß gesteigert werden kann, dass die Periodizität der mechanischen Schwingungen bei innerhalb ziemlich weiter Grenzen wechselndem Druck dadurch beherrscht wird. Dies wird in allen den wenigen Fällen zutreffen, wo die Kraft der Maschine zwar dazu ausreicht, um die einmal begonnenen Schwingungen fortzusetzen, nicht aber dazu, um die Geschwindigkeit derselben zu ändern. ...

Die Erfindung besteht demnach in der Verbindung eines Kolbens, der unter dem Einfluss von Dampf oder eines unter Druck befindlichen Gases frei hin- und herbewegt wird, mit dem beweglichen Organ eines elektrischen Stromerzeugers, welches Organ mit dem Kolben unmittelbar mechanisch verbunden ist, und diese Vorrichtung bezweckt insbesondere die Erzielung elektrischer Ströme von konstanter Periode. Zur Erreichung dieses Zweckes richtet man die Maschine am besten so ein, dass dieselbe an sich die Periodizität beherrscht, indessen können, wie gesagt, die Elemente dieser Kombination auch so eingerichtet sein, dass das elektromagnetische System die Periodizität entweder zum Teil oder sogar vollständig beherrscht. ...

Wenn die Kraft der Maschine eine verhältnismäßig geringe ist und der Druck beispielsweise nur während eines sehr geringen Bruchteiles des ganzen Hubes zur Wirkung gelangt, so wird die elektrische Schwingung die Neigung haben, die Periodizität zu beherrschen. Es liegt demnach auf der Hand, dass, wenn diese Schwingung ihrer Natur nach nur unerheblich von der durchschnittlichen Schwingungsperiode der Maschine abweicht, eine solche Beherrschung unter gewöhnlichen Betriebsverhältnissen vollkommen genügen wird, um die beabsichtigte Wirkung zu sichern.

Es erhellt, dass, wenn ein Leiter im magnetischen Feld oder im Magnetkern durch Vorrichtungen der vorbeschriebenen Art in schwingende Bewe-

gung versetzt wird, sich die Natur der dadurch hervorgerufenen Stromimpulse nach den jeweiligen Verhältnissen ändern wird. So können beispielsweise die Stromimpulse gegenüber den elektromotorischen Impulsen eine größere oder geringere Verzögerung erfahren, was zur Folge haben könnte, dass die positiven und die negativen Impulse in bestimmten Fällen ihrer elektromotorischen Kraft nach voneinander abweichen, oder es könnte die Natur der Ströme durch den jeweiligen Grad von Sättigung des Kernes geändert werden. Es ist also bei Apparaten der beschriebenen Art möglich, den elektromotorischen Impulsen in der einen Richtung ein Übergewicht über die in der anderen Richtung erfolgenden Impulse zu geben. Durch genaue Berücksichtigung dieser Verhältnisse hat man es demnach in der Hand, ähnliche Wirkungen zu erzielen, wie man sie mittelst gleichgerichteter Ströme zu erzielen im Stande ist.

Tesla stellt folgende Patentansprüche:

1. Vorrichtung zur Erzeugung elektrischer Ströme von gleichbleibender Schwingungszahl, dadurch gekennzeichnet, dass ein durch eine Druckflüssigkeit bewegter Kolben, welcher mit einer Feder zu einem elastischen System von bestimmter Schwingungsdauer vereinigt ist, eine Spule oder einen Anker eines Elektrizitätserzeugers in Schwingung erhält.

2. Ausführungsform der Vorrichtung nach Anspruch 1, dadurch gekennzeichnet, dass mit dem frei (d.h. nicht zwangsläufig) hin- und herbewegten Teil (B) einer Dampf- oder Gas-Treibmaschine, welche sich selbst auf eine bestimmte Schwingungszahl einzuregeln strebt, der bewegliche Leiter (D1) oder der Ankerkern (G1) eines elektrischen Stromerzeugers, dem vermöge die elektrischen Verhältnisse des Stromkreises ebenfalls eine bestimmte Schwingungszahl zukommt, verbunden ist, so dass durch die gegenseitige Einwirkung der beiden möglichst übereinstimmend gewählten Schwingungszahlen die sich aus dem Zusammenspiel ergebende Schwingungszahl der ganzen Vorrichtung eine möglichst gleichbleibende wird.

Bei Versuchen mit diesem Oszillator hatte Tesla **mechanische Schwingungen** festgestellt, die ihn veranlassten, sich näher mit diesem Problem zu befassen. Speziell für diesen Zweck baute er deshalb einen auf dem Prinzip der Resonanz beruhenden Oszillator, mit dem die mechanischen Schwingungen beliebig verstärkt werden konnten. Wie schon erwähnt hatte er im Jahr 1898 einen Versuch mit diesem Gerät durchgeführt, das zu einem kleinen Erdbeben in der Umgebung des Laboratoriums in New York geführt hatte, und dieses auch für therapeutische Zwecke eingesetzt.

Tesla perfektionierte das Gerät im Lauf der Zeit immer mehr, allerdings resultierten keine weiteren Patentanmeldungen mehr. Im Jahr 1912 gab er ein Interview für die *World Today*, das den hohen Stand der Entwicklung aufzeigt, den er inzwischen auf dem Gebiet der **"Telegeodynamik"**, wie er es nannte, erzielt hatte. Bei einem Experiment hatte er einen Oszillator,

Spaltung der Erdkugel durch mechanische Resonanzwirkungen

der die Größe eines Weckers besaß, mit einem 60 cm langen und 5 cm dicken Stahlträger verbunden und den Vibrator auf die Frequenz des Trägers abgestimmt. “Lange Zeit geschah nichts ..., aber schließlich ... begann der große Stahlträger zu vibrieren, steigerte seine Vibration, bis er sich ausdehnte und zusammenzog wie ein schlagendes Herz -- und schließlich auseinanderbrach!”

Einen weiteren Test führte er an einem halbfertigen Stahlgerüst aus: *Nach wenigen Minuten merkte ich, dass der Träger zu beben begann. Das Beben nahm allmählich an Intensität zu und dehnte sich über die ganze riesige Masse aus Stahl aus. ... Bevor etwas Ernstliches passieren konnte, nahm ich den Vibrator ab, steckte ihn in meine Tasche und ging weg. Aber hätte ich zehn Minuten weitergemacht, hätte ich das ganze Gebilde flach auf die Straße legen können. Und mit dem gleichen Vibrator könnte ich die Brooklyn-Brücke in weniger als einer Stunde zusammenstürzen lassen.*

Gegen Ende der Dreissiger Jahre machte er weitere Angaben, wie bei O´Neill nachzulesen ist: *Die Auswirkungen des telgeodynamischen Oszillators sind so stark, dass ich jetzt zum Empire State Building hinübergehen und es in einen vollkommenen Schutthaufen verwandeln könnte, und zwar mit tödlicher Sicherheit und ohne irgendeine Schwierigkeit. Ich würde hierzu eine kleine mechanische Schwingungsanlage verwenden, einen Apparat, der so klein ist, dass man ihn in die Tasche stecken könnte. Ich würde ihn an irgendeinen Teil des Gebäudes montieren, ihn einschalten und in zwölf bis dreizehn Minuten auf volle Schwingungszahl kommen lassen. Zuerst würde das Gebäude mit einem schwachen Zittern reagieren, und dann würden die Schwingungen so stark werden, dass der ganze Bau heftig mitschwänge und diese Kraft ausreichte, um die Nieten in den Stahltrossen zu lockern und zu verbiegen. Die Steinverkleidung würde abbröckeln und das Stahlgerüst in sich zusammenstürzen. Man würde etwa 2,5 PS zum Antrieb des Oszillators benötigen, um diese Wirkung zu erzielen.*

Tesla behauptete sogar, mit diesem Prinzip **die Erde in zwei Hälften spalten zu können**, allerdings schränkte er ein, dass eine perfekte mechanische Resonanz nicht zu erreichen sei. In dem oben genannten Interview sagte er hierzu Folgendes: *Die Schwingungen der Erde haben eine Dauer von ungefähr einer Stunde und vierzig Minuten. Das heisst, wenn ich die Erde in diesem Zeitinterval beaufschlage, geht eine Kontraktionswelle durch sie, die in einer Stunde und vierzig Minuten in Form einer Expansion zurückkehren wird. Tatsächlich ist die Erde, wie alles andere auch, in einem ständigen Schwingungszustand. Sie zieht sich ständig zusammen und dehnt sich wieder aus.*

Nun, nehmen sie an, dass ich genau in dem Augenblick, wenn sie beginnt, sich zusammenzuziehen, eine Tonne Dynamit explodieren lasse.

Dies beschleunigt die Kontraktion, und in einer Stunde und vierzig Minuten kommt dann eine entsprechend stärkere Expansionswelle. Nehmen sie an, dass ich eine weitere Tonne Dynamit explodieren lasse, wenn die Expansionswelle abebbt, ... und nehmen sie an, dass ich diesen Vorgang ständig wiederhole. Gibt es irgendwelche Zweifel darüber, was dann passieren würde? Nach meiner Meinung gibt es nicht den leisesten Zweifel. Die Erde würde in zwei Hälften gespalten. Zum ersten Mal in der Geschichte der Menschheit hat der Mensch ein Wissen, mit dem er in die kosmischen Prozesse eingreifen kann. Er glaubte, dass dieser Vorgang vielleicht einen Monat oder auch ein oder zwei Jahre dauern würde, aber schon nach ein paar Wochen würde die Erde so stark vibrieren, dass die gesamte Zivilisation zerstört werden würde.

Es gibt auch Spekulationen, dass Tesla seinen Oszillator tatsächlich für die Erzeugung eines Erdbebens eingesetzt hat, da sich im Jahr 1908 in der Tunguska-Ebene in Sibirien eine verheerende Explosion ereignete, deren Ursache auch heute noch nicht geklärt ist.

Basis hierfür sind einige Äusserungen Teslas in Leserbriefen an die *Times* aus dieser Zeit und auch danach. Hierin behauptet er, dass mit seinen Geräten an jeden beliebigen Punkt der Erde Energie gesandt werden *und dass der Punkt, an dem der gewünschte Effekt erzielt werden soll, sehr genau bestimmt werden kann, angenommen die akzeptierten terrestrischen Messungen sind richtig. ... Das ist kein Traum. Sogar schon heute können drahtlose Kraftwerke gebaut werden, durch die jede Region der Erde unbewohnbar gemacht werden könnte, ohne die Bevölkerung anderer Gebiete einer ernsthaften Gefahr oder irgendwelchen Unannehmlichkeiten auszusetzen.*

Oliver Nichelson, von dem diese Spekulationen stammen, schreibt über den **Tunguska-Zwischenfall** Folgendes:

“In der Zeit von 1900 bis 1910 hatte Tesla seine ganze kreative Kraft eingesetzt, um seine Pläne für die drahtlose Übertragung von Energie umzusetzen. Überboten von Marconis Leistungen, bedrängt von finanziellen Problemen und verschmäht vom wissenschaftlichen Establishment befand sich Tesla Mitte dieses Jahrzehnts in einer verzweifelten Lage. 1906 wurde der Druck so groß, dass er einen emotionellen Zusammenbruch erlitt. Um einen letzten Versuch zu unternehmen, seinen grandiosen Plan doch noch zu verwirklichen, mag er vielleicht einen Test seines Hochleistungstransmitters durchgeführt haben, um dessen destruktives Potential zu demonstrieren. Dies wäre dann im Jahr 1908 geschehen.

Der Tunguska-Zwischenfall ereignete sich am 30. Juni 1908. Eine Explosion von einer geschätzten Stärke von 10 bis 15 Megatonnen TNT legte 2 000 Quadratkilometer Kiefernwald in der Nähe der Steinigen Tunguska, eines Nebenflusses des Jenissejs, in Zentralsibirien flach. Ganze Renntierherden kamen ums Leben. Die Explosion konnte in einem Umkreis von

1 000 km gehört werden. Als 1927 eine Expedition in diese Gegend unternommen wurde, um Beweise für einen Meteoriteneinschlag zu finden, wurde kein Einschlagkrater entdeckt. Auch bei Bodenbohrungen konnte bis zu einer Tiefe von 35 Metern weder Nickel-, Eisen- noch Steinklumpen, den Hauptbestandteilen von Meteoriten, gefunden werden.

In den Jahren 1907 und 1908 schrieb Tesla über die zerstörerischen Auswirkungen seines Energietransmitters. Sein Wardenclyffe-Transmitter war viel größer als der in Colorado Springs, der den Generator des Kraftwerks zerstört hatte. Dieser neue Transmitter war um einige Größenordnungen leistungsfähiger als der in Colorado Springs. ...

Wir haben hier also einen weiteren Indizienbeweis vor uns, um die Sprache von polizeilichen Ermittlungen zu gebrauchen. Tesla hatte ein Motiv und die Mittel, um den Tunguska-Zwischenfall zu verursachen. Er scheint auch zugegeben zu haben, einen solchen Test vor 1915 durchgeführt zu haben. Sein Transmitter konnte Energieniveaus erzeugen, die einer Zerstörungskraft von 10 Megatonnen TNT und mehr entsprachen. Und das verkannte Genie war verzweifelt.

Die Natur des Tunguska-Zwischenfalls widerspricht ausserdem nicht den Vorgängen, die bei der plötzlichen Freisetzung von drahtlos übertragener Energie auftreten. ... Wie geologische Forschungen aus den Siebziger Jahren ergaben und wie auch von einigen Zeugen erwähnt wurde, leuchtete der Himmel in diesem Gebiet, kurz bevor die Explosion aus dem Boden gekommen sein mag. Kurz nach einem Erdbeben wird durch das unter Spannung stehende Gestein unterhalb der Oberfläche ein elektrischer Effekt erzeugt, der die Luft ebenfalls zum Leuchten bringt.

Wenn man von Teslas pazifistischer Einstellung ausgeht, dann ist es schwierig zu verstehen, weshalb er in seiner hoffnungslosen finanziellen Situation einen solchen Test durchgeführt haben sollte, der sowohl Tiere als auch die Menschen, die diese beaufsichtigen, gefährden würde. Die Antwort hierauf lautet vielleicht, dass er gar keine Gefährdung beabsichtigte, sondern nur einen Coup für die Öffentlichkeit landen wollte und hierbei im wahrsten Sinn des Wortes das Ziel verfehlte.

Gegen Ende des Jahres 1908 verfolgte die ganze Welt die verzweifelten Versuche Pearys den Nordpol zu erreichen. Peary behauptete, den Pol im Frühjahr 1909 erreicht zu haben, aber den Winter zuvor war er in die Basis nach Ellesmere Land, die ungefähr 1 100 km vom Pol entfernt lag, zurückgekehrt. Wenn Tesla die Aufmerksamkeit der internationalen Presse erregen wollte, dann hätte es wenige Dinge gegeben, die eindrucksvoller gewesen wären, als wenn die Peary-Expedition von einer verheerenden Explosion im Eis in der Nähe des Nordpols berichtet hätte. Tesla konnte dann zumindest als Meister einer geheimnisvollen neuen Zerstörungskraft angesehen werden, wenn er schon nicht als Meisterschöpfer, der er war, gefeiert werden sollte.

Eine der raren Aufnahmen einer der elektromechanischen Oszillatoren

Der Test scheint kein völliger Erfolg gewesen zu sein. Es musste sehr schwierig gewesen sein, die riesigen Energiemengen im Transmitter zu kontrollieren und sie genau an die Stelle zu leiten, die Tesla vorgesehen hatte. Das Gebiet von Tunguska und Shoreham auf Long Island sind beide gleich weit vom Ellesmere Land entfernt. Beide liegen mit einer Abweichung von nur zwei Grad auf dem gleichen Längengrad. Die zerstörerische elektrische Welle schoss über ihr Ziel hinaus.

Wer auch immer über Teslas Demonstration seiner Energiewaffe Bescheid gewusst haben mag, muss entweder darüber entsetzt gewesen sein, dass die Waffe ihr Ziel verfehlt hatte und eine Gefahr für bewohnte Gebiete dieses Planeten darstellen würde, oder dass ein so großes Gebiet bloß dadurch zerstört werden konnte, indem in einer Entfernung von Tausenden Kilometern ein Schalter umgelegt worden war. Was auch immer der Fall gewesen sein mag, Tesla erlangte mit seinem Hochleistungstransmitter nicht die Berühmtheit, nach der er sich gesehnt hatte."

Was auch immer an dieser Theorie von Nichelson dran sein mag, sie hört sich auf jeden Fall gut an. Und wenn -- angenommen es hat sich so abgespielt -- Tesla sein angepeiltes Ziel verfehlt hat, dann hat dies natürlich daran gelegen, dass er nicht gewusst hat, dass am Nordpol ein über tausend Kilometer großes Loch vorhanden ist, in das Peary "gefallen" wäre, wenn er nur annähernd den Nordpol erreicht hätte, wie man später vorsichtshalber behauptete, um eine Blamage für die amerikanische Armee zu vermeiden und die Wahrheit zu vertuschen.

Gegenüber O´Neill und in Zeitungsinterviews äusserste sich Tesla auch noch über weitere etwas friedlichere Einsatzgebiete seines Oszillators. Er meinte, dass man mit diesem Gerät nicht nur starke Impulse durch die Erde schicken könne, um an entfernten Stellen große Wirkungen hervorzubringen, sondern dass damit auch Nachrichten übertragen, das Innere der Erdkugel untersucht und beliebige Objekte aus großer Entfernung geortet werden könnten. O´Neill schreibt: "Gegen Ende der Dreissiger Jahre, vor Ausbruch des Krieges, erklärte er, er könne diese Theorien verwerten, um U-Boote oder andere Schiffe auf eine bestimmte Entfernung zu finden, selbst wenn sie vor Anker lägen und die Maschinen nicht arbeiteten. Mit seinem System der Telegeodynamik könne man, so erklärte Tesla, mit Hilfe mechanischer Schwingungen die physikalische Konstante der Erde bestimmen und Erzlager tief unter der Erdoberfläche auffinden." So etwas nennt sich heute Sonographie. Sowohl der Einsatz von Sonarwellen für militärische wie auch zivile Zwecke hat zu verhehrenden Auswirkungen auf das Leben in den Ozeanen geführt und ist für die meisten Walstrandungen verantwortlich, da Sonarwellen für Wale einen ohrenbetäubenden Lärm darstellen, genauso wie für Föten im Mutterleib.

MEDIZINTECHNISCHE GERÄTE

Es ist weithin unbekannt, dass Tesla auch auf diesem Gebiet sehr schöne Erfolge erzielt hat. Drei verschiedene Arten von Geräten sind hier zu nennen: 1. Diathermische Apparate, wie sie heute bezeichnet werden. 2. Röntgengeräte und 3. Mechanische Oszillatoren für seine Mechanische Therapie, wie Tesla diese bezeichnet hat.

Beginnen wir mit den sogenannten physiologischen Wirkungen von Hochfrequenzströmen oder deren Anwendung für die **Elektrotherapie** oder **Diathermie**. Tesla hatte schon von Anfang an erkannt, dass solche Ströme mehr oder minder harmlos sind und ohne weiteres durch den menschlichen Körper geleitet werden können, was er ja privat und bei seinem Vorträgen Anfang der Neunziger Jahre des öfteren vorgeführt hatte und als ziemlich sensationell angesehen wurde. Tesla schreibt hierzu im Jahr 1893 folgendes:

Ich habe mich zu Beginn meiner veröffentlichten Untersuchungen ganz klar geäussert ..., dass Hochfrequenzströme harmloser sind als niedrigfrequente Ströme, aber ich habe auch davor gewarnt, dass die Ansicht an Boden gewinnen könnte, dass sie völlig harmlos seien, was aus dem folgenden Zitat offensichtlich wird: "Wenn die Hochfrequenzströme aus einer Maschine oder aus einer Sekundärspule niedrigen Widerstands gewonnen werden, erzeugen sie mehr oder minder starke Wirkungen und können ernsthafte Verletzungen erzeugen, vor allem in Verbindung mit Kondensatoren." Dies gilt für Ströme normaler Spannung, wie sie in der Praxis allgemein verwendet werden.

Was Ströme mit sehr hoher Spannung anbelangt, die ich in meinen Experimenten verwendete, so habe ich nie die Stärke der Ströme berücksichtigt, sondern nur die Energie, die der menschliche Körper ohne Verletzungen verkraften kann. Dies habe ich bei mehreren Anlässen klar und deutlich festgestellt. Z.B. habe ich gesagt, dass "je höher die Frequenz ist, desto größer auch die Menge an elektrischer Energie ist, die ohne ernstliche Unannehmlichkeiten durch den Körper geleitet werden kann."

Teslas Erkenntnisse wurde auch auf diesem Gebiet schnell von anderen ausgebeutet und sogar als eigene Entdeckung hingestellt, wie wir schon im Fall von Dr. d´Arsonval aus Frankreich dargelegt haben. Aber auch in Amerika fanden sich schnell Nachahmer, wie z.B. ein gewisser Swinton: *Es bereitet mir immer große Freude zu sehen, dass etwas, das ich vorge-*

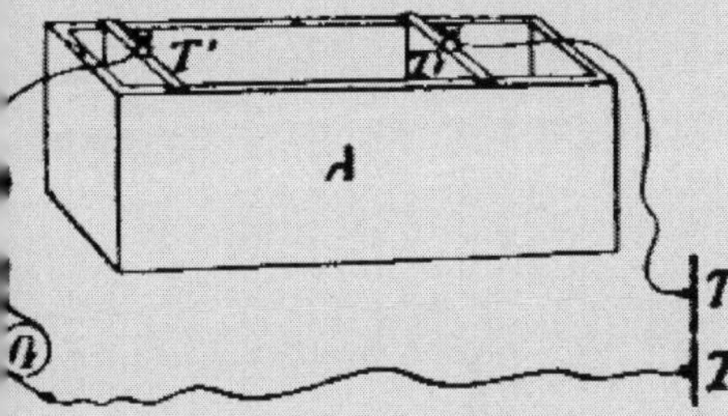

Abb. 1

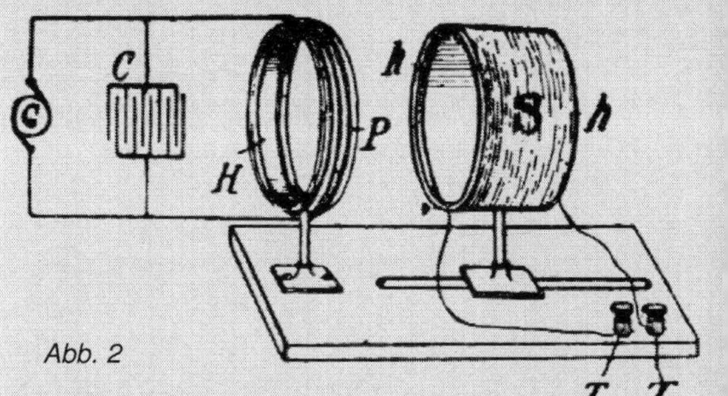

Abb. 2

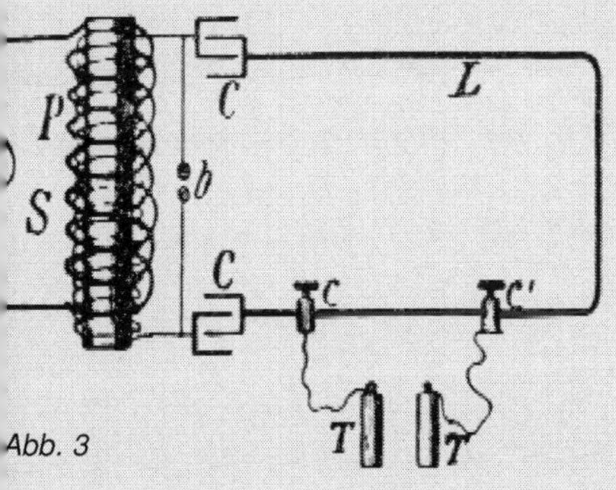

Abb. 3

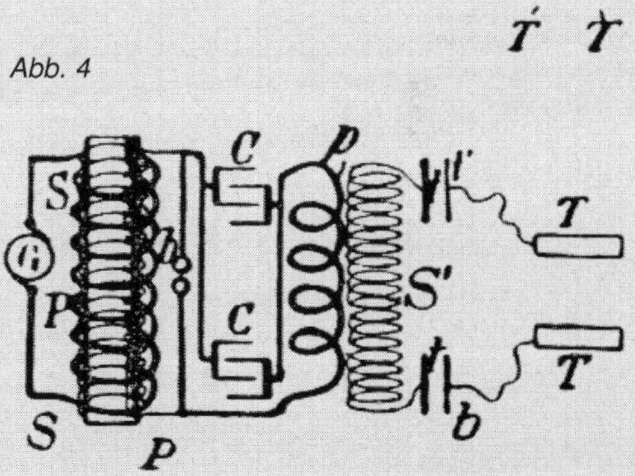

Abb. 4

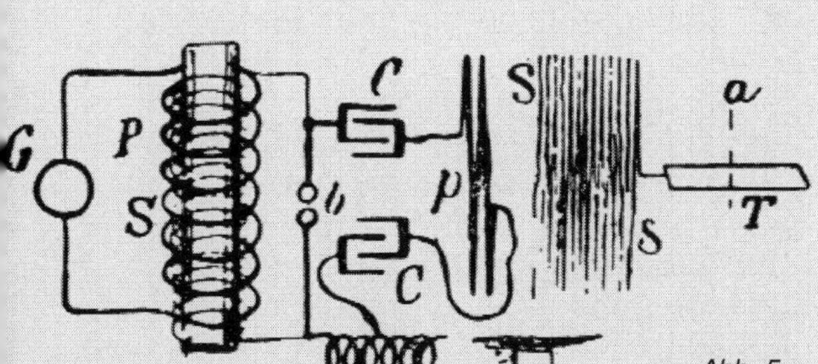

Abb. 5

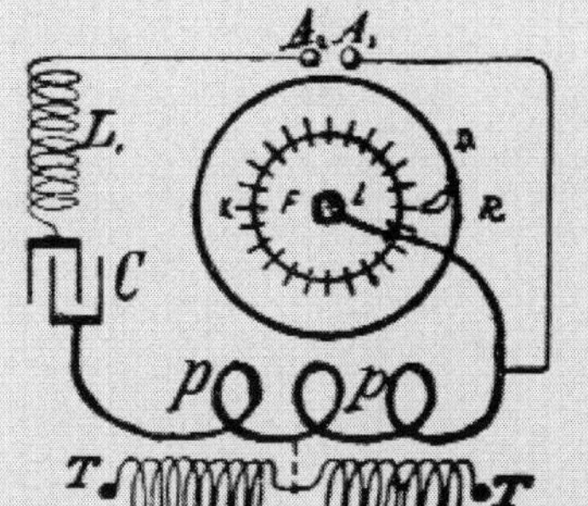

Abb. 8

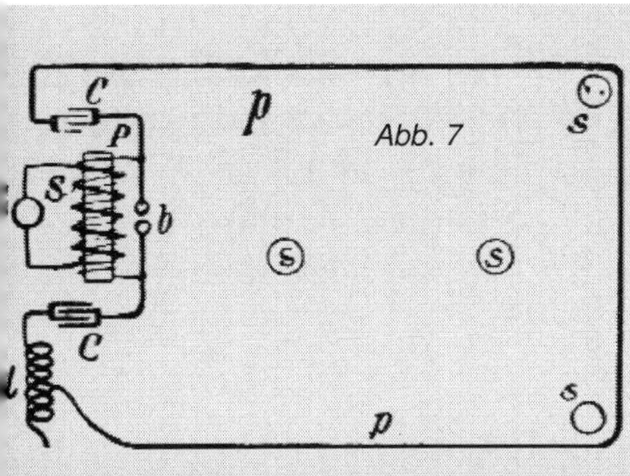

Abb. 7

Abb. 6

schlagen habe, für instruktive oder praktische Zwecke verwendet wird, aber man wird mir verzeihen, wenn ich erwähne, dass Beobachtungen von Mr. Swinton und anderen Experimentatoren fälschlicherweise als neuartig hingestellt wurden und Anordnungen von Geräten, die ich vorgeschlagen habe, wiederholt von anderen benutzt worden sind, die offensichtlich absolut keine Ahnung haben, was ich in dieser Richtung getan habe.

Tesla entwickelte im Lauf der Zeit spezielle Geräte für elektrotherapeutische Zwecke, die er 1898 bei dem besagten Vortrag vor der *Amerikanischen Elektrotherapeutischen Vereinigung* in Buffalo vorführte. Hierin sagt er unter anderem folgendes:

In Bezug auf die elektrischen Wirkungen im allgemeinen und analog hierzu lassen sich die physiologischen Wirkungen in drei Klassen einteilen. Erstens die statischen Wirkungen, also solche, die hauptsächlich von der Größe der elektrischen Spannung abhängen. Zweitens die dynamischen Wirkungen, also solche, die in erster Linie von der Stromstärke abhängen. Und drittens spezielle Wirkungen, die den elektrischen Wellen oder Schwingungen, also Impulsen, bei denen die elektrische Energie in mehr oder wenig schneller Folge abwechselnd durch statische und dynamische Formen geht, zuzuschreiben sind. ...

Während es die Angelegenheit der Ärzte ist, die spezifischen Wirkungen auf den Organismus zu untersuchen und geeignete Behandlungsmethoden zu finden, so ist es Sache der Elektrotechniker, die verschiedenen Anwendungsarten vorzuschlagen. ...

Die erste und einfachste Methode, um diese Ströme zu verwenden, ist, den Körper des Patienten mit zwei Punkten des Generators, sei es nun eine Dynamomaschine oder eine Induktionsspule, zu verbinden. In Abb. 1 ist dieser Fall dargestellt. Der Wechselstromgenerator G sollte 5 000 bis 10 000 Schwingungen pro Sekunde liefern, was schon an der Grenze der praktischen Verwendbarkeit liegt. Die elektromotorische Kraft sollte 50 bis 100 Volt betragen. Damit durch das Gewebe des Körpers starke Ströme geleitet werden können, sollten die Kontakte T T, an denen der Patient angeschlossen ist, großflächig und mit einem Tuch bedeckt sein, das mit einer für die Haut harmlosen elektrolytischen Lösung getränkt ist, oder der Kontakt sollte durch Eintauchen hergestellt werden. Die Regulierung der Stromstärke erfolgt am besten durch einen isolierten Behälter, der zwei Metallplatten mit großer Fläche T´ T´ enthält, von denen zumindest eine beweglich sein sollte. Der Behälter ist mit Wasser gefüllt, und eine elektrolytische Lösung wird so lange zugesetzt, bis das Wasser eine für die Experimente geeigneten Leitfähigkeit besitzt.

Für die Erzeugung von schwachen Strömen schlägt Tesla eine Anordnung vor, wie sie in Abb. 2 gezeigt ist, bei der eine Sekundärspule Verwendung findet, die wenige Windungen und einen großen Durchmesser besitzt. *Auf diese Weise erhält man eine billige Spule, die nicht so leicht be-*

schädigt werden kann. Ein besonderer Vorteil ergibt sich aus der hervorragenden Regulierbarkeit, die durch einfache Veränderung des Abstands zwischen der Primär- und Sekundärspule erfolgt, wofür eine Vorrichtung verwendet werden sollte.

Als nächstes bespricht Tesla dann eine Schaltung, bei der die Spannung durch Änderung des Abstandes der Kontakte eingestellt und eine andere bei der sowohl Spannung als auch Stromstärke durch zwei Plattenpaare kontinuierlich verändert werden können, wie dies in den Abbildungen 3 und 4 gezeigt ist.

Wenn es der Arzt für notwendig hält, kann er die Anordnung in Abb. 2, 3 und 4 abwandeln, indem er einen Anschluss der Hochfrequenzquelle erdet. Die Wirkungen werden größtenteils die gleichen sein, allerdings sind in diesem Fall bestimmte Eigenheiten vorhanden. ...

Wenn eine Person der Wirkung solcher Spulen ausgesetzt wird und wenn die Einstellungen entsprechend vorgenommen wurden, kann man im Dunkeln leuchtende Ströme beobachten, die von allen Körperteilen austreten. Diese Ströme sind ziemlich kurz und von sehr feiner Beschaffenheit, wenn die Zahl der Unterbrechungen sehr groß ist, d.h., wenn das Gerät (Abb. 5) fehlerfrei funktioniert. Wenn jedoch die Zahl der Unterbrechungen klein und die Wirkung unvollkommen ist, so erscheinen lange und geräuschvolle Ströme, die ziemliche Unannehmlichkeiten verursachen. Die von diesen Geräten erzeugten physiologischen Effekte reichen von kaum spürbaren Wirkungen, wenn sich die Primärspule in sehr großer Entfernung von der Sekundärspule befindet, bis hin zu sehr heftigen, wenn die Spulen nah beieinanderstehen. Im letzteren Fall genügen ein paar Sekunden, um im ganzen Körper eine solche Wärme zu erzeugen, dass man sehr stark ins Schwitzen kommt. Ich habe mich selbst wiederholt bei Vorführungen vor Freunden länger der Wirkung dieser Schwingungen ausgesetzt und jedesmal nach ungefähr einer Stunde eine starke Müdigkeit verspürt, von der man sich kaum einen Begriff machen kann. Die Müdigkeit war größer, als ich sie bei verschiedenen Gelegenheiten nach langer körperlicher Anstrengung fühlte. Ich konnte dann kaum einen Schritt gehen und nur mit größter Mühe die Augen offen halten. Danach verfiel ich immer in einen gesunden Schlaf und die Nachwirkungen waren eindeutig wohltuend, offensichtlich war die Dosis jedoch zu groß und nicht für den ständigen Gebrauch geeignet gewesen.

Man muss bei der Durchführung solcher Experimente aus mehr als einem Grund vorsichtig sein. Auf der Hautoberfläche oder in der Nähe, wo die stärkste Wirkung vorhanden ist, bilden sich nämlich verschiedene chemische Substanzen, vor allem Ozon- und Stickstoffverbindungen. Ozon ist sehr destruktiv, was die Tatsache beweist, dass die Gummiisolierung eines Kabels sehr schnell zerstört wird, so dass es ausgeschlossen ist, eine solche zu verwenden. Wenn Feuchtigkeit vorhanden ist, bilden sich durch die Stickstoffverbindungen große Mengen Salpetersäure, die für die Haut schädlich ist.

Tesla erwähnt auch noch eine weitere Verwendungsmöglichkeit von Hochfrequenzströmen: *Wie schon gesagt kann der Körper einer Person nach der beschriebenen Methode ohne Gefahr extremen elektrischen Spannungen ausgesetzt werden, die wesentlich höher sind als jene, die mit üblichen Geräten erzeugt werden können, denn diese Spannungen betragen einige Millionen Volt, wie sich in der Praxis gezeigt hat. Wenn nun ein leitender Körper in einem solchen Maß aufgeladen wird, werden kleine Teilchen, die auf der Oberfläche des Körpers haften, mit großer Geschwindigkeit weggeschleudert, und zwar auf Entfernungen, die wir nur schätzen können. Ich habe herausgefunden, dass nicht nur festhaftende Substanzen, wie z.B. Farbe, weggeschleudert werden, sondern selbst Teilchen aus dem zähesten Metall. ... Die ständige Verbesserung der Geräte und die Untersuchung dieser Erscheinungen könnte bald zur Einführung einer neuer Methode der* **hygienischen Behandlung** *führen, die es erlauben würde, die* **Reinigung der Haut** *einer Person einfach durch den Anschluss oder vielleicht sogar nur die* **Annäherung der Person an eine Quelle starker elektrischer Schwingungen** *durchzuführen. Hierdurch würden in einem einzigen Moment alle Staubteilchen oder irgendwelche Fremdkörper, die am Körper haften, weggeschleudert werden. Ein solches Verfahren wäre für die Hygiene zweifelsohne von unschätzbarem Wert und könnte ein vollkommener und zeitsparender Ersatz für ein Wasserbad sein und vor allem denjenigen zugute kommen, die ständig sehr hart arbeiten müssen.*

Ausserdem meint er, dass Hochfrequenzströme auch eingesetzt werden könnten, um ganze Räume damit aufzuladen, was für Krankenhäuser sehr vorteilhaft ist, denn damit könnten mehrere Patienten gleichzeitig behandelt werden.

Die hierzu geeignete Schaltung ist in Abb. 6 und 7 aufgeführt, wobei der Primärkreis P (Abb. 7) aus dickem Litzendraht mit einer geringen Selbstinduktion und geringem Widerstand hergestellt ist und rund um den betreffenden Raum gelegt ist.

Tesla hatte auch bald herausgefunden, dass Hochfrequenzströme zum Schmelzen und Erhitzen von Metallen eingesetzt werden können, was später zur Entwicklung einer ganzen Reihe von Geräten führte, bei welchen dieses Prinzip ausgenutzt wurde, wie z.B. Schweissmaschinen und anderen Geräten.

Schon als ich diese erstaunlichen Wirkungen zum ersten Mal beobachtete, war ich daran interessiert, diese in Bezug auf das menschliche Gewebe zu untersuchen. Selbstverständlich ging ich mit der notwendigen Vorsicht vor, denn es war mir klar, dass eine Wicklung mit nur ein paar Zentimetern Durchmesser elektromotorische Kräfte von mehr als 10 000

Volt erzeugen konnte, und eine so hohe Spannung ist mehr als ausreichend, um das Gewebe zu zerstören. Dies erschien mir um so sicherer, da sogar Gegenstände mit vergleichsweise geringer Leitfähigkeit schnell erhitzt und teilweise sogar zerstört wurden. Man kann sich meine Verwunderung vorstellen, als ich herausfand, dass ich meine Hand oder einen anderen Körperteil in die Schleife halten konnte, ohne Verletzungen davonzutragen. Um neue und nützliche Beobachtungen zu machen, führte ich des öfteren unabsichtlich oder absichtlich Experimente aus, die mit einem bestimmten Risiko verbunden waren, was allerdings in Laborexperimenten kaum zu vermeiden ist. Ich bin aber immer der Ansicht gewesen und bin es auch heute noch, dass ich nie etwas unternommen habe, bei dem nach meiner Überzeugung die Gefahr, verletzt zu werden, so groß war, wie in dem Fall, als ich meinen Kopf in den Bereich hielt, in dem so zerstörerische Kräfte am Werk waren. Trotzdem habe ich dies mehrfach getan und nicht die geringste Wirkung verspürt. Ich bin jedoch fest davon überzeugt, dass solche Experimente sehr gefährlich sind, und wenn jemand nur einen Schritt weitergehen würde als ich, könnte er auf der Stelle vernichtet werden. ... Wenn ... auf irgendwelche Weise im lebendigen Gewebe oder in den Schädelknochen eine leitende Verbindung gebildet wird, dann würde dies sofort zum Tod des verwegenen Experimentators führen. Eine solche Tötungsmethode, wenn sie praktisch verwendbar gemacht würde, wäre absolut schmerzlos. ...

Wenn man eine Person in die Schleife hineinsteckt, dann werden alle Metallgegenstände, selbst die kleinsten, spürbar erwärmt. Zweifelsohne würden sie auch erwärmt werden -- vor allem wenn sie aus Eisen sind --, wenn sie im lebenden Gewebe eingebettet wären. Dies eröffnet die Möglichkeit, diese Methode für chirurgische Zwecke zu verwenden. Es wäre möglich, damit Wunden zu sterilisieren oder Metallgegenstände festzustellen und sogar zu entfernen oder andere Operationen, die in den Bereich der Chirurgie fallen, auszuführen.

Gehen wir nun zum zweiten Punkt über, nämlich den **Röntgenstrahlen**. Hierüber liegen äusserst ausführliche Unterlagen vor, da Tesla wie gesagt innerhalb eines halben Jahres elf technische Artikel zu diesem Thema veröffentlichte. Hierin beschreibt er Methoden und Geräte zur Erzeugung von Röntgenstrahlen, und normalerweise müssten alle Röngtengeräte in Wirklichkeit Teslageräte heissen, da diese praktisch komplett auf Teslas Arbeiten in den Neunziger Jahren des vorigen Jahrhunderts beruhen. Ganz absehen davon besitzen heutige normale Röntgenaufnahmen immer noch die gleiche bescheidene Qualität wie vor hundert Jahren. Um hierauf irgendetwas erkennen zu können, braucht man wirklich einen Röntgenblick, wenn sie versehen, was ich meine.

Man kann auf die kleinen Birnen von Crookes nicht ohne ein Gefühl der Furcht blicken, wenn man bedenkt, was sie alles für den wissenschaftli-

chen Fortschritt getan haben -- als erstes die herausragenden Ergebnisse, die durch ihren Erfinder erzielt worden sind, dann die brillanten Arbeiten von Lenard und schließlich die wunderbaren Errungenschaften von Röntgen. Vielleicht enthalten diese kleinen Birnen immer noch einen dankbaren Asmodeus, der von einem glücklichen Forscher aus seinem engen Gefängnis befreit werden wird. Manchmal scheint es mir so, dass auch ich eine leise Stimme gehört hätte, und ich habe eifrig unter meinen staubigen Birnen und Flaschen gesucht. Ich fürchte, dass mich meine Einbildung getäuscht hat, aber meine staubigen Birnen sind immer noch da, und ich lausche immer noch hoffnungsvoll.

Nachdem ich Professor Röntgens wundervolle Experimente wiederholt hatte, widmete ich mich der Untersuchung der Natur dieser Strahlungen und der Entwicklung von Mitteln für ihre Erzeugung. ...

Um die stärksten Wirkungen zu erzeugen, müssen wir unabhängig von ihrer Natur als erstes berücksichtigen, dass sie notwendigerweise von der Stärke der Katodenstrahlen abhängen. Diese wiederum sind von der Größe der Spannung abhängig und hieraus folgt, dass die höchsten elektrischen Spannungen wünschenswert sind.

Um hohe Spannungen zu erreichen, können wir eine normale Induktionsspule, eine statische Maschine oder vorzugsweise eine Durchschlagsentladungsspule verwenden. Ich habe den Eindruck, dass die meisten Ergebnisse in Europa durch die Verwendung einer statischen Maschine oder einer Rühmkorff-Spule erzielt worden sind. Da diese Geräte jedoch nur vergleichsweise niedrige Spannungen erzeugen können, drängt sich die Verwendung einer Durchschlagsentladungsspule als effektivster Apparat naturgemäß auf. Mit diesem gibt es praktisch keine Grenze für die Funkenlänge, und die einzige Notwendigkeit ist, dass der Experimentator wissen sollte, wie man die Stromkreise einstellt, insbesondere in Bezug auf Resonanz, wie ich in meinen früheren Schriften schon betont habe.

Für die Vakuumbirne verwendet Tesla nur eine Elektrode, da es bei zwei Elektroden zu einer Spannungsverringerung kommt. (Die heutigen Röntgenröhren besitzen jedoch zwei Elektroden). Zur Evakuierung der Birnen setzte er ein besonderes von ihm entwickeltes Verfahren ein, wobei zusätzlich zu einer normalen Vakuumpumpe noch eine Durchschlagsentladungsspule genommen wurde.

Ich glaube, dass die Auflösung der Elektrode, die unausweichlich eintritt, mit einer nennenswerten Verringerung der Temperatur verbunden ist. Von dem Punkt an, an dem die Elektrode kühl wird, ist die Birne sehr gut für die Erzeugung von Röntgenbildern geeignet. Immer wenn die Elektrode genauso heiss, wenn nicht heisser als das Glas ist, dann ist das ein sicheres Anzeichen, dass das Vakuum nicht hoch genug oder die Elektrode zu klein ist. Für ein effektives Arbeiten sollte die Innenseite der Wand so erscheinen, wie wenn sich das Glas in flüssigem Zustand befinden würde.

Konrad Wilhelm Röntgen

Ich habe herausgefunden, dass das beste Kühlmedium ein kalter Luftstrom ist. Auf diese Weise ist es möglich, eine Birne mit sehr dünnen Wänden erfolgreich zu betreiben, wobei der Durchgang der Strahlen nicht sehr stark behindert wird. ...

Um das Hartwerden der Röhren zu verhindern, erfand Tesla eine Vorrichtung zur Regulierung des Vakuums. Um den Zuleitungsdraht und um den Hals der Röhre wickelte er eine Zinnfolie, und ein Teil der Röhre wurde mit Bronzefarbe bestrichen. Beim Betrieb der Röhre sprang dann von Zeit zu Zeit ein Funken durch die Folie auf den Bronzeanstrich über, wodurch eine erhebliche Menge an Gas freigesetzt wurde.

Mit den Geräten, die ich beschrieben habe, können bemerkenswerte Eindrücke auf der Platte erzeugt werden. Man kann sich eine Vorstellung von der Stärke der Wirkungen machen, wenn ich erwähne, dass es leicht ist, mit vergleichsweise kurzen Belichtungszeiten Schattenbilder aus einer Entfernung von ein paar Metern zu erhalten, wohingegen bei geringer Entfernung und dünnen Objekten Belichtungszeiten von ein paar Sekunden praktikabel sind. ...

Das Skelett von Vögeln, Kaninchen und Ähnlichem ist bis auf das kleinste Detail zu sehen, und sogar die Hohlräume der Knochen sind klar sichtbar. ... Klare Bilder der Knochen der menschlichen Glieder werden durch Belichtungszeiten von einer Viertel bis zu einer ganzen Stunde erhalten, und viele Platten haben eine solche Menge von Einzelheiten gezeigt, dass man fast nicht glauben kann, dass man es nur mit einfachen Schattenbildern zu tun hat. ...

Die Umrisse des Schädels können mit einer Belichtungszeit von zwanzig bis vierzig Minuten erhalten werden. In einem Fall waren nicht nur die Umrisse zu sehen, sondern auch die Augenhöhlen, das Kinn und die Backenknochen, das Nasenbein, der Unterkiefer und die Verbindungen zum Oberkiefer, die Wirbelsäule und Verbindung zum Schädel, das Fleisch und sogar die Haare.

Wenn man den Kopf einer starken Strahlung aussetzt, sind seltsame Wirkungen beobachtet worden. Z.B. habe ich herausgefunden, dass eine Neigung zum Einschlafen vorhanden ist und die Zeit sehr rasch zu vergehen scheint. Es ist eine allgemeine lindernde Wirkung vorhanden, und ich habe ein Wärmegefühl im oberen Teil des Kopfes verspürt. Ein Assistent bestätigte unabhängig von mir die Neigung zum Einschlafen und das schnelle Vergehen der Zeit. Sollten diese bemerkenswerten Effekte von Männern mit einer schärferen Beobachtungsgabe verifiziert werden, dann glaube ich noch fester an die Existenz von materiellen Strömen, die den Schädel durchdringen. Auf diese Weise ist es vielleicht möglich, eine geeignete Chemikalie in jeden beliebigen Teil des Körpers zu injizieren.

Das ist natürlich heute ein übliches Verfahren, das für die verschiedensten Zwecke eingesetzt wird.

*Einige der ersten Röngtenaufnahmen aus Deutschland aus dem Jahr 1896.
In der oberen Aufnahme sind Goldfische zu sehen und in der unteren eine Ratte.*

Tesla gelang es bald Bilder aus einer Entfernung von 12 m zu erzeugen. Solche Geräte hatten jedoch eine solch starke Abstrahlung, dass fotografische Platten sogar noch in einer Entfernung von 18 m beschädigt wurden, was bedeutet, dass Teslas Laboratorium nach heutigen Maßstäben wahrscheinlich komplett strahlenverseucht war, was ihm nicht gerade viel ausgemacht hat.

Auch konnte er Bilder durch reflektierte Röntgenstrahlen erhalten. Hierzu untersuchte er verschiedene Materialien wie Zink, Blei, Zinn, Kupfer und Silber. *Zinn scheint genauso gut zu reflektieren wie Blei, aber wenn man Beobachtungsfehler miteinrechnet, dürfen wir annehmen, dass es schlechter reflektiert. In diesem Fall sehen wir dann, dass die Reihenfolge genau der Kontaktreihe der Metalle in der Luft entspricht. Falls sich dies als richtig erweisen sollte, sind wir mit einer der aussergewöhnlichsten Tatsachen konfrontiert. ...*

Seitdem ich die Reflexion untersucht habe und in dieser Richtung zu Ergebnissen gelangte, bin ich in der Lage, durch die Verwendung geeigneter Reflektoren stärkere Wirkungen zu erzeugen. Wenn man die Birne mit einer dicken Glasröhre umgibt, dann kann die Wirkung beträchtlich gesteigert werden. In einem Fall wurde durch die Verwendung eines Zinkreflektors eine Steigerung von 40% bei den Bildern erzielt. Ich halte die Verwendung von geeigneten Reflektoren von großer praktischer Bedeutung, denn hierdurch können wir jede beliebige Zahl von Birnen verwenden und auf diese Weise jede gewünschte Stärke der Strahlung erreichen.

Eine Enttäuschung im Verlauf dieser Untersuchungen war, dass es mir absolut nicht gelungen ist, die Brechung der Strahlen aufzuzeigen. Ich habe Linsen jeder Art verwendet und viele Experimente durchgeführt, konnte aber keine positiven Ergebnisse erzielen.

Die Brechung der Röngtenstrahlen konnte erst dreissig Jahre später von Compton nachgewiesen werden.

Seitdem die Verwendung von phosphoreszierenden oder fluoreszierenden Substanzen in Verbindung mit dem empfindlichen Film von Professor Henry und Salvioni vorgeschlagen wurde, konnte ich die Belichtungszeit leicht auf ein paar Minuten oder Sekunden verkürzen. Bisher scheint es so, dass Kalziumwolframat, das kürzlich von Edison eingeführt wurde und von Messrs, Aylsworth & Jackson hergestellt wird, die empfindlichste Substanz ist. ...

Es wurde das Bild einer Hand aus einer Entfernung von ca. 1,8 m von der Birne mit einer Belichtungszeit von weniger als einer Minute aufgenommen, und selbst dann war die Platte noch überbelichtet. ... Ich gewann eine noch bessere Vorstellung von der Qualität des Kalziumwolframats, als ich die Wirkung auf einen fluoreszierenden Schirm, der aus diesem Material hergestellt war, untersuchte. Ein solcher Schirm zusammen mit einer Pappschachtel ist mit dem fantasievollen Namen "Fluoroskop" ver-

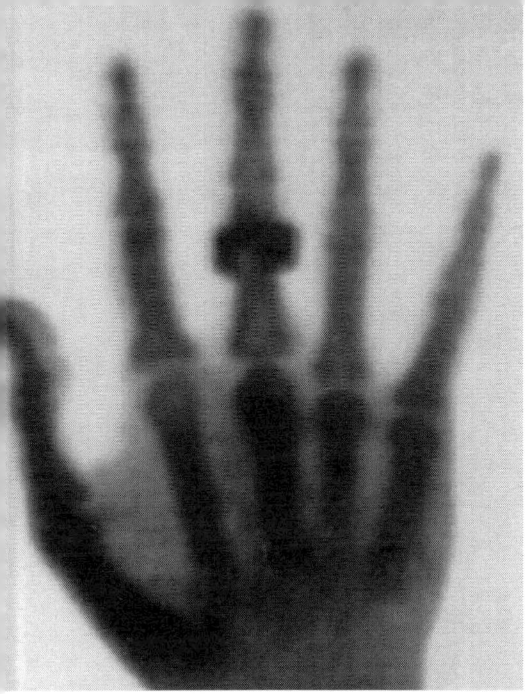
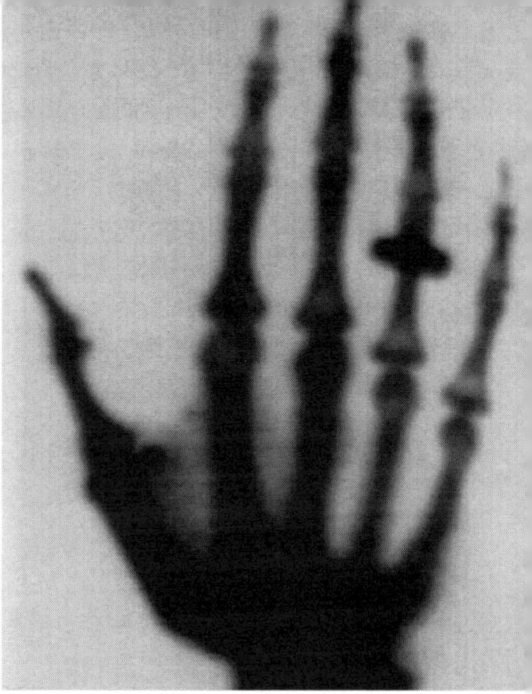

Röntgenaufnahmen einer Hand. Die Fotos wurde Anfang 1896 in Berlin von den beiden Forschern Klingenberg und Slaby gemacht.

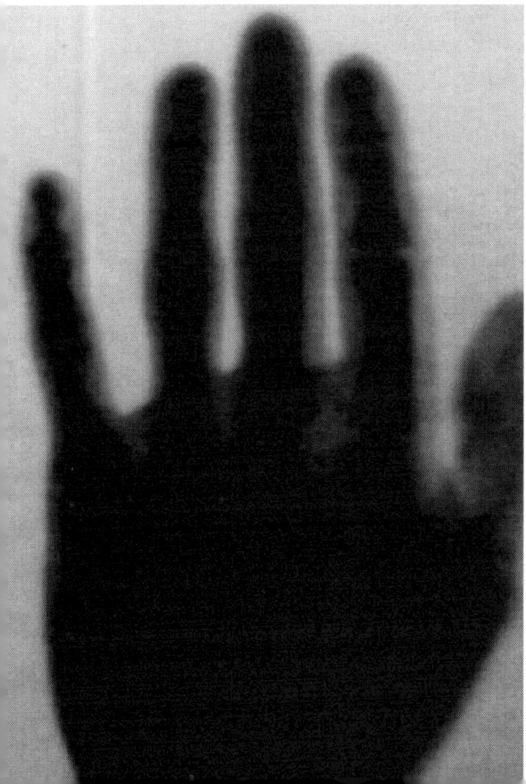
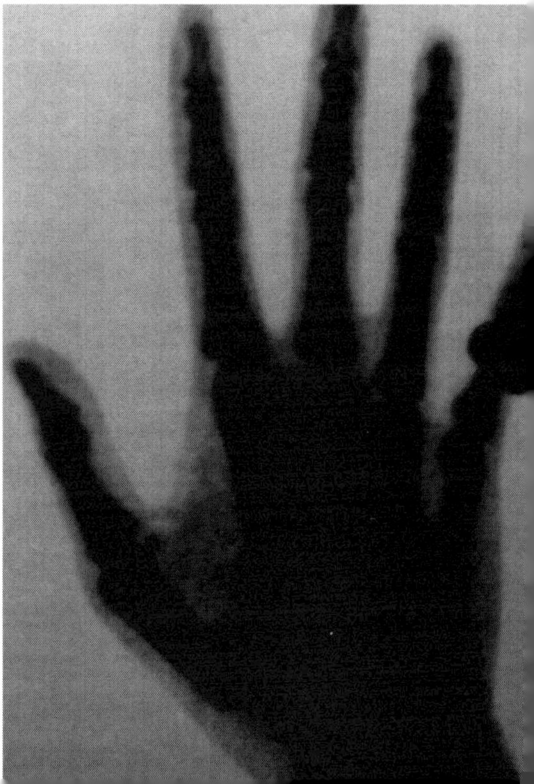

sehen worden. Hierbei handelt es sich jedoch in Wirklichkeit um Salvionis "Cryptoskop" ohne die Linse, was ein großer Nachteil ist. Um einen solchen Schirm richtig auszunützen, ist es notwendig bei Nacht zu arbeiten, wenn das Auge lange Zeit an die Dunkelheit gewöhnt und in der Lage ist, die schwachen Effekte auf dem Schirm zu erkennen. In einem Fall war die Leistung dieses Schirmes besonders bemerkenswert. Er wurde aus einer Entfernung von 6 m beleuchtet, und selbst aus einer Entfernung von 12 m konnte ich noch einen schwachen Schatten beobachten, der sich über das Gesichtsfeld bewegte, wenn die Hand vor dem Gerät hin- und herbewegt wurde.

Wenn ich aus einer Entfernung von ungefähr 90 cm von der Birne durch den Körper eines Assistenten blickte, konnte ich leicht die Wirbelsäule im oberen Teil des Körpers, der durchsichtig war, unterscheiden. Im unteren Teil waren die Wirbelsäule und der Rest praktisch nicht zu erkennen. Die Rippen konnten nur sehr schwach wahrgenommen werden. Die Nackenknochen waren klar zu erkennen, und ich konnte durch den Körper des Assistenten sehr leicht eine quadratische Kupferplatte sehen, wenn sie vor der Birne auf- und abbewegt wurde. Wenn ich durch den Kopf schaute, konnte ich nur die Umrisse des Schädels und den Kinnknochen erkennen, trotzdem war der Gesichtsbereich immer noch hell.

Ein weiteres herausragendes Ergebnis der Forschungsarbeit Teslas auf dem Gebiet der Röntgenstrahlen ist die Erkenntnis, dass diese erst beim Aufprall auf ein Hindernis entstehen. *In zahllosen Experimenten habe ich herausgefunden, dass die Materie, die durch den Aufprall auf die Elektroden erzeugt wird, von beiden Elektroden stammen kann. Da diese durch den ständigen Gebrauch in einem merklichen Ausmaß abgetragen werden, scheint es plausibler anzunehmen, dass die projizierte Materie aus Teilchen der Elektrode selbst besteht, als aus dem rückständigen Gas. Jedoch haben mich auch andere Beobachtungen, auf die ich nicht näher eingehen kann, zu dieser Schlussfolgerung geführt. Die Klumpen aus projizierter Materie werden durch den Aufprall in so winzige Teilchen aufgespalten, dass sie in der Lage sind, durch die Wände der Birne hindurchzugehen, oder sie schlagen aus der Glaswand oder allgemein aus dem Körper, gegen die sie geschleudert werden, solche Teilchen heraus. Auf jeden Fall scheint ein Aufprall und eine folgende Zerschmetterung für die Erzeugung von Röntgenstrahlen absolut notwendig zu sein. Die Schwingung, falls eine solche überhaupt vorhanden ist, stammt vom Gerät, und sie kann nur longitudinaler Art sein.*

Die grundsätzliche Quelle der Strahlen ist immer der Ort des ersten Aufpralls innerhalb der Birne, ob dies nun die Anode, wie in einigen Formen von Röhren, ein eingeschlossener Körper oder die Glaswand ist. Wenn die Materie, die von den Elektroden weggeschleudert wird, auf ein Hindernis trifft und dann gegen einen anderen Körper geschleudert wird, wie z.B. die

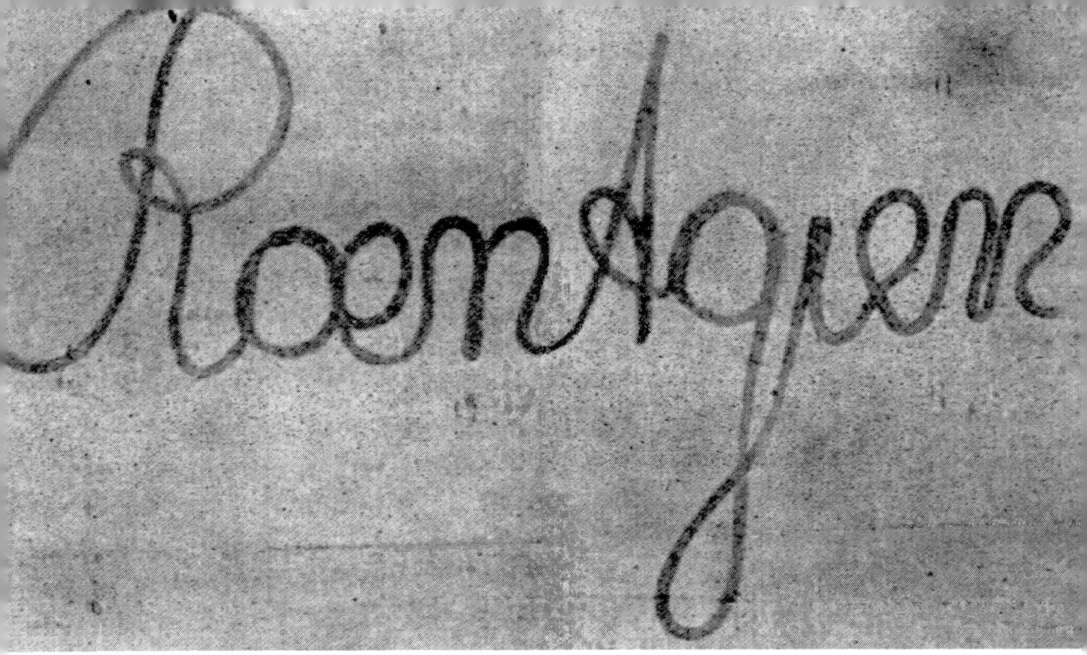

Röntgenaufnahme aus Teslas Laboratorium, die den Schriftzug Röntgens zeigt

Glaswand der Birne, dann ist der Ort des sekundären Aufpralls eine sehr schwache Quelle dieser Strahlen.

Tesla beschäftigte sich auch mit dem Auffinden von Fremdkörpern in verschiedenen Körperteilen: *All jene, die in Ausübung ihrer beruflichen Pflichten die Entdeckungen von Röntgen für die Linderung irgendwelcher Leiden einsetzen, indem sie die Lage eines Fremdkörpers bestimmen oder den Zustand lokaler Beschwerden oder Fehlfunktionen im Körper untersuchen, können in vielen Fällen leicht enttäuscht werden. Denn während es äusserst einfach ist, die Lage eines Fremdkörpers im Kopf, Nakken und allen Weichteilen des Körpers zu bestimmen und einige fortgeschrittene Leiden in der Lunge zu erkennen, ist oft sogar die Lokalisierung eines solch großen und undurchsichtigen Gegenstands wie einer Kugel, wenn sie in bestimmten Knochen des Rumpfes des Patienten eingebettet ist, mit Schwierigkeiten verbunden. Wenn die folgenden Vorschläge, die das Ergebnis einer Reihe von Beobachtungen solcher Fälle sind, strikt befolgt werden, wird jedoch immer ein Erfolg erzielt werden können: ... Der Röntgenschirm wird zuerst für den zu untersuchenden Körper angewandt und die Spannung an den Anschlüssen der Röhre sehr gering gehalten. Die Spannung wird dann langsam und allmählich gesteigert. Es wird dann beobachtet, dass bei einem bestimmten Druck das Schattenbild des Objekts, das untersucht wird, am klarsten ist. Wenn das Vakuum zunimmt, steigt im allgemeinen auch die Spannung, und das Bild wird verschwom-*

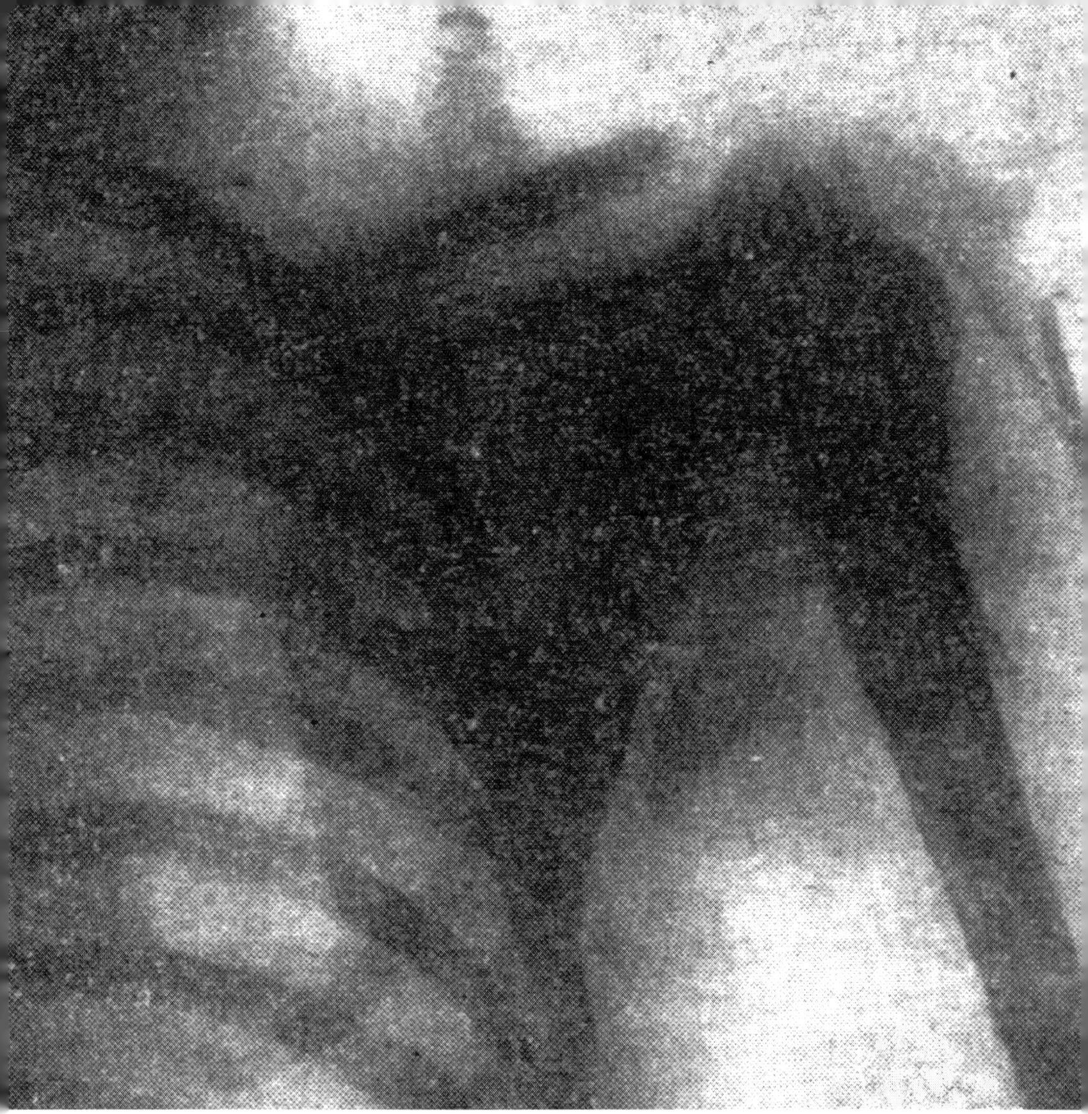

Röngtenaufnahme aus Teslas Laboratorium, die den Brustkorb, die Schultern und Arme zeigt. Das Foto stammt aus dem Jahr 1896.

men, obwohl der Schirm viel heller ist. Genau in diesem Augenblick, wenn die Klarheit leicht abnimmt, sollte der Experimentator für einen Moment den Strom umkehren, wodurch das Vakuum ein wenig erniedrigt wird. Wenn der Strom wieder umgekehrt wird, wodurch das Vakuum also zunimmt, werden die Bilder wieder klarer, und durch eine solche Vorgehensweise können leicht die besten Ergebnisse erzielt werden. ...

Um ein praktisches Beispiel für die Wirksamkeit dieses Verfahrens aufzuzeigen, möchte ich nur einen Fall erwähnen. Vor ein paar Monaten untersuchte ich den Fall von Mr. Cornelius Mack aus Watertown in Massachusetts. Mr. Mack wurde während seiner Arbeit vor vielen Jahren von einer Kugel getroffen, die irgendwo in der Brust steckengeblieben war und nicht lokalisiert werden konnte. Ich wendete den Schirm einige Male ohne Erfolg an, denn obwohl die Ströme mit einer solchen Leichtigkeit durchgingen, dass der Schirm dahinter bläulich-weiß erschien und alle Knochen des Körpers aufzeigten, konnte ich das Geschoß nicht entdecken. Ich griff dann auf die obigen Mittel zurück, und sofort konnte ich es zwischen einer der Rippen und dem Schulterblatt lokalisieren, woraufhin die Kugel dann erfolgreich entfernt werden konnte.

Tesla war einer der Ersten, der die **Gefährlichkeit der Röntgenstrahlen** für den menschlichen Körper erkannte. Zwar meinte er, dass sich kein Experimentator aus Furcht vor schädlichen Wirkungen von der Verwendung der Röntgenstrahlen abhalten zu lassen braucht, aber er tritt auch der Ansicht entgegen, dass man die vorhandenen und erkannten Gefahren ignorieren sollte.

Ich selbst und einige meiner Assistenten waren den Wirkungen dieser Birnen teilweise stundenlang ausgesetzt, und obwohl jeden Tag Aufnahmen gemacht wurden, konnte nicht die geringste schädliche Wirkung bemerkt werden -- solange bestimmte Vorsichtsmaßnahmen getroffen wurden. Ganz im Gegenteil -- sei es nun ein Zufall, eine Wirkung der Strahlen oder ein Ergebnis einer sekundären Ursache, die beim Betrieb der Birnen vorhanden ist, wie z.B. die Erzeugung von Ozon -- hat sich meine eigene Gesundheit und die zweier anderer Personen, die den Strahlen täglich ausgesetzt waren, mehr oder minder beträchtlich verbessert, und, aus welchem Grund auch immer, es ist eine Tatsache, dass ein lästiger Husten, von dem ich ständig befallen war, seitdem völlig verschwunden ist. Ähnliche gesundheitliche Verbesserungen sind auch von anderen Personen beobachtet worden.

Mit diesen Vorsichtsmaßnahmen meint Tesla eine Platte aus Aluminiumblech oder ein Geflecht aus Aluminiumdrähten, die zwischen die Röntgenbirne und der zu untersuchenden Person plaziert wird. Wenn Tesla bei seinen Experimenten schädliche Wirkungen beobachten konnte, dann war entweder keine Aluminiumabschirmung oder eine Birne mit Platindraht verwendet oder die Aufnahme aus einer zu geringen Entfernung gemacht worden. Auch das Vorhandensein von Luft war für die Verletzungen verantwortlich, da es ausreichte, die exponierten Körperteile mit einer Flüssigkeitsschicht zu umgeben, um diese zu schützen.

Meiner Meinung nach sollte sich kein Experimentator aus Angst vor einer Vergiftung oder allgemein einer schädlichen Wirkung von der Untersuchung der Röntgenstrahlen abhalten lassen, denn es scheint vernünftig

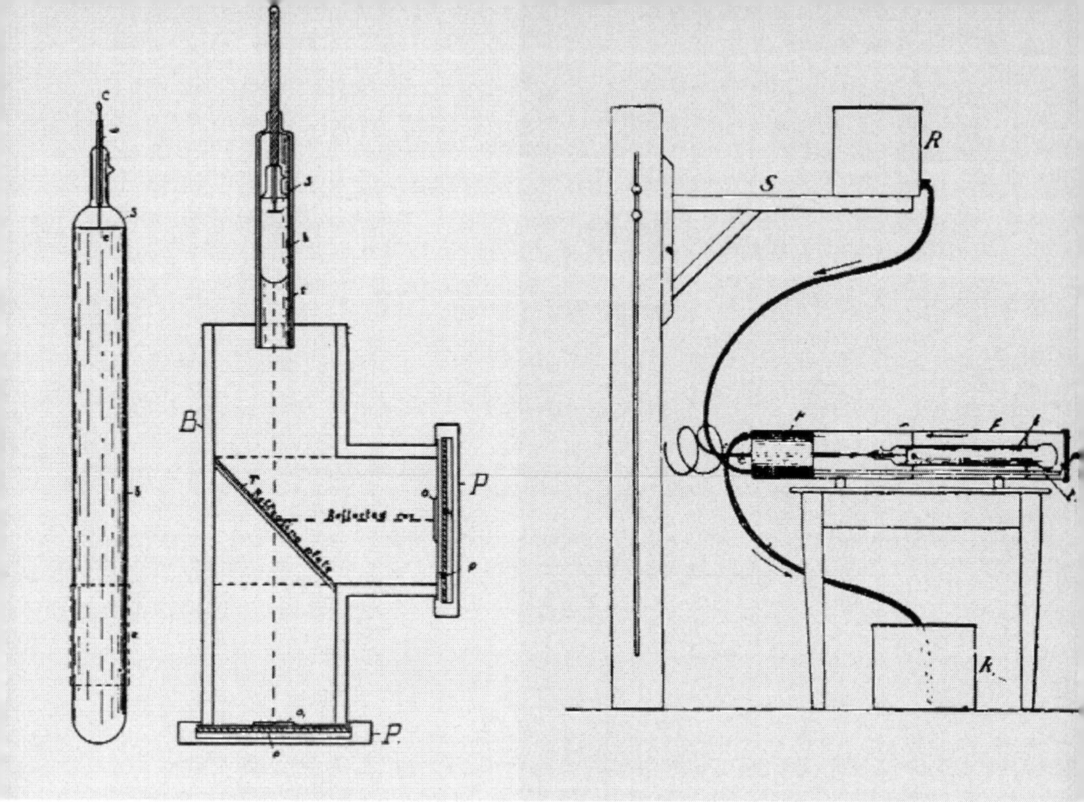

Zwei Abbildungen aus Teslas Artikeln über die Röntgenstrahlen:
Links: Versuchsanordnung, mit der Tesla die Reflexion der Röntgenstrahlen untersuchte.
Rechts: Röntgenröhre, die mit einem Luftstrom gekühlt wird und in Öl getaucht ist.

anzunehmen, dass es Jahrhunderte dauern würde, bis sich genug von dieser Materie ansammeln würde, um ernstlich auf die Lebensprozesse einer Person einzuwirken. Aber ich blicke mit Zuversicht auf die Demonstration von Wirkungen rein qualitativer Natur. Ich möchte z.B. sagen, dass ich mit absoluter Sicherheit glaube, dass eine ***keimtötende Wirkung*** *dieser Strahlen demonstriert werden wird, selbst auf die Gefahr hin, irgendwelchen Kurpfuschern und Quacksalbern Vorschub zu leisten. Zusätzlich zu den physiologischen Wirkungen, auf die ich schon früh aufmerksam machte, habe ich erst kürzlich mit leistungsstarken Birnen beobachtet, dass ein Schmerzgefühl auf der Stirn oberhalb der Augen erzeugt wird, sobald der Strom eingeschaltet wird. Dieses Gefühl ist demjenigen sehr ähnlich, wenn man aus einer Dunkelkammer in das grelle Sonnenlicht tritt oder wenn man einige Zeit über ein Gelände mit Neuschnee marschiert.*

Was die schädlichen Wirkung auf der Haut anbelangt, von denen von verschiedener Seite berichtet worden ist, möchte ich bemerken, dass die-

se falsch interpretiert worden sind. Ich kenne diese Wirkungen schon seit einiger Zeit, aber ich war bisher aufgrund von dringenden Angelegenheiten nicht in der Lage, auf dieses Thema näher einzugehen. Sie haben ihren Grund nicht in den Röntgenstrahlen, sondern bloß im Ozon, dass bei Kontakt mit der Haut erzeugt wird. Auch Salpetersäure könnte verantwortlich sein, aber nur im geringen Maß. Wenn das Ozon in großer Menge erzeugt wird, greift es die Haut und viele organische Substanzen äusserst stark an, wobei die Wirkung zweifelsohne durch die Wärme und die Feuchtigkeit der Haut verstärkt wird. Wenn man z.B. den Kopf einige Zeit der Wirkung des Ozons aussetzt, verliert die Haut ihre Elastizität, was zu einer Spannung und einem Schmerz und schließlich zu einer Entzündung und zu Blasen führt.

Die Auswirkungen einer Platinröhre hatte Tesla am eigenen Leib zu spüren bekommen, denn bei Versuchen mit einem solchen Gerät kam es zu einer starken Schwellung und Rötung seiner Hand. *Da ich dachte, dass es sich um eine zufällige Verletzung handeln würde, ging ich wieder zur Untersuchung der Platinröhre über und hielt die gleiche Hand wieder nah an das Fenster. Ich spürte sofort einen Schmerz, der stärker wurde, wenn die Hand wiederholt in die Nähe des Aluminiumfensters gehalten wurde. Seltsamerweise erschien es so, als ob der Schmerz nicht an der Oberfläche sitzen würde, sondern tief im Gewebe der Hand oder mehr noch sogar in den Knochen. Obwohl die gesamte Belichtungszeit nicht mehr als eine halbe Minute gedauert hatte, litt ich ein paar Tage später an starken Schmerzen, und einige Zeit danach beobachtete ich, dass alle Haare zerstört und die Nägel der verletzten Hand neu gewachsen waren.*

Tesla beobachtete auch noch andere seltsame Auswirkungen von Röntgenstrahlen, z.B. spannte sich die Haut, wenn man die Hand an eine Röhre hielt, die Wirkung auf die Nase kam einer Erkältung gleich und jene auf den Kopf ähnelte einer tatsächlichen Berührung.

Tesla gelangte schließlich zu Ansicht, dass eine Röntgenröhre wie eine starke Wärmequelle wirkt. *Unterhalb einer bestimmten Entfernung werden keine schädlichen Wirkungen auf die Haut erzeugt, egal wie lange man den Strahlen ausgesetzt war. Die Art der Verbrennungen ist auch so, wie sie von einer Quelle großer Hitze zu erwarten ist. ... Leichte Verbrennungen ähneln eher jenen, die Personen erleiden, die in der Nähe eines glühenden Feuers gearbeitet haben. Wenn die Verbrennungen allerdings schwerer sind, dann sind sie jenen, die durch Kontakt mit Feuer oder rotglühendem Eisen verursacht werden, ähnlich. Es kann überhaupt keine Inkubationszeit vorhanden sein, was aus den vorangegangenen Bemerkungen klar ist, da die Strahlen sofort wirken. In schlimmen Fällen wird die Haut stark verfärbt und teilweise schwarz, und es bilden sich hässliche Blasen, die Übles ahnen lassen, dicke Schichten lösen sich ab und das rohe Fleisch wird freigelegt. Ein stechender Schmerz, Fiebrigkeit und ähn-*

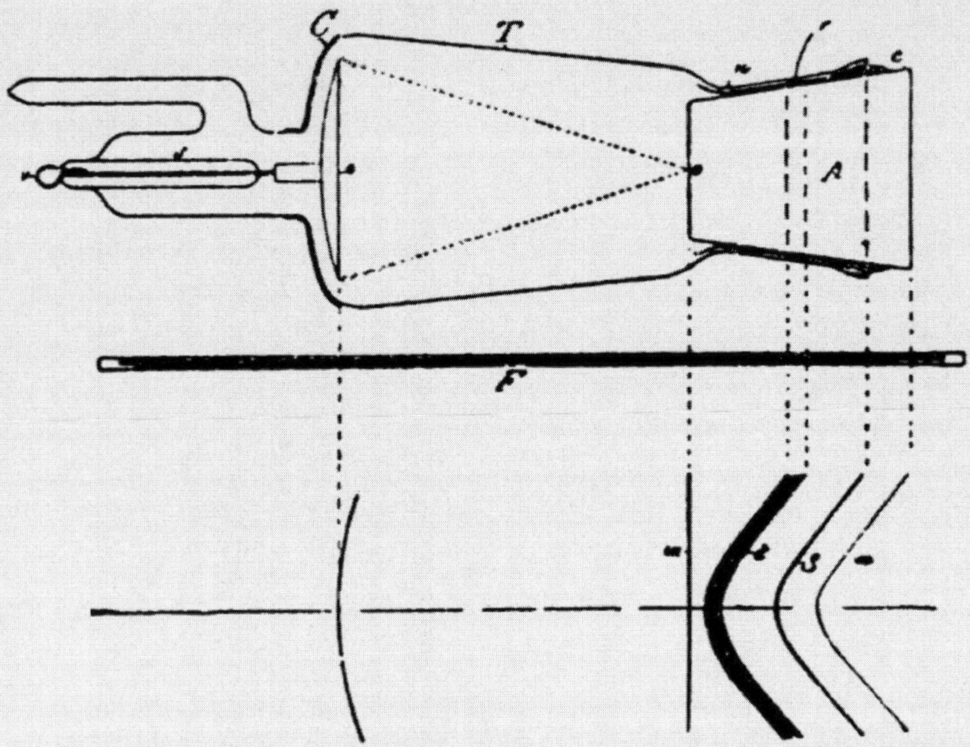

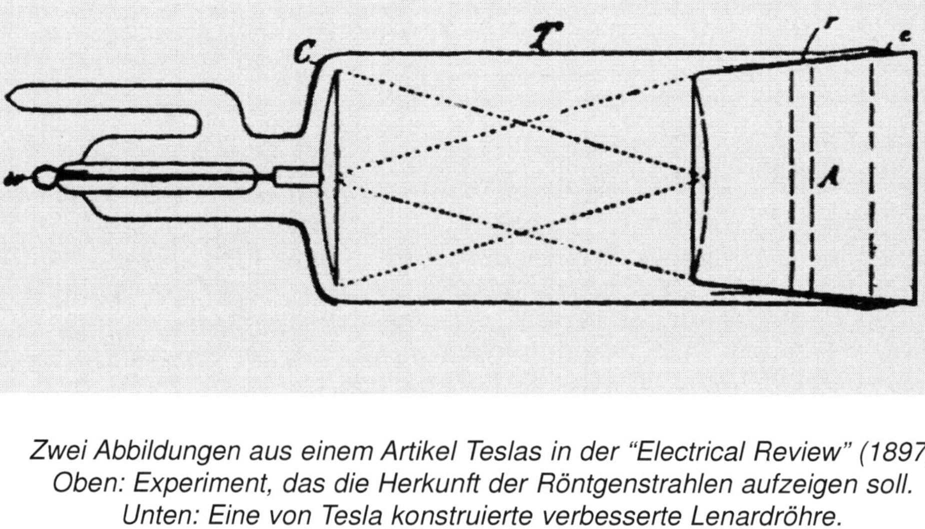

Zwei Abbildungen aus einem Artikel Teslas in der "Electrical Review" (1897)
Oben: Experiment, das die Herkunft der Röntgenstrahlen aufzeigen soll.
Unten: Eine von Tesla konstruierte verbesserte Lenardröhre.

liche Symptome sind die natürlichen Begleiterscheinungen. Eine einzige Verletzung dieser Art im Bauchbereich, die einem teurem und eifrigen Assistenten zustieß, hatte ich das Unglück miterleben zu müssen. Hierbei handelte es sich übrigens um den einzigen Unfall, der ausser mir jemals irgendjemandem in meinem Laboratorium zugestoßen ist. Dieser Unfall passierte, bevor all die genannten Erfahrungen gemacht worden waren und direkt nachdem mein Assistent einer hochgeladenen Platinröhre aus einer einigermaßen sicheren Entfernung von 30 cm fünf Minuten ausgesetzt war. Der Aluminiumschutzschirm war unglücklicherweise weggelassen worden, und die Verletzung war derart, dass sie mich mit den schlimmsten Befürchtungen erfüllte. Glücklicherweise konnten durch regelmäßige Bäder, die reichliche Anwendung von Vaseline, Reinigung und allgemeine körperliche Hygiene die verheerenden Auswirkungen schnell geheilt werden, und ich konnte wieder frei durchatmen.

Um solche Unfälle zu verhindern, schlägt Tesla aufgrund seiner experimentellen Erfahrung zusammenfassend vor, *auf den Gebrauch von Birnen zu verzichten, die Platin enthalten, und sie zweitens durch entsprechend konstruierte Lenardröhren zu ersetzen, die nur reines Aluminium enthalten. Eine Röhre dieser Art hat daneben noch den Vorteil, dass sie mit großer mechanischer Genauigkeit hergestellt werden und aus diesem Grund wesentlich schärfere Bilder erzeugen kann. Drittens, dass man einen Schutzschirm aus Aluminiumblech verwendet, wie ich vorgeschlagen habe, oder stattdessen ein nasses Tuch oder eine Flüssigkeitsschicht. Viertens, dass man die Belichtungen aus einer Entfernung von mindestens 35 cm macht und aus einer größeren Entfernung vorzugsweise länger belichtet.*

Tesla hat sich von Anfang an auch die Frage nach der **Herkunft der Röntgenstrahlen** gestellt, und die Schlussfolgerungen, die er in dieser Hinsicht aus seinen ausführlichen Experimenten gezogen hat, sind auch heute noch von Gültigkeit. In praktisch allen Artikeln wiederholt er mit erheblicher Penetranz seine Ansicht, dass Röntgenstrahlen aus **materiellen Teilchen** bestehen müssen und **Längsschwingungen des Äthers** sind, wie auch Röntgen bei seiner ersten Veröffentlichung gemeint hatte, und es sich nicht um immaterielle Querwellen handelt, was immer das sein mag. Die Frequenz dieser Teilchen muss laut Tesla weit über derjenigen liegen, die durch Kondensatorentladungen erzeugt werden kann, da eine Röntgenbirne in ein violettes Licht eingehüllt ist, das 30 cm über die Birne hinaus reicht. Eine weitere sehr seltsame Beobachtung, die ihn vom Vorhandensein von Materieteilchen überzeugte, war, dass die Röntgenstrahlen manchmal ein Loch in der Glaswand der Birne erzeugten, wobei jedoch die Luft von aussen nicht ins Innere der Birne strömte. *Das Glas kann an der Bruchstelle sehr heiss werden, und zwar in einem solchen Maß, dass es weich wird, aber es kollabiert nicht, sondern wird eher nach* *aussen gedrückt, was zeigt, dass der Druck von innen größer ist als derjenige der Atmosphäre. Ich habe des öfteren beobachtet, dass das Glas nach aussen gedrückt wird und das Loch, durch das die Ströme austreten, so groß wird, dass es absolut mit den Augen zu erkennen ist. Wenn die materiellen Teilchen aus der Birne herausgetrieben werden, nimmt der Evakuierungsgrad zu, und die Ströme nehmen an Intensität ab, wodurch sich das Glas wieder schließt und die Öffnung hermetisch versiegelt. Der Evakuierungsprozess geht trotzdem weiter, und an der erhitzten Stelle sind Ströme sichtbar, bis der höchste Evakuierungsgrad erreicht ist, woraufhin sie verschwinden. Hier haben wir also einen klaren Beweis, dass Materieteilchen durch die Wände des Glases herausgeschleudert werden.*

Wenn ich mit hochevakuierten Birnen arbeite, verspüre ich regelmäßig einen plötzlichen und manchmal sogar schmerzlichen Schock.. Diese Schocks können so oft auftreten, dass sich die Augen entzünden, und man braucht nicht als übervorsichtig angesehen zu werden, wenn man es vermeidet, die Birne aus nächster Nähe zu beobachten. In diesen Schocks sehe ich einen weiteren Beweis, dass große Teilchen von der Birne weggeschleudert werden.

Tesla hatte schon früh herausgefunden, dass die Röntgenstrahlen beim Aufprall der Katodenstrahlen auf das Birnenglas entstehen. Damals war noch nicht bekannt, dass es sich bei diesen Katodenstrahlen um Elektronen handelt (und der Name macht´s ja). Auf jeden Fall wird durch die Katodenstrahlen oder Elektronen der Äther gestört, wodurch sich Photonen bilden, was wie üblich Cater erst im vollen Ausmaß erkannt hat. Tesla beschreibt seine Beobachtungen so:

Von den verschiedenen mehr oder weniger plausiblen Ansichten in Bezug auf die Bildung dieser Ströme ausserhalb des Gefäßes ist meiner Meinung nach die einfachste, eine tatsächliche Projektion von der aufgelösten Katodenmaterie durch die Wände der Birne hindurch anzunehmen. Vorausgesetzt dass innerhalb der Birne ausreichend kleine Teilchen vorhanden sind, dann sind Geschwindigkeiten bis zu mehreren tausend Kilometern nicht nur möglich, sondern auch wahrscheinlich, und selbst wenn die Teilchen durch den Aufprall auf die Wände oder andere vergleichsweise undurchsichtige Körper innerhalb der Birne nicht weiter aufgespaltet werden, so würden sie doch durch dicke Materialschichten hindurchgehen. Meine Experimente in dieser Richtung haben gezeigt, dass die gesamte Aufspaltung praktisch beim ersten Aufprall auf ein mehr oder minder undurchdringliches Hindernis in der Birne stattfindet, wobei der zweite Aufprall offenbar wenig Wirkung zeigt, was man aus bekannten mechanischen Prinzipien ableiten kann. Ich habe auch herausgefunden, dass die Stelle des ersten und energiereichsten Aufpralls, sei dies nun die Anode, Katode oder die Wand des Gefäßes, stets die grundsätzliche Quelle der Strahlen oder Ströme ist. Vollkommen in Übereinstimmung mit mechani-

Verbesserte Röntgenröhre mit zwei Brennpunkten zur Reduzierung der schädlichen Wirkungen. Kleines Bild: Verbesserte Lenardröhre.

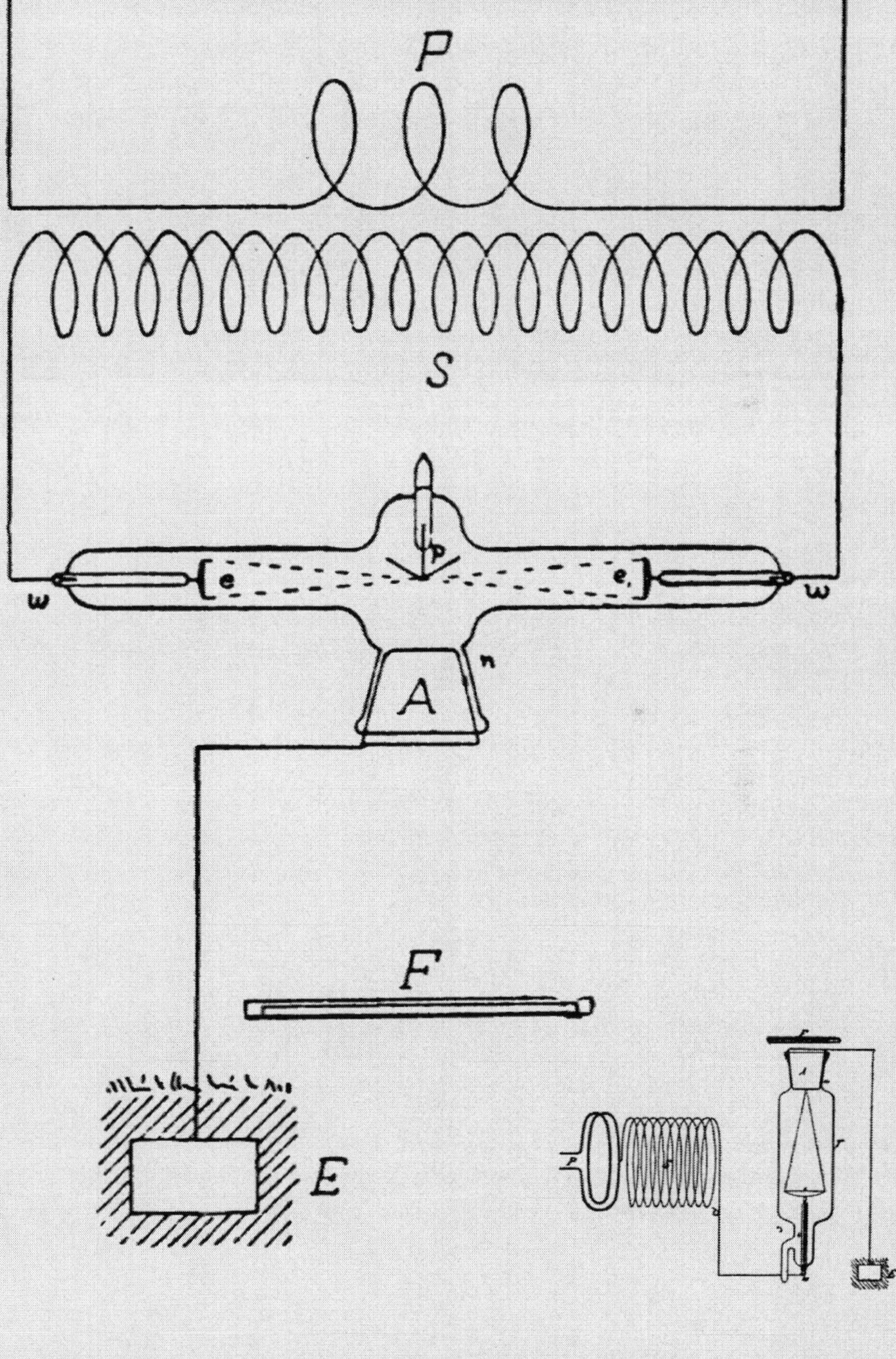

schen Prinzipien ist das Durchdringungsvermögen der Ströme um so größer, je stärker die Aufspaltung ist. Auf diese Weise gehen z.B. Strahlen, die dicke undurchsichtige Objekte passiert haben, und hierbei, wie man annehmen darf, weiter aufgespalten worden sind, leichter durch dichte Substanzen hindurch.

Heutzutage werden für Röntgenbirnen zwei Elektroden verwendet, wobei eine beheizt wird, um den Elektronenaustritt zu erleichtern, und die andere als Aufprallkörper dient, um die Röntgenstrahlen zu erzeugen. Röntgenstrahlen werden bis heute als Querwellen angesehen, die aus nichts bestehen oder aus Teilchen, also Photonen, was schon sehr schizophren ist. In Wirklichkeit ist es natürlich so, dass Röntgenstrahlen Längswellen sind, die aus Materieteilchen bestehen, eben Röntgenphotonen, die durch die Elektronen erzeugt werden, die zu Störungen es Äthers führen, wie es schon Röntgen und auch Tesla klar festgestellt haben. Unbekannt ist auch heute noch, dass Röntgenphotonen, wie alle Photonen, von weichen Elektronen begleitet werden, wie Cater ja herausgefunden hat. Die weichen Elektronen sind auch für die Belichtung einer Fotoplatte verantwortlich, Röntgenaufnahmen entstehen also erst durch diese weiche Elektronen, wie dies bei allen Arten von Filmaufnahmen der Fall ist, da Photonen natürlich meistens von Materie abprallen, ausser sie ist durchsichtig, was soviel heisst wie, dass sie Photonen durchlässt.

Zum Schluss wollen wir noch die mit Abstand interessanteste und wichtigste Erfindung Teslas auf dem Gebiet der Medizintechnik besprechen. Es handelt sich hierbei um seinen **elektromechanischen Oszillator**, der nämlich nicht nur für zerstörerische Zwecke eingesetzt werden kann, um z.B. irgendwelche Gebäude in Schutt und Asche zu legen, sondern auch um den menschlichen Körper damit zu malträtieren, und sogar dazu, um solche Quacksalber wie Mark Twain zum Schweigen zu bringen, wie wir ja gesehen haben.

Um das Jahr 1940 herum schrieb Tesla eine kurze Abhandlung über die von ihm so genannte **Mechanische Therapie**, deren Entdeckung er Anfang der Neunziger Jahre des letzten Jahrhunderts zufällig unter folgenden Umständen gemacht hatte:

Ich hatte in meinem Laboratorium in der 35 South Fifth Avenue einen meiner mechanischen Oszillatoren installiert, und zwar mit der Absicht, verschiedene physikalische Konstanten exakt zu bestimmen. Die Maschine war in vertikaler Lage mit elastischen Puffern auf einer Plattform angebracht, und wenn sie mit komprimierter Luft betrieben wurde, führte sie winzige, absolut isochronische Schwingungen aus, das heisst, die Schwingungsperiode war absolut konstant. Die Maschine funktionierte in dieser Hinsicht so perfekt, dass Uhren, die durch sie angetrieben wurden, die Zeit mit astronomischer Genauigkeit anzeigten. Eines Tages, als ich einige Beobachtungen machte, stieg ich auf die Plattform, und die Schwin-

gungen, die durch die Maschine auf diese übertragen wurden, übertrugen sich auf meinen Körper. Das Gefühl, das ich verspürte, war genauso seltsam wie angenehm, und ich bat meine Assistenten, die Sache ebenfalls auszuprobieren. Sie waren genauso verwundert und erfreut wie ich. Ein paar Minuten später fühlten einige von uns, die länger auf der Plattform gestanden hatten, ein unaussprechliches und dringendes Bedürfnis, das schleunigst befriedigt werden musste, und daraufhin dämmerte mir die gewaltige Wahrheit. Offensichtlich stimulierten diese isochronen, schnellen Schwingungen sehr stark die peristaltischen Bewegungen, die das Essen durch die Verdauungsorgane bewegen. Auf diese Weise stand also ein Mittel zur Verfügung, durch das der Mageninhalt vollständig reguliert und gesteuert werden konnte, und zwar ohne die Verwendung von Medikamenten, speziellen Heilmitteln oder internen Mitteln welcher Art auch immer.

Als ich mit meinen Assistenten begann, die Mechanische Therapie praktisch anzuwenden, beendeten wir unsere Mahlzeiten üblicherweise sehr schnell und beeilten uns dann, ins Laboratorium zurückzukehren. Wir litten an Verdauungsstörungen und verschiedenen Magenleiden, Gallenkrankheiten, Verstopfung, Flatulenz und anderen Störungen, die alle das natürliche Ergebnis solcher unregelmäßiger Gewohnheiten waren. Aber nur nach einer Woche Anwendungszeit, währenddessen ich die Technik verbesserte und meine Assistenten gelernt hatten, die Behandlung zur ihrem Vorteil zu nutzen, verschwanden alle diese Krankheiten wie durch ein Wunder, und fast vier Jahre, während die Maschine in Betrieb war, erfreuten wir uns alle bester Gesundheit. Ich heilte eine Reihe von Leuten, unter ihnen meinen großen Freund Mark Twain, dessen Bücher mein Leben gerettet hatten. Er kam in mein Laboratorium in schlechtem Zustand und litt an einer Reihe quälender und gefährlicher Leiden, aber in weniger als zwei Monaten gewann er seine alte Stärke und seine Fähigkeit, das Leben in vollen Zügen zu genießen, wieder zurück. Kurz danach traf mich ein Schicksalsschlag: Mein Laboratorium wurde durch ein Feuer zerstört. Nichts war versichert und der Verlust der unbezahlbaren Geräte und Aufzeichnungen versetzte mir einen schweren Schock, von dem ich mich jahrelang nicht erholte. Die erzwungene Unterbrechung der Mechanischen Therapie verursachte mir tiefen Schmerz. Ich hatte ein wunderbares Heilmittel für Krankheiten entwickelt, das von unschätzbarem Wert für die Menschheit war, und ich hatte Geräte erfunden, die unbegrenzte kommerzielle Möglichkeiten boten, aber als ich die praktische Einführung in Betracht zog, stellte sich heraus, dass sie völlig unbrauchbar waren. Sie waren groß, schwer und laut, benötigten ständige Zufuhr von Öl, von dem ein Teil als feiner Nebel in den Raum abgegeben wurde; sie verbrauchten beträchtliche Energie und benötigten eine Reihe unerwünschter Zusatzgeräte. Während des folgenden Jahres machte ich viele Verbesserungen, und schließlich entwickelte ich eine Konstruktion, die nichts zu wünschen übrig ließ. Das Gerät wird sehr klein und leicht sein, sich lautlos ohne Schmierung betreiben lassen, nur eine sehr geringe Energiemenge verbrauchen und wird meines Wissens nach das wunderbarste Gerät sein, dass je auf den Markt gekommen ist. Ich habe die Absicht, es aus Anlass des alljährlichen Empfangs zu Ehren der Presse vorzustellen, der sich dieses Jahr unglücklicherweise verzögert hat. Ich sage voraus, dass es auf großes Interesse stoßen und eine breite Publizität erhalten wird. Wenn ich mich nicht schwer täusche, dann wird es eine extensive Anwendung finden, und schließlich wird in jedem Haushalt ein solches Gerät vorhanden sein.

Die praktische Einführung der Mechanischen Therapie durch meinen Oszillator wird das menschliche Leben tiefgreifend beeinflussen. Durch die Gewährleistung einer regelmäßigen Entleerung wird der Körper in jeder Hinsicht besser funktionieren, und das Leben wird um so sicherer und lebenswerter sein. Eines der bedeutendsten Ergebnisse wird die große Verringerung -- bis zu 75% -- der Zahl der Herzversagen sein, die größtenteils durch eine akute Verstimmung der normalen Verdauungsprozesse verursacht werden. Eine lebenswichtige Verbesserung ergibt sich aus der schnelleren Ableitung der toxischen Absonderungen der Organe, die von Krankheit betroffen sind. Man darf ohne weiteres annehmen, dass durch diese und andere gesundheitliche Wirkungen Magengeschwüre und andere ähnliche Läsionen oder Abszesse geheilt werden können, und es kann sogar bei Krebs oder anderen bösartigen Geschwülsten zur Linderung kommen. Fähige Ärzte und Chirurgen werden mit diesen Oszillationen wahre Wunder vollbringen können. Sie regen die Leber, die Milz, die Nieren, die Blase und andere Organe an, und durch diese erwünschten Wirkungen tragen sie nicht wenig zum allgemeinen Wohlbefinden bei. Vor allem Personen, die an Anämie jeder Form leiden, kann durch diese Behandlung geholfen werden. Den größten Nutzen werden allerdings die Frauen ziehen können, die hierdurch die übliche quälende Abstinenz, Entbehrung, die Opfer von Zeit und Geld, die sie zu ertragen haben, reduzieren können. Sie werden hierdurch ihr Aussehen verbessern können, klare Augen und eine frische Gesichtsfarbe erhalten, und man darf mit Sicherheit voraussagen, dass eine lang andauernde Behandlung eine weibliche Schönheit an den Tag bringen wird, wie sie nie zuvor gesehen wurde. Man darf auch nicht vergessen, dass die Eliminierung zahlloser Medikamente, Patentmedikamente und spezieller Heilmittel aller Art, die eingenommen werden müssen, durch die Millionen von Menschen zu einem frühen Tod verdammt sind, von unschätzbarem Nutzen für die Menschheit sein wird.

Aus diesem Grund braucht man sich auch nicht zu wundern, dass die Mechanische Therapie in einen Dornröschenschlaf versunken ist, der schon als sehr tief bezeichnet werden muss.

TELEAUTOMATEN (FERNSTEUERUNG)

Als Teleautomaten bezeichnete Tesla ferngesteuerte Maschinen. Da er ein menschliches Wesen ebenfalls als Automaten ansah, der von äusseren Einflüssen gesteuert wird, kam er schon früh auf die Idee ein solches Gerät zu konstruieren, um hiermit seine Theorie zu bestätigen. *Ich versuchte, ein mechanisches Modell zu konstruieren, das dem menschlichen Körper in seinen wesentlichen mechanischen Eigenschaften entsprach.* Zu diesem Zweck hatte er wie gesagt ein ferngesteuertes Boot gebaut, das er 1898 zum ersten Mal öffentlich vorführte und im gleichen Jahr in den Vereinigten Staaten und in Deutschland unter dem Titel "Vorrichtung zur Fernsteuerung von Wasserfahrzeugen mittels elektrischer Wellen" patentieren ließ. Hierin heisst es:

Gegenstand der vorliegenden Erfindung ist eine Vorrichtung zur Fernsteuerung von Wasserfahrzeugen mittels elektrischer Wellen, bei welcher auf der Fernsteuerungsstelle ein nur in einer Richtung drehbarer Stromschließer angeordnet ist, welcher bei einer vollen Umdrehung viermal während je einer kurzen Zeitdauer elektrische Schwingungen gleicher Art erzeugt, während auf dem zu steuernden Fahrzeug ein Uhrwerk sich befindet, welches unter Vermittlung einer für die elektrischen Wellen empfindlichen Vorrichtung bei jeder Schwingungsfolge für eine bestimmte Bewegung freigegeben wird und hierbei Stromkreise für Relais und Elektromotoren derart in bestimmter Folge schließt und öffnet, dass bei der ersten und bei der dritten Wellensendung das Steuerruder nach rechts bezw. nach links bewegt wird, während bei der zweiten und bei der vierten Wellensendung das Steuerruder in der bis dahin erreichten Stellung angehalten wird. Weiterhin gehören zum Bereich der vorliegenden Erfindung besondere Ausführungsformen der bei dieser Fernsteuerungsvorrichtung verwendeten Empfangsvorrichtungen, ...

In seinem berühmten Artikel "Das Problem der Steigerung der menschlichen Energie" beschreibt Tesla die Entwicklung dieser Maschine, die auf äussere Einflüsse ansprechen sollte, folgendermaßen:

Ein solcher Automat musste offensichtlich mit einer Antriebskraft, Bewegungsorganen, Steuerorganen und ein oder zwei empfindlichen Organen ausgestattet sein, die so angelegt waren, dass sie auf die äusseren Reize reagieren konnten. Eine solche Maschine würde, so stellte ich mir vor, ihre Bewegungen in der Art und Weise eines lebendigen Wesens ausführen, da sie die grundsätzlichen mechanischen Eigenschaften oder Teile eines

No. 613,809 Patented Nov. 8, 1898.

N. TESLA.

METHOD OF AND APPARATUS FOR CONTROLLING MECHANISM OF MOVING VESSELS OR VEHICLES.

(Application filed July 1, 1898.)

(No Model.) 5 Sheets—Sheet 2.

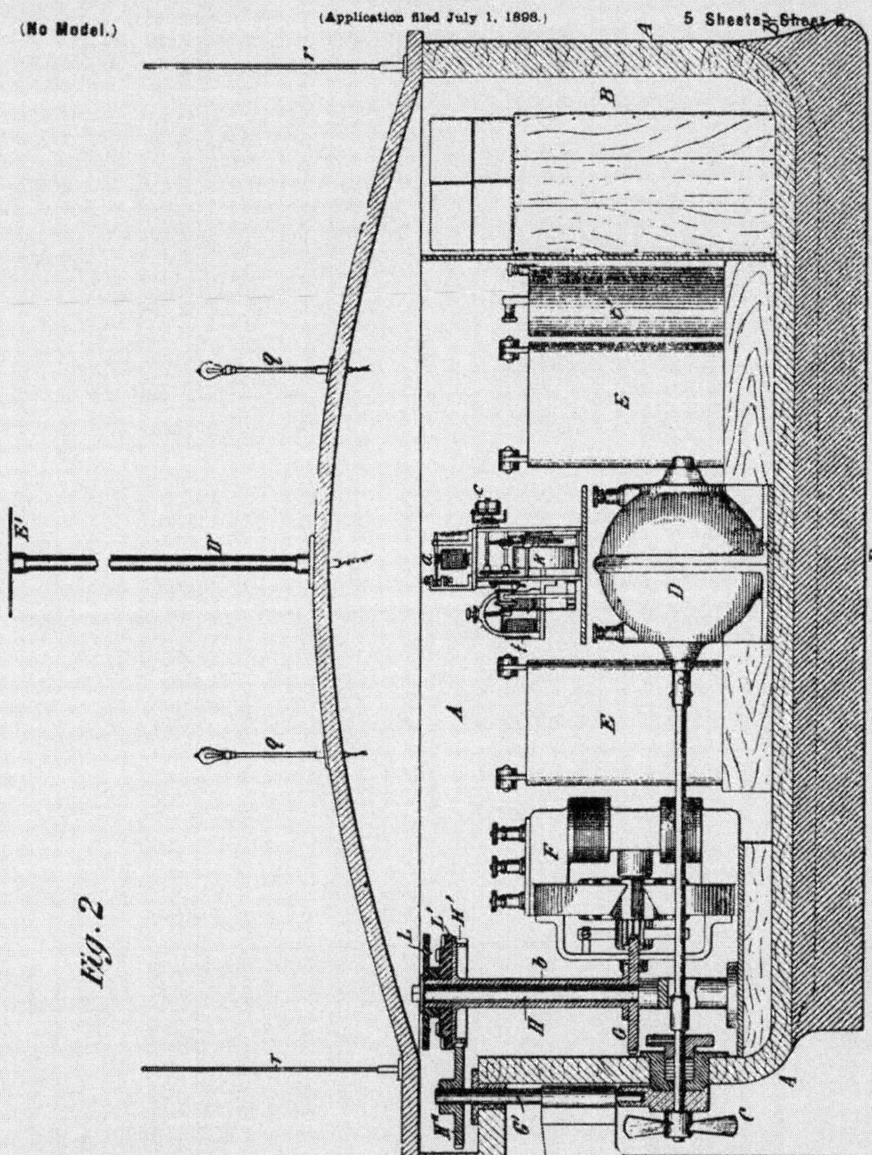

Fig. 2

Witnesses:

Raphaël Netter

George Scherff

Inventor:

Nikola Tesla

No. 613,809. Patented Nov. 8, 1898.

N. TESLA.

METHOD OF AND APPARATUS FOR CONTROLLING MECHANISM OF MOVING VESSELS OR VEHICLES.

(No Model.) (Application filed July 1, 1898.) 5 Sheets—Sheet 3.

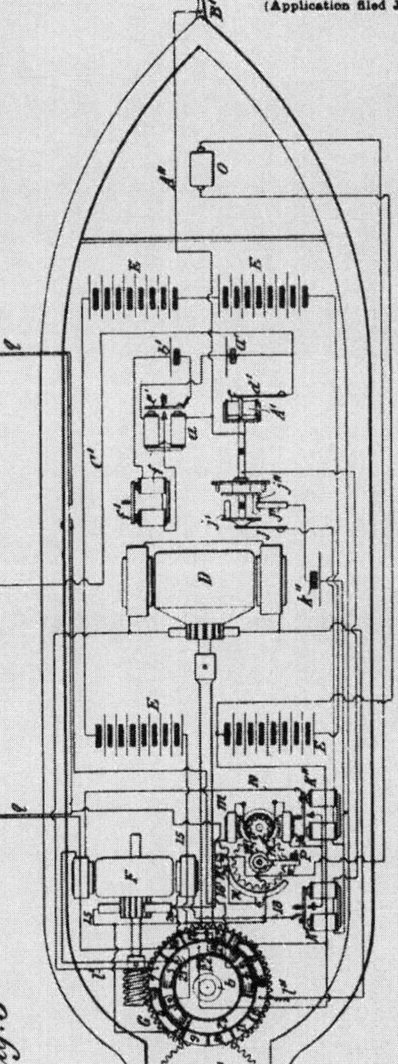

Fig. 3

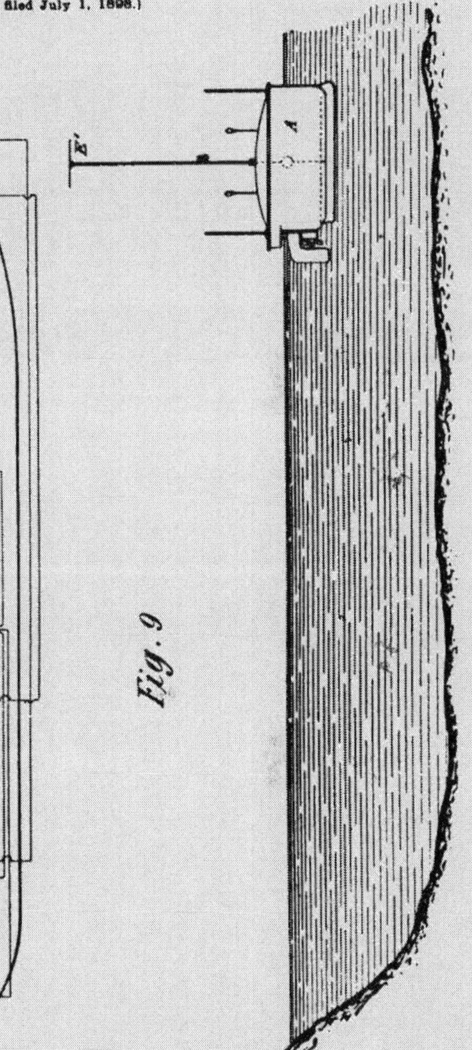

Fig. 9

Witnesses:
Raphaël Netter
George Schērff

Inventor
Nikola Tesla

No. 613,809. Patented Nov. 8. 1898.

N. TESLA.

METHOD OF AND APPARATUS FOR CONTROLLING MECHANISM OF MOVING VESSELS OR VEHICLES.

(No Model.) (Application filed July 1, 1898.) 5 Sheets—Sheet 4.

Fig. 5

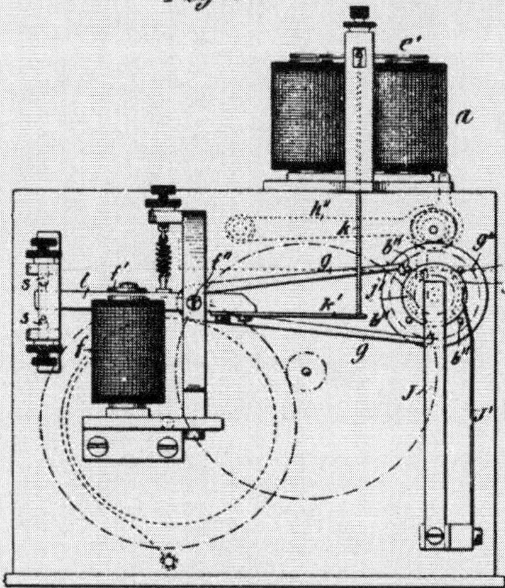

Fig. 6

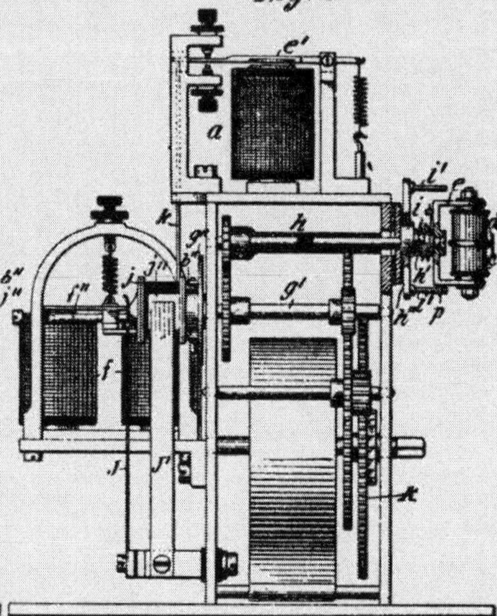

Fig. 4

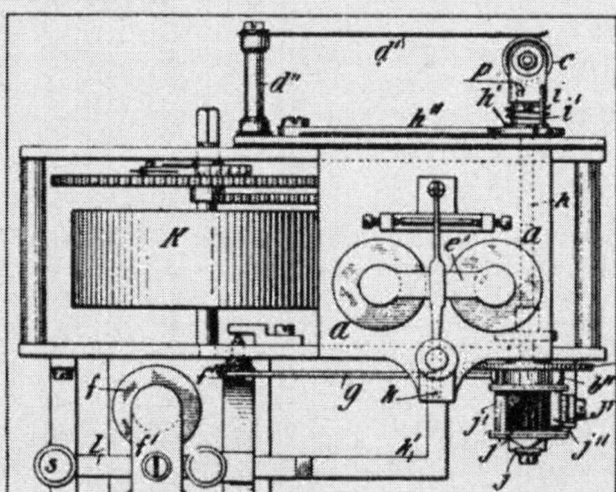

Fig. 8

Fig. 7

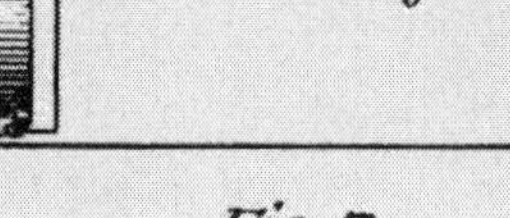

Witnesses:
Raphaël Netter
George Scherff

Inventor:
Nikola Tesla

No. 613,809. N. TESLA. Patented Nov. 8, 1898.

METHOD OF AND APPARATUS FOR CONTROLLING MECHANISM OF MOVING VESSELS OR VEHICLES.

(Application filed July 1, 1898.)

(No Model.) 5 Sheets—Sheet 5.

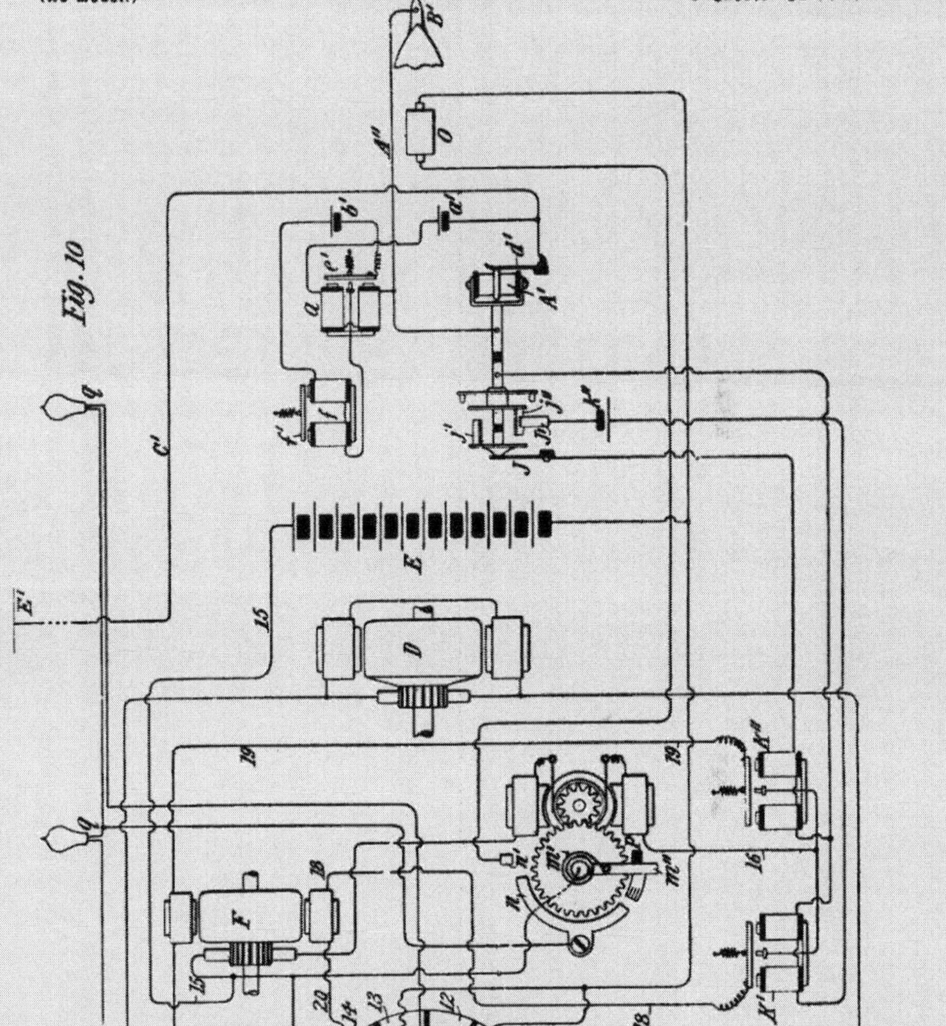

Witnesses:
Raphaël Netter
M. Lawson Dyer.

Inventor
Nikola Tesla
By Kerr, Curtis & Page
Attys.

solchen besitzen würde. Zwar fehlte noch die Fähigkeit zum Wachstum und zur Fortbewegung, und vor allem war noch Intelligenz notwendig, um das Modell vollkommen zu machen. Ein Wachstum war in diesem Fall jedoch unnötig, da eine Maschine fertig hergestellt werden kann. Auch die Fähigkeit zur Fortpflanzung konnte ausser Acht gelassen werden, weil diese bei einem mechanischen Modell bloß einen Herstellungsprozess bedeutet. Ob der Automat aus Fleisch und Blut oder aus Holz und Stahl war, hatte keine Bedeutung, vorausgesetzt er konnte die gleichen Bewegungen ausführen wie ein intelligentes Wesen. Damit dies möglich war, musste er ein Element besitzen, das dem Geist entsprach und die Kontrolle über alle seine Bewegungen und Operationen ausüben und in jeder unvorhergesehenen Lage, die auftauchen sollte, mit Vernunft, Wissen, Urteilsvermögen und Erfahrung reagieren konnte. Aber dieses Element konnte leicht ich selbst verkörpern, indem ich meinen eigenen Verstand auf den Automaten übertrug. Auf diese Weise entwickelte ich also diese Erfindung und so entstand schließlich eine neue Technik, für die der Name Teleautomaten vorgeschlagen wurde, was soviel bedeutet wie die Technik, die Bewegungen und Operationen eines Automaten aus der Ferne zu steuern.

Diese Methode war offensichtlich auf alle Arten von Maschinen anwendbar, die sich zu Wasser, auf dem Land oder in der Luft fortbewegen. Als ich diese zum ersten Mal anwendete, wählte ich hierzu ein Boot aus. Eine im Innern eingebaute Speicherbatterie diente als Antriebskraft. Der Propeller, der von einem Motor angetrieben wurde, stellte die Bewegungsorgane dar. Das Ruder, das durch einen anderen Motor, der ebenfalls über die Batterie betrieben wurde, nahm den Platz der Steuerungsorgane ein. Was das sensitive Organ anbelangte, war mein erster Gedanke, eine Vorrichtung zu verwenden, die auf Licht reagiert, wie z.B. eine Selenzelle, und praktisch die Funktion des menschlichen Auges übernimmt. Aber nach einer gründlicheren Untersuchung fand ich heraus, dass sich aufgrund experimenteller und anderer Schwierigkeiten durch Licht, Strahlungswärme, Hertzsche Schwingungen oder Strahlen im allgemeinen, also durch Störungen, die sich geradlinig im Raum fortpflanzen, keine befriedigende Kontrolle des Automaten erzielen ließ. Einer der Gründe hierfür war, dass dieser aufgrund von Hindernissen, die sich zwischen dem Bediener und dem Automaten stellten, nicht mehr gesteuert werden konnte. Ein weiterer Grund war, dass sich die Vorrichtung, die das Auge darstellen sollte, in einer bestimmten Richtung in Bezug auf das sich entfernt befindliche Steuergerät befinden hätte müssen und diese Notwendigkeit hätte eine starke Einschränkung für die Steuerung des Automaten bedeutet. Noch ein anderer sehr triftiger Grund war, dass es bei der Verwendung von Strahlen schwierig, wenn nicht unmöglich gewesen wäre, dem Automaten individuelle Eigenschaften oder Charakteristika zu geben, die ihn von anderen Maschinen dieser Art unterschieden hätten. Zweifellos sollte der

Teslas ferngesteuertes Luftfahrzeug, das durch Rückstoßkräfte angetrieben werden sollte

Automat nur auf ein individuelles Signal reagieren, genauso wie eine Person auf einen Namen reagiert. Solche Erwägungen führten mich zum dem Schluss, dass das sensitive Organ des Geräts eher den menschlichen Ohren als den Augen entsprechen sollte, denn in diesem Fall konnten seine Bewegungen unabhängig von Hindernissen, die sich ihm in den Weg stellten, und unabhängig von seiner Position relativ zum entfernt sich befindlichen Steuergerät kontrolliert werden, und nicht zuletzt würde es hierdurch wie ein treuer Diener nur auf die Befehle seines Meisters reagieren. Diese Erfordernisse machten es unumgänglich für die Steuerung des Automaten, anstatt Licht -- oder anderer Strahlen -- Wellen oder Störungen zu verwenden, die sich im Raum in allen Richtungen fortpflanzen, wie z.B. der Schall, oder solche die den Weg des geringsten Widerstands, allerdings auf einer gekrümmten Linie, folgen. Ich erzielte die gewünschten Resultate durch einen elektrischen Stromkreis, der sich im Innern des Bootes befand, und der genau auf elektrische Schwingungen geeigneter Art, die durch einen entfernt befindlichen "elektrischen Oszillator" auf diesen übertragen wurden, justiert oder "getuned" war. Dieser Stromkreis, der auf diese schwachen Schwingungen reagierte, wirkte wiederum auf Magnete und andere Vorrichtungen ein, durch die die Bewegungen des Propellers und der Ruder und auch die Operationen zahlloser anderer Geräte gesteuert wurden. Durch die gerade beschriebenen einfachen Mittel wurde praktisch das Wissen, die Erfahrung und das Urteilsvermögen -- der Geist sozusagen -- des sich entfernt befindlichen Bedieners in diese Maschine eingeführt, die hierdurch in der Lage war, alle Operationen mit Vernunft und Verstand auszuführen. Sie verhielt sich also gerade so wie eine blind gehorsame Person, die den Anweisungen, die sie über den Hörsinn erhalten hatte, gehorchte.

Die bis jetzt gebauten Automaten besaßen sozusagen einen "geliehenen Verstand", da sie praktisch nur ein Teil des sich in einer bestimmten Entfernung befindlichen Bedieners waren, der ihnen intelligente Befehle übermittelte; aber dies ist erst der Anfang. Ich habe die Absicht zu zeigen -- so unmöglich das auch heute erscheinen mag --, dass ein Automat entwickelt werden kann, der einen "eigenen Verstand" besitzt, und hiermit meine ich, dass er unabhängig von einem Bediener und nur auf sich alleine gestellt in der Lage sein wird, auf die äusseren Einflüsse, die auf seine sensitiven Organe einwirken, zu reagieren und eine große Zahl von Handlungen und Operationen auszuführen, so dass es aussieht, als besäße er Intelligenz. Er wird dazu fähig sein, einer vorgegebenen Wegstrecke zu folgen oder Befehle, die lange Zeit vorher erteilt worden sind, auszuführen, ausserdem wird er in der Lage sein zu beurteilen, was er tun soll und was nicht, Erfahrungen zu machen oder anders ausgedrückt, Eindrücke aufzunehmen, die sich in vorherbestimmter Weise auf seine folgenden Handlungen auswirken. Tatsächlich habe ich schon einen solchen Plan entwickelt.

Obwohl ich diese Erfindung schon vor vielen Jahren gemacht und oft meinen Besuchern in meinem Labor erklärt habe, wurde sie erst lange Zeit nachdem ich sie fertiggestellt hatte, in der Öffentlichkeit bekannt, was dann naturgemäß Anlass für viele Diskussionen und sensationelle Berichte gab. Aber die wirkliche Bedeutung dieser neuen Technik wurde von der Mehrheit nicht erkannt, noch wurden die herausragenden Auswirkungen des Prinzips, auf dem sie basierte, erfasst. Soweit ich aufgrund der zahlreichen Kommentare, die dann veröffentlicht wurden, urteilen konnte, wurden die Ergebnisse, die ich erzielt hätte, als vollkommen unmöglich angesehen. Sogar die wenigen, die geneigt waren, die praktische Verwendbarkeit dieser Erfindung anzuerkennen, sahen in ihr höchstens ein ferngesteuertes Torpedo, das dazu verwendet werden konnte, ein Kriegsschiff in die Luft zu jagen, wenn auch nur mit zweifelhaften Erfolgsaussichten. Die allgemeine Meinung lautete, dass ich nur die Steuerung eines solchen Schiffs durch Hertzsche Wellen oder andere Strahlen ermöglicht hatte. Es gibt Torpedos, die durch Drähte elektrisch gesteuert werden, und es gibt auch Mittel der drahtlosen Kommunikation, und die genannten Ansichten leiteten sich offensichtlich von diesen Dingen ab. Wenn ich nichts anderes als dies erreicht hätte, dann hätte ich wahrlich nur einen geringen Fortschritt erzielt. Aber die Technik, die ich entwickelt hatte, beinhaltet nicht den bloßen Richtungswechsel eines Bootes; sie erlaubt in jeder Hinsicht sowohl die Steuerung sämtlicher Bewegungen als auch den Betrieb aller Innenteile eines individuellen Automaten, gleich wie viele dies auch sein mögen. Sogar von Leuten, die nicht einmal davon träumen konnten, welche wunderbaren Dinge durch die Verwendung von elektrischen Schwingungen erreicht werden können, kritisierten, dass die Steuerung des Automaten von aussen beeinflusst werden könnte. Die Welt bewegt sich langsam vorwärts, und neue Wahrheiten sind nicht leicht einzusehen.

Sicherlich kann diese Methode sowohl für Angriffs- als auch für Verteidigungszwecke verwendet werden, und die Zerstörungskraft ist um so größer, da sie sowohl für Unterseeboote als auch für Flugzeuge angewendet werden kann. Es gibt praktisch keine Grenze für die Menge an Sprengstoff, die eine solche Maschine transportieren oder für die Entfernung, in der sie einen Schlag ausführen kann, und ein Fehlschlag ist fast ausgeschlossen. Aber nicht nur die Zerstörungskraft, die mit dieser Methode erreicht werden kann, macht diese so wirkungsvoll. Hierdurch wird auch ein völlig neues Element, das es vorher noch nie gegeben hat, in die Kriegführung eingeführt -- eine Kampfmaschine ohne Menschen, zum Zweck der Verteidigung und des Angriffs. Die ständige Weiterentwicklung in dieser Richtung muss den Krieg schließlich zu einem bloßen Wettkampf machen, ohne dass Menschen beteiligt sind oder es zu einem Verlust an Menschenleben kommt -- ein Zustand, der ohne diese Neuerung unmöglich wäre, und der meiner Meinung nach als Vorstufe für einen dauerhaf-

ten Frieden erreicht werden muss. Die Zukunft wird zeigen, ob diese Ansicht richtig oder falsch ist.

Schon 1898 hatte Tesla ja vorgeschlagen, ein solches ferngesteuertes mit Sprengstoff beladenes Unterseeboot für die Zerstörung von Kriegsschiffen einzusetzen, was zu dieser Zeit ziemlich belächelt wurde. *Mein Unterseeboot, das mit Torpedos beladen ist und von einer geschützten Bucht oder einem Schiff aus gestartet werden kann, bewegt sich versteckt unter der Oberfläche, durch gefährliche Minenfelder, in geschützte Häfen und greift eine im Hafen liegende Flotte an, oder schwimmt auf der Suche nach einem Ziel im Meer herum und schießt dann im geeigneten Moment mit einer Geschwindigkeit von 30 m/s los und entlädt seine tödliche Ladung und kehrt wieder zu seinem Ausgangspunkt zurück. Und trotzdem befindet es sich die ganze Zeit unter der absoluten und sofortigen Kontrolle eines Mannes, der sich auf einer weit entfernten Landzunge oder auf einem Kriegsschiff befindet, das sich hinter dem Horizont befindet und somit für den Feind unsichtbar ist.*

Selbst fast zehn Jahre später im Jahr 1907 wurde seine Erfindung immer noch nicht für Kriegszwecke eingesetzt, was ihn zu folgender Äusserung veranlasste: *Die Zeit ist jetzt noch nicht reif für die teleautomatische Technik. Wenn ihre Möglichkeiten erkannt würden, dann würden die Nationen keine großen Schlachtschiffe bauen. Eine solche schwimmende Festung mag vielleicht vor normalen Torpedos sicher sein, wäre allerdings in einem Kampf mit einer Maschine hilflos, die zwanzig Tonnen Explosivstoff trägt und sich schnell unter Wasser bewegt und von einem Bediener, der sich ausserhalb der Reichweite der größten Kanonen befindet, gesteuert werden kann. ...*

Seitdem ich dieses Prinzip vorstellte, habe ich eine Reihe von Verbesserungen gemacht, die es ermöglichen, ein solches Torpedo unter Wasser in jeder Richtung zu steuern -- aus einer Entfernung, die wesentlich größer ist als die Reichweite der größten Kanone -- und mit unfehlbarer Genauigkeit auf das Objekt, das zerstört werden soll, zu lenken. Und was noch erstaunlicher ist, der Bediener braucht diese Höllenmaschine nicht einmal im Blickfeld zu haben oder ihre Position zu kennen, trotzdem wird der Feind seine Bewegungen durch elektronische Mittel nicht im geringsten beeinflussen können. Einer dieser "Teufels-Teleautomaten" wird bald gebaut werden, und ich werde ihn der Regierung anbieten. Die Entwicklung dieser Technik muss unvermeidlich sowohl den Bau von teuren Kriegsschiffen als auch Landfestungen zum Stillstand bringen und die Methoden der Kriegführung revolutionieren. Die Entfernung über die sie einen Schlag ausführen können und die Zerstörungskraft einer solchen quasiintelligenten Maschine, die für alle praktischen Zwecke unbegrenzt einsetzbar ist, wird dazu führen, dass Gewehre, die Panzerung von Kriegsschiffen und die Wälle von Festungen ihre Bedeutung verlieren werden. Man kann mit

Teslas ferngesteuertes Unterseeboot, das er 1898 vorführte

Eine ferngelenkte V-4 Rakete auf dem Versuchsgelände in Peenemünde (1942)

vollkommener Sicherheit voraussagen, dass fähige Elektroingenieure die Kampfhandlungen der Zukunft bestimmen werden. ...

Wenn eine solche Waffe fertiggestellt ist, dann ist es fast unmöglich, ein Gegenmittel zu entwickeln. Es ist vielleicht mehr diese Eigenschaft als seine Zerstörungskraft, welche der Entwicklung von Waffen und dem Krieg Einhalt gebieten werden.

In einem Artikel aus dem Jahr 1907 schlug Tesla eine weitere schöne Verwendungsmöglichkeit für seinen Teleautomaten vor. Hierbei sollte ein mit zwanzig oder dreissig Tonnen Sprengstoff beladenes ferngesteuertes U-Boot auf hoher See zur Explosion gebracht und hierdurch eine gewaltige Flutwelle erzeugt werden, um gegnerische Schiffe oder gleich die gesamte Flotte eines Landes zu zerstören. *Nach ungefähr 16 Sekunden wird sich ein Tal mit einer Tiefe von 180 m bilden, gerechnet vom normalen Meeresspiegel, das von einer kreisförmigen Dünungsmauer umgeben ist, die ungefähr die gleiche Höhe besitzt, wobei der Durchmesser des Tales mit einer Rate von ungefähr 66 m pro Sekunde zunehmen wird. ... Der erste Aufprall des Wassers wird einen Druck von 30 Tonnen pro Quadratmeter erzeugen, ... Dieser erste Aufprall alleine kann schon tödlich sein. In zehn Sekunden wird das Schiff untergetaucht sein und schließlich aus einer Höhe von 22 m in das Wellental sinken, wobei dieses Absinken mehr oder minder einem freien Fall gleichkommen würde. Es wird dann weit unter die Oberfläche sinken, um nie mehr aufzutauchen.*

DIE ENTWICKLUNG DER RADIOTECHNIK

VORLÄUFER DER RADIOTECHNIK

In dieser Beziehung können wir uns ziemlich kurz fassen, da Tesla die ersten technisch brauchbaren Hochfrequenzmaschinen oder Sender gebaut hat. Zuvor wurden praktisch nur Funkeninduktoren verwendet, also Induktionsspulen mit Funkenstrecke.

Der einzige Forscher, der vor Tesla größere Erfolge bei der drahtlosen Übertragung von Signalen vorzuweisen hatte, war der Amerikaner Mahlon Loomis, der mit seinem Gerät tatsächlich schon 1872 eine Entfernung von ca. 35 km überbrücken konnte, was schätzungsweise daran lag, dass er schon eine Erdverbindung und einen Drachen als Antenne verwendete, trotzdem darf man seine Leistung schon als sehr erstaunlich betrachten.

Die bekannteste Untersuchung auf dem Gebiet der Hochfrequenzströme und deren Ausbreitung ist von **Heinrich Hertz** durchgeführt worden, der im Jahr 1887 angeblich die Maxwellsche Theorie der Ausbreitung des Lichts und der sogenannten elektromagnetischen Wellen nachweisen konnte. Diese besagte, dass es sich bei letzteren genauso wie bei Licht um Querschwingungen des Äthers handele, die aus einem elektrischen und magnetischen Anteil bestehen sollten. Schon zuvor war Faraday zu der Ansicht gelangt, dass der elektrische Strom in einer Spule zu Störungen des Äthers und zur Abstrahlung elektromagnetischer Wellen führt. Dies ist natürlich völlig richtig, allerdings werden hierdurch selbstverständlich Längswellen erzeugt, nämlich ganz einfach Photonen, welche seitdem und bis heute mehr oder minder fälschlicherweise als elektromagnetische oder Hertzsche Schwingungen bezeichnet werden. Auf deutsch gesagt bedeutet dies, dass Radiowellen oder elektromagnetische Wellen einfach Photonen entsprechender Wellenlänge sind, was selbstverständlich Cater herausgefunden hat.

Hertz benutzte bei seinen Versuchen auf jeden Fall einen Funkeninduktor, der einen Funken mit einer Länge von 1/100 mm hervorbrachte, und erzeugte damit gedämpfte, sehr hochfrequente Wellen mit einer Länge von ca. 1 m, die er in einem Umkreis von 10 bis 20 m nachweisen konnte. Ansonsten ist in dieser Hinsicht der Franzose **Edouard Branly** zu erwähnen, der den später sogenannten Kohärer erfand, mit dem es möglich

Die beiden Wissenschaftler Heinrich Hertz und Edouard Branly

war, elektromagnetische Wellen zu empfangen oder nachzuweisen, und der aus einem Gefäß bestand, das mit leitendem Metallpulver gefüllt war.

Dies war der Stand der Technik, bevor Tesla in den nächsten zehn Jahren harter Arbeit ein komplettes Radiosystem kreierte, welches die praktische Umsetzung und wirtschaftliche und industrielle Ausbeutung dieser neuen Technik grundsätzlich erst ermöglichte.

TESLAS RADIOTECHNIK

Zur Darstellung der Entwicklung der Radiotechnik durch Tesla steht uns sehr ausführliches Quellenmaterial zur Verfügung. Als Hauptquelle dienen uns natürlich seine Patente, die allein schon ausreichen würden, um Teslas Priorität auf diesem Gebiet aufzuzeigen. Ausserdem werden wir selbstverständlich auch noch diverse Artikel und seine Vorträge heranziehen. Weiterhin sind noch drei herausragende Abhandlungen zu nennen, die man als absolute Standardwerke auf diesem Gebiet ansehen darf. Dies ist zum einem das erst 1992 von Leland Anderson herausgebrachte Buch mit dem Titel “Tesla on his Work with Alternate Currents and their Application to Wireless Telegraphy, Telephony, and Transmission of Power”. Hierbei handelt es sich um die Abschrift mehrerer Gespräche, die Tesla mit seinen Anwälten im Jahr 1915 geführt hat, in denen er seine gesamten Forschungen auf dem Gebiet der Radiotechnik darlegt. Anlass hierfür war der Prozess der *Marconi Company* gegen die *Atlantik Communication Company*, einer Tochtergesellschaft der Telefunken, mit der Tesla ja zu dieser Zeit zusammenarbeitete, und bei dem er als Zeuge auftrat. Der Text dieses Interviews konnte von Leland Anderson nach langen Reserchen wieder aufgefunden werden. Das gleiche gilt für ein zweites Buch desselben Autors mit dem Titel “Guided Weapons & Computer Technology”, in dem die Befragung Teslas vor dem Patentausschuss im Jahr 1902 wiedergegeben wird. Grund hierzu war der Streit um die Rechte für sein Patent “System of Signaling”, die ebenfalls von Fessenden beansprucht wurden. Zum anderem handelt es sich um Slavko Boksans Veröffentlichung “Nikola Tesla und sein Werk” aus dem Jahr 1932, das tatsächlich die einzige technische Abhandlung über Teslas Erfindungen ist, die in den letzten hundert Jahren publiziert worden ist.

Tesla erwähnt die drahtlose Telegrafie (“wireless”) zum ersten Mal in seinem Vortrag vor der *Royal Institution* in London am 4. Februar 1892. Bei Versuchen mit Vakuumröhren im Jahr 1891 hatte er ein Lichtbüschel beobachtet, das in seinem empfindlichsten Zustand, der allerdings schwer herzustellen war, auf verschiedene äussere Einflüsse wie Magnete, aber auch Bewegungen des Experimentators, sehr empfindlich reagierte. Wie er schreibt, überzeugte ihn die Beobachtung dieses wundervollen Phänomens endgültig davon, dass die Nachrichtenübertragung über jede Entfernung sehr leicht durchführbar war.

Ich bin der festen Überzeugung, dass sich ein Büschel als ein wertvolles Hilfsmittel zur Erforschung der Eigenschaften der Kräfte, die in einem elektrostatischen oder magnetischen Feld wirken, erweisen wird, sofern es uns gelingt, es in geeigneter Weise herzustellen. Falls irgendwo im Raum eine messbare Bewegung vorhanden ist, dann sollte ein solches Büschel diese aufdecken können. Es ist sozusagen ein Lichtstrahl, der reibungs- und trägheitsfrei ist. Ich denke, dass es in der Telegrafie eine praktische Anwendung finden wird. Mit einem solchen Büschel wäre es möglich, Nachrichten mit jeder beliebigen Geschwindigkeit z.B. über den Atlantik zu senden, da seine Empfindlichkeit so groß ist, dass es auch durch die kleinste Veränderung beeinflusst wird. Falls es möglich wäre, das Büschel sehr dünn und intensiv zu machen, könnte seine Ablenkung leicht fotografiert werden.

Tesla beschreibt hier einen Vorläufer der Elektronenröhre, denn das Lichtbüschel bestand aus Elektronen. Diese Elementarteilchen wurden jedoch erst 1897 von Thomson “entdeckt” und mit diesem Namen versehen.

Im Jahr 1893 macht Tesla in seinen Vorträgen in St. Louis und Philadelphia weitere Angaben: *Im Zusammenhang mit Resonanzwirkungen und dem Problem der Energieübertragung mit einem einzigen Leiter, auf das ich zuvor eingegangen bin, möchte ich noch einige Worte über einen Gegenstand sagen, der ständig in meinen Gedanken präsent ist und das Wohlergehen aller Menschen betrifft. Ich meine die drahtlose Übertragung von verständlichen Zeichen oder sogar Energie über beliebige Entfernungen. Ich komme immer mehr zu der Überzeugung, dass diese Dinge praktisch durchführbar sind. Obwohl ich weiß, dass der größte Teil der Wissenschaftler der Ansicht ist, dass diese Dinge in der nahen Zukunft nicht verwirklicht werden können, so glaube ich doch, dass all die Fortschritte, die in den letzten Jahren durch eine Reihe von Forschern erzielt worden sind, als Ermutigung zu betrachten sind, um in dieser Richtung nachzudenken und zu experimentieren. ... Einige Enthusiasten glauben, dass das Telefonieren über beliebige Entfernungen durch Induktion über die Luft möglich sei. Meine Vorstellungskraft geht zwar nicht so weit, allerdings bin ich der festen Meinung, dass es möglich ist, mit leistungsstarken Maschinen den elektrostatischen Zustand der Erde zu stören und hierdurch verständliche Zeichen oder vielleicht sogar Energie zu übertragen. Und was spricht denn gegen die Durchführung eines solchen Planes? Wir wissen jetzt, dass elektrische Wellen mit einem Leiter übertragen werden können. Warum sollten wir nicht versuchen, die Erde für diesen Zweck zu benutzen? Wir brauchen uns von der Entfernung nicht abschrecken lassen. Dem müden Wanderer, der die Kilometersteine zählt, mag die Erde zwar groß erscheinen, aber dem glücklichsten aller Menschen, dem Astronomen, der in den Himmel blickt und die Größe der Erde mit astronomischen Entfernungen vergleicht, erscheint diese winzig klein. Und ich glaube, dass ein Elektrotechniker genauso denken muss, denn wenn er die Geschwindigkeit in Betracht zieht, mit der sich eine elektrische Störung durch die Erde fortpflanzt, dann muss er seine Vorstellungen über Entfernungen vollkommen ändern.*

Als erstes wäre es von großer Bedeutung, die Kapazität und die Ladung der Erde zu bestimmen. Obwohl wir keinen eindeutigen Beweis von der Existenz von geladenen Körpern im Raum haben, ohne dass sich andere entgegengesetzt geladene Körper in der Nähe befinden, so ist es doch einigermaßen wahrscheinlich, dass die Erde ein solcher Körper ist. ... Wenn die Erde ein geladener Körper wäre, der im Raum isoliert ist, dann müsste ihre Kapazität äusserst gering sein, weniger als ein Tausendstel Farad. Die oberen Schichten der Atmosphäre sind jedoch leitend und das gleiche gilt vielleicht auch von dem Medium im leeren Raum ausserhalb der Atmosphäre und diese können eine entgegengesetzte Ladung besitzen. Die Kapazität könnte dann unvergleichlich größer sein. Auf jeden Fall ist es von größter Bedeutung, herauszufinden, welche Elektrizitätsmenge die Erde enthält. Wir wissen nicht, ob wir je dieses notwendige Wissen erlangen werden, aber es gibt die Hoffnung, dass es möglich ist und zwar mittels der elektrischen Resonanz. Falls wir jemals herausfinden werden, mit welcher Periode die Ladung der Erde, wenn sie gestört wird, in Bezug auf ein entgegengesetzt geladenes System oder einen bekannten Stromkreis oszilliert, dann werden wir ein Wissen erlangen, dass möglicherweise von größter Bedeutung für das Wohl der Menschheit ist. Ich schlage vor, die Periode mit einem elektrischen Oszillator oder einer Quelle elektrischer Wechselströme zu bestimmen. Man müsste einen der Anschlüsse der Stromquelle mit der Erde, z.B. mit der städtischen Wasserleitung, und den anderen mit einem Körper mit einer großen Oberfläche verbinden. Es ist möglich, dass die äusseren leitenden Luftschichten oder der freie Weltraum eine entgegengesetzte Ladung besitzen und zusammen mit der Erde einen Kondensator mit sehr großer Kapazität bilden. In diesem Fall kann die Schwingungsperiode dann sehr gering sein und es könnte eine Wechselstrommaschine für das Experiment verwendet werden. Ich würde den Strom dann auf eine möglichst hohe Spannung transformieren und die Anschlüsse des Hochspannungssekundärkreises mit der Erde und dem isolierten Körper verbinden. Durch die Veränderung der Frequenz der Ströme und die genaue Beobachtung der Spannung des isolierten Körpers und von Störungen, die an verschiedenen nahegelegenen Punkten auftreten, könnten die Resonanzpunkte bestimmt werden. Sollte die Schwingungsperiode ausserordentlich gering sein, wie die Mehrzahl der Wissenschaftler glaubt, dann könnte man keine Dynamomaschine verwenden, und es müsste ein geeigneter elektrischer Oszillator erfunden werden; vielleicht ist es allerdings auch gar nicht möglich, solche schnelle Schwingungen zu erzeugen. Ob dies nun möglich ist oder nicht und mag die Schwingungsperiode der Erde so groß sein, wie sie will, es ist sicher möglich irgendeine elektrische Störung zu erzeugen, die groß genug ist, um an jedem Punkt der Erde wahrgenommen werden zu können.

Nehmen sie an, dass eine Wechselstromquelle mit einem ihrer Anschlüsse mit der Erde (am besten mit einer Wasserleitung) und mit dem anderen an einen Körper mit einer großen Oberfläche P verbunden ist. Wenn eine elektrische Schwingung erzeugt wird, dann wird innerhalb und ausserhalb von P eine Eleëtrizitätsbewegung stattfinden, und es werden Wechselströme durch die Erde fließen, die nach dem Punkt C, an dem die Erdverbindung erfolgt, zusammen- und auseinanderlaufen. Auf diese Weise können benachbarte Punkte auf der Erdoberfläche innerhalb eines bestimmten Umkreises gestört werden. Aber die Störung wird mit der Entfernung abnehmen und die Entfernung, in der die Wirkung noch bemerkbar sein wird, wird von der Elektrizitätsmenge abhängen, die in Bewegung gesetzt wurde. Da der Körper P isoliert ist, müsste die Spannung der Stromquelle extrem hoch sein, um eine größere Elektrizitätsmenge zu ver-

schieben, da man in Bezug auf die Oberfläche von P beschränkt ist. Man kann die Bedingungen so einstellen, dass der Generator oder die Stromquelle S die gleiche elektrische Bewegung erzeugt, wie wenn ihre Stromkreise geschlossen wären. Auf diese Weise ist es sicherlich möglich, auf die Erde durch geeignete Geräte eine elektrische Schwingung zu übertragen, zumindest mit einer bestimmten geringen Periode. Auf welche Entfernungen eine solche Schwingung noch bemerkt werden kann, lässt sich nur vermuten. Ich habe schon bei einer anderen Gelegenheit die Frage erörtert, wie sich die Erde gegenüber elektrischen Störungen verhalten könnte. Zweifelsohne würde die Luft bei einem solchen Experiment nicht als störender Faktor wirken, da die elektrische Dichte auf der Oberfläche bezogen auf die Größe der Erde nur äusserst gering sein könnte, und es würde nicht viel Energie durch die Wirkung der Luft verloren gehen, wie das bei einer großen Dichte der Fall wäre. Es wäre also theoretisch kein großer Energiebetrag notwendig, um eine wahrnehmbare Störung über große Entfernungen oder sogar über den ganzen Erdball zu erzeugen. Es ist nun ganz sicher, dass innerhalb eines bestimmten Umkreises der Stromquelle S ein Gerät mit entsprechend eingestellter Selbstinduktion und Kapazität durch Resonanz in Gang gesetzt werden kann. Und nicht nur dies ist möglich, sondern es kann auch eine andere Stromquelle S1 ..., die der ersten ähnlich ist, oder es können eine beliebe Anzahl solcher Stromquellen gleichzeitig mit dieser betrieben werden. Hierdurch kann die Schwingung verstärkt und über ein großes Gebiet verbreitet oder ein Elektrizitätsfluss von und zu der Quelle S1 erzeugt werden, wenn diese eine Phasenverschiebung von 90 Grad gegenüber der Stromquelle S besitzt. Ich glaube, dass es ohne den leisesten Zweifel möglich ist, elektrische Geräte in einer Stadt durch die Erde oder das Rohrnetz mittels Resonanz durch einen zentral gelegenen elektrischen Oszillator zu betreiben. Die praktische Lösung dieses Problems würde für die Menschheit aber von wesentlich geringerem Nutzen sein als die Verwirklichung des Planes der Nachrichten- oder vielleicht auch der Energieübertragung durch die Erde oder der Umgebung über beliebige Entfernungen. Falls dies möglich wäre, dann würde die Entfernung keine Rolle mehr spielen. Als erstes müssen entsprechende Geräte gebaut werden, durch die das Problem in Angriff genommen werden kann, und ich habe mich lange Zeit mit diesem Projekt beschäftigt. Ich bin der festen Überzeugung, dass es durchführbar ist, und ich hoffe, dass wir seine Verwirklichung noch erleben werden.

Hieraus lässt sich der Grundplan ablesen, mit dem Tesla die Radiotechnik begründete. Demnach muss eine Radioanlage folgende Bestandteile aufweisen: Eine Antenne oder einen in die Luft ragenden Draht, einen Erdanschluss, einen einstellbaren offenen Schwingkreis, aufeinander abgestimmte Sende- und Empfangsanlagen und selbstverständlich einen leistungsfähigen Hochfrequenzgenerator.

Teslas experimentelle Radiostation in Colorado Springs (Rückansicht)

Über die anfangs scheinbar unüberwindlichen Schwierigkeiten, dieses System praktisch zu verwirklichen, schrieb er im Jahr 1900 Folgendes: *Es mussten elektrische Spannungen von Millionen von Volt erzeugt und handhabbar gemacht werden; es mussten neuartige Geräte, die in der Lage waren, extremen elektrischen Spannungen zu widerstehen, erfunden und hergestellt werden, und die Geräte mussten gegen alle Gefahren durch Ströme hoher Spannung sicher sein, bevor man überhaupt an die praktische Einführung dieses Systems denken konnte. Aber all dies konn-*

te nicht in ein paar Wochen oder Monaten und auch nicht in ein paar Jahren vollbracht werden. Diese Arbeit verlangte Geduld und Fleiss, aber die Verbesserungen stellten sich langsam aber sicher ein.

Tesla hatte mit dem Bau der ersten Hochfrequenzgeneratoren schon im Jahr 1888 begonnen, musste die Arbeit dann aber unterbrechen, da er in Pittsburgh an der Entwicklung seines Induktionsmotors mithelfen musste. 1889 führte er dann seine diesbezüglichen Arbeiten fort und entwickelte eine Hochfrequenzmaschine, die 10 000 bis 20 000 und später 23 000 Hertz bei einer Leistung von 4 KW lieferte. Patentiert wurde diese Maschine 1891 wie gesagt unter dem Titel “Method of Operating Arc-Lamps” (Nr. 447.920). Über diese Maschine sagt er Folgendes:

Ich hatte den geringsten Ankerwiderstand, der erreicht werden konnte, und ich hatte die niedrigste Selbstinduktion, ich hatte die höchsten Umfangsgeschwindigkeiten, ich hatte die größte Leistung, die wesentlich größer war, als bei jeder anderen Wechselstrommaschine, die seitdem gebaut wurde. Tatsächlich habe ich in dieser Maschine Eigenschaften vereint, welche in keiner bisher konstruierten Maschine vereint wurden.

Laut Tesla betrug der Ankerwiderstand nur 0,5 Ohm und durch eine spezielle Konstruktion des Rotors, die durch die hohe Umdrehungszahl zu einer starken Kühlung der Feldmagnete führte, konnte er einen Strom von bis zu 30 Ampere pro Quadratmillimeter im Ankerkreis erreichen.

Mit dieser Maschine führte Tesla schon 1891 in seinem Laboratorium in der Grand Street die ersten Versuche durch. Er verband einen Anschluss der Wechselstrommaschine mit dem Rohrleitungssystem der Wasserleitung und den anderen mit einem Draht, den er über das Fenster auf das Dach führte, wo er mit allen möglichen Gegenständen versehen wurde, die als Kapazität dienten. Auf diese Idee war er gekommen, weil er bei seinen Versuchen festgestellt hatte, dass der Hochfrequenzstrom auch ohne Rückleitung und nur durch einen Draht fortgeleitet werden konnte. Bei diesem in die Höhe ragenden Draht oder Terminal, wie es Tesla auch immer bezeichnet hat, handelt es sich um die später sogenannte Antenne. Mit der Zeit führte er verschiedene Verbesserungen an diesem System durch, die darin bestanden, dass er zwischen der Antenne und der Wechselstrommaschine einstellbare Induktionsspulen und Kondensatoren einschaltete. Hierdurch erhielt er schließlich einen Primärstromkreis mit der Wechselstrommaschine und einen Sekundär- oder Antennenstromkreis, die mit Hilfe dieser Geräte aufeinander abgestimmt werden konnten und natürlich dazu dienten, die Spannung und die Stromstärke zu erhöhen und die Selbstinduktion des Dynamos auszugleichen.

Tesla hatte diese ersten Experimente zur drahtlosen Übertragung elektromagnetischer Wellen in Anwesenheit seiner Angestellten ausgeführt, die da waren Anthony Szigety, der Mechaniker F.W. Clark, Charles Leonhardt, ein junger ungarischer Mechaniker namens Paul Noyes, den er in

Das einzig erhaltene Modell der ersten Hochfrequenzmaschine, die Tesla konstruierte und auf seinem Patent Nr. 447.920 aus dem Jahr 1891 basiert.

Rahway kennengelernt hatte, als er dort sein Bogenlampensystem entwickelte, und David Hiergesell, ein Glasbläser, der aus Bayern stammte.

Tesla entwickelte während dieser Untersuchungen einen verbesserten Typ seines Hochfrequenzgenerators, der, wie schon erwähnt, 1891 als "Alternating Electric Current Generator" patentiert wurde. Dieses Gerät hatte einen inneren Widerstand von nur 1/40 Ohm, wohingegen Maschinen, die von anderen konstruiert wurden, glatte 6 Ohm Widerstand besaßen. Tesla benutzte dieses Gerät, das anfangs 64 Pole hatte und mit ca. 12 000 Umdrehungen pro Minute betrieben wurde, von 1895 bis 1906, allerdings reduzierte er die Polzahl ab 1901 auf 32 und schließlich auf 16, womit er dann ungedämpfte Wellen mit Frequenzen zwischen 3 000 und 100 000 Hertz erzeugen konnte. Die Leistung solcher Maschinen betrug anfangs 8 KW, falls jedoch Teslas Turbine als Antrieb verwendet worden wäre, hätte er damit bei 20 000 Umdrehung pro Minute eine wesentlich

Ein verbesserter Typ einer Teslaschen Hochfrequenzmaschine, basierend auf seinem Patent Nr. 447.921 aus dem Jahr 1891

höhere Leistung erreichen können. Er benutzte diese Maschine für die Übertragung von Signalen, vor allem im Zusammenhang mit Telefonempfängern, bei einer großen Anzahl von Experimenten.

Im Jahr 1892 baute er dann einen weiteren Typ dieser Maschinen, der 480 Pole besaß und bei einer relativ geringen Drehzahl eine Leistung von 25 KW und 30 000 Hertz lieferte. Die genannten Geräte stellten nur die hauptsächlichen Typen dar. Wie er schreibt, konstruierte er eine große Anzahl anderer, die er vor allem für rein wissenschaftliche Untersuchungen verwendete oder in Verbindung mit Empfangskreisen.

Ich konnte jeder dieser Maschinen betreiben, einen Stromkreis abstimmen und dann in der Stadt herumgehen und das Summen meiner Wechselstrommaschine in meinem Empfänger erhalten. Und von diesem Ton und von der Stärke des Geräusches konnte ich die Qualität des Geräts, das ich verwendete, beurteilen. Das war eine sehr praktische Methode; ich tat das ständig. Ich betrieb meine Geräte meistens zwischen dem Laboratorium in der South Fifth Street und dem Hotel Gerlach in der 17th Avenue, in der Nähe der Sixth Avenue, wo ich wohnte.

Der Dynamo, den Tesla in Wardenclyffe verwendete. Mit dieser Maschine und den zugehörigen Transformatoren konnte eine Gleichspannung von 44 000 Volt erreicht werden, die zur Ladung der Kondensatoren und Erzeugung ungedämpfter und vollkommen konstanter Schwingungen eingesetzt wurde.

Bei seinen Experimenten mit diesen Alternatoren fand Tesla heraus, dass sich ihre Geschwindigkeit beim Betrieb veränderte und somit unterschiedliche Frequenzen erzeugt wurden. Da seine Empfangsgeräte auf eine einzige Frequenz abgestimmt waren, konnte er kein Signal empfangen, wenn die Wechselstrommaschine nicht genau mit der richtigen Drehzahl lief. Dieses Problem konnte er durch sein berühmtes Prinzip der "Individualisierung" lösen, das darin bestand, dass er zwei oder mehrere verschiedenfrequente Wellen ausstrahlte, wobei der Empfänger nur reagierte, wenn beide Wellen gleichzeitig ankamen. Diese Methode war jedoch erst im Jahr 1898 vollständig ausgereift, und die Patentanmeldung, worauf wir später noch eingehen werden, erfolgte noch zwei weitere Jahre später.

Der erste Schritt in der Verwirklichung dieses Prinzips bestand darin, dass ich verschiedene Stromkreise sehr nah aufeinander abstimmte, so nah, dass sie jede der Frequenzen im Bereich der Veränderung der Geschwindigkeit der Wechselstrommaschine auffangen konnten, und ich ar-

Gerät, das Tesla zum Empfang und zur Abstimmung der elektromagnetischen Wellen verwendete. Die Aufnahme wurde in Wardenclyffe gemacht.

beitete mit all den Stromkreisen meines Empfängers. Als ich diese Art Stromkreise verwendete, fand ich heraus, dass ich den Ton der Wechselstrommaschine sehr klar empfangen konnte, weil mein Empfänger auf alle erzeugten Frequenzen ansprach.

Tesla benutzte von Anfang an ziemlich niedrige Frequenzen, da sich damit wesentlich leichter Geräte mit großer Leistung bauen ließen als z.B. für 200 000 Hertz. Ausserdem konnte ein Zeichen oder Signal über eine größere Entfernung übertragen werden, und mit seinem tragbaren Empfänger konnte er damit die abgestrahlten Signale hören. Für ein solches Empfangsgerät, das er 1896 konstruiert hatte, verwendete er einen Kondensator und ein starkes Magnetfeld, in dem ein Draht oder eine Spule eingeführt wurde, wodurch dann der Empfang eines Signals dedektiert werden konnte. *Der Kondensator und der Draht bildeten einen Stromkreis, den ich abstimmte. Die Kondensatoren sind von relativ großer Kapazität, weil mein Leiter so kurz ist. Überlicherweise wandelte ich den Strom im*

Empfangskreis um und machte eine so enge Verbindung wie nur möglich und stimmte dann den Stromkreis auf die Schwingungen ab. Ich konnte den Draht auch mechanisch auf den gleichen Ton oder einen Grundton abstimmen, je nach Frequenz.

Bei diesem Gerät handelte es sich um keine Erfindung Teslas, allerdings verwendete er es für niedrigere Frequenzen und es war abgestimmt. *Es war sehr praktisch, um hörbare Wirkungen zu erzeugen, denn falls ich andere Arten von Empfänger verwendete, erhielt ich ein Ergebnis, das nicht sofort übertragbar war. Wenn ich auf einen Ton horchte, konnte ich sofort die Qualität der Übertragung beurteilen. Ich stimmte in meinem Laboratorium z.B. einen Stromkreis ab, nahm ihn mit in ein anderes Gebäude und empfing die Signale; und aus der Qualität der Signale konnte ich dann meinen Fortschritt beurteilen.*

In den Jahren 1896 und 1897 führte er auf diese Weise Übertragungsversuche bis zu einer Entfernung von ungefähr drei Kilometer durch. Die verwendete Frequenz lag im Bereich von 5 000 Hertz.

Ungefähr im Jahr 1892 begann Tesla mit der Konstruktion von Hochfrequenzmaschinen, die auf zwei neuen Prinzipien beruhten. Hierüber sagt er Folgendes: *Die Lösung, die es mir ermöglichen würde, eine Hochfrequenzmaschine praktisch zu verwenden, war damals noch nicht gefunden. Ich erkannte, dass die Hochfrequenzmaschine für feinere Arbeiten nicht brauchbar war. Wir näherten uns der Perfektion und falls diese erreicht wurde, dann wurde die Hochfrequenzmaschine einfach als absolut nutzloses Gerät weggeworfen. Das war meine Überzeugung, und ich erzielte die Ergebnisse, die ich später mit der Hochfrequenzmaschine erzielte, auf andere Art und Weise. Zu diesem Zweck baute ich eine große Anzahl eines neuen Maschinentyps, die ich Oszillatoren nannte -- mechanische und elektrische Oszillatoren -- und mit diesen erreichte ich bei der Untersuchung dieser Phänomene, die für die drahtlose Telegrafie in vielen Bereichen anwendbar sind, die besten Ergebnisse.*

Teslas **elektromechanische Oszillatoren**, von denen er die verschiedensten Typen entwickelte, haben wir ja schon im vorhergehenden Kapitel besprochen. Diese Maschinen setzte er ebenfalls für die Erzeugung von Schwingungen ein und betrieb z.B. seine Wechselstrommaschinen damit, da damit absolut ungedämpfte und isochrone Schwingungen erzeugt werden konnten, was zuvor noch keinem gelungen war.

Nachdem Tesla erkannte hatte, dass er mit den bisher verwendeten Methoden bei den maximal erreichbaren Frequenzen angelangt war, kam er auf die Idee, einen Kondensator zur Erzeugung von Hochfrequenzschwingungen einzusetzen, wie er im Jahr 1900 schrieb: *Ich ordnete dieses Gerät so an, dass es durch eine Spule mit ein paar Windungen aus dickem Draht, die den Primärkreis eines Transformators einer Induktionsspule bildete, in schneller Folge abwechselnd aufgeladen und entladen wurde. Je-*

Verschiedene Hochfrequenzoszillatoren. Unten und rechts oben zwei Geräte, die mit Quecksilbe arbeiten. Der Quecksilberunterbrecher rechts unten ist für industrielle Zwecke konstruiert.

desmal wenn der Kondensator entladen wurde, schwoll der Strom im Primärkreis an und induzierte entsprechende Schwingungen in den Sekundärkreis. Auf diese Weise wurde ein Transformator entwickelt, der auf neuen Prinzipien basierte und den ich "elektrischer Oszillator" nannte.

Für diese elektrische Oszillatoren oder **Hochfrequenzoszillatoren** erfand Tesla die im vorigen Kapitel beschriebenen Methoden der Funkenlöschung, um die in der Funkenstrecke auftretenden Verluste zu verringern und somit einen wirtschaftlichen Betrieb zu gewährleisten. Auf Oszillatoren, die mit Quecksilber arbeiteten, erhielt er in den Jahren 1897 und 1898 acht Patente, und diese waren auch bei höheren Frequenzen bis zu 200 000 Hertz wirtschaftlich verwendbar, was bei seinen Wechselstrommaschinen nicht der Fall war. Insgesamt konstruierte er von diesen Hochfrequenzoszillatoren, die absolut ungedämpfte Schwingungen lieferten, laut seiner Angaben ungefähr 40 bis 60 verschiedene Typen.

Wie Tesla nebenbei erwähnt, wurde eines dieser Geräte auch von einer deutschen Firma nachgebaut, nachdem seine Patente abgelaufen waren. In Anerkennung seiner Leistung als Erfinder schenkte ihm diese Firma immerhin einen Oszillator dieser Art, allerdings erst nachdem Tesla darum gebeten hatte. Wie er schreibt, war der Apparat sehr schön und zuverlässig, eine typische deutsche Wertarbeit eben.

Bei einigen dieser Geräte lag die Leistung bei ca. 50 PS, wovon 30 PS im Antennenkreis zur Verfügung standen. Sie waren für einen weiten Frequenzbereich von einigen Tausend bis zu Millionen von Hertz einsetzbar, allerdings arbeitete Tesla normalerweise nur mit Frequenzen bis zu maximal 80 000 Hertz.

Ungefähr im Jahr 1894 begann Tesla auch schon an der Entwicklung seines "**Verstärkungstransmitters**" (Magnifying Transmitter) zu arbeiten, wobei es sich um die genannten konischen oder spiralförmigen Spulen handelt. Da er hierbei auch schon das Prinzip der **losen Koppelung** verwendete, erzielte er einen geringen Dämpfungsgrad und eine enorme Steigerung der Resonanzwirkung, also eine Verstärkung der Wellen, wodurch sich Spannungen von bis zu 4 Millionen Volt erreichen ließen. Mit diesen Spulen wäre es durchaus auch schon möglich gewesen, Signale über größere Entfernungen wie über den Atlantik zu übertragen. Die weiteste Entfernung, die Tesla selbst jedoch mit den bisher genannten Geräten überbrückte, betrug 50 km, und zwar von seinem Laboratorium in der Houston Street nach West Point. Hierbei übermittelte er allerdings keine telegrafischen Nachrichten, sondern nur verschiedene Töne, die sogar ohne einen Telefonhörer, den er für diese Versuche teilweise verwendete, in der Nähe des Empfangsgeräts gehört werden konnten.

In der Öffentlichkeit war Tesla in Bezug auf seine Erfolge bei seinen Radioexperimenten sehr zurückhaltend, wie man z.B. aus einem Interview gegenüber der Zeitschrift *The World* vom 22. Juli 1894 ersehen kann:

Entladung eines
Hochfrequenzoszillators

Sie würden mich für einen Träumer oder für betrunken halten, wenn ich ihnen erzählen wollte, was ich wirklich erhoffe. Aber ich kann ihnen die volle Versicherung geben, dass es mir gelingen wird, Nachrichten ohne irgendeinen Draht über die Erde zu senden. Ich setze auch große Hoffnung darauf, dass es möglich sein wird, auf dem gleichen Weg elektrische Kraft ohne Verluste zu übertragen.

Was die Übertragung von Nachrichten über die Erde betrifft, kann ich ihnen schon heute bedenkenlos den Erfolg voraussagen. Zuerst muss ich jedoch genau feststellen, wie viele Schwingungen in der Sekunde verursacht werden, wenn ich auf die in der Erde enthaltene Elektrizitätsmenge einwirke. Mein Sender muss die gleiche Frequenz wie die Ströme der Erde haben.

In der *Electrical Review* vom 9. 7. 1897 gibt er allerdings dann bekannt, dass er inzwischen praktisch verwendbare Geräte besitzt: "Ein Vertreter der *Electrical Review* erhielt die Versicherung von Tesla persönlich -- der nebenbei gesagt äusserst zurückhaltend war --, dass die elektrische drahtlose Übertragung eine vollendete Tatsache sei und dass durch sein Verfahren mit der ihm zu Grunde liegenden Theorie ohne Schwierigkeit Nachrichten zwischen entfernten Punkten gesendet und gut verständlich empfangen werden können. Er baute sowohl einen Sender als auch einen elektrischen Empfänger, der auf die Signale des Senders ungeachtet der Erdströme oder des Standorts anspricht. Dies wurde mit einem überraschend kleinen Aufwand an Energie erreicht."

Nachdem Tesla 1896 erkannt hatte, dass er mit geeigneten Oszillatoren in der Lage sein würde, ein weltumspannendes Nachrichtennetz aufzubauen, war er danach von der Idee besessen, einen solch leistungsstarken Sender zu entwickeln, und er gab deshalb seine anfänglichen Pläne, sein System in einem kleineren Maßstab einzuführen, auf.

Meine Arbeit zu dieser Zeit diente dazu, um die Entwicklung einer kommerziellen Station vorzubereiten, und es ging mir nicht darum, Signale zu übertragen, sondern herauszufinden, welche Stärke sie hatten, um meine Apparate dementsprechend zu dimensionieren und zu konstruieren, bevor ich das Unternehmen in Angriff nahm. Es war nichts anderes als eine Vorbereitungsarbeit für die Konstruktion einer kommerziellen Station, und ich konnte die Brauchbarkeit durch meine Experimente beweisen, einer Station, mit der wesentlich mehr gemacht werden konnte als mit allen anderen zusammen.

Diese Radiostation (die spätere Anlage in Wardenclyffe) war für die drahtlose Übertragung von telegrafischen und telefonischen Nachrichten über den Atlantischen und Pazifischen Ozean vorgesehen, und in Colorado wollte er also alle Details für sein System ausarbeiten, um sicher zu gehen, dass ein solch großes Unternehmen ein kommerzieller Erfolg werden würde, wie er an anderer Stelle sagt.

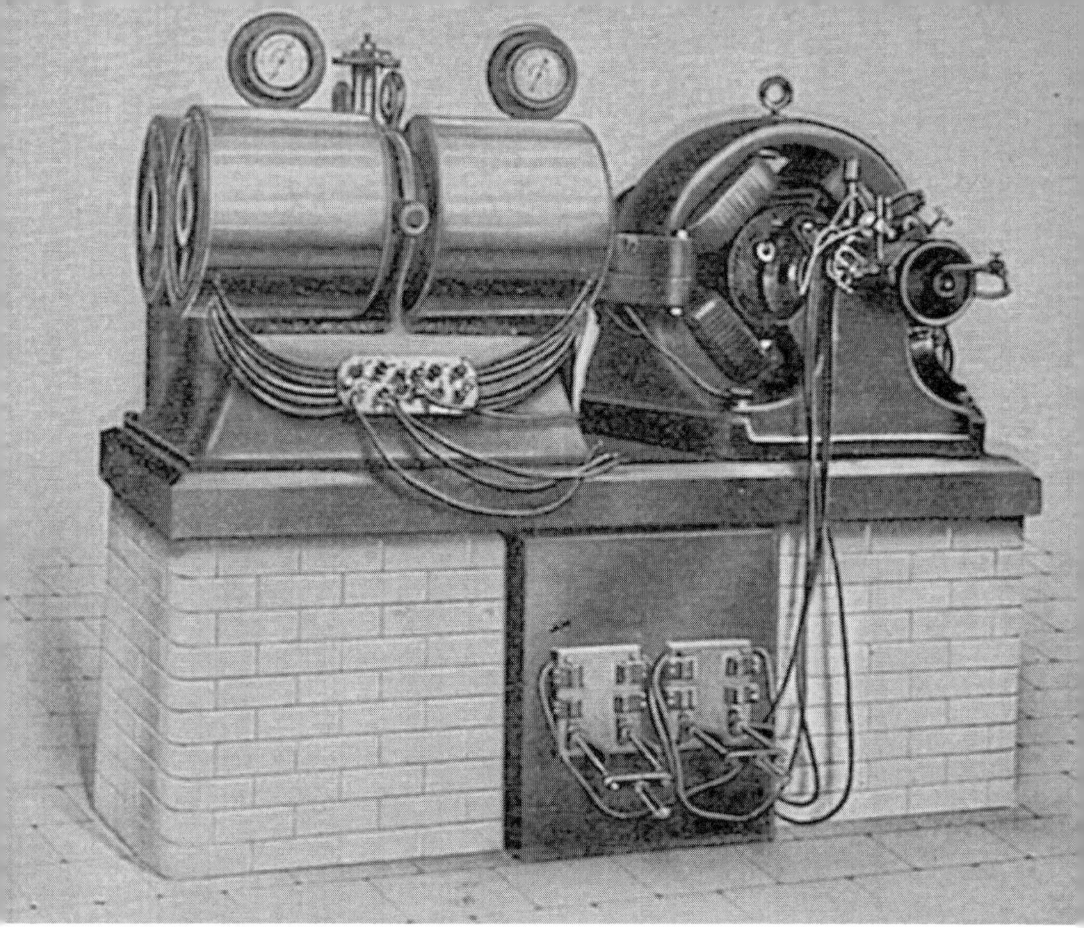

Großer elektromechanischer Oszillator, den Tesls in seinem Laboratorium in der Houston Street verwendete

In verschiedenen Veröffentlichen konnte man bisher lesen, dass Tesla in Colorado Springs eine Empfangsanlage in 1 000 km Entfernung von seiner Versuchsanlage aufgestellt haben sollte. Diese Annahme beruht auf ein Missverständnis, was einfach durch Folgendes erklärt werden kann. Teslas Ziel war ja nur, wie vorhin gesagt, die Stärke der Signale zu messen, und zu diesem Zweck hatte er eine Methode gefunden, um auf einen Empfänger, der sich z.B. in tausend Kilometer Entfernung befindet, zu verzichten. Er tat dies einfach dadurch, dass er die Wirkung seines Senders mit natürlichen Blitzentladungen verglich, da ja Blitze die gleichen Wellen abstrahlen wie ein Oszillator. Bei seiner angeblichen Signalübertragung über 1 000 km hatte er also nur die Stärke der Blitzentladung eines sich in dieser Entfernung befindlichen Gewitters gemessen und dann berechnet,

Kleiner elektromechanischer Oszillator für Versuchszwecke

dass sein Sender in einer solchen Entfernung leicht auch einen solchen Effekt erzielen konnte.

Teslas Sendeanlage in Colorado Springs, wo er mit seinen Oszillatoren arbeitete, war wesentlich leistungsfähiger als andere Radiostationen noch 15 Jahre später. Die Stromstärke in der Antenne betrug 1 000 Ampere, wohingegen bis 1915 andere nur 200 bis 250 Ampere erreichten. Weiterhin arbeitete er bereits mit Spannungen von 4 Millionen Volt, während andere nur 30 000 Volt erzeugen konnten.

Tesla verwendete auch seine Vakuumröhren, von denen er eine große Anzahl herstellen ließ, zu Empfangszwecken, und einige von ihnen kamen

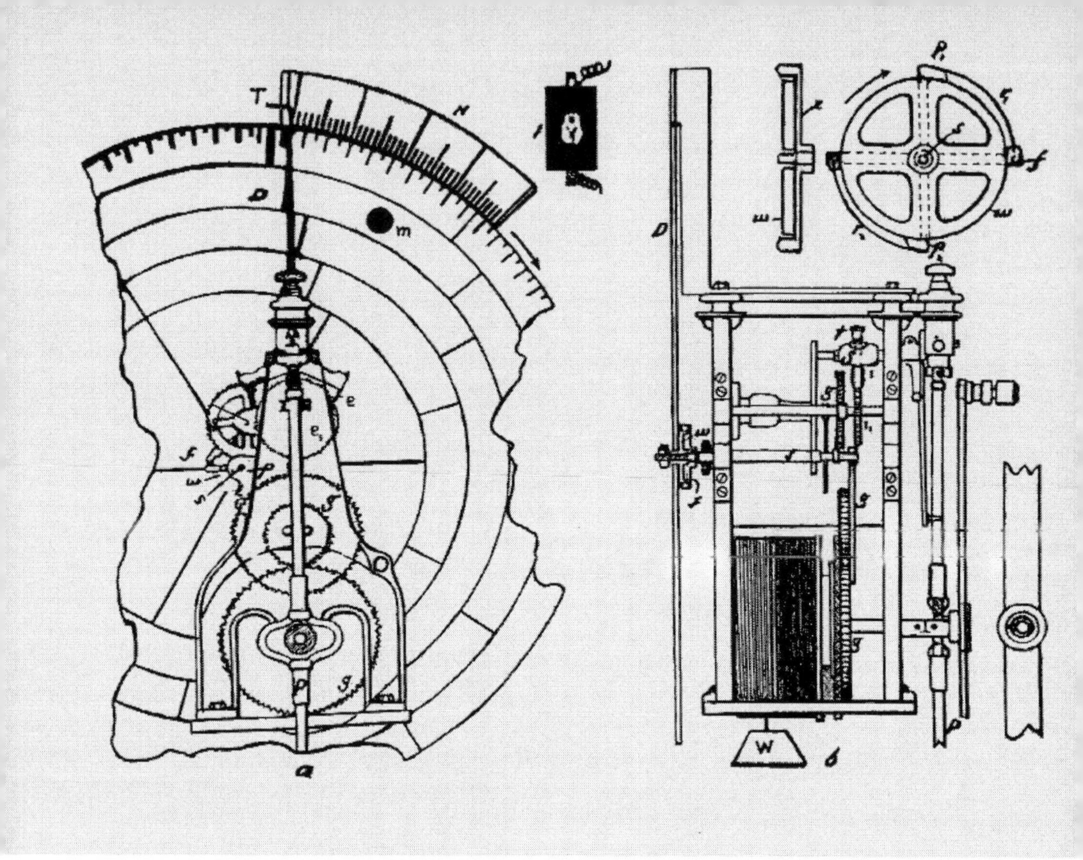

Stroboskop, das Tesla zur Messung der Wellenlänge und Frequenz verwendete

den später benutzten (nämlich Lee de Forests oder Fessendens Audion) sehr nahe, wie er meint.

In Colorado entwickelte er auch ein Gerät zur Ausschaltung statischer Interferenzen, das aus einer Reihe entsprechend abgestimmter Stromkreise in der Antenne bestand. 1919 schreibt er Folgendes über dieses Thema: *Als ich im Jahr 1900 mein drahtloses System fertigstellte, benutzte ich ein Gerät, das aus vier Antennen bestand. Diese waren sorgfältig auf die gleiche Frequenz eingestellt und in Serie geschaltet, mit der Absicht die Wirkung zu verstärken, um einen Empfang aus allen Richtungen zu ermöglichen. Wenn ich den Ursprung der übertragenen Impulse bestimmen wollte, wurde jedes diagonal angeordnete Paar mit der Sekundärspule in Serie geschaltet, die den Dedektorkreis mit Energie versorgte. Im ersten Fall war das Geräusch im Telefon laut, im zweiten Fall wurde es wie erwartet leiser, da sich die beiden Antennen gegenseitig neutralisierten. Aber die wirklichen statischen Interferenzen waren in beiden Fällen*

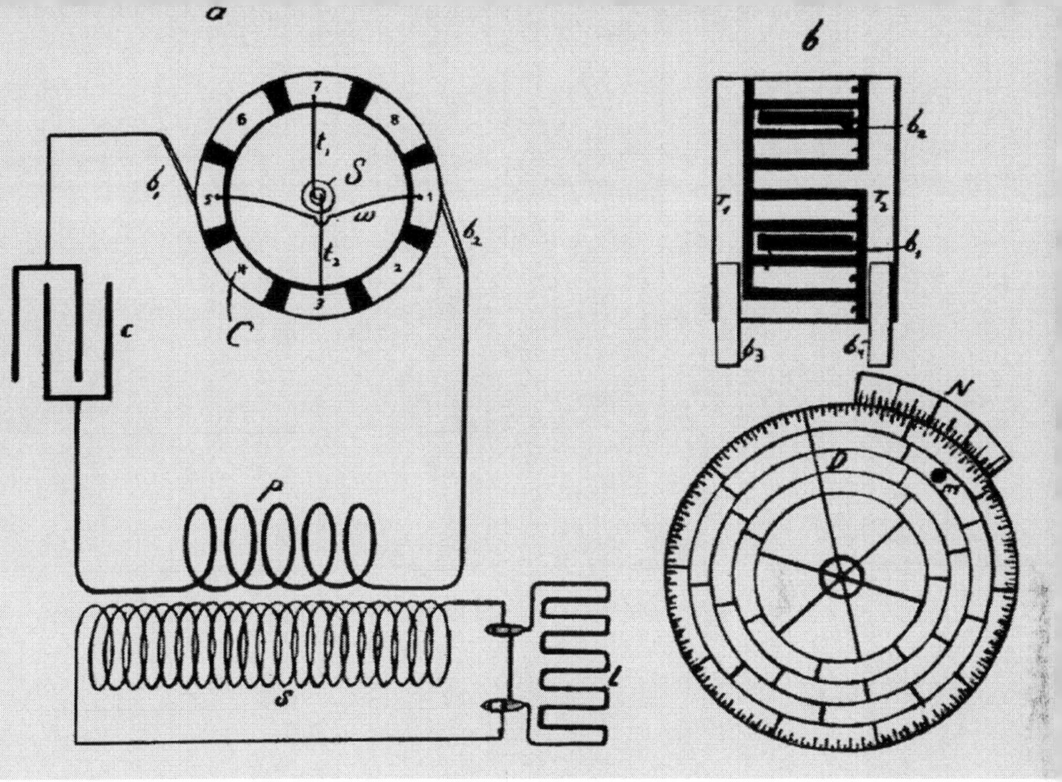

Den Tikker oder das Tonrad, das Tesla bei seinem Vortrag im Jahr 1897 zeigte

vorhanden, und ich musste spezielle Vorbeugungsmaßnahmen treffen, die nach anderen Prinzipien funktionierten.

Indem ich Empfänger, die an zwei Stellen geerdet waren, verwendete, wie ich schon lange zuvor vorgeschlagen hatte, wurde diese Probleme, die durch die geladene Luft verursacht werden und die in Anlagen, die heute gebaut werden, von sehr ernster Art sind, auf Null reduziert.

In seinem Vortrag aus dem Jahr 1897 beschreibt Tesla zwei Typen eines Gerätes, das er schon in Colorado Springs als Empfangsgerät verwendet hatte und später unter verschiedenen Namen auf den Markt kam, wie z.B. Tonrad, Tikker oder **Stroboskop**. Dieses Gerät wurde von ihm vor allem als Empfänger benutzt, wobei es dann als **Tikker** bezeichnet wird, oder als Messgerät, z.B. für die Messung der Frequenz eines Stromkreises oder für die Drehzahlbestimmung eines rotierenden Gegenstandes, wofür sich allgemein Stroboskop als Bezeichnung eingebürgert hat. *Die Apparatur bestand aus einer Scheibe, die durch ein spezielles Uhrwerk immer exakt mit einer gleichförmigen Geschwindigkeit gedreht werden konnte. In der Nähe der Scheibe wurde eine Vakuumröhre gesetzt oder stattdessen ein einstellbarer Funkenspalt ..., der mit der Sekundärspule eines kleinen Trans-*

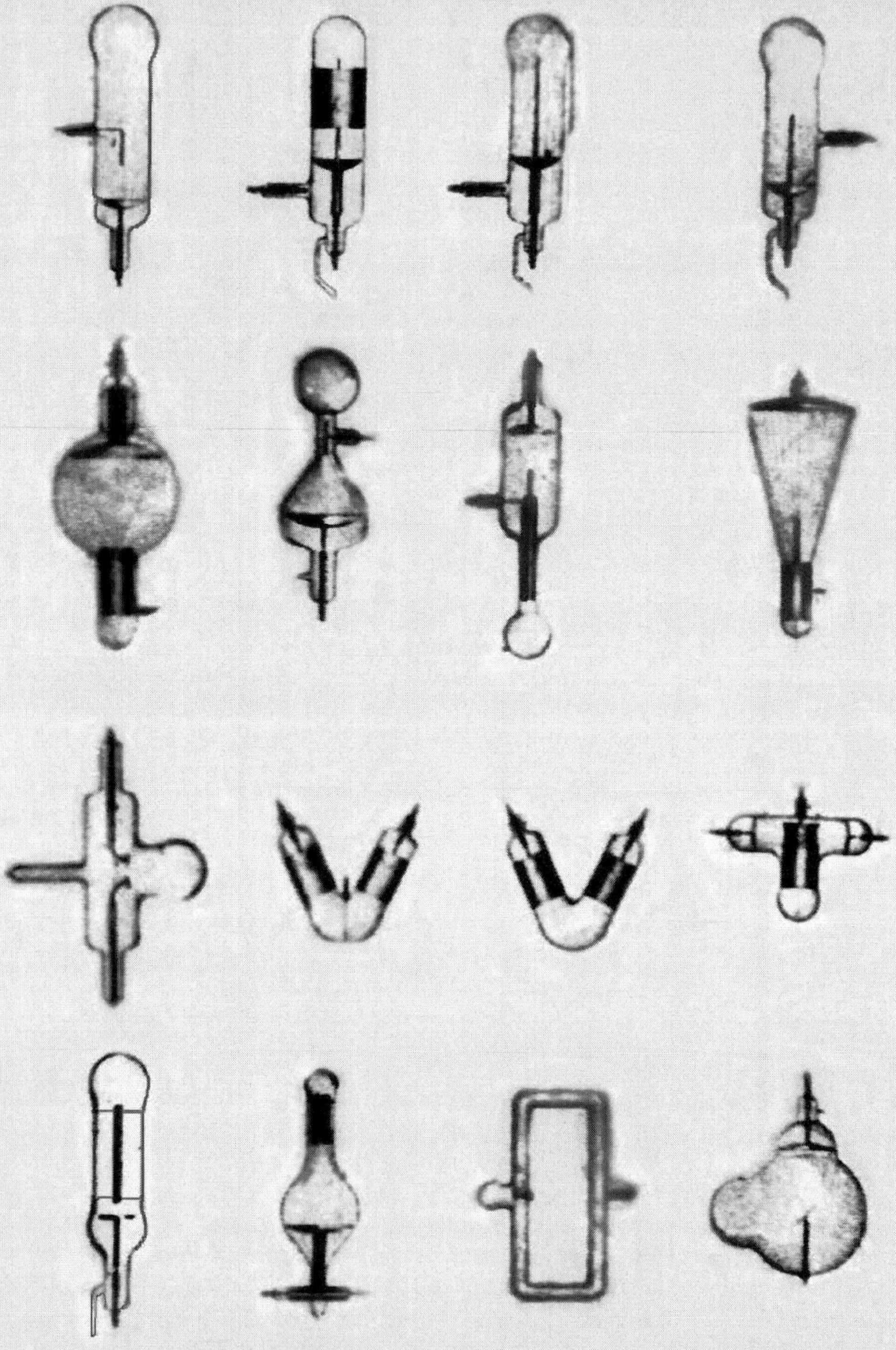

Einige der Vakuumröhren, die Tesla bei seinem Vortrag im Jahr 1897 zeigte und von denen er einige auch schon für Empfangszwecke einsetzte.

formators verbunden war, wobei dann die Primärspule durch das mechanische oder elektromagnetische System, das untersucht werde sollte, gesteuert wurde.

Auf deutsch gesagt werden bei der Frequenzmessung also die Impulse des Stromkreises auf die Vakuumröhre übertragen, wodurch die Scheibe dann mit periodisch unterbrochenem Blitzlicht beleuchtet wird. Wenn die Scheibe dann stillzustehen scheint, sich also in Synchronizität mit den Schwingungen befindet, kann mit einer geeigneten Kalibrierung einer Skala die Frequenz bestimmt oder errechnet werden.

Tesla ließ dieses Gerät nicht patentieren, aber natürlich wurde es wie üblich von anderen verwendet und mit den genannten Namen versehen, was ihn zu folgender Äusserung veranlasste: *Ich war zwar in der Lage solche Dinge zu erfinden, aber ich war nicht in der Lage, ihnen einen Namen zu geben.*

TESLAS THEORIEN IN BEZUG AUF DIE RADIOÜBERTRAGUNG

Da Tesla ständig und penetrant wiederholte, dass zwischen seinem Radiosystem und dem sogenannten Hertzschen Radiosystem mittels elektromagnetischer Wellen (also Photonenstrahlen) ein erheblicher Unterschied besteht, wollen wir uns nun seine diesbezüglichen Theorien näher betrachten. Das herausragende Merkmal der Teslaschen Schaltkreise war, dass der Anteil der elektromagnetischen Strahlung wesentlich geringer war als bei jenen, die von anderen verwendet wurden:

Man verwendet eine große Selbstinduktion, um zwei Dinge zu erreichen. Erstens, eine relativ niedrige Frequenz, welche die Strahlung durch elektromagnetische Wellen auf einen relativ geringen Wert verringert, und zweitens, einen starken Resonanzeffekt. Das ist z.B. in einer Antenne mit einer großen Kapazität und kleinen Selbstinduktion nicht möglich. Eine große Kapazität und kleine Selbstinduktion ist der schlechteste Stromkreis, den man bauen kann; dies führt zu einem sehr geringen Resonanzeffekt. Das ist der Grund, weshalb bei meinen Experimenten in Colorado die Energien 1000 mal größer waren als in den derzeitigen Antennen. ...

Um etwas expliziter zu werden, ich verwendete eine große Selbstinduktion und eine vergleichsweise kleine Kapazität, die ich in bestimmter Art und Weise konstruiert habe, so dass die Elektrizität nicht entweichen kann. Auf diese Weise erhalte ich eine niedrige Frequenz; aber wie sie wissen, ist die elektromagnetische Strahlung proportional zur Wurzel aus der Kapazität geteilt durch die Selbstinduktion. Ich verhindere, dass die Energie nach aussen geht; ich sammle in diesem Stromkreis eine gewal-

tige Energie an. Wenn eine hohe Spannung erreicht ist, falls ich elektromagnetische Schwingungen abgeben will, dann ist dies mit diesem Gerät ebenfalls möglich, aber ich ziehe es vor, diese Wellen quantitätsmäßig zu reduzieren und einen Strom durch die Erde zu leiten, weil die elektromagnetische Energie nicht rückgewinnbar ist, während der Erdstrom vollkommen rückgewinnbar ist, da er eine Energie darstellt, die in einem elastischen System gespeichert ist. ...

Wenn ich einen Strom in einen Stromkreis mit großer Selbstinduktion leite und keine Strahlung vorhanden ist und der Widerstand gering ist, dann kann die Energie nicht in den Raum entweichen, deswegen akkumulieren sich die aufgezwungenen Impulse. ...

Oder man kann den Prozess umkehren, und 10% der Energie in elektromagnetischer Strahlung und 90% der Energie eines Stromes, der durch die Erde geht, erhalten. ... Wenn ich nur einfach elektromagnetische Wellen erzeugt hätte, dann wäre ich in der gleichen Kategorie wie Marconi oder irgendjemand anders; Ich müsste eine riesige Energie verwenden und würde trotzdem nichts erreichen. Ich müsste einen größeren Apparat benutzen. Aber wenn ich diesen Apparat an die Antenne anpasse, wie ich es mache, dann kann man ohne Schwierigkeit mit den gleichen Geräten über den Atlantik übertragen.

In einem Artikel aus dem Jahr 1912 geht Tesla noch genauer auf die Unterschiede zwischen der Übertragung Hertzscher oder elektromagnetischer und seiner Wellen ein. Er schreibt: *Es ist unumgänglich zuerst einige der Fehler aufzudecken, mit denen die Elektrotechniker seit Jahren gearbeitet haben, was seinen Grund in dem riesigen Einfluss der Arbeiten von Hertz auf die wissenschaftlichen Theorien hatte, wodurch unabhängige Überlegungen und Experimente verhindert wurden. Zur Erleichterung des Verständnisses möchte ich auf die beigefügten Diagramme verweisen, in denen Abb. 1 bzw. Abb. 2 die bekannten Anordnungen der Stromkreise des Hertzschen Systems bzw. meines eigenen zeigen. Im ersten Fall sind der Sende- und Empfangskreis von der Erde durch Funkenspalte, Drosselspulen und einem hohen Widerstand getrennt. Dies ist notwendig, weil eine Erdverbindung die Intensität der Strahlung stark reduziert, indem sie die Hälfte der Schwingungen abschneidet und auch weil dadurch die Wellenlänge um 40 bis 100 Prozent erhöht wird, abhängig vom Verhältnis zwischen der Kapazität und dem induktiven Widerstand. In dem von mir aufgestellten System ist eine direkte Verbindung zur Erde oder über einen Kondensator von wesentlicher Bedeutung. Der Empfänger wird im ersten Fall nur von den Strahlen, die durch die Luft übertragen werden, beeinflusst, wobei die Leitung ausgeschlossen wird. Im zweiten Fall ist keine größere Strahlung vorhanden, und der Empfänger wird durch die Erde mit Energie versorgt, während es zu einer entsprechenden elektrischen Versetzung in der Atmosphäre kommt.*

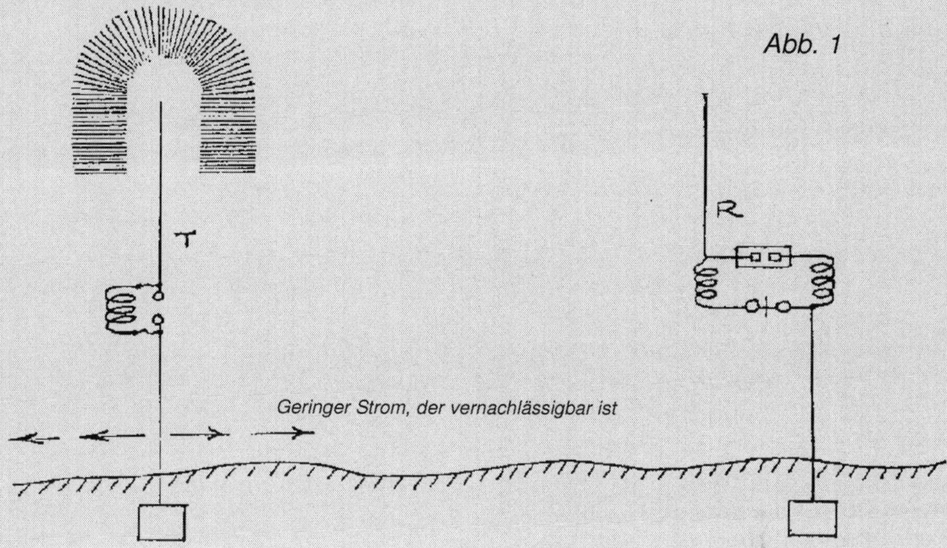

Vergleich zwischen Teslas Radiosystem und dem Hertzschen System
Abb. 1 stellt das Hertzsche System und Abb. 2 das Teslasche System dar.

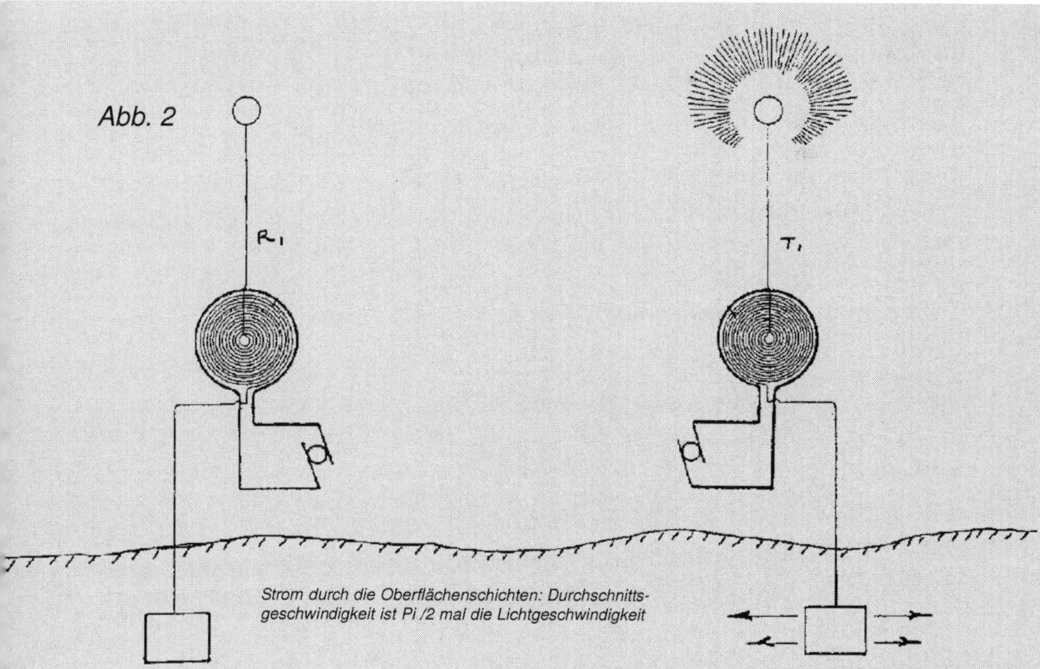

Ein Fehler nun, auf den sich die Untersuchungen der Experten konzentrieren sollten, ist, dass in der Anordnung in Abb. 1 die Hertzsche Wirkung durch die Verringerung der Frequenz allmählich reduziert worden ist, so dass sie vernachlässigbar ist, wenn die übliche Wellenlängen angewendet werden. Dass die Energie hauptsächlich, wenn nicht vollständig, durch Leitung übertragen wird, kann auf verschiedene Art und Weise demonstriert werden. Z.B. dadurch, dass man den vertikalen Übertragungsdraht durch einen horizontalen ersetzt, der die gleiche effektive Kapazität besitzt, wobei man dann herausfindet, dass die Wirkung des Empfängers die gleiche ist wie zuvor. Ein anderer Beweis ist die quantitative Messung, die zeigt, dass die empfangene Energie nicht mit dem Quadrat der Entfernung abnimmt, wie es eigentlich der Fall sein sollte, da die Hertzsche Strahlung in alle Richtungen abgestrahlt wird. Es kann noch ein weiteres Experiment, das diese Ansicht unterstützt, genannt werden. Wenn die Übertragung über die Erde durch Abtrennung der Verbindung oder auf eine andere Art verhindert oder unterbrochen wird, dann reagiert der Empfänger nicht mehr, zumindest wenn die Entfernung größer ist. Es ist ganz klar, dass die Hertzschen Wellen, die von der Antenne abgestrahlt werden, aufgrund der Verluste im Draht den gleichen Verlusten unterliegen wie die Wärmestrahlung. Es ist behauptet worden, dass sowohl die Strahlung als auch die direkte Leitung dazu verwendet werden könnten, um einen Empfänger in Gang zu setzen, aber diese Ansicht ist im Hinblick auf meine Entdeckung des wunderbaren Gesetzes, das die Bewegung der Elektrizität durch die Erdkugel steuert, nun unhaltbar geworden. Dieses Gesetz lässt sich am besten so ausdrücken, dass nämlich die Projektion der Wellenlänge (gemessen entlang der Oberfläche) auf dem Umfang der Erde auf der Symmetrieachse der Bewegung in allen Fällen gleich ist. Da die Oberflächen der so definierten Bereiche die gleichen sind, kann dieses Gesetz auch so ausgedrückt werden, dass sich der Strom in der gleichen Zeit über die gleiche terrestrische Fläche bewegt. ... Die Fortpflanzungsgeschwindigkeit durch die Oberflächenschichten ist also veränderlich und abhängig von der Entfernung vom Sender, wobei der Durchschnittswert Pi/2 multipliziert mit der Lichtgeschwindigkeit beträgt, während der ideale Fluss entlang der Fortpflanzungsachse mit einer Geschwindigkeit von ungefähr 300 000 km/s vonstatten geht.

Um dies zu verdeutlichen, der Strom aus einem Sender, der sich an der atlantischen Küste befindet, wird diesen Ozean -- eine Entfernung von ca. 4 800 km -- in weniger als 0,006 Sekunden mit einer Durchschnittsgeschwindigkeit von 800 000 km/s überqueren. Wenn die Übertragung durch Hertzsche Wellen durchgeführt würde, dann würde die benötigte Zeit 0,016 Sekunden betragen.

In seinen Patenten gab Tesla an, dass seine Geräte für Frequenzen von 1 000 bis zu 250 000 Hertz verwendet werden und dass damit selbstver-

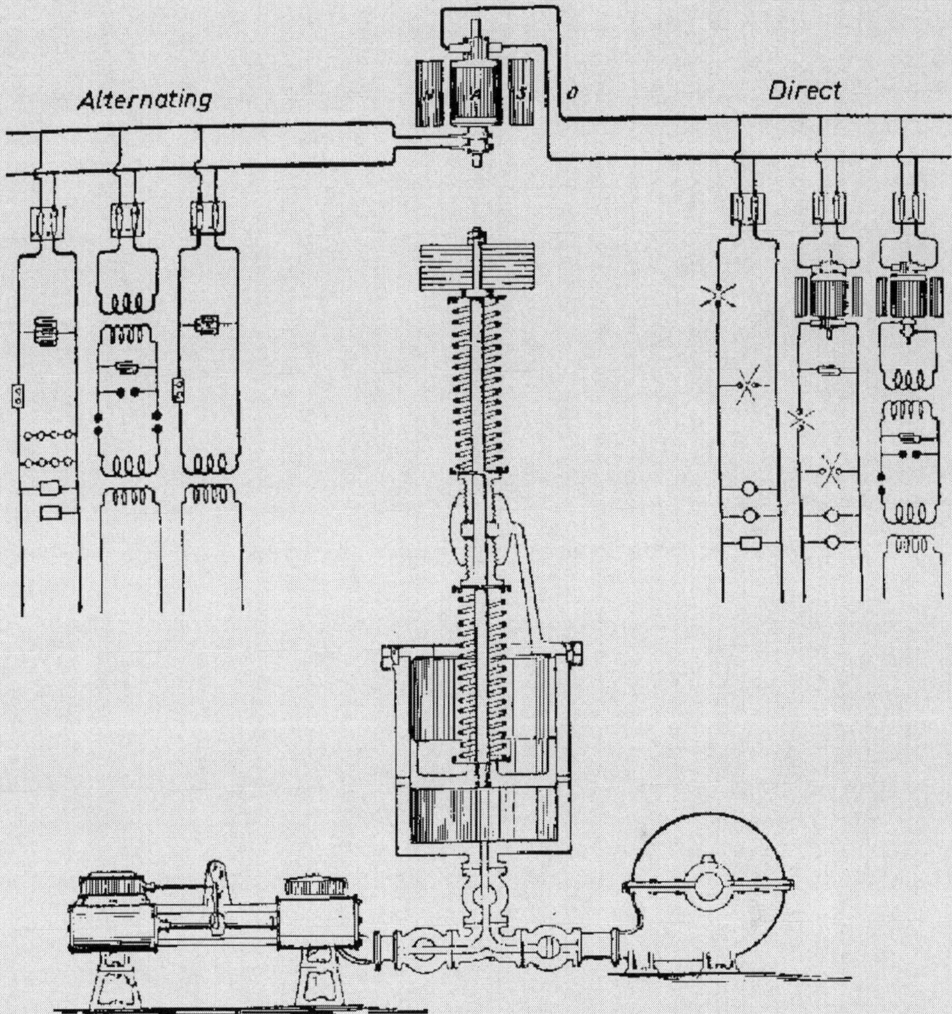

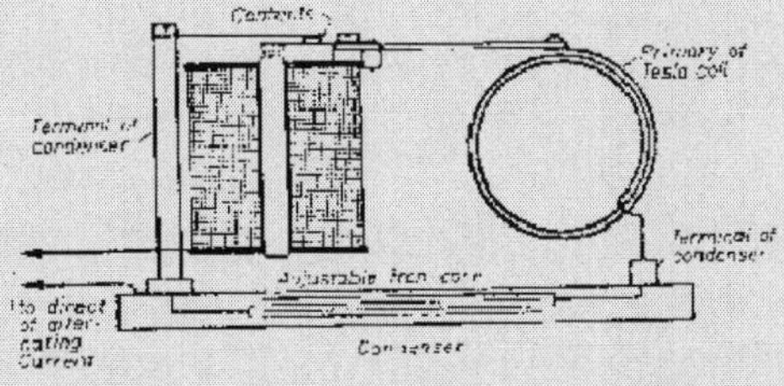

Mechanische Analogie des Teslaschen Systems

Mechanische Analogie zwischen einem Gummisack und der Erde zur Erklärung des Teslaschen Radiosystems

ständlich auch elektromagnetische Wellen erzeugt werden konnten. *Wenn man elektromagnetische Wellen übertragen will, nimmt man z.B. eine Frequenz von 500 000 Hertz, aber wenn man so übertragen will wie ich, dann wird man eine sehr niedrige Frequenz verwenden, so dass der Verlust durch diese elektromagnetischen Wellen, von denen geglaubt wird, dass sie auf einen Empfänger über eine Entfernung einwirken, aber in Wirklichkeit mit dem Empfänger absolut nichts zu tun haben und nur eine Illusion sind, auf ein Minimum reduziert wird.*

Zur Veranschaulichung seiner Theorien führte Tesla oft mechanische Analogien an: *Stellen sie sich die Erde als einen Gummisack vor, der mit Wasser gefüllt ist, wobei eine kleine Menge hiervon von einer Kolbenpumpe periodisch heraus- und hineingepumpt wird. Wenn die Hubdauer der Pumpe mehr als eine Stunde und achtundvierzig Minuten dauert, die ausreichend ist, um die Impulse auf die gesamte Masse zu übertragen, wird sich der gesamte Sack ausdehnen und zusammenziehen und diese Bewegung wird auf die beweglichen Kolben übertragen, und zwar mit der gleichen Stärke und unabhängig von der Entfernung. Wenn die Pumpe schneller läuft, werden kürzere Wellen erzeugt. Wenn sie das entgegengesetzte Ende des Sackes erreichen, werden sie reflektiert und es bilden sich stationäre Knoten und Bäuche. Auf jeden Fall wird die Energie wirtschaftlich übertragen und sehr wenig Energie verbraucht, solange im Empfänger keine Arbeit geleistet wird und falls die Flüssigkeit unkomprimierbar, der Gummisack vollkommen elastisch und die Frequenz der Schwingungen nicht sehr hoch ist. Dies ist eine grobe, aber richtige Dar-*

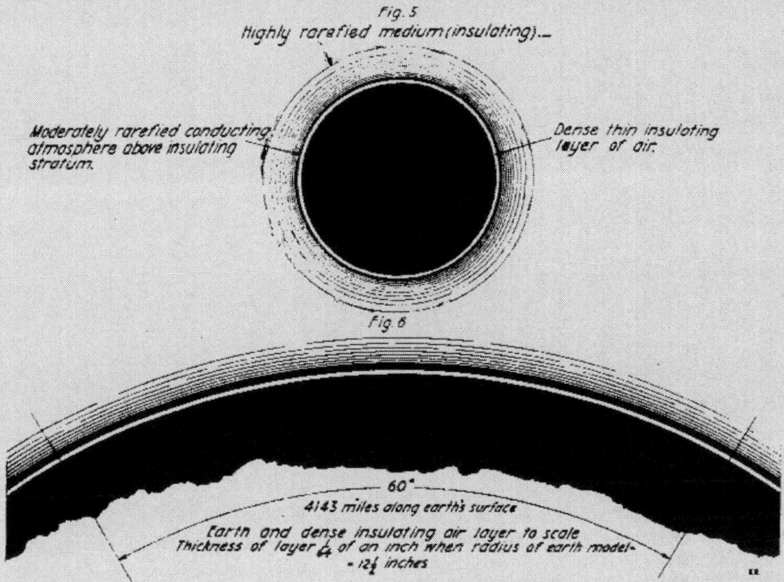

A Section of the Earth and Its Atmospheric Envelope Drawn to Scale. It Is Obvious That the Hertzian Rays Cannot Traverse So Thin a Crack Between Two Conducting Surfaces For Any Considerable Distance, Without Being Absorbed, Says Dr. Tesla, in Discussing the Ether Space Wave Theory.

Abb. 5 und 6: Schnitt durch die Erde und ihre Lufthülle

stellung meines Radiosystems, bei dem ich allerdings auf verschiedene Verfeinerungen zurückgreife. So ist die Pumpe z.B. ein Teil des Resonanzsystems mit großer Trägheit, wodurch die Stärke der aufgezwungenen Impulse extrem verstärkt wird. Die Empfangsgeräte sind ähnlich aufgebaut, und auf diese Weise wird die in ihnen gespeicherte Energie sehr stark erhöht.

Das Hertzsche System ist in vielerlei Hinsicht das genaue Gegenteil hiervon. Um es durch die Analogie zu erklären, nehmen sie an, dass sich der Kolben der Pumpe äusserst schnell hin- und herbewegt und die Öffnung, durch welche die Flüssigkeit aus dem Zylinder ein- und austritt, auf ein kleines Loch reduziert wird. Es ist kaum eine Bewegung der Flüssigkeit vorhanden, und die gesamte Energie wird in Form von Strahlungswärme abgegeben, von der ein verschwindend kleiner Teil in einem fernen Ort zurückgewonnen werden kann. Wenn es auch noch so unglaublich klingt, aber es ist wahr, dass die führenden Fachleute auf diesem Gebiet von Anfang an von dieser monströsen Idee besessen waren und noch immer sind. Und auf diese Weise ist es soweit gekommen, dass die wirkliche Radiotechnik, deren Grundlagen ich im Jahr 1893 gelegt habe, zwanzig Jahre in ihrer Entwicklung zurückgeworfen wurde.

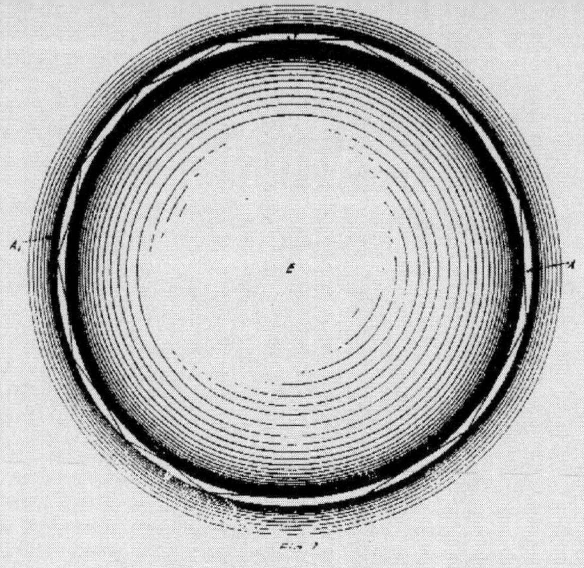

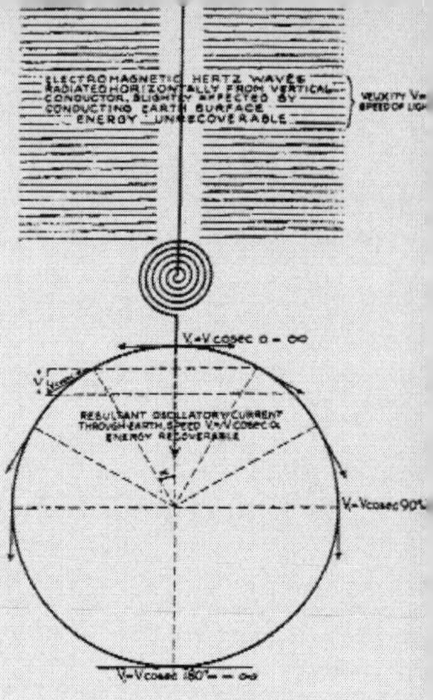

Abb. 7: Reflexion der Radiowellen und Abb. 9: Die Ausbreitung der Wellen

In einen Artikel aus dem Jahr 1919 erklärt Tesla, weshalb er nicht glaubt, dass die Übertragung der Radiowellen durch Reflexionen an der Ionosphäre erfolgt: *Wir leben auf einem Planeten von fast unvorstellbaren Ausmaßen, der von einer Schicht aus isolierender Luft umgeben ist, über welcher sich eine verdünnte und leitende Atmosphäre befindet (siehe Abb. 5). Dies ist eine Vorsehung, denn wenn die gesamte Luft leitend wäre, würde die Übertragung von elektrischer Energie durch das natürliche Medium unmöglich sein. Meine früheren Experimente haben gezeigt, dass Hochfrequenzströme hoher Spannung durch mäßig verdünnte Luft leicht hindurchgehen, so dass die isolierende Schicht auf eine geringe Dicke reduziert wird, wie aus Abb. 6 ersichtlich ist, in der ein Teil der Erde und seiner Gashülle maßstabsgerecht dargestellt ist. Wenn der Radius der Kugel 31,25 cm beträgt, dann ist die nichtleitende Schicht 0,04 cm dick, und es wird klar, dass die Hertzschen Strahlen über eine größere Entfernung durch einen so dünnen Spalt zwischen zwei Luftschichten nicht hindurchgehen können, ohne dass sie absorbiert werden. Es ist allen Ernstes die Theorie vorgebracht worden, dass die Strahlungen durch aufeinanderfolgende Reflexionen um die Erdkugel gehen. Um die Absurdität dieses Vorschlags zu zeigen, möchte ich auf Abb. 7 verweisen, in welcher der Vorgang schematisch angedeutet ist. Ausgehend davon dass keine Brechung vorhanden ist, würden sich die Strahlen entlang der Seiten eines Polygons bewegen, das zwischen der Erdkugel und der leitenden, gasförmigen Hülle liegt, wobei in diesem Fall die Kantenlänge ca. 650 km betragen würde.*

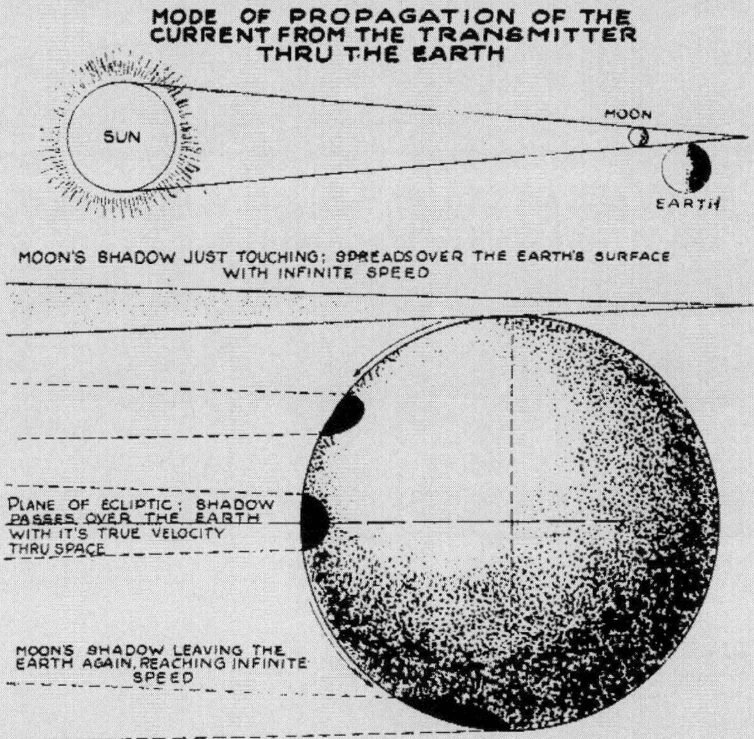

Fig. 8.—This Diagram Illustrates How, During a Solar Eclipse, the Moon's Shadow Passes Over the Earth With Changing Velocity, and Should Be Studied in Connection With Fig. 9. The Shadow Moves Downward With Infinite Velocity at First, Then Witr Its True Velocity Thru Space, and Finally With Infinite Velocity Again.

Abb. 8: Die Art, wie sich die Wellen vom Sender durch die Erde fortpflanzen

Da die Hälfte des Erdumfangs ca. 21 000 km beträgt, sind ungefähr 30 Ablenkungen notwendig. Der Wirkungsgrad eines solchen Reflektors kann nicht größer als 25 Prozent sein, und wenn keine Sendeenergie auf andere Weise verlorengeht, würde die Energie um den Faktor ¼ hoch dreissig abnehmen. Wenn der Sender z.B. Hertzsche Wellen mit einer Leistung von 1 000 KW ausstrahlt, dann wird nur ein Hundertfünfzehnbillionstel Watt von einem vollkommenen Empfänger aufgefangen. In Wirklichkeit wären die Reflexionen wesentlich zahlreicher, wie auf der linken Seite der Abbildung gezeigt ist, und aufgrund dessen und anderer Gründe, auf die nicht eingegangen zu werden braucht, wäre die Menge der ankommenden Energie verschwindend gering.

Betrachten wir nun die Vorgänge, die bei der Übertragung durch meine Geräte und Methoden vor sich gehen. Zu diesem Zweck möchte ich auf Abbildung 8 verweisen, die eine Vorstellung von der Fortpflanzungsart der

Stromwellen gibt. In der Zeichnung ist eine Sonnenfinsternis gezeigt, wobei der Schatten des Mondes gerade die Oberfläche der Erde an einem Punkt berührt, wo der Sender aufgestellt ist. Wenn sich der Schatten nach unten bewegt, dann wird er sich über die Erdoberfläche ausbreiten, zuerst mit unendlicher und dann mit allmählich abnehmender Geschwindigkeit, bis er in einer Entfernung von ca. 10 000 km seine wahre Geschwindigkeit im Raum erreicht. Von hier wird er mit steigender Geschwindigkeit voranschreiten und am gegenüberliegenden Punkt der Erdkugel einen unendlichen Wert erreichen. Es braucht wohl kaum betont zu werden, dass dieses Beispiel nur zur Verdeutlichung dient und keine genaue Darstellung im astronomischen Sinn ist.

Das exakte Gesetz lässt sich leicht aus Abb. 9 ableiten, in der ein Sendekreis gezeigt ist, der mit der Erde und einer Antenne verbunden ist. Wenn sich der Sender in Betrieb befindet, werden zwei Effekte erzeugt: Hertzsche Wellen gehen durch die Luft und ein Strom verläuft durch die Erde. Die ersten pflanzen sich mit Lichtgeschwindigkeit fort, und ihre Energie ist für den Stromkreis nicht rückgewinnbar. Der zweite schreitet mit einer Geschwindigkeit voran, die sich mit dem Kosekans des Winkels verändert, den ein Radius, der von einem beliebigen Punkt gezogen wird, mit der Symmetrieachse der Wellen bildet. Am Ausgangspunkt ist die Geschwindigkeit unendlich, aber sie nimmt allmählich ab, bis ein Quadrant durchlaufen und die Lichtgeschwindigkeit erreicht ist. Von diesem Punkt an steigt sie wieder und wird an den Antipoden unendlich. Theoretisch ist die Energie dieser Ströme in entsprechend abgestimmten Stromkreisen vollständig rückführbar. Einige Experten, die ich für klüger gehalten hätte, behaupten seit Jahren, dass meine Vorschläge, Energie ohne Drähte zu übertragen, blanker Unsinn sind, aber ich bemerke, dass sie von Tag zu Tag vorsichtiger werden. Der neueste Einwand gegen mein System bezieht sich auf den geringen Preis des Mineralöls. Diese Männer leben in der Vorstellung, dass Energie in alle Richtungen fließt und dass aus diesem Grund nur ein winziger Teil durch einen beliebigen einzelnen Empfänger zurückgewonnen werden kann. Aber das ist absolut nicht der Fall. Die Energie wird von einem Sender zu einem Empfänger nur in eine Richtung übertragen, und sie geht deshalb nicht anderweitig verloren. Es ist vollkommen möglich, an jedem Punkt der Erde soviel Energie aufzufangen, die ausreicht, um ein Flugzeug oder ein Versorgungsschiff anzutreiben oder ein Haus zu beleuchten. Vor allem in Bezug auf die Beleuchtung von abgelegenen Orten bin ich besonders zuversichtlich, und ich glaube, dass man kaum eine wirtschaftlichere und angenehmere Methode entwickeln kann als diese. Die Zukunft wird zeigen, ob meine Vorhersagen in dieser Hinsicht genauso richtig sind, wie auch schon bei anderen Dingen.

In den Dreissiger Jahren wurde von den Radiotechnikern die ersten Übertragungsversuche mit Hilfe kurzwelliger Radiowellen unternommen, wie sie heute hauptsächlich verwendet werden. Tesla äusserste sich hierzu ziemlich skeptisch:

Da Wellen dieser Art umso durchdringender sind, je kürzer sie sind, habe ich die Fachleute, die im Bereich der kommerziellen Anwendung der Radiotechnik arbeiten, gedrängt, sehr kurze Wellen zu benutzen, aber lange Zeit fanden meine Ratschläge keine Beachtung. Schließlich geschah dies aber doch, und die Wellenlängen wurden allmählich auf ein paar Meter reduziert. In allen Fällen wurde herausgefunden, dass diese Wellen, genauso wie die in der Luft, der Krümmung der Erde folgen und sich um Hindernisse herum bewegen, eine Besonderheit, die sich im wesentlich schwächeren Maße bei Querschwingungen in einem Feststoff zeigt. Vor kurzem wurde allerdings mit ultrakurzen Wellen experimentiert, und die Tatsache, dass sie die gleiche Eigenschaft besitzen, wurde als große Entdeckung hochgejubelt, da sich hierdurch die vielversprechende Aussicht ergab, die Radioübertragung unendlich einfacher und billiger zu machen.

Es ist interessant, was Radioexperten erwartet haben, da sie wussten, dass Wellen mit ein paar Metern Länge klar bis an die Antipoden übertragen werden können. Gibt es irgendeinen Grund anzunehmen, dass sie sich vollkommen anders verhalten werden, wenn ihre Länge auf ungefähr einen halben Meter reduziert wird?

Da das allgemeine Wissen über dieses Thema sehr begrenzt zu sein scheint, möchte ich feststellen, dass sogar Wellen, die nur ein oder zwei Millimeter lang sind, die ich vor dreiunddreissig Jahren erzeugt habe, über die ganze Erdkugel übertragen werden können, vorausgesetzt sie besitzen ausreichend Energie. Dies hat seinen Grund nicht so sehr in der Brechung und Reflexion als in den Eigenschaften des gasförmigen Mediums und bestimmten eigenartigen Wirkungen, die ich irgendwann in der Zukunft erklären werde. Jetzt ist es ausreichend, auf eine bedeutende Tatsache in diesem Zusammenhang aufmerksam zu machen, nämlich dass die Bewegung des Strahles, der vom Reflektor projiziert wird, absolut keinen Einfluss auf sein Verhalten in anderer Beziehung hat. Was die Reflexion in einer horizontalen Ebene betrifft, so verhält er sich genauso als ob er sich geradlinig fortbewegen würde. Um es deutlicher auszudrücken, die horizontale Ablenkung ist vergleichsweise gering. In einer zukünftigen Kurzwellenübertragung ist die vertikale Beugung bei weitem kein Vorteil, sondern ein ernstlicher Nachteil, da sie die Anfälligkeit für Störungen durch Hindernisse auf der Erdoberfläche stark vergrößert. Eine Ablenkung nach unten erfolgt immer, unabhängig von der Wellenlänge und auch, wenn der Strahl in einem bestimmten Winkel zur Horizontalen nach oben abgestrahlt wird. Diese Tendenz ist nach meinen Befunden um so ausgeprägter, je größer ein Planet ist. Auf einem Himmelskörper, der so groß ist wie die Sonne, wäre es unmöglich, eine Störung dieser Art über eine größere Entfernung entlang der Oberfläche zu projizieren. ...

Der Hauptgrund für die Verwendung von sehr kurzen Wellen ist die Bereitstellung einer größeren Anzahl von Kanälen, die notwendig sind, um den immer weiter steigenden Bedarf für Radiogeräte zu befriedigen. Dies liegt jedoch nur daran, dass die Übertragungs- und Empfangsgeräte, die normalerweise verwendet werden, fehlerhaft konstruiert und für eine Selektion nicht besonders gut geeignet sind. Der Sender erzeugt mehrere Wellenstränge, die alle, ausser einem, nutzlos sind. Als Folge erreicht nur ein winziger Teil der Energie den Empfänger, und es ist eine extreme Verstärkung notwendig, die allerdings leicht durch die Verwendung von Röhren mit drei Elektroden erreicht werden kann. Diese Erfindung ist anderen zugesprochen worden, aber tatsächlich habe ich sie im Jahr 1892 herausgebracht. Das Prinzip wurde in meinem Vortrag vor dem "Franklin Institute" und der "National Electric Light Association" beschrieben und aufgezeigt. Bei meinem ursprünglichen Gerät habe ich um den Glühfaden ein leitendes Bauteil gelegt, das ich "Sieb" genannt habe. Dieses Gerät ist mit einem Draht verbunden, der nach aussen führt und dazu dient, den Strom der Teilchen zu verändern, die vom Glühfaden abgestrahlt werden, je nach der aufgebrachten Ladung. Auf diese Art und Weise wurde eine neue Art von Detektor, Gleichrichter und Verstärker erfunden. Ich habe viele Arten von Röhren nach diesem Prinzip konstruiert und viele interessante Effekte hierdurch erzielt, die ich in den Jahren 1893 bis 1899 meinen Besuchern in meinem Laboratorium gezeigt habe, bis ich die Errichtung einer experimentellen Weltradiostation in Colorado Springs in Angriff nahm.

Während der letzten 32 Jahre wurden diese Röhren zu wahren Wundern in Bezug auf ihre mechanische Perfektion entwickelt, aber wenn sie auch in vielerlei Hinsicht von Nutzen waren, so haben sie doch die Experten von meiner einfacheren und bei weitem überlegenen Anordnung, die ich im Jahr 1901 einzuführen versuchte, abgelenkt. Meine Pläne bestanden in der Verwendung eines hocheffektiven Senders, der an jeden Empfänger in jeder beliebigen Entfernung eine relativ große Energiemenge übertragen hätte können. Der Empfänger selbst ist ein Gerät von elementarer Einfachheit, der ähnlich wie das menschliche Ohr funktioniert, aber wesentlich empfindlicher ist. In einem solchen System ist nur eine Verstärkung durch Resonanz notwendig, und die Selektivität ist so groß, dass jede gewünschte Zahl von separaten Kanälen zur Verfügung gestellt werden kann, ohne dass man Wellenlängen verwenden muss, die kürzer als ein paar Meter sind.

Aus diesem Grund und aus anderen Mängeln messe ich der Verwendung von solchen Wellen, mit denen nun experimentiert wird, keine große Bedeutung bei. Abgesehen davon erwäge ich die praktische Verwendung eines Prinzips, das ich entdeckt habe und durch das praktisch eine unbegrenzte Zahl von Kanälen mit Röhren, die drei Elektroden besitzen, erzeugt werden kann. ... Sie sollte es uns ermöglichen, viele bedeutende

Tesla mit seinen Radioröhren (Darstellung aus einem Artikel aus dem Jahr 1934)

Resultate zu erzielen, die bis zum jetzigen Zeitpunkt als unmöglich angesehen werden. Mit dem Wissen um diese Tatsachen glaube ich nicht, dass es allzu verwegen ist, vorauszusagen, dass wir in der Lage sein werden, den gesamten Himmel zu erleuchten und schließlich auf andere Planeten unbegrenzte Energiemengen zu übertragen. Es würde mich überhaupt nicht überraschen, wenn mit dieser neuen Methode Versuche unternommen würden, um Tausende von PS auf den Mond zu senden.

Wie Tesla auf jeden Fall als Erster richtig erkannte, handelt es sich bei Radiowellen, ob man sie nun als Hertzsche Schwingungen oder elektromagnetische Wellen oder sonstwie bezeichnet, um Ätherschwingungen, was natürlich nichts anderes als Photonen sind: *Ein Radiosender strahlt also keine Hertzschen Wellen ab, die nur ein Mythos sind, sondern Schallwellen im Äther, die sich in jeder Beziehung genauso verhalten wie jene in der Luft, abgesehen davon, dass sie sich aufgrund der großen Elastizität und der extrem geringen Dichte des Mediums mit Lichtgeschwindigkeit fortbewegen.*

TESLAS RADIOPATENTE

In Amerika meldete Tesla auf dem Gebiet der Radiotechnik insgesamt 10 Patente an, wobei es sich größtenteils um Doppelanmeldungen handelt, in denen einmal die Methode und das andere Mal die verwendeten Geräte geschützt werden. Sie tragen die folgenden Nummern: 645.576, 649.621, 685.953, 685.954, 685.955, 685.956, 787.412, 725.605 und 723.188. Sie wurden zwischen dem 2. September 1897 und 14. Juni 1901 eingereicht.

In Deutschland wurde Teslas Radiosystem unter dem Titel "Verfahren und Vorrichtung zur Nutzbarmachung von aus der Ferne durch den Äther oder die Erde oder beide gesandten elektrischen Impulsen oder Schwingungen" im Jahr 1901 unter den Nummern **139 464**, **139 465**, **139 466** und **143 453** patentiert. Wir wollen an dieser Stelle längere Abschnitte aus diesen Patenten anführen, da es sich zweifelsohne um die wichtigsten Dokumente in Bezug auf die Anfänge der Radiotechnik handelt und von fundamentaler Bedeutung sind. Im Patent **139 464** heisst es folgendermaßen:

Man kennt bereits mehrere Verfahren zur Erzeugung elektrischer Impulse oder Schwingungen und Übertragung derselben durch den Äther oder die Erde oder beide und zur Verwertung derselben für die Auslösung von entfernten Empfängern. Auch hat man solche Verfahren mit größerem oder geringerem Erfolg für verschiedene Zwecke angewendet; doch ist es für jedes dieser Verfahren wesentlich, dass die von den Sendern erzeugten Impulse so kräftig als nur irgend möglich ausfallen. Ferner ist es mit Rücksicht darauf, dass in den meisten Fällen der auf den entfernten Empfänger übertragene Energiebetrag nur einen geringen Bruchteil der von der Gebestelle ausgesendeten Gesamtenergie darstellt, für die Erreichung günstigster Ergebnisse erforderlich, so viel als möglich von der übertragenen Energie, gleichgültig welcher Art der Empfänger und die Schwingungen selbst sind, für den Betrieb des Empfängers nutzbar zu machen.

Aus diesem Grund hat Erfinder bisher u.a. einen Empfangsstromkreis von hoher Selbstinduktion und sehr geringem Widerstand angewendet, dessen Eigenschwingungszahl genau auf die Periodenzahl der verwendeten elektrischen Schwingungen abgestimmt war; hierdurch wurde erreicht, dass eine größere Anzahl der von der Gebestelle ausgesendeten Impulse zusammen auf den Empfänger einwirkten und daher die auf die Empfangsvorrichtung ausgeübte Wirkung vergrößert wurde. Auf diese Weise und mit den angegeben Mitteln wurden in vielen Fällen entschiedene Vor-

NIKOLA TESLA IN NEW-YORK.

Verfahren und Vorrichtung zur Nutzbarmachung von aus der Ferne durch den Äther oder die Erde oder beide gesandten elektrischen Impulsen oder Schwingungen.

Fig. 1.

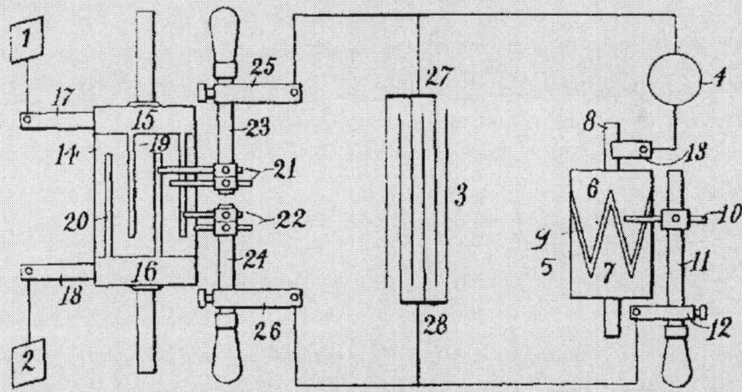

Fig. 2.

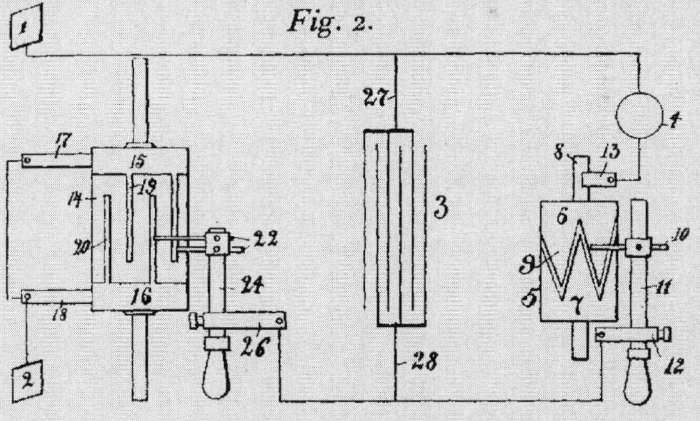

Zu der Patentschrift

№ 139464.

teile erreicht; doch ist dieses Verfahren sehr häufig entweder gar nicht zu verwerten oder liefert nur geringe Erfolge. Erzeugt z.B. die Energiequelle Impulse gleichbleibender Polarität oder Impulse von langer Dauer, so ist es unmöglich, ihre Wirkung in der angegebenen Weise zu erhöhen. Bei kurzen, ausserordentlich rasch aufeinander folgenden Impulsen ist der gewonnene Vorteil unbedeutend infolge der Ausstrahlung und des unvermeidlichen Verlustes infolge des Widerstandes des Empfangsstromkreises. Diese Verluste vermindern sowohl die Stärke als auch die Zahl der gemeinsam auf den Empfänger wirkenden Impulse erheblich und, da die Anfangsstärke eines jeden Impulses notwendigerweise beschränkt ist, so wird auch nur ein winziger Energiebetrag für die Auslösung des Empfängers nutzbar. Da dieser Betrag von der durch einen einzigen Impuls in den Empfänger gesendeten Energie abhängt, so muss man offenbar entweder einen großen, kostspieligen und daher unzweckmäßigen Sender benutzen oder einen zu empfindlichen und daher zu leicht in Unordnung geratenden Empfänger anwenden. Ausserdem besteht die durch Zusammenwirkung der Impulse erhaltene Energie in äusserst schnellen Schwingungen und ist daher für den Betrieb gewöhnlicher Empfänger ungeeignet, um so mehr als diese Energieform enge Grenzen für die Art und Zeit ihrer Anwendung auf solche Vorrichtungen bedingt.

Vorliegende Erfindung betrifft nun ein Verfahren und eine Vorrichtung zur Nutzbarmachung von aus der Ferne durch den Äther oder die Erde oder beide fortgepflanzten elektrischen Impulsen oder Schwingungen und zur Verwertung derselben für die Auslösung oder Beherrschung von Empfängern; und zwar sind bei dem vorliegenden Verfahren die oben angegebenen Beschränkungen und Übelstände vermieden. Die Empfänger können beliebiger Art, beispielsweise gewöhnliche elektromagnetische Relais, sein und bilden Teile von Arbeitsvorrichtungen, die verschiedenen Zwecken dienen. Die Arbeitsvorrichtungen können beispielsweise Signalvorrichtungen, Telegrafenvorrichtungen, Torpedosteuervorrichtungen, Uhraufziehvorrichtungen oder andere Einrichtungen sein. Für die Zeichen- oder Nachrichtenübertragung wird das Verfahren noch dahin vervollständigt, dass auf der Sendestelle die Impulse oder Schwingungen willkürlich gewechselt oder unterbrochen werden, so dass lange und kurze Reihen von aufeinanderfolgenden Impulsen entstehen, die den Strichen und Punkten des Morseschen Schreibtelegrafen entsprechen und wie diese unterschieden werden können. Die Empfangsvorrichtung wird dann so eingestellt, dass sie die Impulse oder Schwingungen in zweckmäßiger Weise aufzufangen und zu verwerten vermag.

Im allgemeinen beruht das Verfahren darauf, dass die durch die Schwingungen übertragene Energie unmittelbar zum Laden eines Kondensators benutzt wird, und dass der so geladene Kondensator unter Vermittlung einer gleichmäßig angtrietriebenen, einen Stromkreis in bezüglich Folge und Dauer vorherbestimmten Zeiträumen schließenden und öffnenden Vorrichtung durch ein als Empfänger dienendes Relais oder dergl. einer Arbeitsvorrichtung entladen wird.

Fig. 1 ist eine schematisierte Darstellung der Vorrichtung und Fig. 2 stellt die Vorrichtung in der Anordnung zum Auffangen gleichgerichteter Impulse dar. Bei der in der Zeichnung veranschaulichten Empfangsvorrichtung ist in dem übertragenden Medium, nämlich in der Luft bezw. dem Äther oder in der Erde oder in beiden an zwei beliebigen Punkten, zwischen denen ein Unterschied im elektrischen Potential von beliebiger Größe entsteht oder auf irgendeine Weise durch die Wirkung der auszunutzenden oder zu untersuchenden Impulse oder Schwingungen erhalten wird, je eine Platte oder Elektrode 1 und 2 derart angeordnet, dass sie durch Vermittlung jener Impulse oder Schwingungen entgegengesetzt geladen werden können. Diese Elektroden sind mit den Klemmen 27, 28 eines gut isolierten Kondensators 3 von hoher Kapazität verbunden. Mit den Kondensatorklemmen ist auch der Empfänger 4 (beispielsweise ein Relais) verbunden, und zwar in Reihenschaltung mit einer geeigneten Vorrichtung, welche zur Entladung des Kondensators durch den Empfänger in zweckentsprechenden Zeitzwischenräumen dient.

Im vorliegenden Fall besteht diese Vorrichtung aus einem teils aus leitendem, teils aus isolierendem Stoff 6 bezw. 7 hergestellten Zylinder 5, der in geeigneter Weise mit einer beliebigen Geschwindigkeit in Umdrehung versetzt wird. Der leitende Teil 6 steht in leitender Verbindung mit der Welle 8 und ist mit dreieckigen Ausläufern 9 versehen, auf denen die Bürste 10 gleitet, welche von der im Bock 12 einstellbaren Stange 11 getragen wird. Eine zweite Bürste 13 schleift auf der Welle 8. Es ist nun ersichtlich, dass, solange einer der Ausläufer 9 mit der Bürste 10 in Berührung kommt, der den Empfänger 4 enthaltende Stromkreis geschlossen ist und der Kondensator durch den Empfänger entladen wird. Durch Regelung der Drehungsgeschwindigkeit des Zylinders 5 und Längsverschiebung der Bürste 10 auf dem Zylinder kann man erreichen, dass der Stromkreis sich in so schneller Folge öffnet und schließt, als es erforderlich ist.

Wenn die Impulse oder Schwingungen (welcher Art sie auch sein mögen) eine bestimmte Elektrizitätsmenge von gleichem Vorzeichen auf jede der Elektroden oder Platten 1 und 2 übertragen, sei es ununterbrochen oder in hinreichend langen Zeiträumen, so wird der Kondensator auf ein bestimmtes Potential geladen. Die so aufgespeicherte Energiemenge, welche der durch die Entladevorrichtung bestimmten Zeit entspricht, setzt während der Entladung des Kondensators den Empfänger in Tätigkeit.

Sehr oft freilich sind die Impulse oder Schwingungen und ihre Anwendungsbedingungen derart, dass ohne weitere Vorkehrungen im Kondensator nicht hinreichend Energie angesammelt werden kann, um den Empfänger in Tätigkeit zu setzen. Dies ist beispielsweise der Fall, wenn jede der Platten 1, 2 Elektrizität von schnell wechselndem Vorzeichen empfängt, oder auch, wenn jede zwar Elektrizität von demselben Vorzeichen, aber nur während solcher Zeiträume empfängt, die nur kurz sind im Vergleich zu den dazwischen liegenden Zeiträumen. In solchen Fällen wird man eine besondere Vorrichtung in den Stromkreis zwischen die Platten 1, 2 und den Kondensator 3 schalten, um den Kondensatorklemmen Elektrizitätsmengen von gehöriger Beschaffenheit und in der erforderlichen Aufeinanderfolge zuzuführen, so dass sich der nötige Betrag an Energie im Kondensator aufspeichern kann.

Eine solche Vorrichtung kann beispielsweise aus einem Zylinder 14 von isolierendem Stoff bestehen, der durch ein Uhrwerk oder dergl. mit gleichmäßiger Geschwindigkeit gedreht wird, und mit zwei Metallringen 15, 16 versehen ist, auf denen die Bürsten 17 und 18 schleifen und die in der veranschaulichten Weise mit den Platten 1, 2 verbunden sind. Die Ringe 15, 16 sind mit schmalen Metallausläufern 19, 20 versehen, die bei der Drehung des Zylinders 14 abwechselnd mit den doppelten Bürsten 21, 22 in Berührung treten. Die Bürsten sitzen auf in ihren Trägern 25, 26 verstellbaren Stangen 23, 24 und stehen durch diese mit den Klemmen 27, 28 des Kondensators 3 in leitender Verbindung. Die Anordnung je zweier Bürsten in einem Halter bezweckt, die Dauer der elektrischen Verbindung der Platten 1, 2 mit den Klemmen des Kondensators 3 nach Belieben ändern zu können.

Die Platten 1 und 2 können in beträchtlicher Entfernung voneinander stehen, und beide in der Luft oder in der Erde, oder die eine in der Luft und die andere in der Erde angeordnet sein. Auch kann man sie mit auf gewisse Entfernungen sich erstreckenden Leitern verbinden oder an die Klemmen von beliebigen Vorrichtungen anschließen, die elektrische Energie liefern, welche den aus einer Entfernung, durch die Luft oder die Erde oder durch beide gesendeten Impulsen oder Schwingungen entstammt.

Zur Erläuterung der Wirkungsweise der beschriebenen Empfangsvorrichtung sei angenommen, dass wechselnde elektrische Impulse oder Schwingungen von einer entfernten Gebestelle aus durch die Erde gesendet werden, und man diese Impulse gemäß der vorliegenden Erfindung nutzbar machen will. Dies kann beispielsweise der Fall sein, wenn zum Zweck der Zeichengebung eine solche Gebestelle benutzt wird, deren Klemmen an zwei verschiedenen Orten mit der Erde verbunden sind. In diesem Fall werden die Platten 1, 2 an geeigneten Stellen mit der Erde verbunden, die Umdrehungsgeschwindigkeit des Zylinders 14 wird so lange geändert, bis er synchron mit den wechselnden Impulsen auf der Gebestelle läuft, und endlich werden auch die Bürsten 21, 22 derart eingestellt, dass sie mit den Metallstreifen 19, 20 während der Zeiten in Berührung stehen, in denen die Impulse entweder ganz oder nahezu die größte Stärke haben.

Sind die angegebenen Bedingungen erfüllt, so werden elektrische Ladungen gleichen Vorzeichens jeder der Kondensatorklemmen während der Umdrehung des Zylinders zugeführt und mit jedem neuen Impuls wird der Kondensator auf ein höheres Potential geladen. Da die Geschwindigkeit des Zylinders 5 nach Belieben geändert werden kann, so lässt sich die Energie einer beliebigen Anzahl gesonderter Impulse auf diese Weise potentiell aufspeichern und durch den Empfänger 4 auf die mit einem der Ausläufer 9 in Berührung kommende Bürste 10 entladen. Natürlich muss der Kondensator die Aufspeicherung einer erheblich größeren Energiemenge gestatten, als zur gewöhnlichen Betriebstätigkeit des Empfängers erforderlich ist. Da durch dieses Verfahren ein verhältnismäßig hoher Energiebetrag in geeigneter Form zur Auslösung des Empfängers nutzbar wird, so braucht dieser auch nicht gerade sehr empfindlich zu sein, ausser wenn etwa die Impulse aus weiter Ferne gesendet werden und daher schwach ankommen oder wenn der Empfänger sehr schnell arbeiten soll. In solchen Fällen wird man dafür Sorge zu tragen haben, dass auf schwache Erregungen ansprechende Vorrichtungen in Anwendung kommen.

Handelt es sich um die Übertragung von kurzen Impulsen gleichbleibender Richtung (anstatt wechselnder Impulse) auf die Platten 1, 2, so lässt sich auch hierfür die beschriebene Empfangsvorrichtung verwenden. Es wird dabei nur nötig, die Bürsten 21, 22 derart zu verschieben (während gleichzeitig die Bedingung hinsichtlich des Synchronismus eingehalten wird), dass Bürste 21 nur mit den Streifen 19 und Bürste 22 nur mit den Streifen 20 in Berührung tritt. Dann gehen die aufeinander folgenden Impulse in den Kondensator, aber die aufgespeicherte Energie kann nicht in die Erde oder Luft während der Zwischenräume zwischen den einzelnen Impulsen bezw. Stromschlüssen zurückfließen, da während dieser Zwischenräume die von den Kondensatorklemmen zu den Platten gehenden Verbindungen unterbrochen bleiben.

Eine andere Vorrichtung zur Aufspeicherung gleichgerichteter Impulse ist in Fig. 2 dargestellt: Es ist dabei ein Paar Bürsten 21 weggelassen und die Platte 1 ist von der Bürste getrennt und unmittelbar mit der Klemme 27 des Kondensators verbunden, dagegen ist die Bürste 17 mit der Bürste 18 leitend verbunden. Dann wird bei gleicher Geschwindigkeit des Zylinders 14 die Vorrichtung für eine Impulszahl eingestellt sein, die für die Zeiteinheit zweimal so groß ist als in dem vorigen Fall. In jedem Fall aber ist es erforderlich, die Dauer der Berührung der Metallstreifen 19 und 20 mit den Bürsten 21, 22 in der angegebenen Weise zu regeln.

Handelt es sich darum, Zeichen oder Nachrichten zu übertragen, so wird man den Sender so arbeiten lassen, dass er Impulse oder Schwingungen erzeugt, die in einer willkürlichen Weise geändert werden können. Beispielsweise werden längere und kürzere Folgen von Impulsen entsprechend den Strichen und Punkten des Telegrafenkodex erzeugt. Die Emp-

fangsvorrichtung hat dann diese Verschiedenheiten der Zeichen wiederzugeben und liefert den Strichen und Punkten entsprechend lange und kurze Punktreihen in die Aufspeicherungsvorrichtung, die den Impulsfolgen entsprechend geladen und entladen wird.

Er stellt folgende Patentansprüche:

1. Ein Verfahren zur Nutzbarmachung von aus der Ferne durch den Äther oder die Erde oder beide gesendeten elektrischen Impulsen oder Schwingungen, dadurch gekennzeichnet, dass die durch letztere übertragene Energie unmittelbar zum Laden eines Kondensators benutzt wird, und dass der so geladene Kondensator unter Vermittlung einer gleichmäßig angetriebenen, einen Stromkreis in bezüglich Folge und Dauer vorherbestimmten Zeiträumen schließenden und öffnenden Vorrichtung durch ein als Empfänger dienendes Relais oder einem ähnlichen Teil einer Arbeitsvorrichtung entladen wird.

2. Eine Vorrichtung zur Ausführung des Verfahrens nach Anspruch 1, dadurch gekennzeichnet, dass die den Stromkreis des als Empfänger dienenden Relais schließende und öffnende Vorrichtung (5) aus einer mit einstellbarer Geschwindigkeit umlaufenden Trommel besteht, welche mit untereinander leitend verbundenen, der Länge nach spitz zulaufenden Metallbelegungen (9) versehen ist und auf welcher eine in der Längsrichtung der Trommel verstellbare Bürste (10) schleift.

3. Eine weitere Vorrichtung zur Ausführung des Verfahrens nach Anspruch 1, gekennzeichnet durch eine zwischen die Auffangplatten (1, 2) und die Kondensatorklemmen (27, 28) eingeschaltete, gleichmäßig angetriebene Stromschlussvorrichtung (14), welche zwecks Nutzbarmachung elektrischer Impulse von wechselnder Richtung die Stromverbindungen synchron mit den Impulsen umschaltet und so die Impulse verschiedener Richtung stets nach den richtigen Kondensatorklemmen (27, 28) leitet, zwecks Nutzbarmachung elektrischer Impulse von stets gleichbleibender Richtung, dagegen diese Stromverbindungen derart synchron mit den Impulsen schließt und öffnet, dass die aufeinander folgenden Impulse in den Zeitpunkten, in denen die Impulse ihren für die Ladung des Kondensators günstigsten Wert angenommen haben, in den Kondensator fließen können, während in den Zwischenzeiten die Leitungen unterbrochen sind, so dass die bis dahin aufgespeicherte Energie nicht in die Erde oder die Luft zurückfließen kann.

Im zweiten Patent mit den gleichen Titel und der Nummer **139 465** beschreibt Tesla das gleiche Verfahren, allerdings wird der Kondensator in diesem Fall durch eine unabhängige Stromquelle (Ortsbatterie) geladen:

Vorliegende Erfindung betrifft ein Verfahren und Vorrichtungen zur Nutzbarmachung von aus der Ferne durch den Äther oder die Erde oder beide gesendeten Impulsen oder Schwingungen und zur Verwertung derselben für die Auslösung oder Beherrschung von Empfängern; durch diese An-

NIKOLA TESLA IN NEW-YORK.

Verfahren und Vorrichtung zur Nutzbarmachung von aus der Ferne durch den Äther oder die Erde oder beide gesandten Impulsen oder Schwingungen.

Fig. 1.

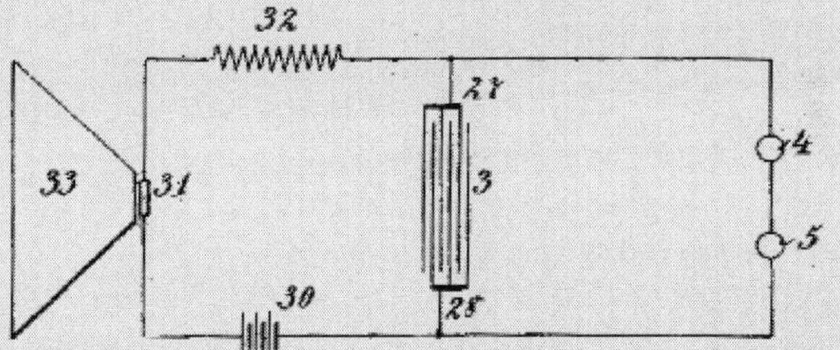

Fig. 2.

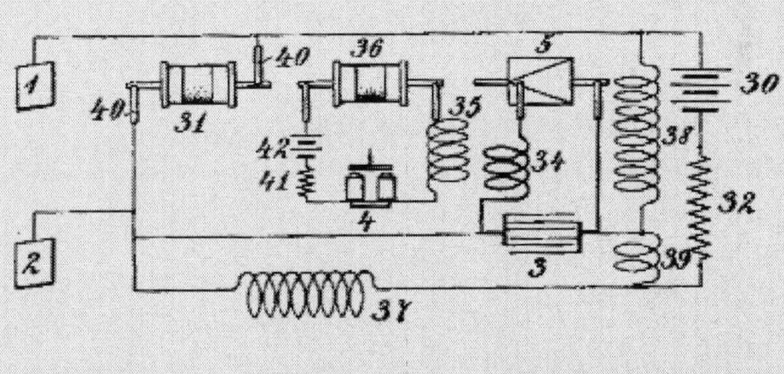

Zu der Patentschrift

№ 139465.

ordnung soll ein sichereres Arbeiten erreicht werden, als dieses nach den bisher bekannten Verfahren möglich war.

Die bei diesem Verfahren zu benutzenden Empfänger können beliebiger Art, beispielsweise gewöhnliche elektromagnetische Relais, sein und bilden Teile von Arbeitsvorrichtungen, die verschiedenen Zwecken dienen. Die Arbeitsvorrichtungen können beispielsweise Signalvorrichtungen, Telegrafenvorrichtungen, Torpedosteuervorrichtungen, Uhraufziehvorrichtungen oder ähnliche Einrichtungen sein. Für die Zeichen- oder Nachrichtenübertragung kann das Verfahren dann noch dahin vervollständigt werden, dass auf der Sendestelle die Impulse oder Schwingungen willkürlich gewechselt oder unterbrochen werden, so dass lange und kurze Reihen von aufeinander folgenden Impulsen entstehen, die den Strichen und Punkten des Morseschen Schreibtelegrafen entsprechen und wie diese unterschieden werden können. Die Empfangsvorrichtung wird dann so eingestellt, dass sie die Impulse oder Schwingungen in zweckmäßiger Weise aufzufangen und zu verwerten vermag. Im allgemeinen beruht das Verfahren auf die Aufspeicherung von Energie, die einer unabhängigen Quelle z.B. einer Ortsbatterie entstammt und auf der Verwertung dieser in einem Kondensator aufgespeicherten Energie zur Auslösung eines Empfängers in der Weise, dass die übertragenen Ätherwellen oder dgl. die Ladung des Kondensators auslösen. Es wird also die aus einer unabhängigen Stromquelle angesammelte Energie unter dem Einfluss der durch den Äther oder die Erde oder beide gesendeten Impulse oder Schwingungen zur Auslösung des Empfängers benutzt.

Er stellt folgende Patentansprüche:

1. Ein Verfahren zur Nutzbarmachung von aus der Ferne durch den Äther oder die Erde oder beide gesendeter Impulse oder Schwingungen, dadurch gekennzeichnet, dass die übertragenen Impulse oder Ätherwellen zur Auslösung der Ladung eines Kondensators nutzbar gemacht werden, der seine Ladung von einer unabhängigen Stromquelle, z.B. einer Ortsbatterie empfängt, während die Entladung des Kondensators unter Vermittlung einer gleichmäßig angetriebenen, den Stromkreis einer Empfangsvorrichtung in bezüglich Folge und Dauer vorherbestimmten Zeiträumen schließenden und öffnenden Vorrichtung bewirkt wird.

2. Eine Vorrichtung zur Ausführung des Verfahrens nach Anspruch 1, dadurch gekennzeichnet, dass eine für die Impulse oder Schwingungen empfindliche Vorrichtung (31) in den Empfangsstromkreis eingeschaltet ist, um mit Hilfe eines einstellbaren Widerstandes (32) die Zuführung der Energie von der unabhängigen Quelle (30) nach dem Kondensator (3) zu regeln.

Das letzte Patent mit der Nummer Nr. **143 453** und dem Titel “Verfahren und Vorrichtung zur sicheren Übertragung einer Nachricht auf einen bestimmten Empfänger mittels elektrischer Impulse oder Schwingungen ver-

NIKOLA TESLA IN NEW-YORK.

Verfahren und Vorrichtung zur sicheren Übertragung einer Nachricht auf einen bestimmten Empfänger mittels elektrischer Impulse oder Schwingungen verschiedener Beschaffenheit.

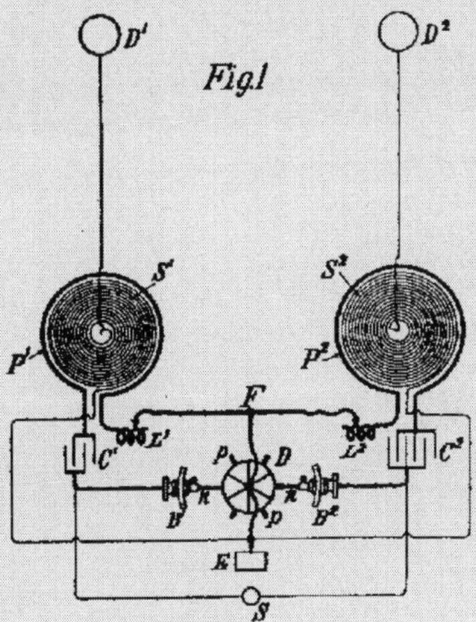

Fig. 1

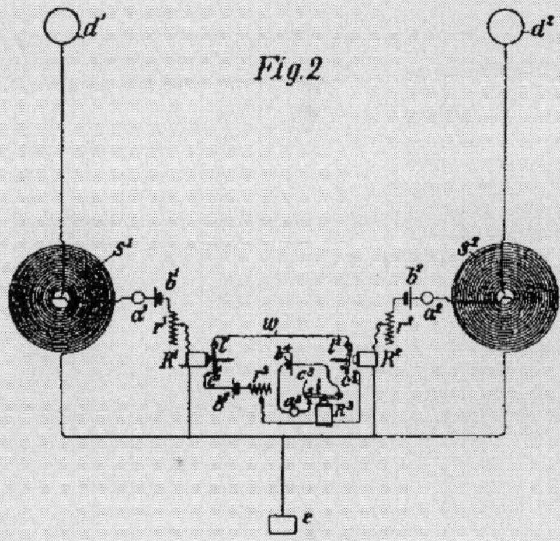

Fig. 2

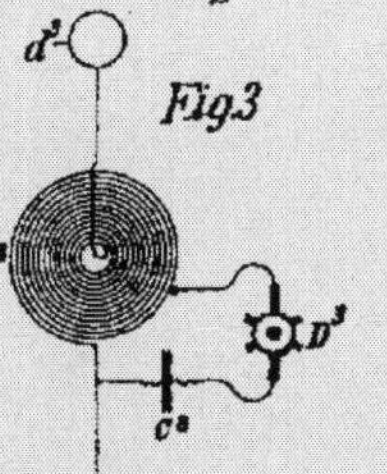

Fig. 3

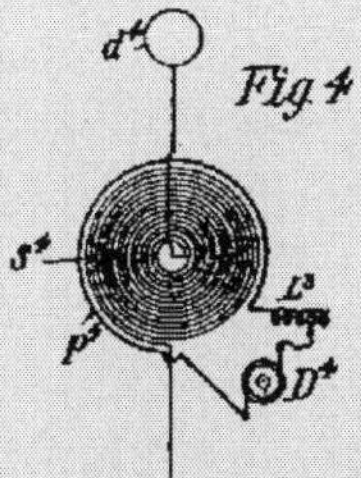

Fig. 4

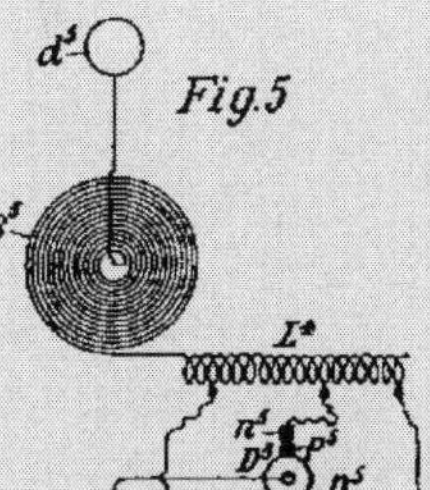

Fig. 5

Zu der Patentschrift

№ 143453.

schiedener Beschaffenheit" bezieht sich auf die sogenannte **"Technik der Individualisierung"**, also der Verwendung mehrerer Wellenzüge, die nur bei gleichzeitiger Einwirkung den Empfänger auslösen. Hieraus entwickelte sich später die **Heterodyne-Technik**. Man klaute also einfach Teslas Erfindung und versah sie nur mit einem anderen Namen.

Man kennt bereits Verfahren und Vorrichtungen zur Erzeugung und Übertragung elektrischer Impulse oder Schwingungen durch die Luft, die Erde oder durch Wasser auf Empfangsvorrichtungen und zur Auslösung der letzteren für die Zeichengebung oder die Beherrschung anderer Vorrichtungen, die beliebiger Art und selbständig sein können.

Bei diesen Verfahren hat man die Empfangsvorrichtungen auf die Sender abgestimmt, um sie noch empfindlicher für die von den letzteren erzeugten Impulse zu machen und sie den Einwirkungen von aus fremden Quellen stammenden Impulsen möglichst zu entziehen. Doch wird durch diese Anordnung nur eine beschränkte Geheimhaltung der zu übertragenen Impulse ermöglicht, weil es sehr schwierig ist, für solche Verfahren Vorrichtungen in irgendeiner erheblichen Anzahl zu bauen, welche ausschließlich auf Impulse oder Schwingungen einer bestimmten Art ansprechen.

Vorliegende Erfindung betrifft nun ein Verfahren, um eine große Zahl von Sende- und Empfangsstationen gleichzeitig gesondert und ausschließlich arbeiten zu lassen, ohne die Zeichen oder Nachrichten irgendeiner Störung, Unterbrechung oder Beeinflussung von fremder Seite her auszusetzen. Das Verfahren beruht auf der Anwendung einer, zwei oder mehrerer elektrischer Impulse oder Schwingungen mit verschiedener Wellenlänge erzeugenden Sendevorrichtung und einer in weiter Entfernung aufgestellten Empfangsvorrichtung mit zwei oder mehreren gesondert auf diese Impulse oder Schwingungen ansprechenden Abteilungen und einem Empfänger (Relais oder dergl.), der nur beim gleichzeitigen Zusammenwirken dieser Abteilungen in Tätigkeit tritt. Durch den Empfänger kann dann eine beliebige Arbeitsvorrichtung ausgelöst werden, z.B. eine Telegrafenvorrichtung, ein Semaphorarm, ein Uhrwerk, ein sich selbsttätig bewegendes Schiff usw.

Zwar ist es an sich nicht neu, Ätherwellen von verschiedener Wellenlänge und gleicher Schwingungsebene zu verwenden; schon Jégou hat in den "Comptes Rendus" (Band 131, Seite 882) darauf hingewiesen. Der Zweck jedoch, zu dem die Verwendung solcher Wellen in Vorschlag gebracht wurde, ist ein durchaus anderer.

Elektrische Impulse oder Schwingungen verschiedener Beschaffenheit zu erzeugen ist ebensowenig neu. Man hat auch (vgl. die amerikanische Patentschrift Nummer 663 400) bereits vorgeschlagen, solche Schwingungen an der Empfangsstelle durch eine gleiche Anzahl Empfänger aufnehmen zu lassen, deren jeder nur auf eine bestimmte von diesen Schwin-

No. 685,956. Patented Nov. 5, 1901.

N. TESLA.

APPARATUS FOR UTILIZING EFFECTS TRANSMITTED THROUGH NATURAL MEDIA.

(Application filed Nov. 2, 1899. Renewed May 29, 1901.)

(No Model.)

Fig 1

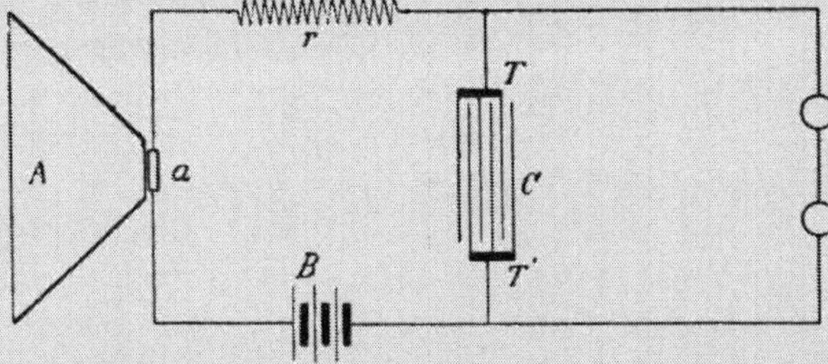

Fig. 2

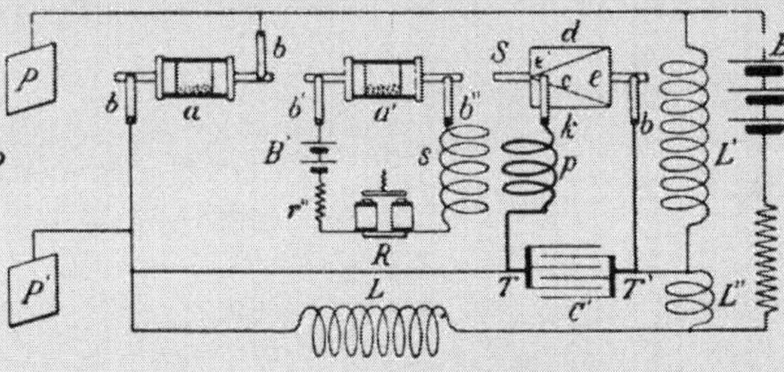

Fig. 3

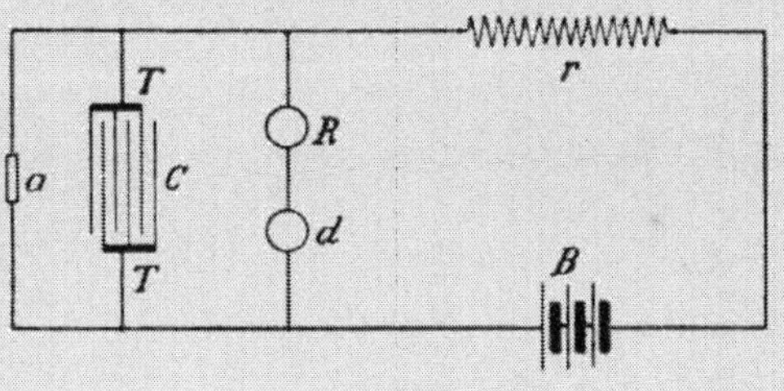

Fig. 4

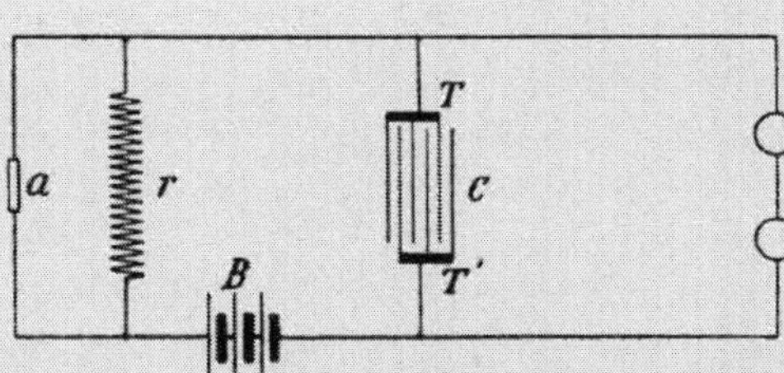

Fig. 5

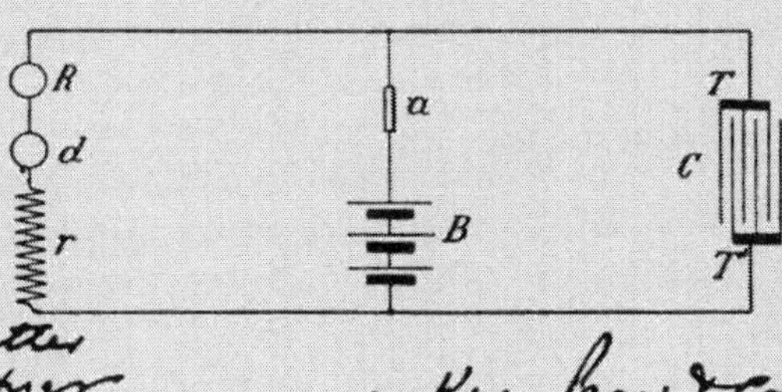

Witnesses:
Raphaël Netter
M. Lawson Dyer.

Inventor
Nikola Tesla
by Kerr, Page & Cooper, Attorneys.

gungen anspricht, und wobei nur beim gleichzeitigen Ansprechen beider Empfangsvorrichtungen ein bestimmter Signalapparat in Tätigkeit tritt. Nach der genannten Patentschrift werden Schwingungen verschiedener Schwingungsrichtung bezw. Schwingungsebene verwendet. Bei der vorliegenden Erfindung handelt es sich dagegen um ein Verfahren und eine Vorrichtung zur Nachrichtenübermittlung durch elektrische Wellen verschiedener Wellenlänge, und dieses Verfahren zeichnet sich nicht allein durch seine Einfachheit aus, vielmehr auch durch die Zuverlässigkeit seiner Wirkung.

Fig. 1 und 2 auf beiliegender Zeichnung veranschaulichen schematisch die auf der Sendestation bezw. die auf der Empfangsstation benutzten Vorrichtungen und Stromkreise. Fig. 3, 4 und 5 betreffen andere Ausführungsformen, welche nach vorliegender Erfindung für den Sender zur Anwendung kommen können.

In Fig. 1 sind zwei spiralig gewundene Spulen oder Leiter S1 S2 dargestellt, welche an ihren inneren Enden mit je einem Luftleiter und hoch angeordneten Endplatten D1 bezw. D2, und an ihren äusseren Enden mit einer Erdplatte E verbunden sind. Die beiden Spulen oder Leiter bezw. Schwingungssysteme D1 S1 E und D2 S2 E werden mit verschiedenen, passend gewählten Schwingungsperioden erregt, und dabei muss ihre Drahtlänge derart bemessen sein, dass in den Endplatten D1 D2 Spannungsbäuche auftreten. Die Schwingungsperioden müssen ferner derart gewählt werden, dass die das eine Schwingungssystem erregenden Schwingungen keine Wirkung auf das andere Schwingungssystem ausüben und umgekehrt. Man erhält die günstigsten Ergebnisse, wenn die Schwingungszahl sich zueinander verhalten wie zwei kleine Primzahlen. Außerdem müssen die Schwingungssysteme D1 S1 E und D2 S2 E geringe Dämpfung besitzen, damit sie nicht so schnell ausklingen, sondern möglichst lange sich fortsetzende Wellenfolgen ausstrahlen. Ferner sollten die verwendeten Wellenlängen nicht zu klein gewählt werden, so dass sie sich etwa den Wellenlängen der Hertzschen Wellen nähern, denn Wellen von so kleiner Wellenlänge erweisen sich wegen der schnellen Ausstrahlung der Energie in den Raum als zu schwach. Die beiden Schwingungssysteme D1 S1 E und D2 S2 E sollten vielmehr am besten in ihrem Grundton oder wenigstens in einem niedrigen Oberton schwingen, denn dann ist auch die Möglichkeit der Beeinflussung durch von aussen kommende störende Schwingungen am geringsten. Den beiden Schwingungssystemen können elektrische Schwingungen in irgendeiner Weise vermittelt werden, am besten in der Art, dass man sie durch in ihrer Nähe angeordnete Primärleiter P1 und P2 erregt. Zweckmäßig werden einstellbare induktive Widerstände L1 L2 in die Primärschwingungssysteme eingeschaltet, hauptsächlich, um die Art der Primärschwingungen zu regeln. In der Zeichnung umgeben die Primärleiter P1 und P2 die Pulen S1 und S2 und sind mit-

einander in Reihenschaltung durch die Widerstände L1 L2, Leiter F, Kondensatoren C1 und C2, Bürstenhalter B1 und B2 und die gezahnte Scheibe D verbunden. Die gezahnte Scheibe D ist mit dem Leiter F, gewünschtenfalls auch mit der Erdplatte E, wie veranschaulicht, verbunden. Auf diese Weise werden zwei unabhängige Primärschwingungssysteme gebildet. Die Kondensatoren C1 und C2 haben eine solche Kapazität, und die Widerstände L1 und L2 sind so eingeschaltet, dass jedes Primärschwingungssystem sich nahezu in Resonanz mit seinem Sekundärsystem befindet. Dabei muss darauf geachtet werden, dass jedes Sekundärschwingungssystem D1 S1 E und D2 S2 E in seinem Grundton schwingt, da sonst die Vorrichtung nicht befriedigend arbeitet. Sind die Kapazitäten der Spulen S1 und S2 verhältnismäßig klein, so ergibt sich die richtige Abstimmung, wenn das Produkt aus Kapazität und Selbstinduktion für jedes Primärschwingungssystem annähernd gleich dem Vierfachen des entsprechenden Produktes für das zugehörige Sekundärschwingungssystem ist. Die Bürstenhalter B1 und B2 lassen sich unabhängig voneinander im Winkel und, wenn nötig, auch seitlich einstellen, so dass eine beliebige Aufeinanderfolge oder ein beliebiger Phasenunterschied zwischen den in den beiden Primärschwingungssystemen auftretenden Entladungen erreicht werden kann. Die Kondensatoren C1 und C2 werden von einer beliebigen Energiequelle S, zweckmäßig von hohem Potential, geladen. Wird dabei die gezahnte Scheibe D in Umdrehung versetzt, so kommen ihre Zähne oder Arme p p nacheinander in die nächste Nähe der leitenden Stangen oder Bürsten n n, oder sie berühren unter Umständen dieselben, und hierdurch werden die Kondensatoren in rascher Aufeinanderfolge durch ihre zugehörigen Schwingungssysteme entladen. Dadurch werden die zwei Sekundärschwingungssysteme D1 S1 E und D2 S2 E in Schwingungen versetzt, und zwar jeder in seiner eigenen Weise für einen bestimmten Zeitraum nach jeder Entladung. Die zwei Impulse oder Schwingungen von verschiedener Wellenlänge werden durch die Erdplatte E der Erde mitgeteilt und erreichen die Empfangsstation (Fig. 2). Die Letztere ist mit zwei ähnlichen Schwingungssystemen e s1 d1 und e s2 d2 ausgerüstet, die in derselben Art wie die Schwingungssysteme der Sendestation angeordnet und auf dieselben abgestimmt sind, so dass jedes von ihnen ausschließlich auf eine der zwei in der Sendestation erzeugten Schwingungen von verschiedener Länge anspricht. Für die Empfangsstation gelten dieselben Grundsätze wie für die Sendestation. Dabei ist dafür zu sorgen, dass die Abstimmung vorhanden ist, wenn alle Apparate ausgeschaltet sind und in der richtigen Stellung sich befinden, denn jede Veränderung hierbei würde die Schwingungen mehr oder weniger beeinflussen und ändern. An den Anfang und das Ende der Empfangsspulen s1 uns s2 sind Stromkreise angeschaltet, die je eine für die elektrischen Schwingungen empfindliche Vorrichtung a1 bezw. a2, eine Batterie b1 bezw. b2, einen einstellbaren Widerstand r1 bezw. r2 und ein empfindliches Relais R1 bezw. R2 in Hintereinanderschaltung enthalten, wie Fig. 2 veranschaulicht. Die Art der Verbindung und die Anordnung der verschiedenen Vorrichtungen ist großenteils nebensächlich und kann vielfach abgeändert werden. Die für die elektrischen Schwingungen empfindlichen Vorrichtungen a1 a2 können von einer beliebigen bekannten Art sein. Beispielsweise können sie jede aus zwei durch eine sehr dünne Schicht von Luft oder Dielektrikum getrennten Elektroden bestehen, die durch eine Batterie oder eine andere Energiequelle auf eine derartig hohe Potentialdifferenz gebracht werden, dass die Durchschlaggrenze nahezu erreicht ist; bei der geringsten Störung wird dann das Dielektrikum durchschlagen. Der ursprüngliche empfindliche Zustand kann nach jeder Entladung durch Öffnen des Batteriestromes auf einen Augenblick oder in anderer Weise hergestellt werden. Die Relais R1 R2 haben Anker l1 l2, welche untereinander durch einen Draht w verbunden sind und bei ihrer Anziehung durch Berührung mit den Kontakten c1 und c2 einen Stromkreis schließen, der eine Batterie b3, einen einstellbaren Widerstand r3 und ein als Empfänger dienendes Relais R3 enthält. Es ist also ersichtlich, dass das Relais R3 nur dann in Tätigkeit treten kann, wenn beide Kontakte c1 und c2 in Berührung mit ihren Ankern treten.

Das Aussenden verschieden langer Schwingungsfolgen von der Sendestation (entsprechend den Punkten und Strichen des Morsealphabets) kann in einer beliebigen Weise bewirkt werden, beispielsweise durch Öffnen und Schließen des Stromkreises der Energiequelle S, so dass beim jedesmaligen Schließen desselben zwei elektrische Schwingungen verschiedener Wellenlänge gleichzeitig oder in rascher Aufeinanderfolge nach Belieben ausgesendet werden. Die zwei Empfangsschwingungssysteme der Empfangsstation, welche einzeln auf die von den ihnen entsprechenden Schwingungssystemen der Sendestation erzeugten Schwingungen ansprechen, erregen durch die empfindlichen Vorrichtungen a1 und a2 die Relais R1 und R2, deren Anker durch die Kontakt c1 und c2 ihren Stromkreis schließen und so das als Empfänger dienende Relais R3 in Tätigkeit setzen. Das Letztere zieht seinen Anker an, der durch Berührung mit dem Kontakte c3 den Stromkreis der Batterie b4 schließt und dadurch eine Arbeitsvorrichtung a3 in Tätigkeit setzt. Würden aber durch irgendeine von unbefugter Seite ausgesendete Schwingungsfolge bestimmter Wellenlänge nur in einem der beiden Stromkreise Schwingungen erregt, so könnte natürlich auch das Relais R3 nicht in Tätigkeit treten. Auf diese Weise kann beispielsweise eine Nachrichtenübertragung mit erhöhter Sicherheit gegen fremde Einmischung bewirkt, folglich auch die Geheimhaltung der Botschaft gesichert werden. Die in Fig. 2 veranschaulichte Empfangsstation vermag keine Nachricht nach der Sendestation zu geben. Sollen aber beide Stationen Nachrichten sowohl aussenden als auch empfangen können, so müssen sie gleich eingerichtet sein. Es kann dann irgendeine Anordnung, die hier nicht näher dargestellt zu sein braucht, getroffen werden, um die Vorrichtung auf jeder Station sowohl als Sender als auch als Empfänger benutzen zu können.

Die Endplatten D1 D2 der Sendevorrichtung und diejenigen d1 d2 der Empfangsvorrichtung sind in der Zeichnung als voneinander isoliert dargestellt; jedoch ist dies, obwohl vorteilhaft, nicht durchaus notwendig. Die zwei Platten können untereinander verbunden sein, oder es kann nur eine einzige Endplatte D1 bezw. d1 auf jeder Station benutzt werden.

Die Auslösung eines Empfängers, wie R3, kann ferner statt von zwei Sendeschwingungssystemen, wie oben beschrieben, von mehreren Sendeschwingungssystemen abhängig gemacht werden, so dass auf diese Weise ein beliebiger Grad von Sicherheit und Geheimhaltung der Nachricht gegen fremde Einrichtungen erreichbar ist.

Die in Fig. 1 und 2 veranschaulichten Vorrichtungen ermöglichen auch, verschiedene Wirkungen zu erzielen durch Einstellung der Aufeinanderfolge oder des Phasenunterschiedes der Entladungen in den Primärschwingungssystemen P1 und P2. Beispielsweise kann die Wirkung der Relais R1 R2 entweder durch Änderung der Gewichte der Anker l1 l2 oder der Stärke der Batterie b1 b2 oder durch Einstellung der Widerstände r1 r2 oder in anderer Weise geregelt werden, so dass, wenn die Entladungen in den Primärschwingungssystemen P1 und P2 der Sendestation eine bestimmte Phasendifferenz besitzen, die Anker l1 l2 zu gleicher Zeit durch die Kontakte c1 c2 ihre Stromkreise schließen und so das Relais R3 einschalten, dagegen ihre Dienste versagen, wenn die Aufeinanderfolge oder Phasendifferenz geändert ist. Durch diese oder ähnliche Mittel kann eine vermehrte Sicherheit gegen fremde Schwingungen erreicht werden.

Anstatt zwecks Erzeugung der Morsezeichen in der oben angegeben Weise den Stromkreis der Stromquelle S zu schließen und zu öffnen, kann es zweckmäßig sein, die Wellenlänge in jedem Sendeschwingungssystem in irgendeiner bekannten Weise willkürlich zu ändern, beispielsweise durch Einstellung der induktiven Widerstände in den Primärschwingungssystemen, so dass der Sender zwar unterbrochen arbeitet, aber der Empfänger nur in den Zeiten, wo die Wellen die richtige Länge haben, anspricht. Hinsichtlich der in Fig. 2 veranschaulichten Vorrichtungen ist noch zu bemerken, dass bestimmte Wirkungen durch Parallelschaltung der Kontakte c1 und c2, anstatt durch Hintereinanderschaltung derselben, wie dargestellt, erreichbar sind. Auch in diesem Fall muss das Relais R3 so eingerichtet oder eingestellt sein, dass es nur dann in Tätigkeit tritt, wenn beide Kontakte geschlossen sind.

Es ist nicht nötig, Sendevorrichtungen mit zwei oder mehreren gesonderten Schwingungssystemen, wie S1 und S2, zu verwenden, da eine Aufeinanderfolge von Schwingungen verschiedener Wellenlänge auch durch

No. 787,412. PATENTED APR. 18, 1905.

N. TESLA.

ART OF TRANSMITTING ELECTRICAL ENERGY THROUGH THE NATURAL MEDIUMS.

APPLICATION FILED MAY 16, 1900. RENEWED JUNE 17, 1902.

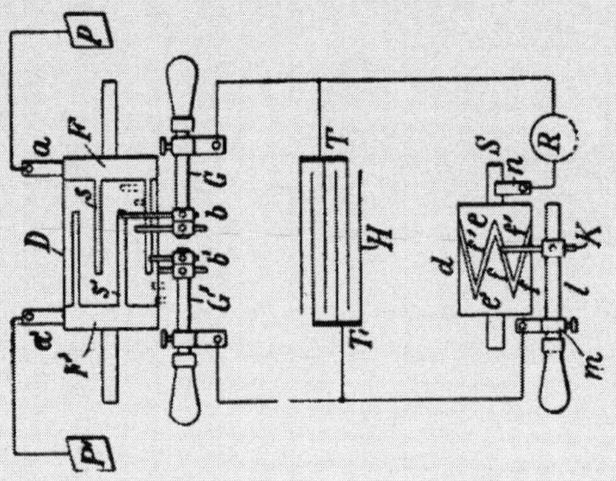

Fig. 2

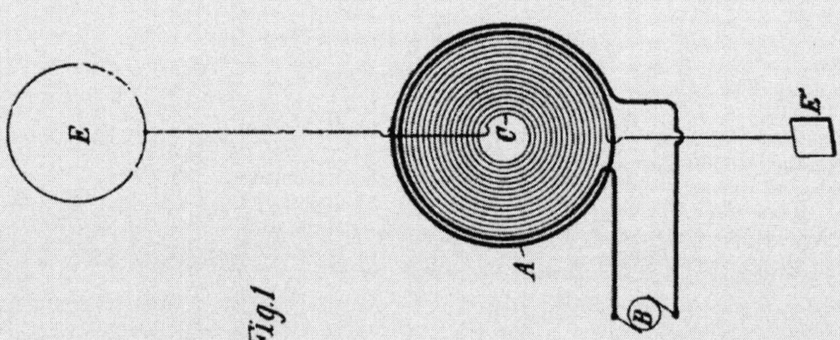

Fig. 1

Witnesses:
Raphaël Netter
M. Lawson Dyer.

Nikola Tesla Inventor
by Kerr, Page & Cooper Attys

eine Vorrichtung mit einem einzigen Schwingungssystem erzeugt werden kann. Einige Vorrichtungen dieser Art sind beispielsweise in den Fig. 3, 4 und 5 dargestellt. In Fig. 3 ist eine Sendevorrichtung e s2 d2 dargestellt, bei welcher durch eine umlaufende Scheibe D3, die ähnlich wie die in Fig. 1 dargestellte eingerichtet sein kann, in bestimmten Zeiträumen ein Teil der Spule s3 ausgeschaltet oder gegebenenfalls über einen einstellbaren Kondensator C3 kurzgeschlossen wird; hierdurch wird die Schwingung der Sendevorrichtung e s3 d3 zu passenden Zeitpunkten geändert, so dass zwei Impulse oder Schwingungen verschiedener Wellenlänge in rascher Aufeinanderfolge ausgesendet werden. Eine ähnliche Wirkung wird bei dem in Fig. 4 veranschaulichten Schwingungssystem e s4 d4 erzeugt durch zeitweise eintretenden Kurzschluss einer eine Induktionsspule L3 enthaltenden Sekundärwindung p4 unter Vermittlung einer umlaufenden Scheibe D4 mit isolierenden und leitenden Segmenten oder in anderer Weise. Von der in Fig. 5 dargestellten Vorrichtung e s5 d5 werden drei Schwingungen verschiedener Wellenlänge ausgesendet; dies wird in der Weise erreicht, dass in rascher Aufeinanderfolge eine wechselnde Zahl Windungen einer Induktionsspule L4 durch eine umlaufende Scheibe D5 mit zwei Vorsprüngen p5 p5 und durch drei unter 120° voneinander abstehende Bürsten n5 in Reihe mit dem schwingenden System geschaltet wird. In jedem dieser drei Fälle kann die Empfangsstation mit zwei bezw. drei Stromkreisen, ähnlich wie in Fig. 2, ausgerüstet sein, wobei selbstverständlich die vom Sender ausgehenden verschiedenen Schwingungen so rasch aufeinander folgen müssen, dass sie wie gleichzeitig auftretende Schwingungen die Auslösung der Relais R1 und R2 oder dergl. bewirken. Es ist auch nicht notwendig, auf der Empfangsstation zwei oder mehrere Stromkreise s1 und s2 anzuwenden, sondern es können auch einfache Stromkreise, wie die in Fig. 3, 4 und 5 dargestellten, benutzt werden. In diesem Fall müssen die entsprechenden Scheiben, wie D3, D4 und D5, auf der Sendestation und der Empfangsstation synchron und in der gleichen Phase laufen.

Natürlich können, wie bereits oben bemerkt, an Stelle von zwei eine größere Anzahl Schwingungen von verschiedener Wellenlänge verwendet werden; dadurch wird die Möglichkeit geboten, von einer praktisch unbegrenzten Anzahl von Vorrichtungen eine einzelne auszulösen; es ist also jeder Vorrichtung ein besonderes Kennzeichen erteilt, so dass sie gegen unbefugte Benutzung oder fremde Einmischung durchaus geschützt ist. Dieselbe kann daher mit voller Sicherheit angerufen werden, ohne eine Verwechslung mit zahllosen Vorrichtungen befürchten zu müssen.

Er stellt folgende Patentansprüche:

1. Ein Verfahren zur sicheren Übertragung einer Nachricht auf einen bestimmten Empfänger mittels elektrischer Impulse oder Schwingungen verschiedener Beschaffenheit, dadurch gekennzeichnet, dass auf der Sen-

destation eine Anzahl Arten Impulse oder Schwingungen verschiedener Wellenlänge erzeugt und ausgesendet werden und dass auf der Empfangsstation eine gleiche Anzahl Schwingungssysteme in Anwendung kommt, die einzeln nur auf Impulse oder Schwingungen einer bestimmten Wellenlänge ansprechen und nur beim Zusammenarbeiten einen Empfänger auslösen.

2. Eine Sendevorrichtung zur Ausführung des unter 1 gekennzeichneten Verfahrens, bei welcher durch rasch aufeinanderFolgendes Schließen und Öffnen einer Anzahl verschieden abgestimmter Schwingungssysteme oder durch rasch wechselnde Änderungen der Schaltung eines oder mehrerer Schwingungssysteme eine Anzahl Impulse oder Schwingungen von verschiedener Wellenlänge erzeugt werden.

In zwei Artikeln aus den Jahren 1905 und 1907 beschrieb Tesla seine Erfindung in einer etwas verständlicheren Weise folgendermaßen:

Das grundlegende Prinzip hierbei ist, eine Reihe von Schwingungen zu kombinieren, vorzugsweise ein wenig phasenverschoben, um die Gefahr von Interferenzen, sowohl aktiver wie auch passiver Art, weiter zu reduzieren und den Betrieb des Empfängers von der gemeinsamen Wirkung einer Anzahl von abgestimmten Elementen abhängig zu machen. Nur um zu zeigen, was hiermit erreicht werden kann, nehmen sie an, dass nur vier Schwingungen in jedem Empfänger isoliert werden. Nennen wir diese auf einer Seite a bzw. b, c und d. Dann würden sich die folgenden isolierten Leitungen ab, ac, ad, bc, bd, cd, abc, abd, acd, bcd und abcd ergeben. Auf der anderen Seite würden sich ähnliche Kombinationen ergeben, insgesamt 22 Leitungen, die gleichzeitig betrieben werden könnten. Um eintausend Wörter pro Minute zu übertragen, sind nur 46 Wörter in jeder Kombination notwendig. ... In der Praxis zeigt sich, dass schon durch die Kombination von zwei Schwingungen oder Tönen ein Grad der Geheimhaltung erreicht werden kann, der für die meisten Zwecke ausreichend ist. Wenn drei Schwingungen kombiniert werden, dann ist es selbst für einen geschulten Fachmann schwierig, die Signale, die nicht für ihn bestimmt sind, zu lesen oder zu stören. Bei vier Schwingungen ist dies ein hoffnungsloses Unterfangen. Die Wahrscheinlichkeit, die geheime Kombination im richtigen Moment und der richtigen Reihenfolge herauszufinden, ist wesentlich geringer als ein Vierer, Fünfer oder Sechser im Lotto. Meine experimentellen Erfahrungen haben gezeigt, dass diese Erfindung es ermöglichen wird, einige Millionen unterschiedlicher Nachrichten durch die Erde zu übertragen, die komischerweise in dieser Hinsicht einem künstlichen Leiter weit überlegen ist. Diese Anzahl sollte ausreichend sein, um den dringlichsten Erfordernissen der Nachrichtenübertragung für wenigsten ein Jahrhundert gerecht zu werden.

Hierbei handelt es sich nebenbei gesagt um eine grundsätzliche Computerschaltung, nämlich um das sogenannte UND-Element.

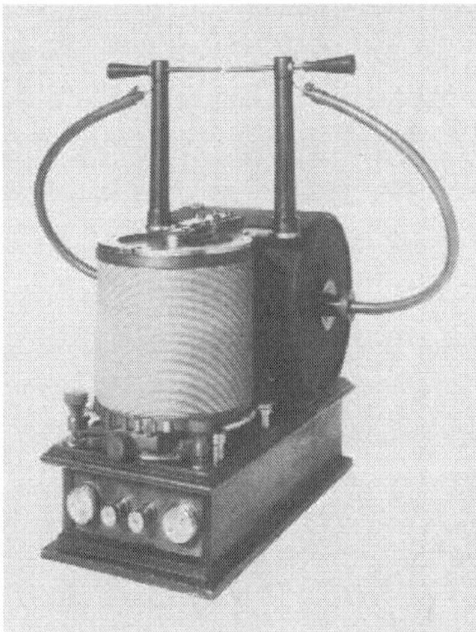

DER GROßE FETTE RADIOSCHWINDEL

Die Geschichte des Diebstahls des kompletten Teslaschen Radiosystems gehört zweifelsohne zu den interessantesten und herausragendsten Fällen von Plagiaten der Technikgeschichte der letzten hundert Jahre. Dass man sich auch heutzutage nicht vor solchen Dingen scheut, beweist der grobe Diebstahl des IBM-Personal-Computer-Systems.

Vier Männer taten sich bei ihren Bemühungen das Teslasche Radiosystem als ihr eigenes auszugeben, besonders hervor -- Teslas Landsmann Pupin, Fessenden, Poulsen und der Italiener Marconi, einer der größten Plagiatoren aller Zeiten. Weiterhin darf man natürlich auch den Einfluss der amerikanischen Marine und der amerikanischen Regierung plus Hintermänner nicht unerwähnt lassen.

Michael Pupin, der Professor am Columbia College war, kannte Tesla schon aus ihren Anfangstagen in Amerika. Wie Tesla in einem Interview aus dem Jahr 1927 mit Dragislaw L. Petkovic sagte, hatte ihn Pupin gebeten beim Erlernen der englischen Sprache etwas behilflich zu sein, da er Schwierigkeiten hatte, seine Anstellung bei einer Telefongesellschaft zu behalten. Tesla hatte Pupin später etwas taktlos an diesen Gefallen erinnert, worauf dieser gemeint hatte, dass Tesla überhaupt nichts für ihn getan habe und er schon allein in der Lage gewesen wäre, seine Arbeit zu machen. Aus diesem Zwischenfall entwickelte sich dann eine lebenslange Aversion der beiden Männer.

Pupin hatte schon 1894 ein Patent auf abgestimmte Stromkreise eingereicht, die es erlaubten, eine große Zahl von telegrafischen und telefonischen Nachrichten über ein Kabel gleichzeitig zu übertragen. Diese Anmeldung wurde von dem zuständigen Sachbearbeiter im Patentamt John Seymour jedoch abgelehnt, da dieser der Ansich war, dass Pupin nur Teslas Stromkreise kopiert hatte, was natürlich völlig den Tatsachen entsprach. Pupin gab seinen Kampf um die lukrativen Patentrechte für diese Erfindung allerdings nicht auf. Nachdem sich Seymour zur Ruhe gesetzt hatte, reichte er die Anmeldung erneut ein und hatte bei dessen Nachfolger mehr Glück. Später erhielt er für dieses geklaute Patent dann von AT&T tatsächlich 200 000 Dollar.

Als Pupin im Jahr 1935 krank wurde und wusste, dass er sterben musste, ließ er nach Tesla schicken, um mit ihm Frieden zu schließen. Dieser erklärte sich, nachdem er über diese Sache geschlafen hatte, bereit, Pupin zu besuchen. Am Sterbebett streckte er ihm die Hand hin und fragte ihn:

Teslas Landsmann Michael Pupin und Reginald A. Fessenden

"Wie geht es dir, mein alter Freund?" Daraufhin brach Pupin in Tränen aus. Die beiden Männer sprachen dann noch allein miteinander, und bald nach Teslas Besuch starb Pupin.

Ein weiterer schöner Plagiator war wie gesagt **Reginald A. Fessenden**, der anfangs der Achtziger Jahre schon für Edison und Westinghouse gearbeitet hatte. 1906 und 1907 war es Fessenden mit einer Teslaschen Hochfrequenzmaschine gelungen, Musik und Sprache zu übertragen, indem er amplitudenmodulierte Wellen verwendete.

Fessenden hatte im Jahr 1900, genauso wie Tesla, ein Patent auf abgestimmte Stromkreise eingereicht, obwohl er genau wusste, dass diese Erfindung natürlich von Tesla stammte. Die ganze Sache wurde schließlich ihm Jahr 1902 vor den Patentausschuss gebracht, und dort konnte Tesla eindeutig seine Priorität auf diesem Gebiet beweisen. Auch George Scherff und Fritz Löwenstein hatten zu seinen Gunsten ausgesagt, und so wurde das Patent schließlich Tesla erteilt.

Fessenden ließ sich hierdurch allerdings nicht davon abhalten, weiterhin Teslas System zu benutzen, wie man aus der erwähnten erfolgreichen Musikübertragung, die vier Jahre später stattfand, ersehen kann. Und nicht nur das, Fessenden erhielt im Lauf der Zeit 500 Patente, von denen wahrscheinlich nicht wenige auf Teslas Arbeiten beruhten.

Der zweitfrechste Plagiator war **Waldemar Poulsen**, der von Dänemark aus agierte, wo Teslas Radiosystem anscheinend nicht patentrechtlich geschützt war. Poulsen hatte 1907 eine gesamte Sendeanlage, nämlich seinen bekannten Lichtbogensender, gebaut und tatsächlich als seine eigene Erfindung ausgegeben. In einem Leserbrief an die *New York Times* aus dem Jahr 1907 zeigt Tesla jedoch deutlich, dass Poulsen nichts anderes als ein dreister Plagiator ist:

Ich habe mit großem Interesse den Bericht in ihrer heutigen Ausgabe gelesen, dass es dem dänischen Ingenieur Waldemar Poulsen, Erfinder eines interessanten Geräts, das als das "Telegrafon" bekannt ist, in exakter Weise gelungen ist, drahtlose telefonische Nachrichten über eine Entfernung von 400 km zu übertragen.

Ich habe mir eine Beschreibung des von ihm verwendeten Geräts angesehen und herausgefunden, dass es aus folgenden Teilen besteht:

1. Meinem geerdeten Resonanzübertragungskreis. 2. Meinem induktiven Erreger. 3. Dem sogenannten "Teslatransformator". 4. Meinen Induktionsspulen, um die Spannung im Kondensator zu erhöhen. 5. Meinem gesamten Gerät zur Erzeugung von ungedämpften und kontinuierlichen Schwingungen. 6. Meinem in Serie geschalteten abgestimmten Transformatorstromkreis. 7. Meinem geerdeten Resonanz-Empfangstransformator. 8. Meinem Sekundärkreis- Empfangstransformator. Es sind auch noch andere meiner Verbesserungen vorhanden, aber die genannten sind ausreichend, um zu zeigen, dass Dänemark ein Land ist, in dem das Erfinden sehr einfach ist. ("Denmark is a land of easy invention").

Die Behauptung, dass durch diese Mittel ein transatlantischer Telefonservice aufgebaut werden kann, ist sehr bescheiden. Für mein System spielt die Entfernung absolut keine Rolle. Meine eigene Radiostation wird Gespräche über den Ozean mit der gleichen Genauigkeit übertragen, wie wenn sie über einen Tisch geführt würden.

Ein weiterer Nutznießer der Teslaschen Erfindungen war **Lee de Forest**. Dieser hatte Ende der Neunziger Jahre dreimal vergeblich versucht, in Teslas Laboratorium eine Anstellung zu finden, woraufhin er dann mit eigenen Versuchen begann. Im Jahr 1901 konnte er mit seinen geklauten und abgewandelten Radiosendern immerhin ein paar Kilometer überbrücken und 1908 gelangt es ihm dann Signale über kontinentale Entfernungen zu senden. Im Gegensatz zu anderen leistete er immerhin einen eigenen Beitrag für die Entwicklung des Radios, indem er die ersten brauchbaren Radioröhren baute, die allerdings ebenfalls auf Tesla basierten.

Der mit Abstand größte und skrupelloseste Superplagiator des Teslaschen Radiosystems war von Anbeginn an **Guglielmo Marconi**. Dessen Mutter stammte aus Großbritannien und sein Vater aus Italien. Schon mit

Waldemar Poulsens berühmter Lichtbogensender aus dem Jahr 1915

Drei der bekanntesten Radiopioniere: Lee de Forest, Lodge und Fleming

zweiundzwanzig Jahren hatte er Experimente mit Geräten durchgeführt, die denen entsprachen, die Heinrich Hertz verwendet hatte. 1896 ging er nach England und fand bei William Preece, dem Leiter des englischen Telegrafenamtes Unterstützung für seine Versuche. Tesla hatte zu dieser Zeit Preece angeboten, ihm zwei seiner Hochfrequenzanlagen zu Testzwecken zu senden, aber der gerissene Marconi stellte sofort die Behauptung auf, dass Versuche mit Teslas Geräten ergeben hätten, dass diese für Radioübertragungszwecke unbrauchbar seien, woraufhin Teslas Vorschlag dann keine Beachtung fand. Allein hieraus kann man schon ersehen, wie hinterhältig und verlogen -- oder zumindest unfähig -- Marconi war. Geschäftlich war er jedoch umso erfolgreicher. Im Jahr 1897 konnte er die *Wireless Telegraph and Signal Company* mit einem Grundkapital von 100 000 Pfund, das schon ein Jahr später auf 200 000 Pfund erhöht wurde, gründen. Bis 1898 konnte er mit seinem unbrauchbaren System immerhin 20 km überbrücken. Danach verwendete er jedoch Teslas System und konnte damit im Jahr 1899 den Ärmelkanal oder 50 km überbrücken. Im September 1901 ließ Marconi in Poldhu in England eine von Fleming konstruierte große Sendeanlage mit mehreren 60 m hohen Sendemasten errichten, die allerdings so schwach gebaut waren, dass sie gleich wieder vom Wind umgeblasen wurden.

Im Dezember 1901 landete Marconi mit ein paar Leuten in Neufundland in Kanada, und am Freitag, den 13. Dezember 1901 wurde mit der mitgebrachten Empfangsanlage der Buchstabe S, was dem Morsecode Punkt - Punkt - Punkt entspricht, der von der Sendeanlage in Poldhu abgeschickt worden war, empfangen.

Robert M. Marriott, der erste Präsident des Instituts der Radioingenieure meinte später Folgendes hierzu: “In Bezug auf Marconis Anspruch, den

Der Superplagiator Guglielmo Marconi

Buchstaben S (drei aufeinanderfolgende Punkte) über den Atlantik gesandt zu haben, was, glaube ich, das erste Mal war, das jemand einen solchen Anspruch erhoben hat, weiß ich mehr oder weniger nicht, was ich davon halten soll, weil ich praktisch zur gleichen Zeit tägliche Experimente mit dem Kohärer an der Atlantikküste durchführte und eine Unzahl von Punktbuchstaben erhielt, den Buchstaben S zu Hunderten, Zwei-Punkt-Buchstaben in noch größerer Zahl und Ein-Punkt-Buchstaben in noch größerer Zahl." Hierdurch muss der Verdacht aufkommen, dass Marconi überhaupt ein totaler Schwindler war, und zu dieser Zeit noch gar keine Geräte hatte, um eine solche Übertragung durchzuführen, was bei seinem Charakter nicht gerade verwunderlich wäre.

Einen Monat später am 13. Januar 1902 wurde dann dieses "monumentale" Ereignis unter Federführung von Thomas Commerford Martin gebührend gefeiert. Zu diesem Zweck hatten sich im Waldorf Astoria sämtliche Gegner und Neider von Tesla zu einem Festbankett versammelt. Unter anderem solche illustren Herren wie Charles Steinmetz, der später zusammen mit Alexanderson für *General Electric*, also Edison, Teslas Hochfrequenzmaschinen entwickelte, Professor Pupin, Elihu Thomson, der immer noch glaubte, dass er den Wechselstrommotor und die Teslaspule erfunden hatte, Carl Hering, William Stanley, der Teslas Wechselstrommotoren nun für *General Electric* baute, und Frank Sprague, der Teslas Wechselstrommotoren als Erster für den Antrieb von Lokomotiven verwendet hatte. Weitere Gästen an diesem Abend waren Graham Bell, der britische Botschafter, sowie Edisons Frau, da Edison nicht persönlich erscheinen konnte und nur ein Glückwunschtelegram an Marconi gesandt hatte. Auch Tesla war bei dieser Feier nicht vertreten, aber Martin konnte dem erlauchten Publikum immerhin einen Brief des Meisters vorlesen:

Es tut mir leid, dass ich nichts zum Vergnügen dieses Abend beitragen kann, aber ich möchte zusammen mit den Gästen Mr. Marconi die herzlichsten Glückwünsche zu seinen glänzenden Ergebnissen übersenden. Er ist ein herausragender Arbeiter und voller Energie. Mag er sich als einer erweisen, dessen Kraft zunimmt und dessen geistige Fühler sich mit der Zeit zum Wohl der Welt und der Ehre seines Landes immer weiter ausstrecken.

Diese schwülstigen Worte waren natürlich sehr freundlich gehalten, da Tesla damals noch nicht wusste, dass Marconi und Fleming sein System für diese großartige Leistung benutzt hatten. Marconi hatte zu dieser Zeit sein System schon auf 70 Kriegs- und Handelsschiffen installiert und hatte tatsächlich schon mehr als zwanzig Sendestationen in Betrieb.

Tesla: *Die folgende Entwicklung zeigte jedoch, dass er mein System die ganze Zeit im Geheimen benutzt, den Applaus der Welt entgegengenommen und sogar gleichmütig meine eigenen Glückwünsche angenommen hatte. Erst lange Zeit nach diesen Ereignissen gab er dies zu.*

Marconis Radiostation in Poldhu in England mit den schwach gebauten Sendemasten

Ungefähr im Jahr 1903 dürfte es Tesla endgültig gedämmert sein, dass inzwischen alle mehr oder minder sein System benutzten. Er schreibt: *Ich habe vor einiger Zeit durch das führende britische elektrotechnische Magazin ("Electrician", London, 27. Febr. 1903), erfahren, dass einige Experimentatoren alle ihre eigenen Geräte aufgegeben haben und ohne meine Erlaubnis und offizielle Genehmigung zu meinen Methoden und Apparaten "übergelaufen" sind. Ich war erstaunt und peinlich berührt -- erstaunt über die Gleichgültigkeit und den Mangel an Anerkennung dieser Männer, peinlich berührt über die Unfähigkeit, welche diese beim Bau und bei der Verwendung meiner Geräte an den Tag legten.*

Bei den Gesprächen mit seinen Anwälten im Jahr 1916 sagte Tesla, dass jede drahtlose Nachricht, die je über irgendwelche Entfernung übertragen wurde, sei es nun auf telegrafischem oder telefonischem Wege, durch die Verwendung seiner Geräte erfolgt sei. Und darüber gibt es nicht den geringsten Zweifel, wie wir hinzufügen dürfen. Auch über Marconi, der

Aus dem Vox-Haus in Berlin wurde im Jahr 1923 die ersten regelmäßigen Rundfunksendungen in Deutschland ausgestrahlt

seinen Rotationsunterbrecher neu patentieren lassen hatte, äusserte er sich bei dieser Gelegenheit. Marconi hatte im Funkenspalt zwei Räder verwendet. *Ich zeigte nur ein Rad; er zeigt zwei. Und er sagt: "Sehen sie, was passiert, wenn die Räder in Drehung versetzt werden; eine wundervolle Sache geschieht!" Was ist das für eine wundervolle Sache? Nun, wenn die Zähne der Räder aneinander vorbeigehen, wird der Stromfluss unterbrochen. Das soll die wunderbare Sache sein, die geschieht? Selbst Gott könnte nichts anderes geschehen lassen, wenn er nicht seine eigenen Gesetze brechen würde. Auf diese Art und Weise sind Erfindungen heruntergesetzt, verfälscht und geschändet worden, und das bei meinen Geräten mehr als bei allen anderen. Es ist nicht der Funken einer kreativen Leistung in den Tausenden von Apparaten von anderen Leuten vorhanden -- nicht ein Funken. Es ist das gleiche wie bei Autokupplungen, von denen ca. 6 000 Patente existieren; aber alle diese Kupplungen sind auf exakt die gleiche Art und Weise konstruiert und werden auf die gleiche Weise betrieben. Der erfinderische Leistung, die hierbei vorhanden ist, entspricht ungefähr derjenigen zu der ein dreissigjähriger Esel fähig ist.*

Vorführung drahtloser Telefonie auf der Funkaustellung in Berlin im Jahr 1929

Als Tesla 1907 in der *Times* sogar vorgeworfen wurde, dass er die Erfindungen anderer benutze, schrieb er einen geharnischten Leserbrief an diese Zeitschrift: *Ich kann nicht zulassen, dass solche Ansichten in dieser Gemeinschaft Fuß fassen, und nur um die Sache im richtigen Licht darzustellen, möchte ich einige Bemerkungen der führenden elektrotechnischen Zeitschrift "London Electrician" zitieren, die sich auf die Radiostationen von Braun und Marconi beziehen: "Der Funken verläuft zwischen Kugeln im Primärkreis einer Teslaspule. Der Luftdraht ist mit einem Teslatransformator in Serie geschaltet. Das Kraftwerk ist wahrlich ein Poldhu im Miniaturformat. Offensichtlich ist Braun genauso wie Marconi zu den Hochspannungsmethoden, die von Tesla eingeführt worden sind, übergegangen." Es braucht nicht hinzugefügt zu werden, dass dieser Austausch der alten unwirksamen Geräte durch die meinigen nicht von mir autorisiert worden ist. Andere Forscher können sicher sein, dass ich ihre Rechte peinlich genau respektiere. Und wenn ich mich nicht durch einen Sinn für Fairness*

Hochfrequenzmaschinen in der Radiostation Naum in Deutschland (1920)

und aufgrund meines Stolzes hierzu veranlasst fühlen würde, dann durch meine Fähigkeit, alles zu erfinden, was mir Spaß macht.

Im Jahr 1930 äusserste sich Tesla noch einmal über Marconi, als dieser behauptete, dass er durch Radiowellen Kriegsschiffe mit Elektroantrieb ausser Kraft setzen könne: *Der Leitartikel der "World" vom 28. März muss eine heilige Furcht bei einigen ihrer Leser hervorgerufen haben. Marconis Demonstration musste die Leute natürlich in Staunen versetzen, aber zu diesem kritischen Zeitpunkt war es sicherlich falsch, der Marine der Vereinigten Staaten mit der Feststellung Furcht einzujagen, dass er elektrisch betriebene Schlachtschiffe ausser Betrieb setzen könne, was den sicheren Untergang bei einem Zusammenstoß mit dem Feind bedeuten würde. Der Gedanke, dass meine wundervollen Induktionsmotoren, die für ihren Antrieb benutzt werden, auf so leichte Art und Weise versenkt werden könnten, jagte mir anfangs ein wenig Furcht ein. Allerdings konnte ich mich dann durch eine kleine Rechnung davon überzeugen, dass die übertragene Maximalleistung -- in Einheiten ausgedrückt, die passender sind als die üblichen -- nicht einmal ein Millionstel einer "Mausstärke" überschreiten konnte. ...*

Der verschlagene Italiener fügte keine Beschreibung seines Geräts bei, aber aus seinen vorangegangenen Berichten darf man mit Sicherheit schließen, dass sie altbekannt sind. Es ist jedoch erfreulich, dass er seine lächerliche Anordnung eines "Strahlensystems" aufgegeben hat, von dem er behauptet hatte, dass es "unbegrenzte Möglichkeiten" besäße.

Kurz nach Teslas Tod im Jahr 1943 wurde es dann amtlich, dass Marconi oder dessen Gesellschaft, da er zu dieser Zeit schon längst tot war, sich ausgiebig bei Tesla bedient hatte. Das Oberste Gericht der Vereinigten Staaten erklärte im Juni dieses Jahres bei der Verhandlung der *Marconi Wireless Telegraph Company* gegen die Vereinigten Staaten die Radiopatente Marconis für ungültig, da sie auf Teslas Patente beruhten.

Slavko Boksan schreibt über die Leistungen Marconis Folgendes:

"Die ersten Apparate, die Marconi von 1896 bis 1901 verwendete, bestanden aus dem Hertzschen Oszillator Righischer Konstruktion und aus dem Kohärer Branlys. Sie wurden von ihm und seiner Gesellschaft aufgegeben und durch Tesla-Apparate ersetzt. Bei den Apparaten für Erzeugung und Empfang der Hochfrequenzenergie kommt demnach Marconi als selbständiger Erfinder nicht in Betracht."

Schon 1896 übernahm Marconi in seinem ersten Patent mit der Nummer 12 039 die Antenne und die Erdverbindung von Tesla. "Er ist dabei aber nicht verblieben. Nach vergeblichen Versuchen von fünf Jahren, mit kurzen Hertzschen Wellen und mit Hertzschen Apparaten Radiotelegrafie zu verwirklichen, kehrte er wieder zu Tesla zurück. Marconi hat nämlich volle fünf Jahre, von 1896 bis 1901, mit seiner ursprünglichen Apparatur gearbeitet, hat viele Experimente mit ihr ausgeführt, hat bedeutende Mittel seiner Gesellschaft für diese Experimente angewendet, und das Resultat war, dass selbst mit Anwendung stärkster Apparate nur geringe Entfernungen von maximal 50 Meilen bewältigt werden konnten, und zwar auf der See, wo den Hertzschen Wellen keine Hindernisse im Wege standen. Erst als die grundlegenden Fernsteuerungs- und Colorado-Experimente Teslas bekannt wurden, entschloss sich Marconi mit seiner Gesellschaft, die bis dahin verwendete Apparatur ganz aufzugeben und Teslas Apparatur teilweise zu benutzen, was zu großen Erfolgen führte. Dem Grundplan Teslas folgte also auch die Adoptierung seiner Apparatur mit abgestimmten Stromkreisen im Sender und Empfänger und seiner langen Wellen und das Resultat war, dass die bis dahin in fünf Jahren bewältigten Entfernungen von 50 Meilen jetzt in einem einzigen Jahr auf 5 000 Meilen wuchsen. Nach weiteren fünf Jahren sah sich Marconi durch die Erfolge von Poulsen, Fessenden, Wien und anderen veranlasst, weitere Ideen von Tesla zu entlehnen, und so konstruierte er ebenfalls nach Teslas Vorgang seine rotierende Funkenstrecke und schafft ein Löschfunkensystem großer Leistung, das ihm dazu verhilft, den Überseedienst zu forcieren und einige Jahre darauf verschiedene Überseestationen zu bauen. Jetzt nutzt

Dinner des Instituts der Radioingenieure im Jahr 1915.
Hintere Reihe von links nach rechts: John Stone Stone, Johann Zenneck, Lee de Forest, Nikola Tesla, Fritz Löwenstein, Rudolf Goldschmidt.
Man beachte Teslas erzwungenes Lächeln (kleines Bild).

er auch das Prinzip der losen Koppelung, der flachen spiralförmigen Spulen aus, führt Ölkondensatoren ein, strebt danach, den Rotations-Oszillator für ungedämpfte Schwingungen mit hohem Wirkungsgrad zu vervollkommnen und kommt endlich zu Resultaten, die Tesla rund fünfzehn Jahre vorher erreichte. Als dann die Elektronenröhre aufkam, passte sich Marconi auch dieser großen Erfindung zeitgemäß an.

Gleichzeitig sehen wir aber Marconi immer wieder seine gewaltigen Erfolge durch die Presse verkünden. ... Dass die Leistung Marconis in der Presse und Öffentlichkeit größte Bewunderung hervorgerufen hat, ist auf Grund der früher schon erzielten Begeisterung verständlich. Marconi wurde als großer Erfinder und als schöpferischer Geist überall gefeiert. Dass er jedoch das System Teslas vom Jahr 1891/92 adoptiert und sich demselben angepasst hatte, wollte niemand glauben, obwohl die Zeitschrift "Electrician" 1903 darauf hinwies; denn der äussere Erfolg entschied alles und der war bei Marconi. ...

Wenn wir die Leistungen Marconis in der Zeit der Radioentwicklung genau verfolgen, so sehen wir, dass er vom Anfang an jede wesentliche Verbesserung seiner Stationen immer wieder den grundlegenden Erfindungen Teslas zu verdanken hat."

Tesla äusserste seine Meinung über Marconi in einem Gespräch mit einem Mitarbeiter einmal so: *Marconi ist ein guter Kerl. Lasst ihn nur weitermachen. Er benutzt 17 meiner Patente.* In einem Interview mit Dragislav Petkovic aus dem Jahr 1927 fasste er sich etwas deutlicher, indem er feststellte: *Mr. Marconi ist ein Esel.*

Als Letztes wollen wir auch noch die unrühmliche Rolle der **amerikanischen Marine und Regierung** etwas streifen. Es dürfte ja wohl klar sein, dass eine solche Erfindung wie das Radio von herausragender Bedeutung für das Militär sein musste. Anfang des Jahrhunderts kaufte die Marine die ersten Radioanlagen von verschiedenen Firmen, so z.B. auch Geräte, die in Deutschland von Braun, Graf Arco oder Slaby entwickelt worden waren, natürlich nach Teslas Vorbild. Tesla selbst ging bei solchen Geschäften leer aus. Die nächsten zwanzig Jahre arbeitete die Marine fleissig an der Entwicklung eines Radiosystems (bis 1921 wurden ca. 40 Millionen Dollar investiert), ohne natürlich Rücksicht auf Teslas Patente zu nehmen. Die Marine hatte in dieser ganzen Zeit versucht, das Radio unter ihre alleinige Kontrolle zu bringen. 1912 wurde z.B. ein Gesetz verabschiedet, mit dem allen "Amateurstationen" verboten wurde, auf Langwelle zu senden, und im Ersten Weltkrieg wurde sogar das Abhören von Lang- und Kurzwellen verboten.

Tesla äusserste sich einmal so über die Gesetzesvorlagen, die im Kongress eingereicht wurden:

Es wäre wirklich fatal, falls jetzt im Eiltempo eine Verfügung durch die Legislative durchgesetzt werden würde, die die Radiotechnik zu einem Staatsmonopol macht, ... Aber überall auf der Welt zeigt sich unmissverständlich, dass die größten Erfolge immer in einer gesunden Wettbewerbssituation erzielt werden. Es gibt jedoch noch andere Gründe, weshalb dem Radio die völlige Entwicklungsfreiheit zugestanden werden sollte. In erster Linie bietet das Radio unvergleichlich bessere Aussichten für die Verbesserung des menschlichen Lebens als jede andere Erfindung in der Geschichte der Menschheit.

Tja, leider hat sich die Marine durchgesetzt und die gesamten Langwellen unter ihre Kontrolle gebracht. Die Wellenlängen bis 500 000 Hertz sind praktisch ausschließlich für die amerikanische Regierung reserviert.

Radiosender der "Fritz Löwenstein Company" aus der Zeit vor dem 1. Weltkrieg

1917 wurden dann schließlich sämtliche Radiostationen konfisziert und Teslas Wardenclyffe-Turm in die Luft gejagt. Den großen Radiogesellschaften wie *Westinghouse*, *AT&T* und *Marconi Wireless* wurde gar erlaubt, Radioanlagen zu produzieren, ohne die rechtmäßigen Erfinder zu entschädigen. Diese Firmen gründeten unter der Schirmherrschaft der amerikanischen Regierung die *RCA* (*Radio Cooperation of America*), an der natürlich die *J.P. Morgan Company* maßgeblich beteiligt war.

Nach dem Krieg wurden dann jedoch von der amerikanischen Regierung Entschädigungen gezahlt, und die Hauptgewinner hierbei waren ausgerechnet die genannten Firmen, die den größten Teil des Geldes einstrichen, was man schon als Betrug bezeichnen muss. Edwin Armstrong, der Erfinder der Feedback-Röhrenempfängers, also einer verbesserten Version des Audions von Lee de Forest oder Fessenden, dem diese Erfindung irgendwann gerichtsmäßig zugesprochen worden war, erhielt immerhin 89 000 Dollar. Die Feedback-Methode zur Signalverstärkung war natürlich ebenfalls von Tesla erfunden und schon in Colorado Springs eingesetzt worden, allerdings hatte er sie nicht für Radioröhren verwendet und auch nicht patentieren lassen. Tesla selbst erhielt wenigsten ein paar Dollar durch seinen früheren Mitarbeiter Fritz Löwenstein, dem 23 000 Dollar zugesprochen worden waren.

Die Militärs waren in den ersten Jahrzehnten sehr stark von den großen Radiofirmen abhängig, nach dem Ersten Weltkrieg begannen sie jedoch eigene Entwicklungen voranzutreiben und eigene Experten auszubilden. Dies markiert den Beginn der geheimen Geschichte des Radios, eines Radios, das ausschließlich militärischen Zwecken diente, nämlich dem Aufbau einer sicheren Kommunikation im Kriegsfall zwischen den einzelnen Kommandostellen. Anfangs wurden Radioanlagen entwickelt, die mit VLF-Wellen (Very Low Frequency) arbeiteten, die eine weltweite Nachrichtenübertragung ermöglichten und mit denen auch mit U-Booten kommuniziert werden konnte, und zwar ohne statische Interferenzen. Für solche Radiostationen wurden Dutzender 300 m hoher Antennen verwendet. Die ausgestrahlte Leistung betrug um die 2 000 KW, und die Baukosten für ein solches Objekt überstiegen die Investitionen für Teslas Wardenclyffe-Projekt bei weitem.

Ende der Fünfziger Jahre begann man dann mit der Erforschung der ELF-Wellen (Extra Low Frequency). Im Jahr 1959 wurde das Projekt *Pangloss* gestartet, 1962 wurde es in *Sanguine* umbenannt und 1973 schließlich in *Seafarer.* Diese ELF-Stationen sollen angeblich mit einer Frequenz von 76 Hertz arbeiten. Irgendwann entwickelte sich hieraus dann das berüchtigte **HAARP-Projekt**, dessen Ziel es war, die Bevölkerung mit schädlichen ELF-Wellen zu bombardieren, um diese besser kontrollieren und unterdrücken zu können. Das Projekt wurde 1990 von Joseph H. Cater in die Luft gejagt. 1993 wurde dann mit dem Bau eines zweiten HAARP-Projekts begonnen, das im Vergleich zum ursprünglichen Projekt ziemlich harmlos ist.

Zusammenfassend muss man also sagen, dass die amerikanischen Militärs bis zur Entwicklung der Satelitentechnik Teslas Radiotechnik mehr oder minder komplett usurpiert haben.

SLAVKO BOKSAN ÜBER TESLAS RADIOTECHNIK

Zum Schluss dieses Kapitels möchten wir zur Verdeutlichung dieses ganzen Themenbereichs noch einige Zitate von Slavko Boksan aus dem Jahr 1932 anfügen, da dieser als bisher einziger eine ausführliche technische Abhandlung über Teslas Erfindungen verfasst hat und hierin eindeutig nachgewiesen hat, dass Tesla der alleinige Erfinder der Radiotechnik ist und alle anderen mehr oder minder nur Plagiatoren sind.

“Das Hauptanwendungsgebiet der Teslaströme ist die Radiotechnik. Alle Radiosender arbeiten ausschließlich mit Teslaströmen, und das trifft sowohl für Sender mit langen Wellen als auch für solche mit kurzen Wellen zu. Jeder Sender braucht zur Ausstrahlung und Übertragung elektrischer Energie offene Stromkreise, welche Antenne und Erdleitung nebst Induktions- und Regulierspulen umfassen, und der Strom muss in einem offenen Stromkreis hin- und herschwingen können. ... Dazu sind Teslaströme imstande. Der gewöhnliche Wechselstrom von niedriger Periodenzahl braucht zur Energieübertragung einen Rückleiter. ... Genauso aber wie beim Sender steht es auch mit jedem Empfänger. Die elektromagnetische Energie beziehungsweise die elektrischen Impulse einer Sendestation, die um die Station herum durch die Bewegung der Teslaströme im offenen Schwingkreis der Antenne und der Erdleitung entstehen, breiten sich durch den Raum nicht wie die kurzen Hertzschen Wellen in gerader Richtung, sondern leitend an der Oberfläche der Erde aus, und beim Auftreffen auf einen offenen oder geschlossenen Stromkreis eines Empfängers, welcher mit dem Sender auf Resonanz abgestimmt ist, werden je nach Entfernung und Stärke der Sendestation stärkere oder schwächere Teslaströme induziert, ...

Wir haben in den bisherigen Ausführungen gezeigt, dass Teslaströme elektrische Schwingungen von verschiedener Periodenzahl sind. Die Periodenzahlen bewegen sich zwischen etwa einigen Tausenden und vielen Millionen. Das entspricht den Wellenlängen von einigen Metern bis zu Zehntausenden Metern. Hertzsche Schwingungen ergeben dagegen viel kürzere Wellen von einigen Millimetern bis zu einigen Metern. ... Sie bewegen sich in gerader Richtung, während die Wellen der Teslaschwingungen eine leitende Bahn vorziehen. Sie passen sich der leitenden Erdoberfläche gut an und können Hindernisse überwinden. Deshalb wollen wir zwischen den Herztschen und den Teslaschen Schwingungen genau unterscheiden. Dem steht natürlich die allgemeine Benennung der elektromagnetischen Wellen nach dem Namen Hertz nichts im Wege. Diese Bezeichnung hat ja mit der Radiotechnik nichts zu tun.”

“Wir haben in der ausführlichen Schilderung der Arbeiten Teslas und der ihm nachfolgenden Pioniere auf dem Gebiete der Radiotechnik nachgewiesen, dass fast alle grundlegenden Entdeckungen von Tesla gemacht sind. Die Radiotechnik bedeutet nichts anderes als praktische Anwendung der Teslaströme, und es ist demzufolge erklärlich, dass die Entwicklung der Teslaströme eigentlich die sukzessive Ausnutzung und Anwendung der verschiedenen Teslaschen Methoden der Hochfrequenz-Energieerzeugung bedeutet. Die Entwicklung und praktische Ausnutzung der Radiotelegrafie und Telefonie ist in erster Linie dadurch um einige Jahrzehnte verzögert worden, dass die führenden Fachleute in der Radiotechnik das lange nicht einsehen und zugeben konnten oder wollten. So sind die grundlegenden und ungemein wertvollen Eigenschaften der Teslaoszillatoren und ihre Bedeutung zur Hervorbringung der Teslaströme für die Zwecke der Radioübertragung erst sehr spät erkannt worden, obwohl Tesla ihrer konstruktiven Ausgestaltung viele Jahre produktiver Arbeit gewidmet hat.

Das bedeutet, dass auch die Hochfrequenztechnik ihre Zeit haben musste, denn erst nach und nach wurde alles begriffen und verstanden, was Tesla schon sehr früh geschaffen hatte. Jahre musste vergehen, bis man einsah, dass die Radiotechnik nichts anderes als ein Anwendungsgebiet der Teslaströme bedeutet. Schuld daran war auch die durch viele Radiotechniker und Physiker vertretene Auffassung, dass die Hochfrequenztechnik und Radiotechnik zwei ganz verschiedene Dinge sind, genauso so verschieden wie Teslaströme und Hertzsche Wellen. Tesla war lange Zeit der Einzige, der in dieser Beziehung eine klare Vorstellung hatte, die er lange vergeblich predigte; denn es vergingen Jahre, bis seine Arbeiten verstanden wurden, aber sein Name blieb verschwiegen. Der erste und lange Zeit der einzige Physiker, der die Wahrheit aussprach, war Professor Drude, der im Jahr 1904 in den *Annalen der Physik* seine grundlegenden Arbeiten veröffentlichte, in denen er zeigte, dass die Schwingungen in den Spulen der Teslatransformatoren und in den miteinander induktiv gekoppelten Spulen der drahtlosen Telegrafie denselben Gesetzen gehorchen und dass die Radiotechnik tatsächlich mit Teslaströmen arbeitet.

Trotz dieser Feststellung und umfangreicher mathematischer Beweise haben wir seit der Zeit, fast volle zwanzig Jahre, in der Entwicklung der Radiotechnik nichts anderes zu verzeichnen als die glatte Anwendung verschiedener Teslascher Methoden der Hochfrequenz-Energieerzeugung, welche alle als besondere selbständige Systeme unter verschiedenen Erfindernamen bekannt wurden. So sind die verschiedenen, auch heute noch in der Literatur so benannten Systeme der Löschfunkentelegrafie, des tönenden Lichtbogens, der Rotationsfunkenstrecke und des Hochfrequenzgenerators entstanden. Ausserdem sind auch verschiedene Empfangsapparate und Anordnungen in diesen vielen Systemen ebenfalls nach den grundlegenden Arbeiten Teslas ausgenutzt worden. ...

Wir haben in der Einleitung die berühmten Worte von Helmholtz gebracht, die wir hier wiederholen wollen: "Der Ruhm der Erfindung haftet doch an dem, der die neue Idee gefunden hat, die experimentelle Prüfung ist nachher eine viel mechanischere Art der Leistung."

Wenn wir diesen Standpunkt Helmholtz´ als Maßstab für Teslas Leistungen auf dem Gebiete der Radiotechnik nehmen, dann müssen wir sagen, dass Tesla nicht nur der Ruhm der Erfindung, sondern auch der Ruhm der experimentellen Prüfung der Erfindung gebührt. ...

Zusammenfassend wollen wir die wichtigsten Radioentdeckungen und Erfindungen Teslas wie folgt aufzählen:

1. Erdleitung und Antenne auf der Sende- und Empfangsstation.
2. Mehrfache Hochfrequenzstromkreise auf der Sende- und Empfangs-

station in genauer Resonanz miteinander. Abstimmung der Stromkreise durch regulierbare Kondensatoren und Selbstinduktionsspulen.

3. Verwendung von Hochfrequenzschwingungen, die aus Hochfrequenzgeneratoren und Kondensatorentladungen gewonnen werden und von etwa 10 000 aufwärts bis zu vielen Millionen Perioden in der Sekunde betragen. Diese Schwingungen werden in der Sendestation im geschlossenen Primärstromkreis erzeugt und durch den Teslatransformator in den offenen Sekundärkreis, welcher mit der Antenne und der Erde verbunden wird, übertragen. Auf der Empfangsstation werden die vom Sender kommenden Impulse oder Wellen von dem offenen Schwingungskreis, welcher Antenne, Erdverbindung und die Primärspule des Teslatransformators umfasst, aufgenommen und in den Sekundärkreis, der die Empfangsgeräte enthält, induktiv übertragen.

4. Ausnützung verschiedener Teslaoszillatoren, wie Löschfunkenoszillatoren, Hochfrequenzlichtbogen und Rotationsoszillatoren im Primärkreis des Senders, um die Reichweite, Leistung und den Wirkungsgrad der Station zu erhöhen und um im Sekundärkreis schwach gedämpfte und ungedämpfte freie Schwingungen zu erhalten.

5. Verwendung der losen Koppelung der Hochfrequenzstromkreise, um freie Schwingungen und Resonanz zu ermöglichen und zu erleichtern.

6. Verwendung konischer und flacher Spiralspulen, ölgekühlter Kondensatoren, hohler und gelitzter Leiter großer Oberfläche, von Antennen von großem Krümmungsradius und großer Oberfläche und künstlicher Kühlung der Schwingungsspulen und Kreise, um die Schwingungen zu verstärken und die Verluste auf das Minimum zu reduzieren, und zwar sowohl im Sender als auch im Empfänger.

7. Gleichrichtung der Wellen (siehe Deutsches Patent Nr. 54 797 vom Oktober 1889), Trennung der kontinuierlichen, ungedämpften Wellen in bestimmte Wellenzüge und Akkumulierung der Wellenenergie, um Radiophonie und Radiotelegrafie mit ungedämpften Wellen zu ermöglichen und um schwache Impulse zu verstärken und dadurch die Reichweiten zu vergrößern.

8. Anwendung der Rahmenantennen.

9. Drahtlose Fernsteuerung mit mehrfachen Schwingungskreisen verschiedener Wellenlängen. Anwendung von rotierenden Kohärern.

10. Verwendung möglichst großer Selbstinduktionen und geringer Ohmscher Widerstände und mehrfacher Wellen verschiedener Länge, um scharfe Resonanz zu erzielen und jede Interferenz auszuschließen."

Aus dem dürfte nun endgültig ersichtlich sein, dass Tesla alle Einzelteile des Radios erfunden hat und sich andere nur vollkommen schamlos bei ihm bedient haben. Selbst hundert Jahre nach der Erfindung des Radios ist Tesla immer noch nicht als dessen Erfinder anerkannt, stattdessen wird ständig Marconis Name genannt.

DIE DRAHTLOSE ENERGIEÜBERTRAGUNG

Hierbei handelt es sich zweifelsohne um die kontroverseste Erfindung Teslas, und daran hat sich bis heute nichts geändert. Tesla erzählte seinen Mitarbeitern und Freunden schon Anfang der Neunziger Jahre, dass er plane Autos, Schiffe und Flugzeuge mit Hilfe seiner Erfindungen drahtlos mit Energie zu versorgen. Das nächste Jahrzehnt arbeitete er dann an der Entwicklung von Hochfrequenzmaschinen und deren Einsatz in der Radiotechnik, und hierbei wird natürlich auch irgendwelche Energie drahtlos übertragen, aber eben nur in relativ geringen Mengen. In Colorado Springs gelang es ihm dann immerhin schon 200 Glühbirnen aus einer größeren Entfernung zum Leuchten zu bringen, oder zumindest wäre seine Anlage ausreichend gewesen, um ein solches Ergebnis zu erzielen. In den *Colorado Springs Notes* beschreibt er auch die unterschiedlichen Techniken für die Radio- und Energieübertragung:

Für eine hohe elektromotorische Kraft, welche der Hauptzweck ist, der erreicht werden soll -- nämlich Energieübertragung und Übertragung von verständlichen Nachrichten an jeden Punkt der Erde -- ist es unbedingt notwendig, die beste Art und Weise zu finden, um diese zu erzielen. Wie schon gesagt wurde, kann dieses Ergebnis auf zwei radikal verschiedene Wege erreicht werden -- entweder durch ein hohes Transformationsverhältnis oder durch Resonanzsteigerung. Für die Energieübertragung scheint es so, dass schließlich die erstere Methode vorherrschen muss, aber wenn nur eine kleine Energiemenge notwendig ist, dann ist die zweite Methode zweifelsohne die bessere und einfachere der beiden.

In der Öffentlichkeit erwähnte Tesla die drahtlose Energieübertragung explizit wie gesagt zum ersten Mal im gedruckten Teil seiner Rede bei der Eröffnungsfeier des Kraftwerks an den Niagarafällen in Buffalo im Jahr 1897. In einem Artikel in der *Electrical Review* aus dem Jahr 1898 geht er dann genauer auf seine diesbezüglichen Pläne ein. Er schreibt:

Ausgehend von den beiden Tatsachen, dass die Erde ein im Raum isolierter Leiter ist und ein Körper nicht aufgeladen werden kann, ohne dass hierdurch eine entsprechende Verschiebung der Elektrizität in der Erde erzeugt wird, machte ich mich an die Konstruktion einer Maschine, die dazu in der Lage ist, eine größtmögliche Verschiebung der Elektrizität in der Erde zu erzeugen.

Diese Maschine musste einfach nur in schneller Folge einen im Raum isolierten Körper auf- und entladen, um so auf diese Weise die Elektrizi-

Großes Bild: Glühbirne, die durch die induktive Wirkung eines entfernten Oszillators aufleuchtet. Kleines Bild: Teslaspule, die ebenfalls durch induktive Wirkung mit Energie versorgt wird, wodurch die in der Mitte angebrachte Birne zum Leuchten gebracht wird.

tätsmenge der Erde periodisch zu verändern und dementsprechend auch die Spannung auf der gesamten Oberfläche. Es handelt sich also im Prinzip um nichts anderes als um eine Pumpe, die das Wasser zwischen einem großen und einem kleinen Reservoir hin- und herpumpt. Anfangs beabsichtigte ich auf diese Weise nur Nachrichten über große Entfernungen zu senden, ... Nun, diesen Plan weitete ich also für ein System der Energieübertragung aus und teilte ihn Helmholtz anlässlich seines Besuches in diesem Land mit. Er sagte ohne zu zögern, dass Energie auf alle Fälle auf diese Weise übertragen werden könnte, aber er bezweifelte, dass ich jemals in der Lage sein würde, einen Apparat zu bauen, der Millionen von Volt erzeugen könnte, die notwendig wären, um einigermaßen Aussicht auf Erfolg zu haben, und dass ich die Schwierigkeiten bei der Isolierung überwinden könnte. So unmöglich dies am Anfang auch erschien, so gelang es mir doch, diese Aufgabe in relativ kurzer Zeit zu meistern. Als ich dieses Gerät fertig gestellt hatte, gelangte ich an einen Wendepunkt bei der Durchführung dieses Planes. Ich beobachtete nämlich plötzlich, dass die Luft, die für Ströme, wie sie von normalen Geräten erzeugt werden, ein vollkommener Isolator ist, durch Ströme aus meiner verbesserten Maschine, die eine Spannung von 2,5 Mio. Volt abgab, sehr leicht zu überbrücken war. Die weiteren Untersuchungen auf diesem Gebiet förderten eine andere wichtige Tatsache ans Tageslicht. Die Leitfähigkeit der Luft für diese Ströme nahm nämlich mit dem Evakuierungsgrad sehr schnell zu. Auf diese Weise wurde die Energieübertragung über die oberen Luftschichten, die ohne die von mir erzielten Ergebnisse nichts mehr als ein Traum geblieben wäre, auf einmal leicht realisierbar. Dies ist umso sicherer, da ich weiter herausfand, dass es unter Bedingungen, wie sie in gut erforschten Höhen existieren, absolut praktikabel ist, elektrische Energie in großen Mengen zu übertragen. Ich habe also die kolossalen Hindernisse, die ursprünglich im Weg standen, überwunden, und der Erfolg meines Systems hängt nur noch von der Ingenieurskunst ab.

In Wardenclyffe wollte Tesla dann sowohl eine Radiostation errichten als auch eine Anlage zur drahtlosen Energieübertragung. Wie wir gesehen haben, ist er mit beiden Vorhaben gescheitert, allerdings führte er dort laut seiner Angaben mehrere Versuche zur Energieübertragung durch. Als schon abzusehen war, dass er sein Laboratorium in Wardenclyffe schließen musste, veröffentlichte er im Jahr 1905 einen Artikel mit dem Titel "Die Übertragung elektrischer Energie ohne Drähte als Mittel zur Sicherung des Friedens", um hierdurch vielleicht doch noch Sponsoren für sein Projekt zu gewinnen. Hierin schreibt er z.B.:

Die elektrische Energie kann ohne Drähte wirtschaftlich über jede terrestrische Entfernung übertragen werden. Dies habe ich unmissverständlich in zahlreichen Beobachtungen, Experimenten und Messungen demonstriert. Diese haben gezeigt, dass es praktikabel ist, Energie aus einem Zentralkraftwerk in unbegrenzter Menge und mit einem Verlust, der einen Bruchteil eines Prozents nicht überschreitet, sogar über die größten Entfernungen -- 21 000 km an das andere Ende der Erde -- zu übertragen. Diese scheinbar unmögliche Tat kann nun ohne weiteres von jedem Elektriker, der mit der Konstruktion meines "Hochspannungs-Verstärkungstransmitters" vertraut ist, ausgeführt werden. Dieser ist das wunderbarste Gerät, das ich kenne, denn es ermöglicht die Erzeugung von Effekten unbegrenzter Stärke in der Erde und deren Atmosphäre. Es handelt sich hierbei im Prinzip um einen freischwingenden Sekundärkreis bestimmter Länge, der eine sehr hohe Selbstinduktion und einen geringen Widerstand besitzt, dessen einer Anschluss sich in engem direkten oder induktiven Kontakt mit der Erde befindet und dessen anderer Anschluss mit einem erhöht angebrachten Leiter verbunden ist und dem die elektrischen Schwingungen unter Resonanzbedingungen aufgezwungen werden. Um ihnen einen Eindruck von der Leistungsfähigkeit dieses wunderbaren Geräts zu geben, möchte ich feststellen, dass ich hiermit Funken, die sich

Teslas Laboratorium in Colorado Springs mit dem 70 m hohen Sendeturm

über eine Länge von mehr als dreissig Metern erstreckten, erzeugt habe, die Ströme mit einer Stärke von tausend Ampere und Spannungen von ungefähr 20 Mio. Volt geführt haben. Chemisch aktive Leuchtströme haben hierbei Flächen von mehreren hundert Quadratmetern ausgefüllt, und die elektrischen Strömungen in der Umgebung haben sogar diejenigen, die von Blitzen erzeugt werden, an Stärke übertroffen.

Was die Zukunft auch immer bringen wird, die weltweite Anwendung dieser großartigen Prinzipien ist sicher, selbst wenn dies lange dauern wird: Mit der Eröffnung des ersten Kraftwerks wird der Unglauben den Weg für die Verwunderung und diese für die Undankbarkeit freigeben, wie immer in solchen Fällen. Die Zeit ist nicht weit entfernt, wenn die Energie aus Wasserfällen die Lebensenergie der Menschheit sein wird. Bis jetzt sind erst drei Mio. PS durch mein System der Wechselstromübertragung genutzt worden. Das ist wenig, entspricht aber trotzdem 60 Millionen zusätzlicher, unermüdlicher Arbeitern, die ohne Nahrung und Lohn für die Bevölkerung der Erde arbeiten.

Das Projekt, das mir vorschwebt, sieht jedoch die Nutzung der Wasserkraft bei einer Leistung von ungefähr 150 Mio. PS vor. Sollte dies in 25 Jahren erreicht werden, was aller Wahrscheinlichkeit nach der Fall sein wird, dann wird es im Durchschnitt zwei unermüdliche Arbeiter pro Person geben. Aber noch lange vor der Verwirklichung dieser Dinge werden Kohle und Öl keine bedeutende Rolle mehr für die Aufrechterhaltung des menschlichen Lebens auf diesem Planeten spielen. Man muss bedenken, dass elektrische Energie aus Wasserfällen wahrscheinlich fünfzigmal effektiver ist als die Energie aus Brennstoffen. Da dies die perfekteste Art ist, die Sonnenenergie zu nutzen, ist die Richtung der zukünftigen materiellen Entwicklung der Menschheit klar vorgegeben. Sie wird von "weisser Kohle" leben. Wie ein Baby sich an die Brust seiner Mutter klammert, genauso wird die Menschheit an den Wasserfällen hängen. "Gib uns unseren täglichen Wasserfall", so wird das Gebet der kommenden Generation lauten. Deus futurus est deus aquae deiectus!

Über Teslas berühmten "Verstärkungssender" schreibt Boksan Folgendes: "Bei seinen Experimenten mit Teslatransformatoren in Form von Flachspiralen entdeckte Tesla ..., dass es möglich ist, die Amplitude der Schwingungen beliebig zu vergrößern, indem man die Schwingungen durch starke Selbstinduktion explosionsartig zur Wirkung bringt, so dass die Energie einer Schwingung in viel kürzerer Zeit zur Ausstrahlung gelangt, als das normal geschieht. Bei Anwendung besonders hoher Spannungen gelang es ihm dann, explosionsartige Ausstrahlungen solcher Art durchzuführen, dass die ursprüngliche Amplitude um das Hundertfache und Tausendfache verstärkt wurde. Um diese Erfindung zu erklären, wollen wir Folgendes berücksichtigen: Wenn eine Oszillation z.B. ein Tausendstel einer Sekunde währt und wenn man sie explosionsartig in einem

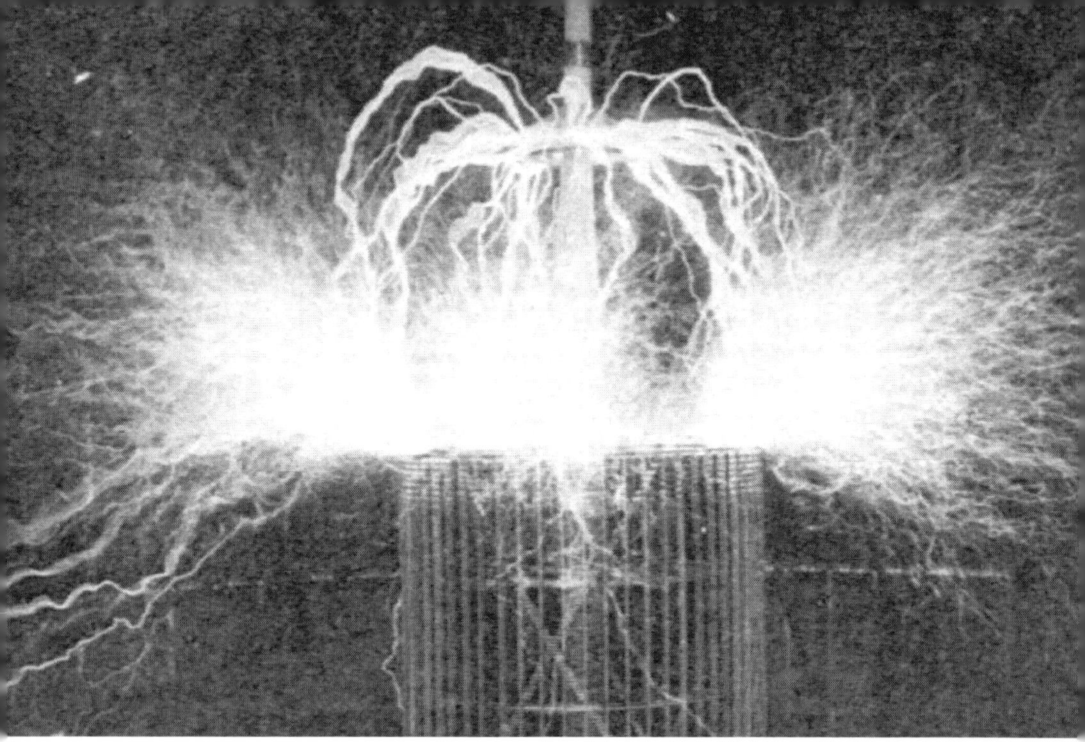

Entladungen der Sekundärspule des Teslaschen Hochspannungstransformators in seinem Laboratorium in Colorado Springs

Großes Bild: Birne, die ohne Anschluss leuchtet
Kleines Bild: Flammenförmige Entladungen der Sekundärspule

Geplantes Aussehen des Wardenclyffe-Turms

Millionstel Teil der Sekunde zur Wirkung bringt, so wächst die Amplitude dieser Schwingung um das Tausendfache, so dass derartige Impulse in der Entfernung mit tausendfacher Intensität zur Wirkung gelangen. Die Leistung bleibt gleich, weil die Wirkung nur ein Tausendstel der Zeit währt."

Die Tatsache, dass in der Erde stationäre Wellen erzeugbar sind, ist in vielerlei Hinsicht von größter Bedeutung für die intellektuelle Entwicklung der Menschheit. Populär ausgedrückt ist diese Erscheinung einem Echo ähnlich -- sie ist also das Ergebnis einer Reflexion. Es verlangt einen eindeutigen und unbestreitbaren experimentellen Beweis, dass der elektrische Strom, nachdem er durch die Erde gegangen ist, auf die gegenüberliegende Seite reist, von dort reflektiert wird und mit praktisch unverminderter Stärke an seinen Ausgangspunkt zurückkehrt. Die ausgehenden und die zurückkehrenden Ströme prallen aufeinander und bilden Knoten und Bäuche, die denen eines schwingenden Seiles ähnlich sind. Um die gesamte Strecke von ungefähr 42 000 km zu durchlaufen, was dem Umfang der Erde entspricht, benötigt der Strom eine bestimmte Zeitspanne, die ich ungefähr errechnet habe. Durch die Preisgabe dieses Wissens hat die Natur eines ihrer größten Geheimnisse offenbart, dessen Auswirkungen für die Menschheit nicht vorhersehbar sind. Die Tatsachen in diesem Zusammenhang sind so erstaunlich, dass es fast so scheint, als wenn der Schöpfer selbst diesen Planeten auf elektrische Weise konstruiert hätte, um uns hierdurch zu ermöglichen, Wunder zu vollbringen, die vor meiner Entdeckung nicht einmal in den kühnsten Träumen vorstellbar waren. ...

Wie ich in einem früheren Artikel gesagt habe ("Electrical World and Engineer" vom 5. Mai 1904), arbeite ich seit einiger Zeit an der Konstruktion eines Kraftwerks, das 10 000 PS drahtlos übertragen wird. Die Energie wird an vielen Orten überall auf der Erde und in unterschiedlichen Mengen aufgefangen werden können. Nun sollte klar sein, dass die praktische Verwirklichung dieses Unternehmens nicht notwendigerweise noch lange auf sich warten lassen muss. Die Pläne könnten leicht noch in diesem Winter fertig sein, und wenn in der Zwischenzeit die Fundamente fertig gestellt würden, dann könnte das Kraftwerk im Laufe des Frühjahrs des nächsten Jahres in Betrieb gehen. Wir hätten dann eine einmalige und unschätzbar wertvolle Maschine zur Verfügung. Allein dieser eine Oszillator würde die Welt ein Jahrhundert voranbringen. Sein zivilisierender Einfluss könnte selbst von dem anspruchslosesten Einsiedler in der Wildnis bemerkt werden. Millionen von Instrumenten aller Art und für alle nur vorstellbaren Zwecke könnten durch diese eine Maschine betrieben werden. Durch einfache und billige Uhren, die keine Wartung benötigen und mit nahezu mathematischer Präzision laufen, könnte die weltweite Zeit übertragen werden. Börsentelegrafen und ähnliche Geräte dieser Art könnten auf der ganzen Welt im Einklang arbeiten. Es könnten Instrumente gebaut werden, um den Kurs eines Schiffes auf See, die zurückgelegte Strecke, die Geschwindigkeit, die Zeit an jedem beliebigen Ort und die Längen- und Breitengrade zu bestimmen. Auf diese Weise könnten unschätzbare kommerzielle Vorteile gewährleistet und zahllose Unfälle und Katastrophen verhindert werden. An einem beliebigen Ort kann ein Haus beleuchtet oder irgendeine andere Arbeit verrichtet werden, für die ein paar PS notwendig sind. Was jedoch wesentlich wichtiger ist als dies, es könnten hierdurch in allen Teilen der Welt Flugmaschinen angetrieben werden. Sie würden aufgrund ihres kleinen Gewichts und der großen Antriebskraft sehr große Reisegeschwindigkeiten erreichen. Es wäre meine Absicht, dieses erste Kraftwerk mehr als Mittel zur Aufklärung zu benutzen und die Energie nur in kleinen Mengen und an so vielen Orten wie nur möglich aufzufangen. Das Wissen, dass durch die Erde Energie pocht, die ohne weiteres überall erhältlich ist, wäre ein starker Ansporn für Forscher, Techniker und Erfinder auf der ganzen Welt. Hierdurch könnte die Produktivität ins Unendliche gesteigert werden. Die industrielle Produktion würde kräftig wachsen, und die Bedingungen für den Handel würden besser sein als je zuvor. Der Bedarf würde immer größer sein als das Angebot. Die Eisen-, Kupfer-, Aluminium- und Kabelindustrie und viele andere würden auf jeden Fall großen und dauernden Nutzen aus dieser Entwicklung ziehen.

Die wirtschaftliche Energieübertragung ohne Drähte ist von alles überragender Bedeutung für die Menschheit. Durch ihre Hilfe wird der Mensch die absolute Herrschaft über die Lüfte, die Meere und Wüsten erringen. Sie wird den Bergbau, den Transport und das Verbrennen von Brennstoffen unnötig machen und auf diese Weise deren sündhafte Verschwendung beenden. Durch sie wird der Mensch an jedem Ort und in jeder gewünschten Menge die Energie von Wasserfällen erhalten können, um seine Maschinen anzutreiben, seine Kanäle, Tunnel und Fernstraßen zu bauen, die Materialien für seine Bedürfnisse und seine Kleidung und seine Nahrung herzustellen und um sich mit Wärme und Licht für seine Wohnung zu versorgen -- und dies jahrein, jahraus, immer, bei Tag und in der Nacht. Sie wird die lebendige, glorreiche Sonne zu seinem treuen und gehorsamen Sklaven machen. Sie wird Frieden und Harmonie auf die Welt bringen.

Mehr als fünf Jahre sind jetzt seit dem schicksalhaften Gewitter vom 3. Juli 1899 vergangen, von dem ich in dem zuvor erwähnten Artikel erzählt habe, und durch das ich die terrestrischen stationären Wellen entdeckt habe; nahezu fünf Jahre, seitdem ich an diesem unvergesslichen Tag dieses große Experiment durchgeführt habe, welches mir der schwarze Donnergott in meinem großen, schrecklich lauten Laboratorium gezeigt hat. Ich habe damals gedacht, dass es ein Jahr dauern würde, bis sich mein "drahtloser Gürtel" in kommerzieller Hinsicht durchgesetzt haben würde. Aber leider! Mein erstes "Welttelegrafenkraftwerk" ist immer noch nicht fertig gestellt, sein Bau ist in den letzten zwei Jahren nur langsam vorangeschritten.

Diese Maschine, die ich baue, ist nur ein Spielzeug, ein Oszillator mit einer maximalen Leistung von 10 Mio. PS, die gerade ausreicht, um diesen Planeten durch Zeichen und Worte, durch Telegrafie und Telefonie ein wenig zu erschüttern. Wann werde ich dieses erste Kraftwerk, diesen großen Oszillator, den ich plane, vollendet sehen? Aus welchem ein Strom mit einer Spannung von 100 Mio. Volt durch die Erde rauschen wird! Der Energie mit einer Leistung von 1 Mrd. PS liefern wird -- einhundert Niagarafälle verbunden zu einem Riesenwasserfall --, der die Welt mit seinen Schlägen treffen wird, Schläge, die selbst den verschlafensten Elektriker auf dem Mars oder der Venus, falls es dort solche gibt, aus dem Schlaf reissen werden! ... Dies ist kein Traum, es ist eine einfache Leistung der wissenschaftlichen Elektrotechnik, nur teuer -- blinde, kleinmütige Welt! ... Die Menschheit ist noch nicht weit genug entwickelt, um sich von dem kühnen Forschergeist des Entdeckers führen zu lassen. Aber wer weiß. Vielleicht ist es in einer Welt wie der unseren besser, dass eine revolutionäre Idee oder Erfindung -- anstatt dass sie unterstützt und gehätschelt -- behindert und misshandelt wird -- durch fehlende Mittel, durch selbstsüchtige Interessen, Pedantentum, Dummheit und Unwissenheit; dass sie angegriffen und gelähmt wird; dass sie durch bittere Prüfungen und Leiden hindurchgehen und einen herzlosen wirtschaftlichen Kampf überstehen muss. Auf diese Weise gelangen wir ans Ziel. Auf diese Weise wurde alles Große in der Vergangenheit lächerlich gemacht, verdammt, bekämpft, unterdrückt -- nur umso mächtiger und triumphaler aus dem Kampf hervorzugehen.

Ansonsten geht Tesla auf die drahtlose Energieübertragung, ausser in seinen Patenten, noch in sechs weiteren Artikeln ein, die aus dem Jahr 1905, 1907, 1908, 1912 und 1934 stammen. In dem Artikel "Wir können die Entfernung zum Mars überbrücken" schreibt er in Bezug aus sein System an den Herausgeber der *New York Times* Folgendes:

Die Prinzipien, die es beinhaltet, sind von ewiger Gültigkeit. Wir leben auf einem leitenden Himmelskörper, der im Weltall isoliert ist und eine bestimmte unveränderliche Größe und Eigenschaften besitzt. Es wird niemals möglich sein, elektrische Energie in wirtschaftlicher Weise durch die Erde und ihre Umgebung zu übertragen, ausser durch die grundsätzlichen Methoden, die ich entdeckt habe. Das System ist so perfekt, dass es kaum verbessert werden kann. Da ich ihre Meinung, die, wie ich hoffe, nicht von der Nachwelt geteilt werden wird, als richtig anerkannt habe, könnten sie mir vielleicht einen Grund nennen, weshalb dieser Fortschritt nicht den Entdeckungen von Kopernikus ebenbürtig sein sollte? Könnten sie mir einen Grund nennen, weshalb er nicht wesentlich wichtiger und wertvoller für den Fortschritt und das Wohlergehen der Menschheit sein sollte? ...

Nun, mein drahtloses System bietet praktische Lösungen für all diese Dinge. Die Luftfahrt, welche die Geister gerade beschäftigt, ist nur eine

ELECTRIC MOT
RUN BY RADIO.
FUEL-LESS PLANE
RADIO POWER TRANSMITTER

von vielen offensichtlichen Anwendungsmöglichkeiten, die genauso folgenschwer sind. Allein die Wasserfälle dieses Landes, sein größter Reichtum, reichen aus, um die Bedürfnisse der Menschheit auf Tausende von Jahren hinaus zu befriedigen. Ihre Energie kann mit der gleichen Leichtigkeit für den Bau des Panamakanals wie für den Betrieb der transsibirischen Eisenbahn oder für die Bewässerung und Fruchtbarmachung der Sahara eingesetzt werden. Die angelsächsische Rasse hat eine große Vergangenheit und Gegenwart, aber ihre wahre Größe wird sich erst in der Zukunft zeigen, wenn die Wasserkraft, die sie besitzt oder kontrolliert, die Bedürfnisse der gesamten Welt befriedigen wird.

Nun zum Thema weltweiter Frieden: Wenn es nicht in der Ordnung der Natur liegt, dass der Krieg für den sicheren und gesunden Fortschritt der Menschheit unabdinglich ist, falls dieser utopische Zustand überhaupt erreicht werden kann, dann kann er nur durch dieses Mittel erreicht werden, da alle internationalen Konflikte auf einen Grund zurückgeführt werden können -- auf die immensen Ausmaße dieses Planeten. Mein System der drahtlosen Energieübertragung hebt die Entfernung in allen Bereichen menschlicher Unternehmungen auf.

Eine weitere ausführlichere Beschreibung ist in dem Artikel "Teslas Meinung zur Nordpolarexpedition Pearys" zu finden. Tesla meint hier, dass die Entwicklung auf dem Gebiet der Elektrotechnik inzwischen so weit fortgeschritten sei, um mit besseren Verkehrsmitteln als Hundeschlitten, entlegene Gebiete wie den Nordpol erreichen zu können. *Es würde nicht lange dauern, um ein Kraftwerk für die Luftfahrt und für geographische Forschungen zu bauen, und es wäre auch nicht so kostspielig, wie man annehmen könnte. Sein Standort wäre völlig ohne Bedeutung. Es kann an den Niagara- oder Viktoriafällen in Afrika liegen, ohne dass es einen großen Unterschied in der von einem Flugzeug oder einem anderen Gerät aufgefangenen Energie geben würde.*

Ein populärer Irrtum, den ich in meiner ersten Veröffentlichung schon richtig gestellt habe, ist es zu glauben, dass sich die Energie bei einem solchen Kraftwerk in alle Richtungen zerstreuen würde. Dies ist nicht der Fall, wie ich in meinen technischen Publikationen deutlich gemacht habe. Die Elektrizität wird zwar durch einen Transmitter in alle Richtungen sowohl in der Erde als auch in der Luft versetzt; das ist richtig, aber die Energie wird nur an dem Ort verbraucht, wo sie aufgefangen und für die Verrichtung von Arbeit benutzt wird. Um ihnen dies zu verdeutlichen: Ein Kraftwerk mit ca. 10 000 PS, das ich gerade entwerfe, soll z.B. an den Niagarafällen auf vollen Touren laufen, und es soll nur ein einziges Flugzeug mit sagen wir 50 PS, an irgendeinem fernen Ort in Betrieb sein, wobei die Position absolut keine Rolle spielt. In diesem Fall wären die 50 PS die gesamte Energie, die durch dieses Kraftwerk der restlichen Welt geliefert würde. Obwohl die elektrischen Schwingungen überall auf der Erde vor-

handen wären, an der Oberfläche genauso wie hoch in der Luft, würde absolut keine Energie verbraucht. Meine Experimente haben gezeigt, dass die gesamte Elektrizitätsmenge, die die Erdkugel erschüttert, mit ein paar PS aufrecht erhalten werden kann. Abgesehen von den Verlusten in den Sende- und Empfangsgeräten treten nur solche auf, die durch die Abstrahlung von Hertzschen oder elektromagnetischen Wellen entstehen, die jedoch auf ein völlig unbedeutendes Maß reduziert werden können.

Ich verstehe die Schwierigkeiten, die ihre technisch nicht versierten Leser in Bezug auf die Arbeitsweise dieses Systems haben müssen. Um ihnen eine ungefähre Vorstellung zu vermitteln, sollten sie sich den Transmitter und die Erde als zwei elastische Behälter vorstellen, wobei der eine sehr groß und der andere sehr klein ist und beide durch ein Rohr verbunden sind, das mit einer unkomprimierbaren Flüssigkeit gefüllt ist. Durch eine Pumpe wird die Flüssigkeit abwechselnd und in schneller Folge von einem Behälter in den anderen gepumpt. Um nun eine starke Bewegung der Flüssigkeit in einem so riesigen Behälter wie der Erde zu erzeugen, wäre eine so große Pumpe notwendig, dass es eine schwierigere Aufgabe wäre, diese zu konstruieren, als tausend ägyptische Pyramiden zu bauen. Aber es gibt eine Möglichkeit, dies mit einer sehr kleinen Pumpe zu erreichen. Der Behälter, der mit der Erde verbunden ist, ist elastisch und durch einen plötzlichen Schlag gerät er in Schwingungen einer bestimmten Frequenz. Der erste Kunstgriff besteht darin, dass man die Einzelteile so plant und anordnet, dass sich die natürlichen Schwingungen des Behälters mit dem Hub der Pumpe im Einklang befinden. Unter diesen Voraussetzungen wird der Behälter in starke Schwingungen versetzt, und die Flüssigkeit wird mit einer gewaltigen Kraft hin- und herbewegt. Aber der riesige Behälter -- die Erde -- wird hierdurch weiterhin vergleichsweise nur gering beeinflusst. Trotz ihrer Größe gelten aber auch hier die Naturgesetze, und genauso wie der kleine Behälter spricht auch die Erde auf bestimmte Impulse an. Diese Tatsache habe ich im Jahr 1899 entdeckt.

Der zweite Kunstgriff besteht darin, den Transmitter so zu justieren, dass er diese speziellen Impulse liefert. Wenn dies alles entsprechend eingestellt ist, dann wird der große Behälter in spasmische Schwingungen versetzt, und die Auswirkungen hiervon sind äusserst erstaunlich. Aber bisher wird noch keine Energie übertragen und für diese kolossale Bewegung ist nicht viel Energie notwendig. Wir haben es hier praktisch mit einem Motor zu tun, der im Leerlauf läuft.

Als nächstes müssen sich die Leser vorstellen, dass an einem Ort, an dem Energie benötigt wird, ein elastischer Behälter, der dem ersten ähnlich ist, mit dem großen Behälter durch ein Rohr verbunden wird. Der dritte Kunstgriff besteht darin, die Einzelteile so zu proportionieren, dass dieses Zusatzgerät auf die übertragenen Impulse anspricht, wodurch sich eine große Verstärkung der Schwingungen des Behälters ergibt. Die Pum-

Teslas Laboratorium in Wardenclyffe mit dem Sendeturm in einem früheren Bauzustand

pe wird hierbei immer noch keine Energie liefern, solange diese Schwingungen nicht dazu veranlasst werden, irgendwelche Arbeit auszuführen.

Um den vierten Kunstgriff verstehen zu können -- nämlich die Individualisierung -- müssen sich die Leser vorstellen, dass der Energiefluss an jedem Ort von der Stelle aus, an dem sich die Pumpe befindet, willkürlich gesteuert werden kann, und zwar mit der gleichen Leichtigkeit und Genauigkeit und unabhängig von der Entfernung. Weiterhin ist noch eine Einrichtung notwendig, die man mit der Zahlenkombination bei einem Safe vergleichen kann. Aber erst wenn die Leser verstehen, dass all diese Prozesse und auch andere, die ich nicht erwähnt habe, und die miteinander verbunden sind wie die Glieder einer Kette, in einem Bruchteil einer Sekunde komplettiert werden können, dann werden sie in der Lage sein, das magische Potential von Schwingungen schätzen zu lernen und sich eine Vorstellung davon zu machen, welche Wunder ein geschulter Elektrotechniker durch die Verwendung dieser Geräte vollbringen kann.

Ich hoffe allen Ernstes, dass in der nahen Zukunft die Bedingungen für die Konstruktion eines Kraftwerks, wie ich es vorgeschlagen habe, günstiger sein werden. Wenn ein solches Kraftwerk in Betrieb gehen wird, dann können elektrische Motoren in Flugzeuge wie das von Santos Dumont eingebaut werden. Es ist nicht notwendig, einen Generator mitzuführen oder die Energie für die Antriebskraft zu speichern, und eine solche Maschine wird deswegen leichter und kleiner sein. Hierdurch und auch durch die vorhandene größere Antriebskraft wird die Geschwindigkeit wesentlich höher sein. Ein paar solcher Maschinen, die mit entsprechenden Fotoapparaten und anderen Geräten ausgestattet sind, werden ausreichen, um in kürzester Zeit die gesamte Erdoberfläche zu erforschen. Man sollte sich allerdings vor Augen halten, dass für eine Person normalerweise eine sehr kleine Maschine mit ¼ PS ausreichend wäre, was der Arbeit von zwei Männern entspricht, so dass nach der Fertigstellung des ersten Kraftwerks mit 10 000 PS auf der ganzen Welt eine große Anzahl von Menschen Flüge durchführen könnten. Ich kann mir keine andere Erfindung vorstellen, welche die Zivilisation in effektiverer Weise fördern könnte als diese.

Auch Hochseeschiffe wollte Tesla mit drahtloser Energie versorgen. *Es wäre nicht schwierig, aus einem Kraftwerk an den Niagara- oder Viktoriafällen oder irgendwelchen anderen Wasserfällen, gleich wie weit sich diese entfernt befinden, sagen wir 50 000 PS auf mehrere Hochseekreuzer zu übertragen. Tatsächlich gäbe es nur einen Unterschied, der nicht größer als ein Bruchteil eines Prozents wäre, ob sich die Energiequelle nun in der Nähe oder in 21 000 km an den Antipoden der Erde befindet.*

In einem Artikel aus dem Jahr 1908 erklärt Tesla, wie seine stationäre Wellen auch zur Bestimmung geographischer und anderer Daten verwendet werden können: *Wenn die Erde mechanisch erschüttert wird, wie es bei einigen gewaltigen Erdumwälzungen der Fall ist, dann vibriert diese wie eine Glocke, wobei die Schwingungsperiode nur in Stunden gemessen werden kann. Wenn sie elektrisch angeregt wird, dann oszilliert die Ladung ungefähr zwölfmal in der Sekunde. Wenn man ihr Ströme einer bestimmten Wellenlänge aufzwingt, die ihrem Durchmesser angepasst sind, dann wird der Erdball wie ein Draht in Resonanzschwingungen versetzt, wobei sich stationäre Wellen bilden, deren Knoten- und Bauchpunkte mit mathematischer Genauigkeit lokalisiert werden können. Aufgrund dieser Tatsache und der Kugelform der Erde können zahllose geodätische und andere Daten, die von größter wissenschaftlicher und praktischer Bedeutung sind, sehr genau und schnell bestimmt werden. Durch die Beobachtung dieser erstaunlichen Phänomene werden wir bald in der Lage sein, den exakten Durchmesser dieses Planeten, seine Form und sein Volumen, das Ausmaß seiner Erhebungen und Vertiefungen zu bestimmen und mit nichts anderem als einem elektrischen Gerät sämtliche terrestrischen Entfernungen mit großer Präzision zu messen. Im dicksten Nebel oder im Dunkel der Nacht wird es ohne Kompass oder andere Orientierungsmittel oder Zeitmessgeräte möglich sein, ein Schiff auf den kürzesten Weg entlang der Erdoberfläche zu leiten, den Längen- und Breitengrad sofort abzulesen, die Uhrzeit, die Entfernung von jedem beliebigen Punkt und die wirkliche Geschwindigkeit zu bestimmen. Durch die entsprechende Verwendung solcher Störungen kann eine Welle mit jeder gewünschten Geschwindigkeit und an jedem Punkt, der beliebig ausgewählt und dessen geographische Lage sehr genau mit den einfachen Gesetzen der Trigonometrie bestimmt werden kann, über die Oberfläche der Erde geschickt werden.*

Wie man aus einem Artikel aus dem Jahr 1912 ersehen kann, wollte Tesla für seine Energieübertragung ultralange Wellen verwenden: *Mit Wellen, die 300 km lang sind, ist eine wirtschaftliche Energieübertragung unmöglich, weil der Verlust zu groß ist. Wenn man Wellenlängen von 6 000 km verwendet, ist dieser immer noch beträchtlich, wenn er auch keinen ernstlichen Nachteil darstellt. Mit Wellenlängen von 12 000 km wird er fast unbedeutend, und auf diesen glücklichen Umstand beruht die Zukunft der drahtlosen Energieübertragung.*

Schon in Colorado hatte Tesla die Resonanzfrequenzen der Erde mit 6, 18 und 30 Hertz bestimmt, was von den heutigen Werten von 8, 14 und 20 Hertz, die natürlich auch nichts anderes als Durchschnittswerte sind, nicht stark abweicht, was man schon als Leistung ansehen darf, da die Messtechnik zu dieser Zeit nicht gerade sehr weit entwickelt war und Tesla zu diesem Zweck eigene Geräte erfunden hatte. Heutzutage ist auch herausgefunden worden, dass mit so langen Wellen (ELF-Wellen), die nicht so stark abgeschwächt werden, stehende Wellen zwischen der Erdoberfläche und der Ionosphäre erzeugt werden können und dass man damit auch ins Innere der Erde blicken kann.

TESLAS PATENTE ZUR DRAHTLOSEN ENERGIEÜBERTRAGUNG

Wir wollen nun näher auf Teslas Patente auf dem Gebiet der drahtlosen Energieübertragung eingehen. Das erste in dieser Beziehung zu nennende Patent trägt den Titel "System of Transmission of Electrical Energy" (Nr. **645.576**) und datiert schon vom 2. September 1897. Er schreibt hierin, dass dieses System grundsätzlich auf die folgenden Entdeckungen basiert: *Erstens, die Leitfähigkeit der Luft für elektrische Ströme nimmt mit der Erhöhung der Spannung und dem Verdünnungsgrad der Luft sehr schnell zu.* Schon wenn die atmosphärische Luft solchen Spannungen ausgesetzt wird, wie sie Tesla in Colorado Springs erzeugte, kommt es zu blitzartigen Entladungen, die eine Fläche von Hunderten von Quadratmetern einnehmen können. *Die Wirkung ist jedoch nicht auf den Teil der Atmosphäre beschränkt, die mit dem freien Auge als leuchtend sichtbar ist und die den Raum in einer kugelförmigen oder zylindrischen Hülle umgeben kann, die einen Durchmesser von 18 m oder mehr besitzt, wie tatsächlich in einigen Fällen beobachtet worden ist, sondern reicht bis in ferne Gebiete, wodurch die isolierenden Eigenschaften der Luft noch in einer Entfernung, die ein Hundert- und Mehrfaches (und wahrscheinlich noch mehr) der Länge der leuchtenden Entladung, die aus dem Terminal hervorgeht, beträgt, beeinträchtigt wird.* Später sagte Tesla, dass er diesen Effekt noch in einer Entfernung von 4 bis 5 Kilometer beobachtet habe.

Die Entfernung nimmt nicht nur mit der Spannung und dem Verdünnungsgrad der Luft, sondern auch mit der Höhe des Terminals, also der Antenne zu; sie hängt allerdings im geringen Maß auch von der Luftfeuchtigkeit ab. Ich habe ausserdem beobachtet, dass sich dieses Gebiet, das einem eindeutig sichtbaren Einfluss ausgesetzt ist, mit der Zeit immer weiter ausdehnt, und die Entladung verläuft wie eine Feuersbrunst, die sich langsam ausweitet, was durch allmähliche Elektrifizierung oder Ionisierung der Luft oder der Bildung weniger stark isolierender gasförmiger Verbindungen möglich gemacht wird. Es ist ausserdem eine Tatsache, dass solche Entladungen extremer Spannung, welche jenen von Blitzen gleichkommen, eine eindeutige Neigung besitzen, vom Boden nach oben zu verlaufen, was seinen Grund in der elektrostatischen Abstoßung oder möglicherweise der leichten Erwärmung und dem hierdurch erfolgenden Auf-

steigen der elektrifizierten oder ionisierten Luft hat. Diese letztgenannten Beobachtungen lassen es wahrscheinlich erscheinen, dass eine Entladung dieser Art, die aus einem Terminal, das sich in großer Höhe befindet, in die Atmosphäre entweicht, allmählich ausbreitet und eine Verbindung zu gutleitenden Luftschichten aufbaut, ein Prozess, der sich wahrscheinlich auch bei lautlosen Blitzentladungen, die man des öfteren an heissen und sehr schwülen Tagen beobachten kann, abspielt. ...

Durch die Entdeckung dieser Tatsachen und die Perfektion von Mitteln zur Produktion von Stromimpulsen der besagten Art in einer sicheren, wirtschaftlichen und absolut praktischen Art wird es möglich, elektrische Energie durch leicht zugängliche und schwach verdünnte Schichten der Atmosphäre nicht nur in unbedeutenden Mengen, wie sie für den Betrieb von empfindlichen Instrumenten und ähnlichen Zwecken geeignet ist, sondern auch in Mengen, die für industrielle Zwecke ausreichend ist, in großen Mengen bis hin zu beliebigen Mengen in jede beliebige Entfernung zu übertragen, wie sich das aus meinen experimentellen Beweisen, die ich gewonnen habe, ergibt. ...

Kurz gesagt besteht meine derzeitige Erfindung, die auf diese Beobachtungen basiert, darin, dass ich an einem Punkt eine elektrische Spannung einer solchen Art und einer solchen Größe erzeuge, dass hierdurch ein Strom höhere Schichten der Atmosphäre zwischen dem Erzeugungspunkt und einem fernen Punkt durchläuft, wo die Energie empfangen und ausgenutzt werden kann.

Zu diesem Zweck verwendet Tesla seine schon beschriebene spiralförmige Spule mit sehr großem Durchmesser. Diese wird mittels eines Körpers großer Oberfläche verbunden, die durch einen Ballon in großer Höhe gehalten wird. Entsprechende Einrichtungen sind sowohl in der Sende- als auch Empfangsstation vorhanden. Die Ballonmethode hatte Tesla jedoch nach seinen Experimenten in Colorado Springs aufgegeben und stattdessen einen hohen Turm oder ein Terminal verwendet.

Die Länge dieses dünnen Drahtes in jedem Transformator sollte ungefähr ein Viertel der Wellenlänge der elektrischen Ströme in diesem Stromkreis sein, wobei dieser Wert auf die Fortpflanzungsgeschwindigkeit der Ströme durch die Spule selbst und der Stromkreise, für welche diese vorgesehen ist, basiert.

Nehmen wir ein Beispiel: Wenn die Geschwindigkeit, mit welcher der Strom den Stromkreis durchläuft, den Spulen eingeschlossen, 298 000 Kilometer pro Sekunde beträgt, dann würde eine Frequenz von 925 pro Sekunde 925 stationäre Wellen in einem Stromkreis, der 298 000 Kilometer lang ist, aufrechterhalten. Für eine so niedrige Frequenz, die ich nur verwende, wenn es unumgänglich ist, Motoren der üblichen Art unter den oben genannten Bedingungen zu betreiben, würde ich eine Sekundärspule mit einer Länge von 80 Kilometer benutzen. ...

Tesla gibt jedoch an, dass er lieber eine wesentlich höhere Frequenz verwendet, da damit auch höhere Spannungen erreicht werden können. Um diese Patent überhaupt erteilt zu bekommen, hatte Tesla dem zuständigen Patentbeamten G. D. Seely am 23. Januar 1898 eine Versuchsanlage vorführen müssen, um seinen Ansprüchen etwas Nachdruck zu verleihen. Er benutzte bei diesem Versuch eine ca. 15 m lange evakuierte Röhre, durch die er einen Strom mit einer Frequenz durchleitete, die zwischen 230 000 und 250 000 Hertz und eine Spannung, die zwischen 2 und 4 Mio. Volt in der Sekundärspule des Sendekreises lag. Für den praktischen Einsatz glaubte Tesla, dass Spannungen von 15 bis 20 Mio. Volt ausreichend wären, um mehrere tausend PS über Hunderte oder Tausende von Kilometern zu übertragen. Bei kleineren Energiemengen meinte er ausserdem, dass sich die Empfangsantenne nicht in so großer Höhe befinden müsste, wie er angegeben hatte. Ganz nebenbei erwähnt er auch noch, dass sein System natürlich auch für die Nachrichtenübertragung geeignet ist. Seine Patentansprüche beziehen sich jedoch nur auf die Übertragung elektrischer Energie; er fordert deshalb den Schutz folgender Methode:

Die hierin beschriebene Methode der Übertragung elektrischer Energie durch das natürliche Medium, die darin besteht, in der Sendestation eine sehr hohe Spannung zu erzeugen, wodurch eine Fortleitung oder ein Fluss der elektrischen Energie durch die Erde und Luftschichten erfolgt, und der Empfang der so fortgeleiteten oder fließenden elektrischen Energie an einem fernen Punkt.

In einem teilweise textgleichen Patent mit der Nr. **649.621**, in dem er sich die für die drahtlose Energieübertragung verwendeten Geräte (die selbstverständlich auch für die Nachrichtenübertragung eingesetzt werden können) patentieren lässt, schreibt Tesla noch Folgendes:

Es sollte angemerkt werden, dass es sich bei dem Phänomen, das bei der Übertragung von Energie eine Rolle spielt, um ***wirkliche Leitung*** *handelt und dieses nicht mit dem Phänomen der Strahlung verwechselt werden darf, das schon früher beobachtet worden ist und das aus der Natur und der Art seiner Fortpflanzung die Übertragung eines größeren Energiebetrags über solche Entfernungen, die von praktischer Bedeutung sind, unmöglich machen würde.*

Ein weiteres Patent, das die gleiche Materie behandelt, reichte Tesla am 16. Mai 1900 ein. In diesem Patent mit der Nr. **787.412**, das sich "Art of Transmitting Electrical Energy through the Natural Medium" nennt, finden seine **stationären Wellen** Eingang in sein System. Ausgehend davon, dass in einem metallischen Leiter stationäre Wellen erzeugt werden können, glaubt Tesla, dass sich auch in der Erdkugel, die sich in Bezug auf elektrische Wellen wie ein Leiter verhält, stationäre Wellen bilden, wie er ja in seinen Experimenten in Colorado Springs bei Gewitterentladungen

No. 649,621. Patented May 15, 1900

N. TESLA.

(No Model.) APPARATUS FOR TRANSMISSION OF ELECTRICAL ENERGY.

(Application filed Feb. 19, 1900.)

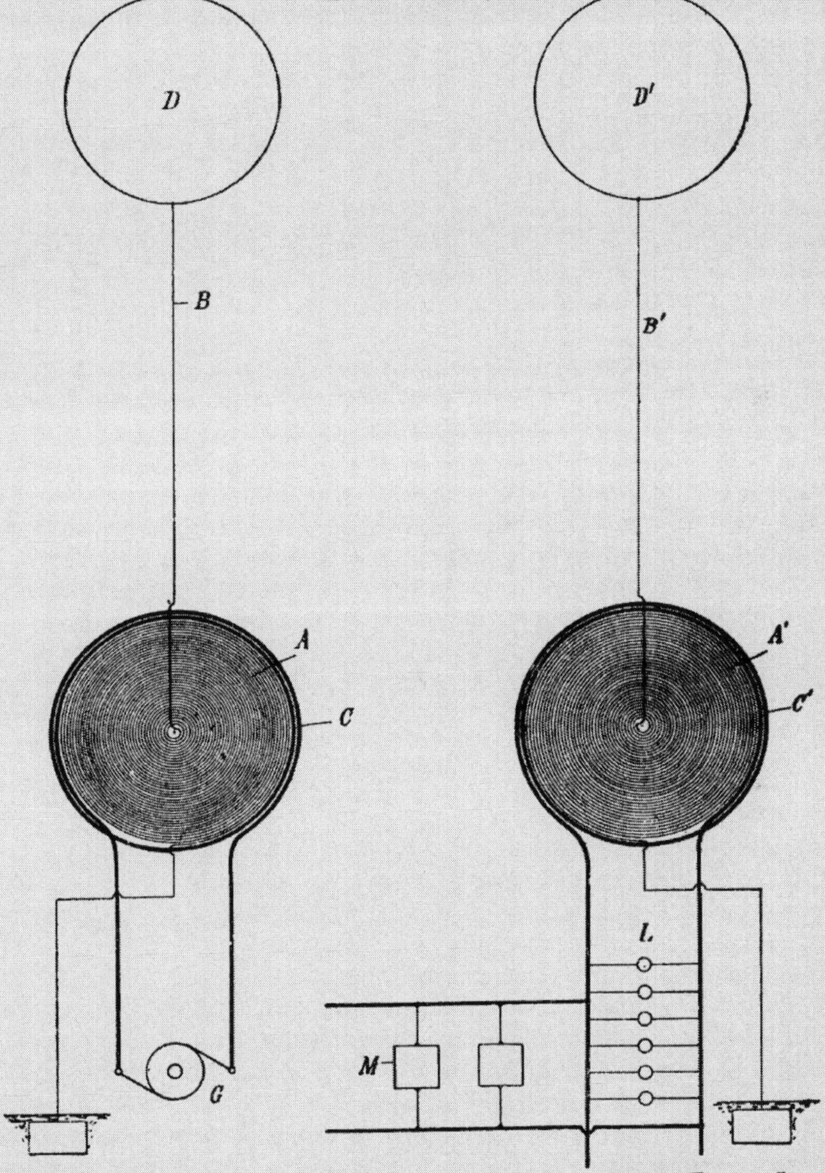

Witnesses:
Benjamin Miller
G. W. Martling

Nikola Tesla, Inventor
by Kerr, Page & Cooper Att'ys

festgestellt hatte. Die Länge solcher Wellen beträgt ungefähr 25 bis 75 km, was einer Frequenz von 4 000 bis 12 000 Hertz entspricht und damit also im VLF-Bereich liegt. Mit Hilfe seines Oszillators und Verstärkungstransmitters war es ihm gelungen, Wellen zu erzeugen, mit denen er die gleichen Effekte, die auch bei Blitzentladungen auftreten, nachzuahmen. *Durch die Verwendung eines solchen Generators stationärer Wellen und entsprechend plazierter und eingestellter Empfangsgeräte ist es z.B. möglich, an jedem Ort, wie fern auch immer, verständliche Zeichen zu übertragen oder einen oder mehrere Apparate für viele andere bedeutende und wertvolle Zwecke zu steuern oder in Gang zu setzen, wie z.B. die korrekte Zeit einer Beobachtungsstation anzuzeigen, wann immer es beliebt ist, oder die relative Position eines Körpers oder die Entfernung desselben in Bezug auf einen gegebenen Punkt zu bestimmen, oder den Kurs eines bewegten Objekts, wie eines Schiffes auf hoher See, die von diesem zurückgelegte Strecke oder seine Geschwindigkeit, oder viele andere nützliche Wirkungen abhängig von der Stärke in der Ferne zu erzeugen, die Wellenlänge, die Richtung oder Geschwindigkeit der Bewegung, oder andere Dinge und Eigenschaften von Störungen dieser Art.*

Tesla gibt an, dass die Frequenz für die Erzeugung stationärer Wellen weniger als 20 000 Hertz, aber mindestens 6 Hertz betragen sollte, also im VLF und ELF-Bereich liegen sollte, *wobei im letzten Fall nur ein Knotenpunkt in der Nähe oder direkt in der Erdplatte vorhanden ist, und so paradox es auch erscheinen mag, die Wirkung wird mit der Entfernung zunehmen und in einem Gebiet, das dem Sender diametral gegenüberliegt, am größten sein. Mit noch langsameren Schwingungen wird die Erde genau gesagt nicht mehr in Resonanz sein, sondern nur wie eine Kapazität wirken, und die Änderung der Spannung wird über die gesamte Oberfläche mehr oder minder gleich sein. ...*

Die wichtigste Bedingung unabhängig von der Wellenlänge ist jedoch, dass die Wellen oder der Wellenzug eine bestimmte Zeit andauern sollte, deren Wert ich auf 1/12 Sekunde oder 0,8484 Sekunden schätze und die notwendig ist, bis sich die Wellen zu dem diametral gegenüberliegenden Gebiet über die Erdoberfläche mit einer Durchschnittsgeschwindigkeit von 471 240 km/s bewegen und wieder zurückkehren.

Im weiteren beschreibt Tesla dann Empfangsgeräte, mit denen die stationären Wellen nachgewiesen werden können, und die mit denen in den Radiopatenten genannten identisch sind. *Unter den beschriebenen Bedingungen ist es offensichtlich, dass während des Durchlaufs der stationären Wellen mehr oder minder starke Stromimpulse auf den Empfänger einwirken, je nach dessen Lage in Bezug auf die Maxima und Minima besagter Wellen, aber wenn der Stromfluss unterbrochen oder reduziert wird, werden die stationären Wellen verschwinden oder an Intensität abnehmen. Deswegen kann eine große Zahl von Wirkungen in einem Empfänger er-*

N. TESLA.

APPARATUS FOR TRANSMITTING ELECTRICAL ENERGY.

APPLICATION FILED JAN. 18, 1902. RENEWED MAY 4, 1907.

1,119,732. Patented Dec. 1, 1914.

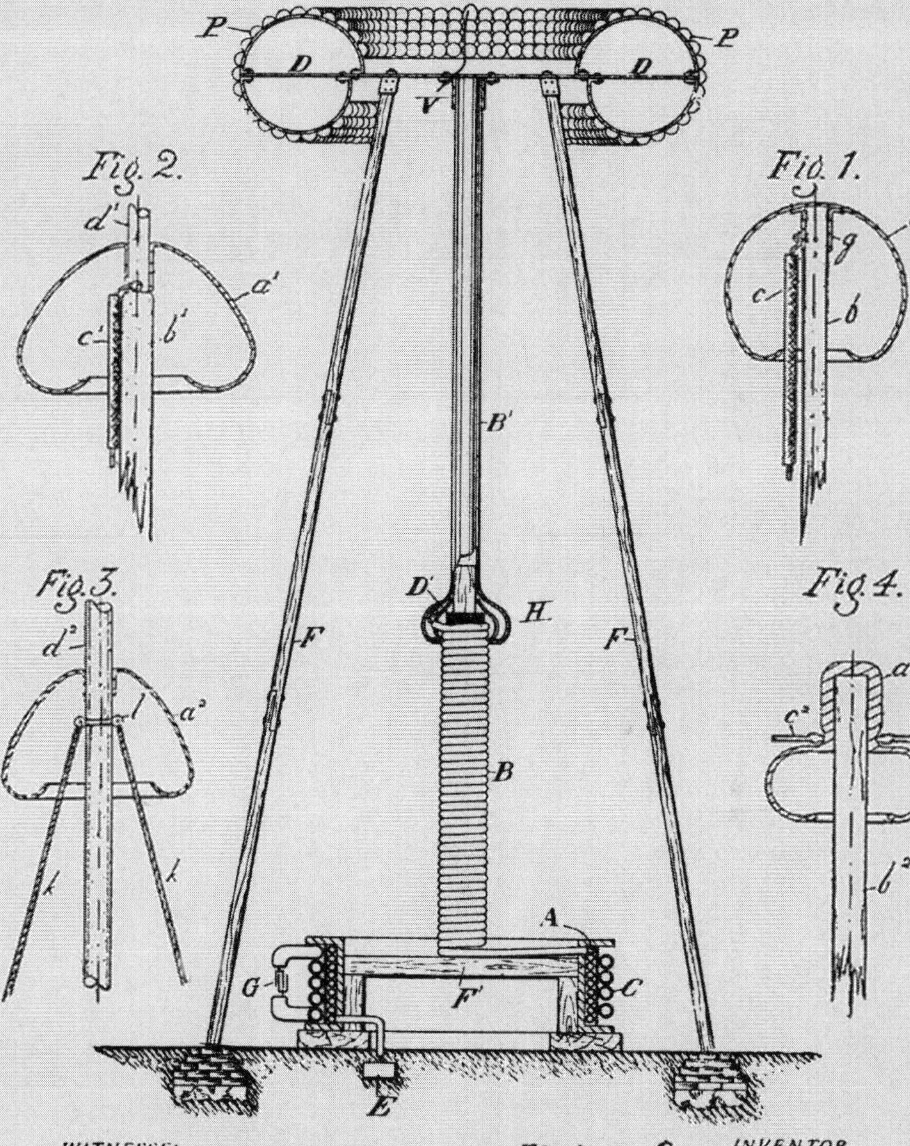

WITNESSES

M. Lawson Dyer

Benjamin Miller

Nikola Tesla, INVENTOR,

BY Kerr, Page & Cooper, his ATTORNEYS.

zeugt werden, je nach der Art, in der die Wellen gesteuert werden. Es ist jedoch praktikabel, die Knotenpunkte und Bäuche der Wellen von der Sendestation aus willentlich zu verschieben, indem man z.B. die Wellenlänge ändert. Unter der Beachtung der obigen Voraussetzungen ist es in dieser Art möglich, die Bereiche der maximalen und minimalen Wirkungen mit jeder beliebigen Empfangsstation oder Stationen zusammenfallen zu lassen. Wenn man der Erde zwei oder mehrere Schwingungen verschiedener Wellenlänge auflagert, kann man erreichen, dass eine resultierende stationäre Welle langsam über die Erdkugel wandert, wodurch eine große Zahl nützlicher Wirkungen erzielt werden kann. ...

Wenn mehrere solcher Generatoren stationärer Wellen, vorzugsweise verschiedener Wellenlängen, an entsprechend ausgewählten Stellen installiert würden, könnte die gesamte Erdkugel in definierte Zonen elektrischer Aktivität unterteilt werden, und auf diese Weise könnten durch einfache Rechnung oder durch Ablesung entsprechend kalibrierter Messinstrumente sofort wichtige Daten erhalten werden.

Das letzte Patent, das in diesem Zusammenhang von Interesse ist, und sich "Apparatus for Transmitting Electrical Energy" nennt, reichte Tesla am 18. Januar 1902 ein. Nach 12 Jahren am 1. Dezember 1914 wurde es dann immerhin doch noch genehmigt und mit der Nummer **1.119.732** versehen. Die hier beschriebene Anlage entspricht im Grund dem Wardenclyffe-Turm. Es handelt sich also um eine Art Antenne, Terminal oder Fernseh- oder Radioturm, oder wie man das immer bezeichnen mag.

Bei seinen Versuchen hatte Tesla herausgefunden, das es über die Antenne (Terminal) zu einem beträchtlichen Energieverlust kommt, was ihn schließlich dazu führte, eine völlig neue Konstruktion für eine solche Einrichtung zu erfinden: *Um die höchstmögliche Frequenz zu erzielen, die für bestimmte Zwecke von Vorteil ist, und ausserdem die größte Energie in einem Sendekreis zu entwickeln, verwende ich ein Terminal mit relativ geringer Kapazität, das ich auf die höchstmögliche Spannung auflade. Ich habe herausgefunden, das es, um dieses Ergebnis zu erreichen, unbedingt notwendig ist, den erhöht angebrachten Leiter so zu konstruieren, dass seine äussere Oberfläche, auf welcher sich die elektrische Ladung hauptsächlich ansammelt, selbst einen großen Krümmungsradius besitzt oder aus einzelnen Teilen besteht, die sich unabhängig von ihrem eigenen Krümmungsradius, sehr nah beieinander befinden, und zwar so, dass die äussere ideale Oberfläche, die sie einhüllt, einen großen Radius besitzt. Offensichtlich wird die Oberflächendichte bei einer bestimmten elektrischen Versetzung umso größer sein je geringer der Krümmungsradius ist, und folgedessen umso größer wird die Grenzspannung sein, auf die das Terminal aufgeladen werden kann, ohne dass Elektrizität in die Luft entweichen kann. Ein solches Terminal befestige ich auf ein isoliertes Gestell, das mehr oder weniger in dessen Inneres hineinreicht, und den Stromkreis*

Geplantes Aussehen des Wardenclyffe-Turms und der endgültige Bauzustand

verbinde ich ebenfalls mit dem Innern, oder allgemein mit Punkten, deren elektrische Dichte gering ist. Einen hoch geladenen Leiter auf diese Weise zu konstruieren ist von großer praktischer Bedeutung, und dieser Plan kann in vielerlei Art und Weise für nützliche Zwecke verwendet werden. ...

Das Terminal D besteht aus einem entsprechend geformten Rahmen, in diesem Fall einem Ring mit fast kreisförmigem Querschnitt, der mit halbkugelförmigen metallischen Platten P P bedeckt ist, voraus sich eine große leitende Oberfläche ergibt, die an allen Stellen, an denen sich die elektrische Ladung ansammelt, glatt ist.

Er stellt den Patentanspruch für folgende Einrichtung:

Einen Resonanzstromkreis zur Erzeugung starker elektrischer Wirkungen, dessen äussere leitende Flächen, die auf eine hohe Spannung aufgeladen sind, eine Oberfläche mit großem Krümmungsradius besitzen, um so den Austritt der schwingenden Ladung zu verhindern, wie oben beschrieben.

DIE TESLA-TURBINE

Diese Erfindung meldete Tesla am 21. Oktober 1909 zum Patent an. Wie in vielen anderen Fällen auch, handelt es sich hier um ein teilweise textgleiches Doppelpatent, wobei sich eine Anmeldung auf eine Turbine, also auf einen Motor oder eine Antriebsmaschine, die durch eine Flüssigkeit oder ein Gas angetrieben wird, bezieht, und die andere auf die Bewegung von Flüssigkeiten oder Gasen durch diese Maschine, was man allgemein als Pumpe bezeichnet. Leider ließ Tesla diese Erfindung in Deutschland nicht mehr patentieren und so müssen wir uns mit den amerikanischen Patenten begnügen. Im Patent mit der Nummer **1.061.142** und dem Titel "Fluid Propulsion", womit also eine **Pumpe** gemeint ist, heisst es folgendermaßen:

Bei der praktischen Umwandlung mechanischer Energie, die auf der Verwendung einer Flüssigkeit zur Kraftübertragung basiert, hat es sich gezeigt, dass die Änderung der Geschwindigkeit und der Richtung der Flüssigkeit so allmählich wie nur möglich erfolgen sollte, um einen wirtschaftlichen Betrieb zu gewährleisten. In den derzeitigen Typen solcher Apparate sind plötzliche Änderungen, Stöße und Schwingungen unvermeidlich. Weiter führt die Verwendung der üblichen Mittel zur Energieübertragung mittels einer Flüssigkeit, wie Kolben, Schaufeln oder Blätter, notwendigerweise zu zahlreichen Defekten, Beschränkungen und Komplikationen und erhöhten Produktions- und Unterhaltskosten der Maschinen.

Der Zweck meiner derzeitigen Erfindung ist es, diese Unzulänglichkeiten in Apparaten, die für die Fortbewegung von Flüssigkeiten konstruiert sind, zu beseitigen und hierdurch die Umwandlung mechanischer Energie mittels Flüssigkeiten in einer perfekteren Art und Weise zu erzielen, und zwar durch einfache Mittel, die wirtschaftlicher sind als die bisher verwendeten. Ich erreiche dies dadurch, indem sich die bewegte Flüssigkeit in natürlichen Bahnen oder Stromlinien des geringsten Widerstands bewegt, und zwar frei von Beeinträchtigungen und Störungen, wie sie durch Schaufeln oder ähnlichen Vorrichtungen erzeugt werden, wobei die Geschwindigkeit und die Bewegungsrichtung in einem unmerklichen Grad erfolgt und Verluste durch plötzliche Änderungen vermieden werden, während die Flüssigkeit fortbewegt wird.

Es ist bekannt, dass eine Flüssigkeit zwei hervorstechende Eigenschaften besitzt: Adhäsion und Viskosität. Hierdurch trifft ein Körper, der durch ein Medium bewegt wird, auf zwei bestimmte Hindernisse, die als "seitli-

cher" oder "Hautwiderstand" bekannt sind. Dieser ist zweifacher Natur, erstens ein Widerstand, der seinen Grund in den Stößen der Flüssigkeit gegen die Oberflächenrauhigkeiten der festen Substanz hat, und zweitens einer, der auf innere Kräfte beruht, welche der molekularen Trennung entgegenwirken. Als unausbleibliche Folge wird ein bestimmter Anteil der Flüssigkeit mit dem sich bewegenden Körper mitgerissen. Umgekehrt wird ein Körper aus den gleichen Gründen von einer sich bewegenden Flüssigkeit mitgeführt. Diese Wirkungen ansich sind alltäglicher Natur, aber ich glaube, dass ich der Erste bin, der diese in einer praktischen und wirtschaftlichen Weise zur Kraftübertragung auf oder durch eine Flüssigkeit zur Anwendung bringt.

Tesla beschreibt in der Folge den Aufbau seiner Turbine oder Pumpe, die im Prinzip nur aus glatten Scheiben, also einem Läufer oder Rotor, besteht, der in der Mitte speichenartige Aussparungen besitzt und natürlich von einem entsprechenden Gehäuse mit Ein- und Auslassöffnungen umgeben ist. Das Funktionsprinzip dieser Maschine erklärt er so:

Wenn die Welle angetrieben und der Läufer in Richtung des durchgehenden Pfeiles in Rotation versetzt wird, dann wird die Flüssigkeit aufgrund ihrer Eigenschaften der Adhäsion und Viskosität durch die Scheiben 1 mitgeführt, nachdem sie durch die Einlassöffnungen 10 in Kontakt mit denselben kommt, wobei sie zwei Kräften ausgesetzt ist, nämlich einer die tangential in Drehrichtung und einer anderen, die radial nach aussen wirkt. Das Zusammenspiel dieser tangentialen und zentrifugalen Kräfte bewirkt, dass die Flüssigkeit mit ständig zunehmender Geschwindigkeit in einer spiralförmigen Bahn bewegt wird, bis sie die Auslassöffnung 11 erreicht, wo sie ausgestoßen wird. Die spiralförmige Bewegung, die frei und ungestört verläuft und im wesentlichen von den Eigenschaften der verwendeten Flüssigkeit abhängt, wodurch sich diese den natürlichen Bahnen oder Stromlinien anpassen und ihre Geschwindigkeit und Richtung in einem unmerklichen Grad ändern kann, ist charakteristisch für diese Antriebsmethode und für ihre Anwendung von Vorteil. Während die Flüssigkeitsteilchen die Kammer, die den Läufer einschließt, durchlaufen, können sie einen oder mehrere Durchläufe oder auch nur einen Teil hiervon machen.

Wie Tesla herausgefunden hatte, hängt die Leistung einer solchen Maschine von der aktiven Fläche der Scheiben und von der Drehzahl ab. Er weist in diesem Patent auch darauf hin, dass die Pumpe natürlich auch als Turbine verwendet werden kann und dass zwischen diesen beiden Maschinentypen jedoch in einer Hinsicht wesentlich verschieden sind: *In der Pumpe kommt zum tangentialen oder dynamischen Druck aufgrund der Zentrifugalkraft noch der radiale oder statische Druck hinzu, wodurch sich der effektive Druck erhöht und die Ausstoßung der Flüssigkeit unterstützt. Im Motor hingegen verringert der erstgenannte Druck den effektiven Druck und die Geschwindigkeit des radialen Flusses zum Mittelpunkt hin, weil er*

N. TESLA.

FLUID PROPULSION.

APPLICATION FILED OCT. 21, 1909.

1,061,142.

Patented May 6, 1913.

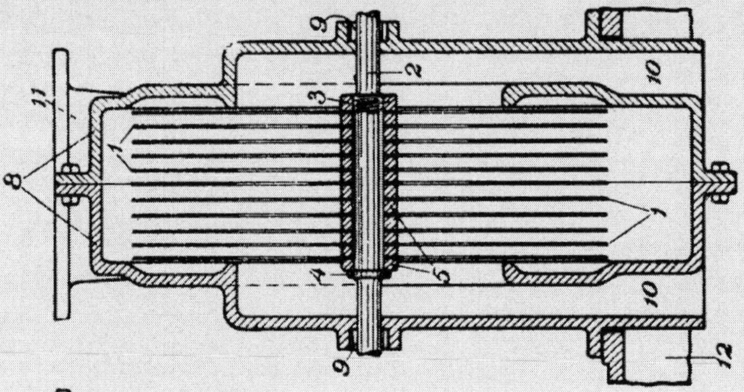

Fig 2

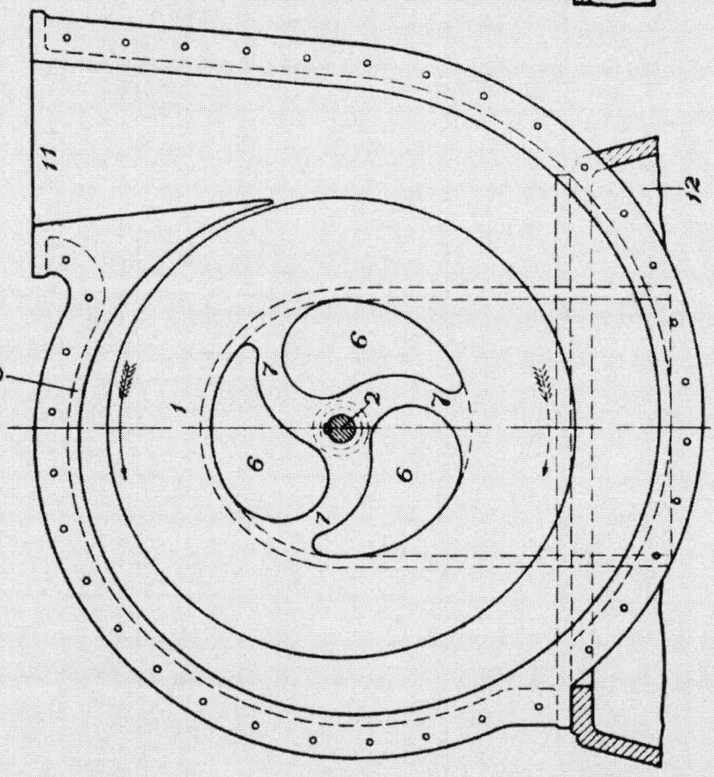

Fig 1

Witnesses

R. Diaz Buitrago

S. S. Dunham

Nikola Tesla,

Inventor

By his Attorneys

Kerr, Page, Cooper & Hayward

der Stromrichtung entgegenwirkt. Auch ist in der angetriebenen Maschine immer ein größeres Drehmoment erwünscht, wodurch eine größere Zahl von Scheiben und ein geringerer Abstand dieser notwendig ist, während in der Antriebsmaschine aus zahlreichen wirtschaftlichen Gründen die Drehleistung so klein wie nur möglich und die Geschwindigkeit so groß wie nur praktisch möglich sein sollte.

Tesla möchte sich folgende Einrichtung patentrechtlich schützen lassen: *Eine Rotationspumpe, die aus einer Kombination mehrerer mit Zwischenräumen angeordneten Scheiben mit glatten Oberflächen, die auf einer drehbaren Welle montiert und mit Öffnungen versehen sind, ...*

Damit kommen wir zum zweiten Patent vom gleichen Datum, das die Nummer **1.061.206** und den Titel "Turbine" trägt, in dem Tesla die Verwendung seiner Erfindung als **Antriebsmaschine** beschreibt, wie sie z.B. in Wasserkraftwerk eingesetzt werden kann, um damit einen Dynamo anzutreiben und Strom zu erzeugen:

Betrachten wir nun den umgekehrten Vorgang und nehmen an, dass die Flüssigkeit unter Druck durch das Ventil an der Seite des durchgehenden Pfeiles einströmt. Hierdurch wird der Läufer im Uhrzeigersinn in Bewegung versetzt, und die Flüssigkeit fließt mit ständig abnehmender Geschwindigkeit in einer spiralförmigen Bahn bis sie die Öffnungen 14 und 20 erreicht, durch welche sie ausgestoßen wird. Tesla gibt an, dass in diesem Fall das Drehmoment ungefähr proportional zum Quadrat der Geschwindigkeit der Flüssigkeit relativ zum Läufer und der wirksamen Fläche der Scheiben und umgekehrt proportional zum Abstand der Scheiben ist. Weiterhin ist die Leistung am größten, wenn die effektive Geschwindigkeit des Läufers halb so groß ist wie jene der Flüssigkeit. Der Druck der zugeführten Flüssigkeit muss ausserdem bei dieser Turbine nicht konstant sein, sondern kann schwanken, weshalb diese auch wie eine Verbrennungsmaschine mit Treibstoff betrieben werden kann, worauf wir später noch zu sprechen kommen.

Eine sehr wünschenswerte Eigenschaft, die charakteristisch für Maschinen ist, die im Einklang mit dieser Erfindung konstruiert und betrieben werden, ist ihre Fähigkeit zur Umkehrung der Rotationsrichtung. Dies wird dadurch erreicht, dass am Umfang zwei oder auch mehrere Ventile angebracht sind, wobei durch eines die Flüssigkeit oder das Gas so zugeführt wird, dass sich der Läufer im Uhrzeigersinn dreht und durch das andere so, dass er sich gegen den Uhrzeigersinn dreht.

Eine weitere wertvolle und wahrscheinlich einzigartige Eigenschaft eines solchen Motors oder einer solchen Antriebsmaschine soll nun beschrieben werden. Durch eine geeignete Konstruktion und Beachtung der Arbeitsbedingungen kann der zentrifugale Druck ... ungefähr so groß gemacht werden wie der Zuleitungsdruck, wenn die Maschine leer läuft. Wenn die Einlassöffnung einen großen Querschnitt besitzt, dann werden kleine Ver-

N. TESLA.

TURBINE.

APPLICATION FILED JAN. 17, 1911.

1,061,206. Patented May 6, 1913.

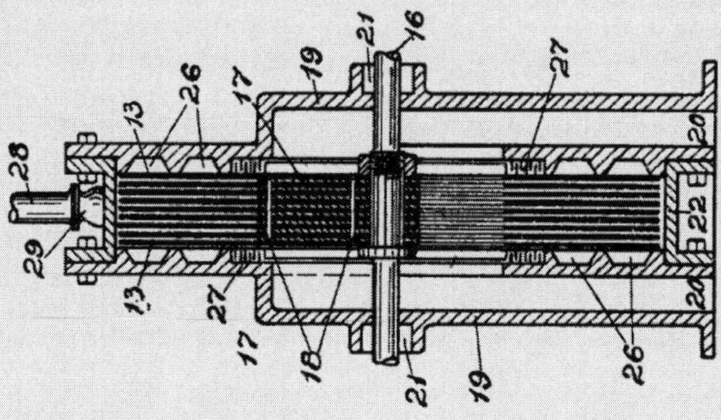

Fig. 2.

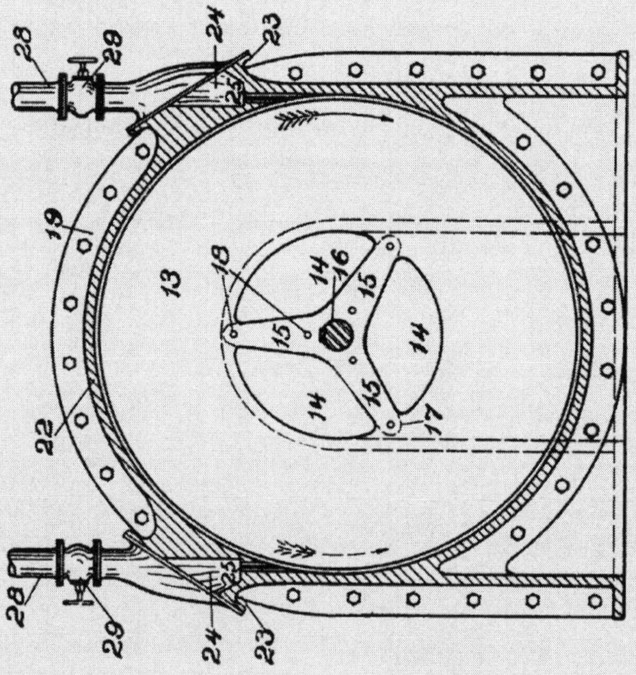

Fig. 1.

Witnesses:

R. Diaz Buitrago

Wm Bohleber

Nikola Tesla, Inventor

By his Attorneys

Kerr Page Cooper & Hayward

änderungen der Umdrehungsgeschwindigkeit große Veränderungen des Flusses bewirken, die durch die gleichzeitigen Änderungen in der Länge der spiralförmigen Bahn noch zusätzlich verstärkt werden. Auf diese Weise erhält man eine sich selbst regelnde Maschine, die eine auffallende Ähnlichkeit mit einem Gleichstrommotor hat, und zwar in der Hinsicht, dass durch große Unterschiede beim auferlegten Druck in einem weiten offenen Kanal der Fluss durch denselben aufgrund der Rotation verhindert wird.

Er fordert in diesem Patent unter anderem den Schutz für folgende Einrichtung: *Eine Maschine, die geeignet ist, durch eine Flüssigkeit angetrieben zu werden, und aus einer Kombination eines Gehäuses besteht, das am Umfang und im Mittelteil Einlass- und Auslassöffnungen besitzt; einen Motor, der glatte Scheiben besitzt, die sich in einem bestimmten Abstand befinden, zwischen denen eine Flüssigkeit auf natürlichen Bahnen fließt und durch Adhäsion und der Wirkung der Viskosität ihre Bewegungsenergie auf den Rotor überträgt, wie zuvor beschrieben.*

Tesla sah seine Turbine auch schon explizit für den **Einsatz in Kraftwerken** vor, wodurch eine wesentlich effektivere Stromerzeugung erreichbar gewesen wäre. In einem unveröffentlichten Text aus dem Februar 1918 beschreibt er seine Turbine und einen zugehörigen neuen Generator folgendermaßen:

Eine Maschine, die auf neuen und originellen Prinzipien beruht, wird bald auf den Markt kommen. Sie besteht aus einer Turbine und einem elektrischen Generator, wobei beide eine feste Einheit bilden. Erstere ist in Bezug auf ihre Konstruktion und Leistung revolutionär. Man kann sagen, dass diese Turbine die Einfachheit selbst ist, da sie keine Schaufeln, Ablenk- oder Leitschaufeln, Führungskanäle und ähnliche Dinge besitzt und viele entscheidende Vorteile gegenüber den üblichen Antriebsmaschinen aufzuweisen hat.

In erster Linie ist keine Ablenkung vorhanden, die der Grund für die größten Verluste in Schaufelturbinen ist, die oft einen großen Prozentsatz der inneren mechanischen Leistung ausmachen. Was noch wichtiger ist, die neue Turbine ist in der Lage, die gesamte Geschwindigkeit der Flüssigkeit in einem ununterbrochenen Prozess aufzunehmen, wodurch Kosten gespart werden und keine komplizierten Verdichterstufen verwendet werden müssen. Ausserdem hat sie die wertvolle Eigenschaft, die Reibungsenergie umzuwandeln, die bei anderen Wärmemotoren unwiderruflich verloren geht.

Die Korrosion und Erosion der Schaufeln bei den derzeitigen Turbinen ist ein weiterer Faktor, der zu großen und unvermeidlichen Verlusten führt, und wodurch die Wasserrate oft nach ein paar Monaten um 30 bis 40% steigt. Bei dieser neuen Turbine sind diese ganzen schädlichen Wirkungen nicht vorhanden, und selbst wenn dies der Fall wäre, würden sie die Leis-

Eine der ersten experimentellen Turbinen, die eine Leistung von 110 PS entwickelte

tung nicht stark beeinträchtigen. Weiterhin sind bei normalen Turbinen erhebliche Verluste aufgrund der unvermeidlichen Abnutzungserscheinungen der Düsen vorhanden. Es ist von wesentlicher Bedeutung, dass die Hochgeschwindigkeitsströme der Flüssigkeit, die aus diesen heraustreten, mit großer Genauigkeit auf die gekrümmten Schaufeln gelenkt werden, da ansonsten keine guten Resultate erzielt werden können. Dies hat einen so großen Einfluss, dass sogar durch ein leichtes Aufrauhen der polierten Oberflächen die Nutzenergie bis zu 25% reduziert werden kann. Bei der neuen Turbine ist dieser Defekt nicht vorhanden. Wie sehr die Düsen auch immer verschlissen sein mögen, die Flüssigkeit strömt gleichmäßig, sanft und stromlinienförmig durch den Läufer und überträgt die Energie verlustfrei auf diesen. Eine andere überlegene Eigenschaft findet sich in ihrer Verwendbarkeit bei hohen Temperaturen, die weit über denen liegen, wie

Eine weiteres frühes Modell, das nur experimentellen Zwecken diente

sie für Schaufelturbinen praktisch möglich sind. Pro hundert Grad Temperaturerhöhung reduziert sich der Dampfverbrauch um ungefähr 10 bis 12%. Durch diese neue Antriebsmaschine ist also ein aussergewöhnlich wirtschaftlicher Betrieb möglich.

Bei jeder Turbine sind die Vorrichtung zur Regelung der Rotationsgeschwindigkeit und die Zufuhr der Arbeitsflüssigkeit über die Düsen von entscheidender Bedeutung. Fast ausnahmslos werden zu diesem Zweck Geräte verwendet, die auf das Zentrifugalprinzip beruhen und die auf irgendeine Art von der Welle angetrieben werden. Sie bestehen aus einer Anordnung von Zahnrädern, Gegengewichten, Verbindungen, Hebeln, Buchsen, Drucklagern und anderen Teilen. Es handelt sich hierbei um einen komplizierten und empfindlichen Apparat, der in der Herstellung teuer ist und manchmal nicht richtig funktioniert, was oft katastrophale

Folgen hat. All diese Dinge sind in der neuen Turbine nicht mehr vorhanden, die auf eine neue und eindrucksvolle Art und Weise gesteuert wird. Das Steuergerät ist von einfachster Bauweise und eine Fehlfunktion ist absolut unmöglich. Trotzdem ist es so empfindlich, dass es sogar auf Lastveränderungen, die kleiner als 1% der Normallast sind, anspricht. Dieses einfache Gerät wird dadurch noch wertvoller, dass es sich automatisch und sofort auf Druckveränderungen einstellt, so dass die Auswirkungen dieser auf die Leuchtstärke der Birnen unbedeutend sind. ...

Ein anderer Vorteil, der die größte Aufmerksamkeit des Anwenders verdient, ist die absolute Sicherheit der neuen Turbine. In den alten Maschinen ist ständig die Gefahr vorhanden, dass der Rotor zerstört wird und hierdurch Besitz und Leben in Gefahr geraten. Solch verhängnisvollen Unfälle sind bei der neuen Turbine völlig ausgeschlossen, da sie aus dünnen Scheiben besteht, die sich leicht ausdehnen und ohne Beschädigung stets zum Stillstand kommen, wie sich in ausgedehnten Experimenten gezeigt hat.

Was die Experten jedoch am meisten erstaunt hat, ist die aussergewöhnliche Leistungsfähigkeit dieser Antriebsmaschine. Aufgrund der großen Effektivität des zugrunde liegenden Prinzips und der besonderen Konstruktion kann zehnmal mehr Energie erzeugt werden als mit jeder anderen bekannten Maschine. Ein Rotor mit einem Durchmesser von z.B. 23 cm, der weniger als 20 Pfund wiegt, kann leicht 200 PS Bremsleistung entwickeln, und das ist bei weitem nicht die oberste Grenze.

Aber die Vorteile dieser Stromerzeugungsmaschine basieren nicht nur auf dieser Turbine. Der angeschlossene Dynamo ist aufgrund seiner einfachen Konstruktion, dem hohen Wirkungsgrad und den seltenen und wertvollen Eigenschaften, die er besitzt, genauso bemerkenswert. Er besteht aus einem glatten zylindrischen Körper, der auf der Turbinenwelle befestigt und so angeordnet ist, dass er in einem Magnetfeld rotiert, das völlig neuartig ist. Es sind keine Bürsten oder Schleifkontakte vorhanden, und der Strom wird von stationären Terminals abgenommen, mit denen die Anschlüsse der Erzeugerspulen verbunden sind. Wenn man das beste Material und die beste Verarbeitung verwendet und auf bestimmte Hilfsmittel zurückgreift, dann ergibt sich ein sehr wirtschaftlicher elektrischer Generator, dessen Wirkungsgrad über 90% liegt, sogar bei sehr kleinen Maschinen, die einen Rotor mit einem Durchmesser von nicht mehr als 6 cm besitzen. Der Generator hat aussergewöhnliche Eigenschaften, die vor allem bei der elektrischen Beleuchtung von Vorteil sind. Er ist in der Lage einen Strom zu liefern, der innerhalb eines weiten Geschwindigkeitsbereichs nur eine Abweichung eines Bruchteils eines Prozents besitzt. Hierdurch ist er in idealer Weise für den seriellen Betrieb von Bogenlampen oder ähnlichen elektrischen Geräten geeignet. Noch bemerkenswerter ist seine Fähigkeit, eine gleichmäßige Spannung aufrechtzuerhalten. Solche

Ergebnisse sind mit anderen Arten von elektrischen Generatoren völlig ausgeschlossen. In der Praxis ist herausgefunden worden, dass alle ausser einer Lampe plötzlich ausgeschaltet werden können, ohne dass das geringste Flackern bemerkbar und eine sichtbare Wirkung auf die Nadel eines empfindlichen Voltmeters zu beobachten ist.

Dass ein Gerät von solcher Einfachheit, das so viele herausragenden Eigenschaften besitzt, eine breite Anwendung bei der elektrischen Beleuchtung finden wird, darf naturgemäß angenommen werden, aber seine absolute Überlegenheit kann man erst richtig einschätzen, wenn man weiß, dass es nicht einmal ein Zehntel des Volumens von üblichen Maschinen einnimmt und im Vergleich zu diesen sogar noch weniger wiegt. Eine Maschine, die z.B. 1 KW liefert, besitzt die Abmessungen 20x20x25 und wiegt nur 40 Pfund. Sie hat nur ein Drittel des Dampfverbrauchs von anderen Turbogeneratoren dieser Größe.

Der Leitgedanke bei der Entwicklung dieser neuen Maschine war die Konstruktion eines Geräts, das einem statischen Energieumwandler in der Einfachheit, der Effizienz und der Betriebszuverlässigkeit gleichkommt. Jedes Detail ist im Hinblick auf dieses Ziel ausgearbeitet worden. Es gibt keine Erregerspulen, keinen Kommutator, keine Bürsten oder Schleifkontakte, keine Zentrifugalregelgeräte, keinen Spannungsregulator oder sonstige komplizierten und gefährlichen Einrichtungen. Die Maschine besteht aus einem stationären festen Rahmen und zwei glatten zylindrischen Stahlkörpern, die auf eine Welle mit einem größeren Durchmesser, die sich in reibungslosen Lagern dreht, montiert sind. Es ist keine Schmierung notwendig, obwohl eine kleine Schmiervorrichtung vorhanden ist, aber dies mehr als Vorsichtsmaßnahme als aus Notwendigkeit. Durch eine neue Methode wird ein vollkommenes dynamisches Gleichgewicht und ein gleichmäßiger und ruhiger Lauf ohne Vibrationen gewährleistet. Das ganze Gerät kann in ein Gehäuse eingesetzt werden, und man kann sich darauf verlassen, dass es im Dauerbetrieb über lange Zeit funktionieren wird. Die ganze Baugruppe kann in verschiedenen Größen bis zu 100 KW oder mehr hergestellt werden und sollte den veränderlichen Anforderungen für die elektrische Beleuchtung in Zügen, auf Schiffen, in öffentlichen Gebäuden, Fabriken und Bergwerken eher gerecht werden als alle bisher verwendeten Geräte. Es kann auch vorteilhaft in den heutigen Kraftwerken eingesetzt werden, um riemengetriebene Dynamos und Speicherbatterien zu ersetzen und größere Motoren während der Nacht und zu Zeiten geringen Verbrauchs zu entlasten.

Eine weitere wichtige Erfindung, die vor allem für eine Turbine von Bedeutung ist, die mit Kraftstoff betrieben wird, trägt den Titel "Valvular Conduit" und wurde von Tesla zum ersten Mal am 21. Februar 1916 zum Patent angemeldet, allerdings wurde sie erst vier Jahre später unter der Nummer **1.329.559** patentiert. Es handelt sich hierbei um eine Art **Ventil**,

N. TESLA.

VALVULAR CONDUIT.

APPLICATION FILED FEB. 21, 1916. RENEWED JULY 8, 1919.

1,329,559. Patented Feb. 3, 1920.

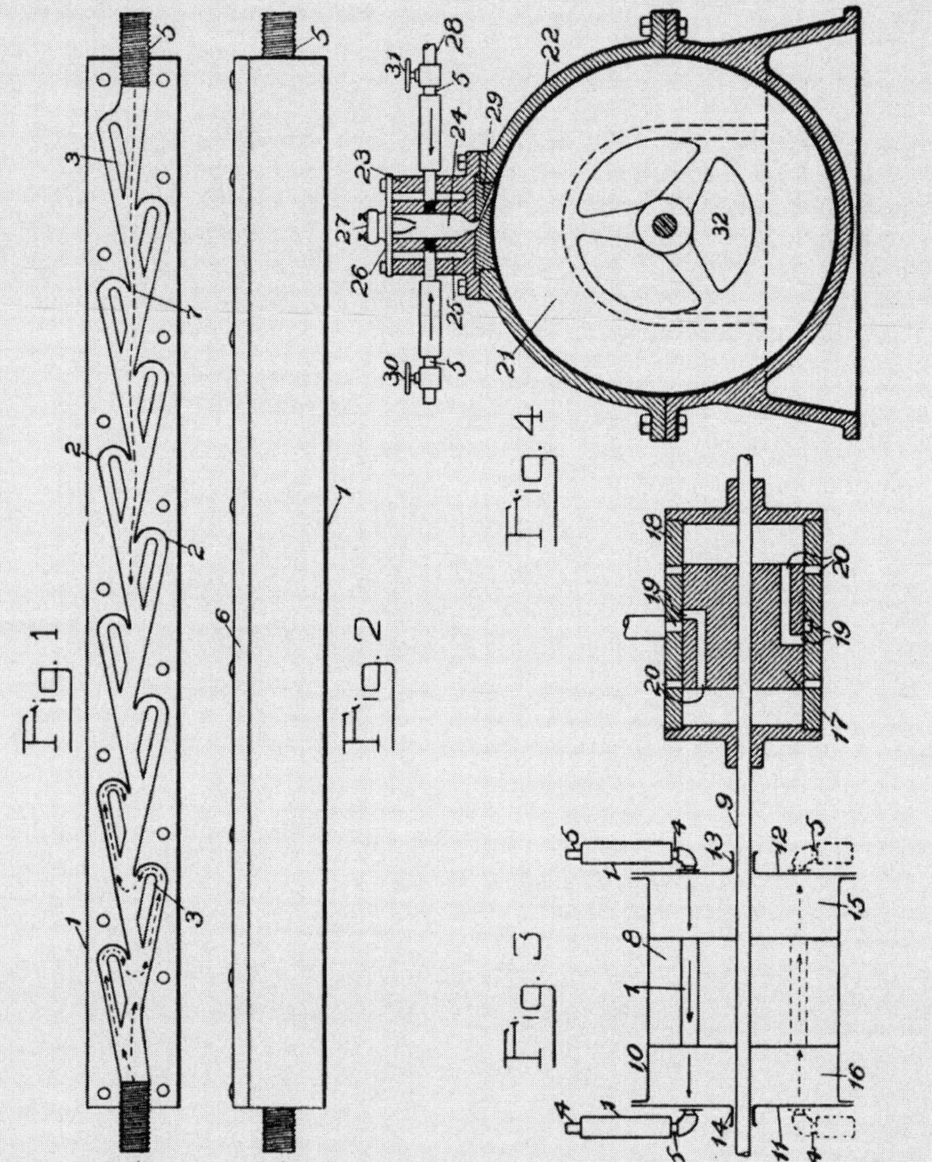

BY
Kerr, Page, Cooper & Hayward
ATTORNEY

INVENTOR
Nikola Tesla

das eine gewisse Ähnlichkeit mit dem Herzsystem von bestimmten Insekten wie z.B. Maikäfern hat. Dieses Konstruktionsprinzip wird heute sogar für Computer eingesetzt, bei denen eine große Zahl dieser Ventile in Miniaturform verwendet werden, die praktisch als Flüssigkeitsdioden dienen.

In diesem Patent heisst es: *In den meisten Maschinen, die allgemein für die Erzeugung, Übertragung und Umwandlung mechanischer Energie verwendet werden, werden Flüssigkeitsimpulse mehr oder minder ungehindert durch entsprechende Kanäle oder Leitungen hindurchgeführt. Diese Funktion wird üblicherweise durch Geräte, die als Ventile bezeichnet werden, ausgeführt ... In der Regel ist ein Ventil eine empfindliche Apparatur, das schnell verschleisst und funktionsuntüchtig wird, wodurch es einen schweren, komplexen und teuren Mechanismus gefährden kann, ausserdem ist es unbrauchbar, wenn die Impulse äusserst plötzlich und in schneller Folge ablaufen und die Flüssigkeit eine hohe Temperatur besitzt oder korrosiv ist. Obwohl diese und andere damit im Zusammenhang stehende Tatsachen schon den allerersten Pionieren der technischen und mechanischen Wissenschaft bekannt waren, ist bis heute keine Abhilfe gefunden oder vorgeschlagen worden, soweit ich mir dessen bewusst bin. Und ich glaube, dass ich der Erste bin, der überhaupt irgendwelche Mittel erfunden oder entdeckt hat, welche die Ausführung der oben genannten Funktion ohne bewegliche Teile erlaubt, ...*

Kurz gesagt besteht der Fortschritt, den ich erzielt habe, in der Verwendung eines besonderen Kanals, der sich durch eine ventilartige Wirkung auszeichnet. Die Erfindung kann in vielen verschiedenen Konstruktionsarten ausgeführt werden, die sich im Detail stark unterscheiden können, aber zur Erklärung des zugrunde liegenden Prinzips kann allgemein gesagt werden, dass das Innere des Kanals mit Verbreiterungen, Einschnitten, Ausstülpungen, Schaufeln oder Ablenkvorrichtungen versehen ist, die dem Durchgang der Flüssigkeit in die eine Richtung praktisch keinen Widerstand ausser der Oberflächenreibung entgegensetzen, während sie für den Durchgang derselben in der entgegengesetzten Richtung ein fast unüberbrückbares Hindernis darstellen, was seinen Grund in der mehr oder minder plötzlichen Ausdehnung, Zusammenziehung, Ablenkung, Richtungsänderung, den Stops und dem erneuten Weiterfließen der Flüssigkeit und der sich hieraus ergebenden Druckumwandlung und Geschwindigkeitsänderung hat. ...

Wenn man die Funktionsweise näher betrachtet, dann wird man erkennen, dass die Flüssigkeit zwei vollständige Richtungsänderungen oder Ablenkungen um 180° durchläuft, wenn sie in Richtung des ungestörten Flusses von einer Ablenkschaufel zur anderen fließt, während sie nur zwei kleine Ablenkungen von ungefähr 10 bis 20° durchmacht, wenn sie sich in der entgegengesetzten Richtung bewegt. In beiden Fällen wird der Druckverlust proportional einem hydraulischen Koeffizienten sein, der vom Ab-

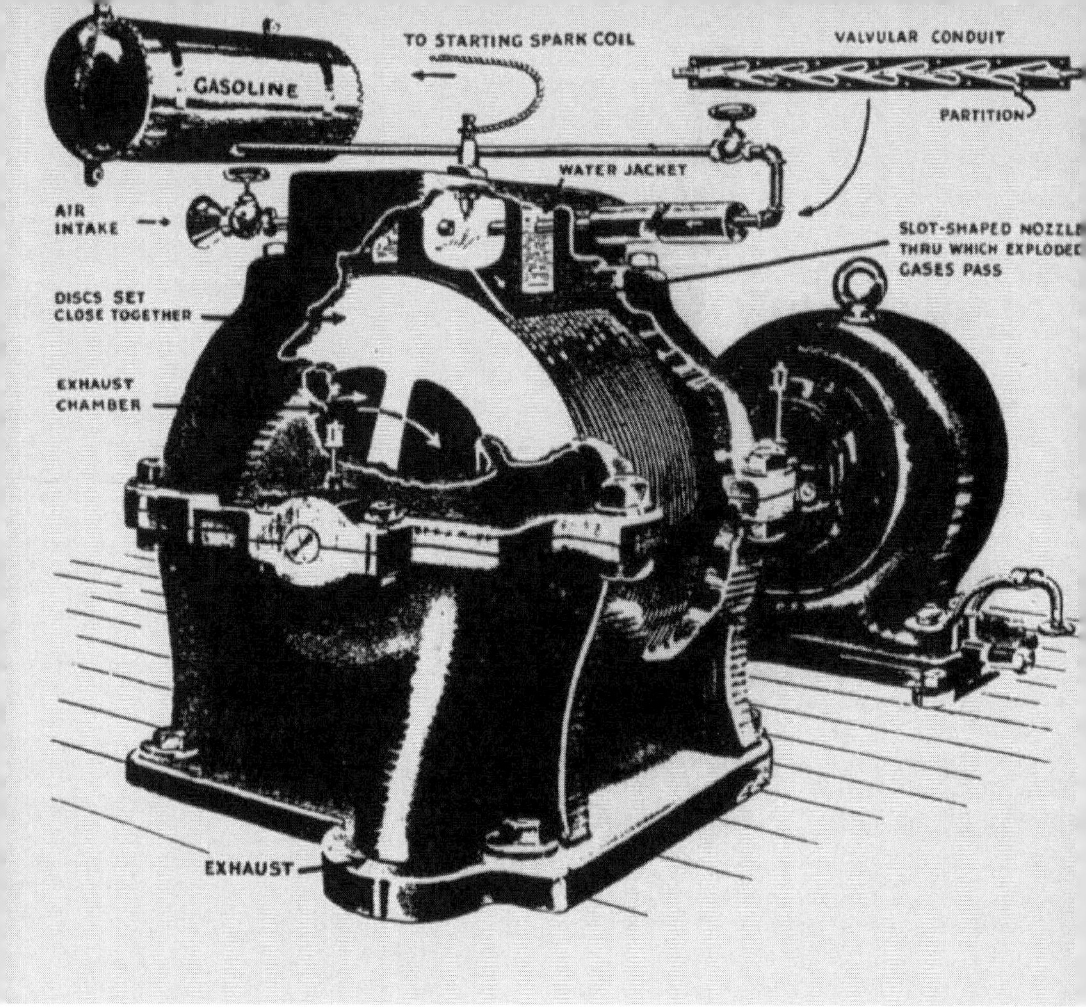

Die Kraftstoffturbine, bei der Tesla sein neuartiges Ventil zur Einspritzung verwendete

lenkwinkel abhängt, woraus folgt, dass bei gleicher Geschwindigkeit das Verhältnis beider Widerstände den beiden Koeffizienten entspricht. Der Widerstand in einer Richtung ist theoretisch bis zu 200 mal höher als in der anderen Richtung, im Gegensatz zu den bisher verwendeten asymmetrischen Kanälen, die einen wesentlich geringeren Wirkungsgrad hatten.

Teslas Ventil kann zudem für sehr hochfrequente Pulse eingesetzt werden. Die hohe Wirksamkeit der Apparatur hat unabhängig vom Charakter der Pulse zwei Gründe: *Erstens, die schnelle Umkehrung der Strömungsrichtung und zweitens, die große Relativgeschwindigkeit der aufeinandertreffenden Flüssigkeitssäulen. Wie leicht zu erkennen ist, erzeugt jede Ab-*

lenkschaufel eine Ablenkung von 180 °, und eine weitere Ablenkung erfolgt in jedem der Zwischenräume zwischen zwei gegenüberliegenden Ablenkschaufeln. Dies bedeutet, dass in der Zeit, in der die Flüssigkeit in einen der Einschnitte ein- oder dem folgenden austritt, ein kompletter Zyklus oder eine Ablenkung um 360 ° erfolgt. Ausserdem wird die Geschwindigkeit bei der Umkehrung nur leicht reduziert, so dass die ankommenden und die abgelenkten Flüssigkeitssäulen mit einer Geschwindigkeit aufeinandertreffen, die doppelt so hoch ist, wie jene des Flusses, und die Energie ihres Zusammenstoßes ist deshalb viermal so hoch als eine Ablenkung um nur 90 °, wie mit Einbuchtungen, wie sie bisher in asymmetrischen Kanälen für verschiedene Zwecke verwendet wurden, erzielt werden konnten. ... Aufgrund dessen ist nur eine sehr geringe Anzahl von Ablenkschaufeln notwendig, um die Flüssigkeit zurückzuhalten.

Der Patentanspruch bezieht sich auf folgende Einrichtung:

Einen ventilartigen Kanal, dessen Innenwände so geformt sind, dass sie den ungehinderten Durchgang einer Flüssigkeit in Strömungsrichtung erlauben, dass diese jedoch schnellen Richtungsänderungen ausgesetzt ist, wenn sie in die entgegengesetzte Richtung bewegt wird, wodurch deren Rückstrom aufgrund der Reibung und des Widerstands der Masse verhindert wird.

Dieses neuartige Ventil kann auch zur Verdichtung oder Verdünnung von Flüssigkeit oder Gasen eingesetzt werden. Hierzu verwendet Tesla seinen Mechanischen Oszillator und schließt vier dieser Ventile an die Luftkammern dieses Gerätes an, wodurch jeder beliebiger Evakuierungs- oder Komprimierungsgrad erreicht werden kann.

Tesla hat die Turbine auch allein als Vakuumpumpe oder zum Verdichten von Luft oder Gasen allgemein, also Kompressor, vorgesehen. Wenn hierzu größere Drücke notwendig sind, dann sollte in diesem Fall jedoch eine mehrstufige Turbine verwendet werden. In einem britischen Patent mit der Nummer **179.043** mit dem Titel "Production of High Vacua", das er am 24. März 1921 einreichte, beschreibt Tesla speziell die Anwendung seiner Pumpe für diesen Zweck. Diese Methode hat zwei entscheidende Vorteile: *Einer davon ist, dass die verdünnte Flüssigkeit mit einer solchen gewaltigen Rate ausgestoßen wird, dass ein ziemlich großes Loch in den Kondensator gebohrt werden kann, ohne dass hierdurch das Vakuum stark beeinträchtigt wird. Der andere ist, dass die Flüssigkeit abgesaugt werden kann, bis die Evakuierung fast vollständig ist. Eine Maschine dieser Art, wenn sie in mehreren Stufen gebaut ist, ist allein ausreichend für die Herstellung eines extrem hohen Vakuums ... Um allerdings unnötige Komplikationen und Unkosten zu vermeiden, verwende ich die normalen Evakuierungsgeräte und schalte zwischen diese und dem Kondensator meine Pumpe, welche das hochverdünnte Medium absaugt, komprimiert und einer "Trockenluftpumpe" oder anderen Pumpe zuführt. .. Die Vorteile hier-*

Die Doppelturbine, die Tesla in der "Edison Waterside Station" testete.
Die Bremsleistung betrug bei 9 000 U/min 200 PS.
Im oberen Bild sind die Scheibenläufer zu sehen.
Im unteren Bild ist die Turbine fertig montiert dargestellt.

von sind zweifacher Art: Es kann ein höheres Vakuum erreicht werden, und was noch wichtiger ist, die ständigen und unvermeidlichen Beeinträchtigungen desselben, welche die Wirtschaftlichkeit erheblich vermindern, werden hierdurch praktisch ausgeschaltet. Meine Pumpe macht die Aufrechterhaltung eines hohen Vakuums selbst dann möglich, wenn der Anteil von Luft oder einer anderen Flüssigkeit, die mit dem Strom mitgeführt wird, sehr hoch ist, und in dieser Hinsicht sollte sie sich besonders nützlich für den Betrieb vom Mischflüssigkeitsturbinen erweisen.

Eine der wichtigsten Anwendungen der Tesla-Turbine und seines Ventils ist deren Einsatz für Gas- oder Kraftstoffmotoren, da eine Tesla-Turbine natürlich eine wesentlich höhere Leistung liefert als jeder andere Antriebsmaschine. In einem Bericht mit dem Titel "The Tesla Gasoline Turbine", der im Juli 1920 im *Electrical Experimenter* erschien, zeigt Tesla die Funktionsweise seiner **Gasturbine** folgendermaßen auf: *Wenn das Luftventil geöffnet wird und das Zündgerät eingeschaltet ist, wird das Gas langsam aufgedreht, bis die Mischung in der Brennkammer den kritischen Punkt erreicht hat und gezündet wird. Beide Ventilkanäle verhalten sich in Bezug auf das ausströmende Gas wie geschlossene Ventile, und wenn Verbrennungsgase durch die Düse ausgestoßen werden und durch die Ausdehnung eine noch höhere Geschwindigkeit erreichen, übertragen sie ihre Kraft auf den Rotor und lassen diesen anlaufen. Nach dem Ende der Explosion sinkt der Druck in der Kammer unter dem atmosphärischen Druck ab, da der Rotor oder Ventilator wie eine Pumpe wirkt und neue Luft und Gas kann eintreten, wodurch die Hohlräume und Kanäle gereinigt werden und eine frische Mischung erzeugt wird, die wie zuvor gezündet wird, usw. Die aufeinander folgenden Impulse des Arbeitsmediums erzeugen ein fast kontinuierliches Drehmoment. Nach kurzer Zeit erhitzt sich die Brennkammer so stark, dass das Zündgerät abgeschaltet werden kann, ohne den Vorgang zu beeinträchtigen.* Wie Tesla in diesem Artikel bemerkte, hatte er mit einer dieser Maschine so schnell aufeinander folgende Explosionen erreicht, dass hierdurch ein musikalischer Ton erzeugt wurde.

Wie erwähnt ließ Tesla bei verschiedenen Firmen Versuchsmodelle seiner Turbine anfertigen. Nach der kleineren Maschine aus dem Jahr 1906, die immerhin bei einem Gewicht von nur 5 kg 30 PS leistete, folgten 1910 zwei weitere Turbinen, die mit Dampf und teilweise Gas betrieben wurden, Der Scheibendurchmesser betrug 24 und 26 cm, die Rotationsgeschwindigkeit 9 000 und 10 000 Umdrehungen pro Minute bei einer entsprechenden Leistung von 110 und 100 PS. Über die Erprobung dieser Maschinen schreibt Tesla in einem Bericht Folgendes:

Ich habe mit Scheiben von einem Durchmesser und einer Stärke von etwas 5 cm 110 PS entwickelt. Unter geeigneten Voraussetzungen hätte die Leistung 1 000 PS betragen können. Tatsächlich sind der mechanischen Leistungsfähigkeit einer solchen Maschine keine Grenzen gesetzt.

Sie arbeitet mit Gas, wie es bei den gewöhnlichen Verbrennungsmachinen im Auto und im Flugzeug verwendet wir, sogar noch besser als mit Dampf. Versuche haben gezeigt, dass die Drehleistung mit Gas größer als mit Dampf ist.

Als Tesla diese Turbine in der Edison Waterside Station einmal einigen Ingenieuren vorführte und behauptete, dass er sie nun mit 16 000 Umdrehungen laufen lassen werde, hatten diese nur ein müdes Lächeln dafür übrig und zwinkerten sich hinter Teslas Rücken gegenseitig zu. Als der Drehzahlmesser dann aber genau diese Drehzahl anzeigte, fielen ihnen die Augen heraus, und sie waren zwei Wochen lang nicht mehr in der Lage zu zwinkern, wie es so schön in einem Artikel im *Technical World Magazine* vom Februar 1912 heisst.

Über den Test der größeren Turbinen berichtet Tesla Folgendes: *Ich möchte darauf hinweisen, dass die Versuchsanlage 200 PS entwickelt, obwohl am Zuleitungsrohr 9 atü herrschen und sie ins Freie auspufft; sie würde 300 PS leisten, wenn der volle Kesseldruck zur Verfügung stünde. Wenn man die Turbine mit einer Niederdruckturbine koppeln würde, die etwa die dreifache Anzahl der in der Hochdruckanlage enthaltenen Scheiben hätte, und diese mit einem Kondensator mit einem Vakuum von 95 bis 97% verbinden würde, so ist schon aus den mit der Hochdruckpumpe erzielten Ergebnissen zu entnehmen, dass der Verbundbetrieb eine Leistung von 600 PS ohne wesentlich größere Abmessungen ergeben würde. Diese Schätzung ist sehr vorsichtig.*

Versuche haben gezeigt, dass die Turbine, wenn sie bei 9 000 Umdrehungen pro Minute unter einem Innendruck von 9 atü mit freiem Auspuff läuft, 200 PS Bremsleistung entwickeln kann. Der Verbrauch unter diesen Voraussetzungen maximaler Leistung beträgt 17 kg gesättigten Dampf pro PS und Stunde, ein sehr hoher Wirkungsgrad, wenn wir in Betracht ziehen, dass der Wärmeabfall, mit dem Thermometer gemessen, nur 33 Kalorien beträgt und dass die Energieumwandlung in einer Stufe vor sich geht. Da in einer modernen Anlage mit Überhitzung und hohem Vakuum die dreifache Anzahl von Wärmeeinheiten zur Verfügung steht, würde unter Ausnutzung dieser Möglichkeit in solchen Turbinen der Verbrauch weniger als 6 kg pro PS und Stunde betragen, die den vollen Wärmeabfall ausnutzen.

Unter bestimmten Voraussetzungen sind sehr hohe thermische Wirkungsgrade erreicht worden, die beweisen, dass bei großen, auf diesem Prinzip beruhenden Maschinen der Dampfverbrauch viel niedriger ist und sich dem theoretischen Minimum nähert, das sich aus der nahezu reibungslos funktionierenden Turbine ergibt, die fast die gesamte Ausdehnungsenergie des Dampfes auf die Welle überträgt.

Als Kontrast wollen wir nun einen Bericht von **Hans Dahlstrand**, eines Ingenieurs bei der *Allis Chalmers Company* in Chicago, wo drei weitere

Eine große Tesladampfturbine, die 10 000 PS Leistung entwickelte

solche Maschinen gebaut wurden, einfügen, der über die Tesla-Turbine Folgendes schreibt:

"Wir bauten auch eine Dampfturbine mit einer Leistung von 500 Kilowatt, die mit 3 000 Umdrehungen in der Minute lief. Der Rotor der Turbine bestand aus fünfzehn Scheiben mit einem Durchmesser von 150 cm und einer Stärke von 0,3 cm. Die Scheiben waren etwa 0,3 cm voneinander entfernt. Die Anlage wurde zur Erprobung an einen Generator angeschlossen. Wenn sie bei einem Dampfdruck von etwa 5,6 ata (absoluter

Eine 110 PS starke Tesla-Turbine, die eine 50-KW-Wechselstrommaschine antreibt

Druck) und einem Gegendruck von etwa 0,35 ata und 55° C Überhitzung beim Eintritt arbeitete, entwickelte sie einen mechanischen Wirkungsgrad von maximal 38%.

Wenn der Dampfdruck über den gegebenen Druck hinaus erhöht wurde, verringerte sich der mechanische Wirkungsgrad; diese Turbinen waren also so konstruiert, dass es zur Erzielung des höchsten Wirkungsgrades bei hohem Druck nötig gewesen wäre, mehrere Turbinen hintereinander zu schalten.

Der Wirkungsgrad der kleinen Turbinenanlagen entspricht dem erreichbaren Wirkungsgrad von kleinen Antriebsturbinen, doch laufen diese bei Geschwindigkeiten, bei denen sie direkt mit Pumpen oder anderen Maschinen gekuppelt werden können. Es ist daher klar, dass die kleine Anlage, um denselben Wirkungsgrad zu erreichen, bei 10 000 bis 12 000 Umdrehungen pro Minute arbeiten musste, und es wäre eigentlich erforderlich, ein Reduktionsgetriebe zwischen der Dampfturbine und der angetriebenen Maschine vorzusehen.

Teslas Luftkompressor, der von einem Dreiphasen-Elektromotor angetrieben wird

Ausserdem konnte die Konstruktion von Teslas Turbine in Bezug auf die Herstellungskosten nicht mit den kleineren Antriebsturbinen konkurrieren. Es ist zudem fraglich, ob die Scheiben des Rotors, da sie leicht gebaut und großem Druck ausgesetzt waren, einer Dauerbeanspruchung Stand gehalten hätten.

Die obigen Ausführungen gelten gleichfalls für die große Turbine mit 3000 Umdrehungen pro Minute. Als diese Anlage auseinandergenommen wurde, stellte man fest, dass sich die Scheiben stark verzogen hatten, und man nahm an, dass sie bei längerer Betriebsdauer der Anlage schließlich versagt hätten."

Bei seinen eigenen Versuchen hatte Tesla zudem feststellen müssen, dass die Lager mit kleinen Löchern übersät waren, was zu Undichtigkeiten geführt hatte.

Eine von Tesla entwickelte große Turbopumpe

Zum Schluss wollen wir auch noch einen kurzen Blick auf den heutigen Entwicklungsstand dieser Technik werfen. Wie kaum anders zu erwarten, wird die Tesla-Turbine bis heute noch nicht verwendet, was natürlich auch daran liegt, dass für eine einwandfrei funktionierende Maschine eine gewisse Entwicklungszeit notwendig ist, ausserdem waren natürlich die entsprechenden Materialien zu Teslas Zeit noch nicht vorhanden. Mit keramischen Materialien, die wesentlich höhere Temperaturen aushalten, könnte die Leistung verdreifacht werden, wie C. R. Possel, der Präsident einer amerikanischen Firma meint, der an einer Tesla-Turbine für **Flugzeuge** arbeitet. Possel hatte während der Zeit des Koreakrieges auch für das Militär an der Entwicklung der Tesla-Turbine gearbeitet, was natürlich verdächtig und vielleicht ein weiterer Grund ist, weshalb die Turbine bis heute nicht eingesetzt wird.

In Wasserkraftwerken oder überhaupt Kraftwerken werden bis heute nur die alten Curtis- oder Parsonturbinen eingesetzt und in Flugzeugen eben Düsentriebwerke, die zufriedenstellen arbeiten, wenn man das so sehen will, da sie immerhin alle einen Höllenlärm veranstalten, im Gegensatz zur **Tesla-Turbine, die praktisch lautlos ist**. Selbst wenn sie gegenüber den normalen Turbinen sonst keine Vorteile hätte, wäre sie allein schon aus diesem Grund anderen Maschinen tausendfach überlegen. Abgesehen davon haben Turbinen in Wasserkraftwerken katastrophale Auswirkungen auf die Umgebung, wie Viktor Schauberger festgestellt hat -- ein Nachteil, der bei der Tesla-Turbine beileibe nicht vorhanden wäre.

Allerdings gibt es immerhin einige Lichtblicke. Walter Baumgartner und Peter Myers (Myers-Vortex-Turbine) haben einige Versuchsmodelle angefertigt, und die Firma *Sun Wind Ltd.* plant ihren Einsatz für Kraftwerke und Automobile. Der Präsident dieser Firma schreibt: "Wir sind überzeugt, dass die verbesserte Myers-Vortex-Turbine, die auf Teslas Erfindung basiert, besser funktionieren wird als alle, die sich zur Zeit in Betrieb befinden, und dass sie mit einem Wirkungsgrad von 60% arbeiten wird." Leider scheint sich auch nach 15 Jahren noch nichts Konkretes aus diesem Vorhaben ergeben zu haben.

Wenn sich auch die Tesla-Turbine noch nicht durchgesetzt hat, so wird wenigstens seine **Pumpe** im industriellen Maßstab hergestellt. Hier sind vor allem die Firmen *Begemann*, *U.S. Pump & Turbine* und *Discflo Coporation* zu nennen. *Begemann* liefert nichtmetallische, korrosionsbeständige Pumpen und *Discflo* eine Pumpe, die schier unglaubliche Eigenschaften und Fähigkeiten besitzt. Damit können Materialien bewegt werden, die übliche Pumpen natürlich sofort zerstören oder zum Stillstand bringen würden. In ihrem Werbeprospekt werden unter anderem folgende Substanzen aufgezählt: Ölrückstände, Titaniumdioxid, Stärke, Sauerteig, Farbe, Salzlake, Nahrungs- und Weinerzeugnisse, Kunststoffe, Phosphorsäure, Sand, Flugasche, hochviskose Öle und vieles mehr. Sogar weiche Feststoffe, die nicht größer als 12 cm sind, und Faserstoffe können von dieser Pumpe transportiert werden.

Ein weiteres interessantes Einsatzgebiet der Tesla-Turbine, wenn sie als Kompressor betrieben wird, sind **Klimaanlagen**. Die heute auf dem Markt befindlichen Anlagen dieser Art darf man wohl als unverantwortlich und Katastrophe ersten Grades bezeichnen, da sie in jeder Hinsicht Fehlkonstruktionen darstellen, welche die armen Büromenschen ständig krank machen, weshalb man sich fragen muss, welche Geistesgestörten solche Geräte bauen und weshalb sie in den letzen hundert Jahren noch nicht auf die Idee gekommen sind, Teslas Prinzip der Kompression und Kühlung zu verwenden, denn damit könnten diese groben Defekte beseitigt werden. Ausserdem wären keine schädlichen künstlichen Kühlmittel notwendig, und der Lärm, den solche Anlagen machen, wäre ebenfalls ausgeschaltet.

Moderne korrosionsbeständige nichtmetallische Pumpe der Firma "Begemann"

Hieraus ergibt sich natürlich von selbst, dass die Turbine auch für alle Arten von Gefriermaschinen hervorragend geeignet wäre.

Als letztes wollen wir auch noch erwähnen, dass diese Erfindung in ihrer Eigenschaft als idealer Antriebsmotor auch in Automobilen, Flugzeugen, usw. von herausragender Bedeutung wäre, falls sie für diesen Zweck entwickelt werden würde. *Dieses neue Prinzip kann für alle Arten von Maschinen angewendet werden. Es wird die Antriebsmaschinen von Schiffen, Lokomotiven, Bussen und Autos revolutionieren. Es wird zur Entwicklung eines praktisch brauchbaren Flugzeugs führen, das sich in der Betriebsweise, der Steuerung und der Geschwindigkeit völlig von den bisherigen unterscheidet und so klein, kompakt und sicher sein wird, dass selbst ein Mädchen damit ohne ihre Erzieherin in die Schule fliegen können wird.*

Schon im Jahr 1900 hatte Tesla vorgeschlagen, den **Antrieb von Fahrzeugen** durch einen gekoppelten Antrieb zu bewerkstelligen, was heute allgemein als **Hybridantrieb** bezeichnet wird: *Es könnte ein wesentlich größerer Prozentsatz der Wärmeenergie des Kraftstoffs in Antriebsenergie umgewandelt werden, wenn man anstatt der Schiffsmotoren und Lokomotiven Dynamos verwenden würde, die von speziellen Hochdruckdampf- oder Gasmotoren angetrieben werden, und die erzeugte Elektrizität für*

Die revolutionäre Teslapumpe der Firma "Discflo Corporation"

den Antrieb verwenden würde. Auf diese Weise könnte ein Gewinn bei der effektiven Leistung, die aus dem Kraftstoff erhalten werden kann, von 50 bis 100% erzielt werden. Man kann kaum verstehen, weshalb einer so simplen und offensichtlichen Tatsache seitens der Ingenieure nicht mehr Aufmerksamkeit geschenkt wird.

Dieses Prinzip wurde vor einigen Jahren von *Volvo* verwendet, wobei auf eine übliche Turbine zurückgegriffen wurde, die eine Hochfrequenzwechselstrommaschine antrieb, die dann den Strom für einen Wechselstrommotor lieferte. In Japan ist kürzlich das erste Hybridauto erfolgreich in den Markt eingeführt worden. Hierbei wurde ein üblicher Verbrennungsmotor und ein Wechselstrommotor kombiniert. Die genannten Autos würden natürlich wesentlich besser funktionieren, wenn hierbei eine Tesla-Turbine und neuartige elektrische Pulsmotoren, die in Japan erfunden und entwickelt wurden, und selbstverständlich irgendgeartete Freie-Energie-Maschinen eingesetzt würden.

Tesla hatte seine Turbine auch dafür vorgeschlagen, um damit die **Abwärme** bei der Eisenerzeugung auszunutzen. Mit dieser Methode hoffte er 12 Mio. PS zu erzeugen, was einem Gegenwert von 180 Mio. Dollar bedeutet hätte.

DIE TODESSTRAHLEN

In den Zwanziger und Dreissiger Jahren arbeitete Tesla an einem neuartigen Generator, der für die Erzeugung von Teilchenstrahlen größter Stärke verwendet werden konnte. Dass er hierbei jedoch keine elektromagnetischen Strahlen meinte, geht aus einem Interview mit der *New York World Telegram* vom 24. Juli 1934 hervor:

Was mich interessiert hat, ist ein Bericht im "World Telegram" vom 13. Juli 1934, der dahingehend tendiert, dass die Wissenschaftler an den Auswirkungen der Todesstrahlen zweifeln. Ich stimme mit diesen Zweifeln vollkommen überein und bin wahrscheinlich in dieser Hinsicht aus langer Erfahrung pessimistischer als irgendein anderer.

Strahlen der hierzu erforderlichen Energie können nicht erzeugt werden, und ausserdem verringert sich ihre Intensität mit dem Quadrat der Entfernung. Nicht so aber die wirkende Kraft, die ich verwende und mit deren Hilfe wir an einem entfernten Punkt mehr Energie senden werden können, als es mit jeder anderen Art von Strahlen möglich ist. Wir sind alle nicht unfehlbar, aber so wie ich die Sache jetzt aufgrund meiner theoretischen und experimentellen Kenntnisse sehe, bin ich vollkommen davon überzeugt, dass ich der Welt etwas schenken werde, das die fantastischsten Träume der Erfinder aller Zeiten übersteigen wird.

Tesla bezieht sich hierbei auf eine "neue Technik, um konzentrierte, nichtstreuende Energie durch das natürliche Medium", sprich den Äther, zu projizieren, wie der Titel einer bis 1984 unveröffentlichten Abhandlung aus dem Jahr 1937 lautet. Hierin heisst es folgendermaßen:

Die Fortschritte, die hier beschrieben werden, sind das Ergebnis meiner Forschungen und Experimente, die ich mit dem hauptsächlichen Ziel, elektrische Energie über große Entfernungen zu übertragen, jahrelang durchgeführt habe. Das erste praktische Ergebnis dieser Bemühungen war das Wechselstromsystem, das nun weltweit verwendet wird. Ich habe dann meine Aufmerksamkeit der drahtlosen Übertragung zugewandt und konnte auf diesem fruchtbaren Gebiet glücklicherweise ähnliche Erfolge erzielen, und auch meine hier gemachten Entdeckungen und Erfindung werden auf der ganzen Welt verwendet. Im Verlauf dieser Arbeit bekam ich die Hochspannungstechnik ausreichend in Griff, um im Jahr 1899 einen Radiosender konstruieren und betreiben zu können, der 20 Millionen Volt Spannung erreichte. Irgendwann zuvor hatte ich Überlegungen angestellt, ob es möglich wäre, solche Hochspannungsströme durch einen dünnen Energiestrahl zu übertragen, der die Luft ionisieren und sie zu

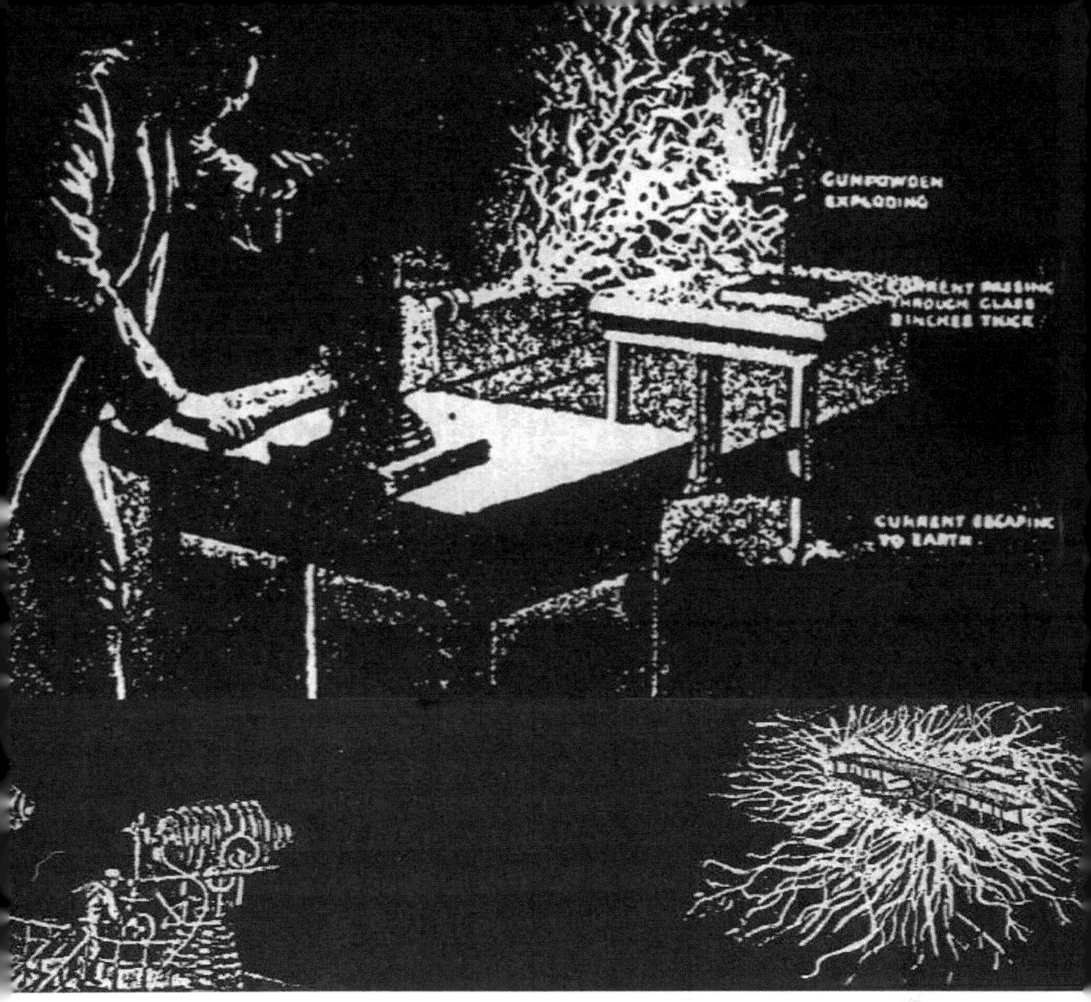

Illustration zu Harry Grindell-Matthews "Todesstrahlen" in der Zeitschrift "Popular Radio"

einem gewissen Grad leitend machen würde. Nach vorbereitenden Laboratoriumsexperimenten führte ich mit dem betreffenden Sender und einem energiereichen ultravioletten Strahl Tests im größeren Rahmen durch, und zwar in der Absicht, die Ströme in die höheren, verdünnten Luftschichten zu leiten und auf diese Weise Nordlichterscheinungen zu erzeugen, welche vor allem für die Beleuchtung der Ozeane in der Nacht verwendet hätten werden können. Ich fand heraus, dass diese Methode zwar prinzipiell funktionierte, aber die Ergebnisse rechtfertigten keine Hoffnungen auf eine praktische Anwendung, obwohl einige Jahre später einige Erfinder behaupteten, auf diese Weise einen "Todesstrahl" erzeugt zu haben. Wenn auch die veröffentlichten Berichte über diese Dinge absolut unbegründet

Abb. 1: Offene Vakuumröhre

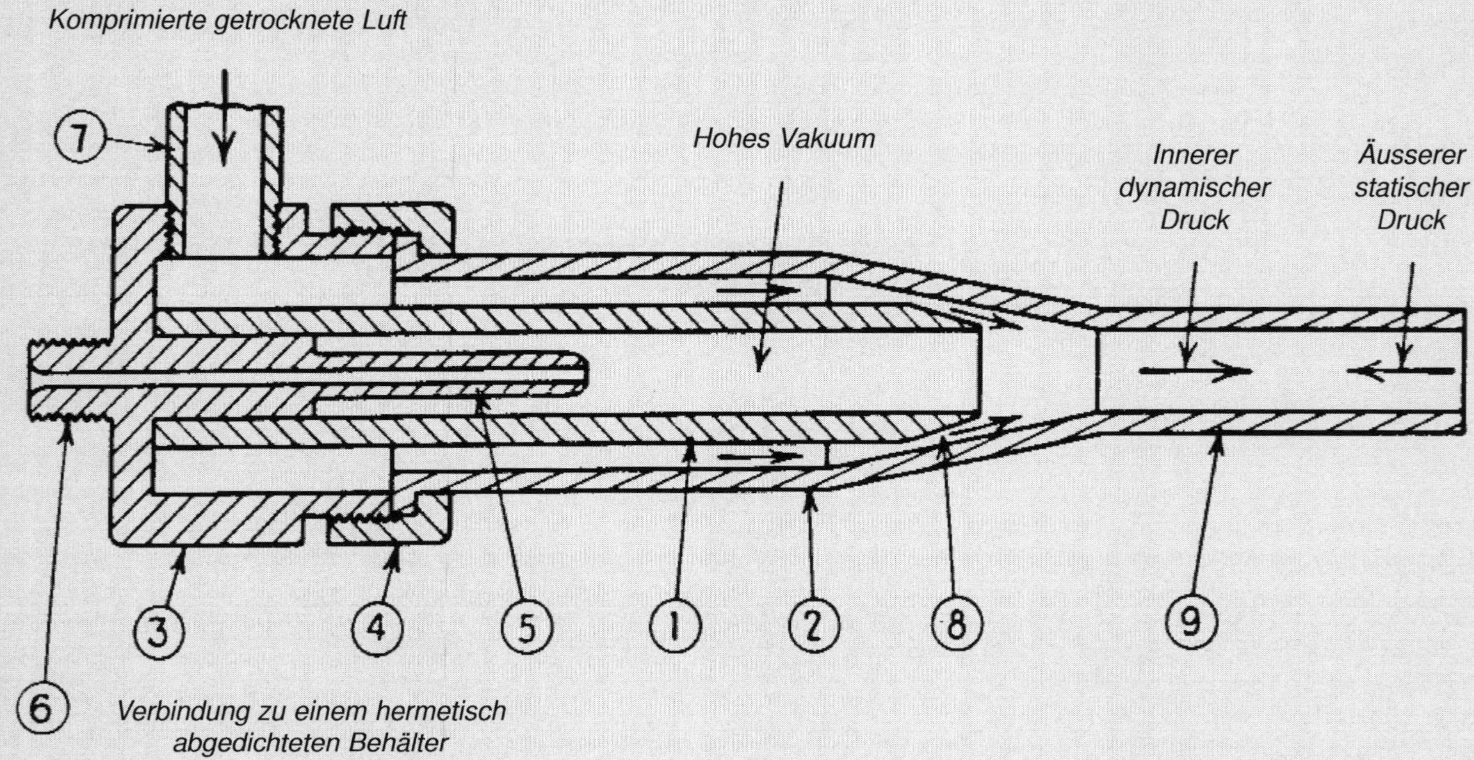

sind, so glaube ich doch, dass mit dem neuen Sender, der gebaut werden wird, diese und viele andere Wunder erreicht werden können. Ich verwendete auch viel Zeit auf die Übertragung verschiedener Arten von Strahlungsenergie durch Reflektoren, und ich entwickelte Mittel, um die Stärke der Wirkungen enorm zu erhöhen. Aber alle meine Bemühungen, die Streuung beträchtlich zu reduzieren, scheiterten, und ich war schließlich vollkommen davon überzeugt, dass dieser Nachteil nur dadurch überwunden werden konnte, indem die Energie vom Sender mit riesiger Geschwindigkeit mit Hilfe von kleinen Teilchen durch das Medium projiziert wurde. Um dies zu erreichen, war die elektrostatische Abstoßung das einzige Mittel, und es mussten Geräte mit gewaltiger Leistung entwickelt werden, aber vorausgesetzt, dass mit einem einzelnen Strahl aus winzigen Teilchen eine ausreichend hohe Geschwindigkeit und Energie erreicht werden konnte, würde es selbst in der größten Entfernung zu keiner Streuung kommen. Da es möglich war, den Querschnitt der Trägerteilchen auf eine fast mikroskopische Größe zu verringern, konnte unabhängig von der Entfernung eine gewaltige Energiekonzentration erreicht werden.

Als ich damit begann, diesen Plan in die Praxis umzusetzen, erschienen die Schwierigkeiten unüberwindlich. In erster Linie konnte keine geschlossene Vakuumröhre verwendet werden, da kein Fenster der Kraft des Aufpralls standhalten konnte. Hierdurch war es unumgänglich, die Teilchen in der freien Luft zu projizieren, was bedeutete, dass jedes nur eine sehr geringe Ladung tragen konnte. Aus diesem Grund war die Abstoßungskraft für den gewünschten Zweck immer zu klein, unabhängig davon, wie hoch die Spannung am Anschluss war. ...

Durch die Verwendung meiner Entdeckungen und Erfindungen ist es jedoch möglich, die Abstoßungskraft um mehr als das Millionenfache zu steigern, und was bis zum jetzigen Zeitpunkt unmöglich war, kann nun mühelos erreicht werden. Die erfolgreiche Ausführung des Planes schließt eine Reihe mehr oder weniger wichtiger Verbesserungen ein, aber die hauptsächlichen sind folgende:

1. Eine neue Form einer Hochvakuumröhre, die nach aussen zur Atmosphäre offen ist.

2. Vorrichtungen, um einem winzigen Teilchen eine extrem hohe Ladung mitzuteilen.

3. Ein neues Terminal, das relativ geringe Ausmaße und eine riesige Spannung besitzt.

4. Ein elektrostatischer Generator, der auf einem neuen Prinzip beruht und eine sehr große Leistung besitzt.

Teslas offene Vakuumröhre besteht aus einer inneren und einer äusseren Röhre, die beide aus Quarz oder Pyrexglas oder anderen feuerfesten Materialien hergestellt ist. *Man wird erkennen, dass ich in dieser Röhre auf eine feste Wand oder Fenster verzichtet habe, auf das in den bisherigen*

Abb. 2: Modifizierte Form einer offenen Vakuumröhre

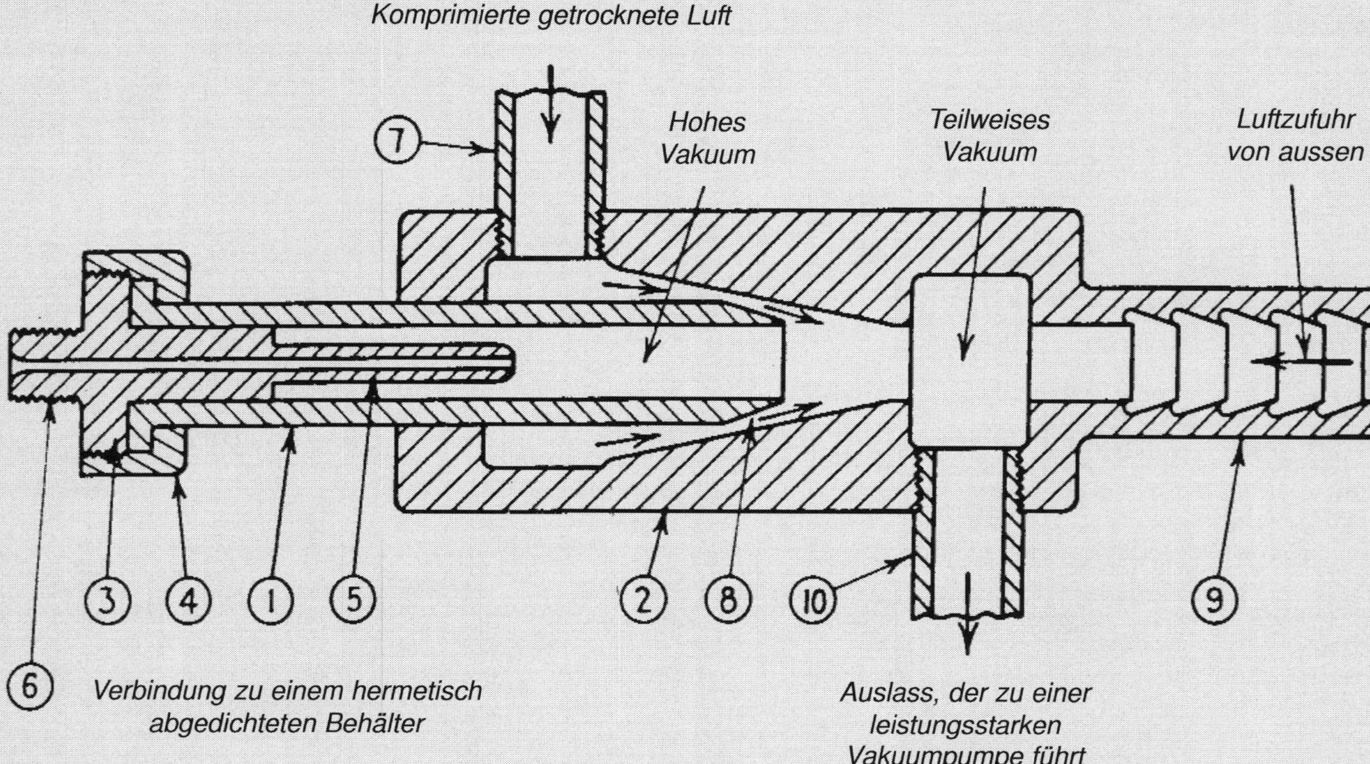

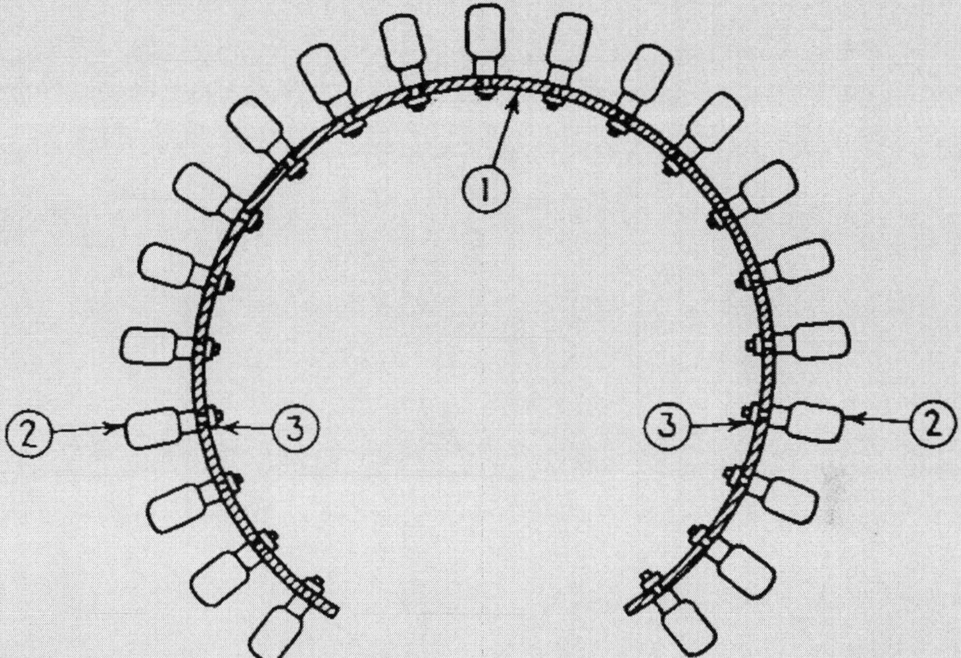

Vergrößertes Bild einer der Aufsätze

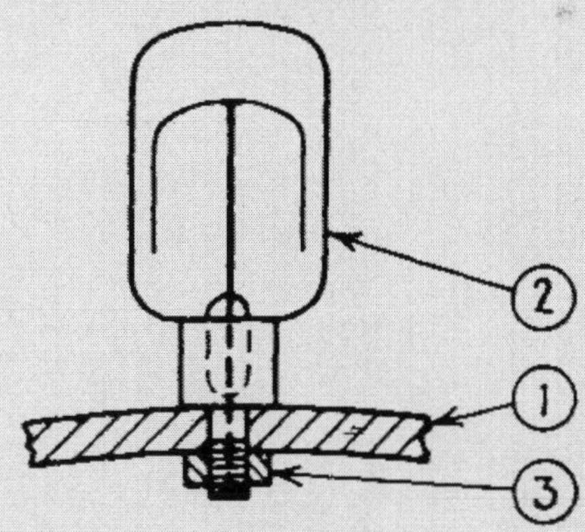

Abb. 3: Neuartiges Terminal für extrem hohe Spannungen, das aus einem kugelförmigen Rahmen mit Aufsätzen besteht

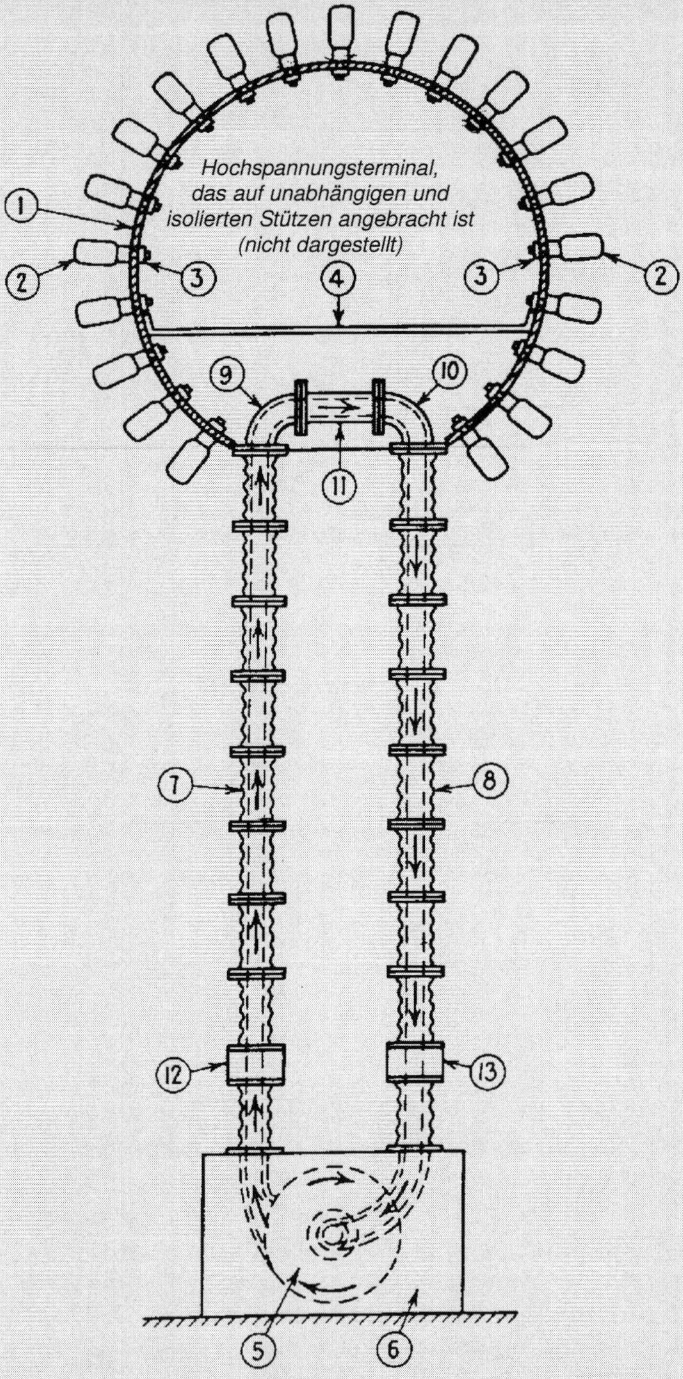

Abb. 4: Schematische Darstellung des neuartigen Hochspannungsgenerators

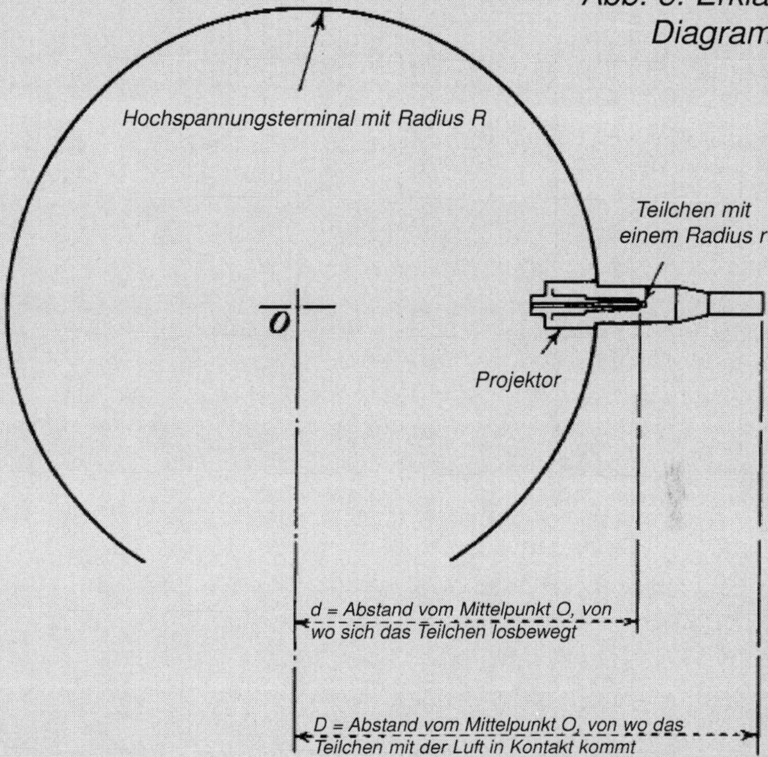

Abb. 5. Erklärendes Diagramm

Formen nicht verzichtet werden konnte, um das erforderliche hohe Vakuum zu erzeugen und zu verhindern, dass ein Gasstrom hoher Geschwindigkeit eindringt. Um ein solches Resultat zu erreichen, muss der dynamische Druck des Stromes zumindest genauso groß sein wie der äussere statische Druck.

Zwischen den beiden Röhren wird nun Druckluft mit einer Geschwindigkeit von 735 m/s hindurchgepumpt, wodurch in der inneren Röhre ein Vakuum erzeugt wird, das ungefähr dem Evakuierungsgrad von normalen Quecksilberdampfpumpen entspricht. *Mit einem Arbeitsmedium, das eine hohe Temperatur und einen hohen Druck besitzt, wobei beide Größen in praktisch realisierbaren Grenzen liegen, kann dieser Wert leicht erreicht und sogar überschritten werden. Durch einen solchen gasförmigen Strom mit hoher Geschwindigkeit kann das Ende der Röhre wesentlich perfekter abgeschlossen werden, als durch jedes Fenster, das hergestellt werden kann, wobei gleichzeitig der Austritt der Teilchen möglich und auch erleichtert wird.*

Es muss noch erklärt werden, auf welche Weise durch eine solche Röhre auf ein Teilchen, das projiziert werden soll, eine sehr große Ladung übertragen wird. Stellen sie sich vor, dass der kleine, kugelförmige Körper in ein fast vollkommenes Vakuum gebracht wird und mit der großen Kugel, die das Hochspannungsterminal des Senders bildet, auf elektrische Weise verbunden wird. Durch die Verbindung wird die kleine Kugel dann die gleiche Spannung besitzen wie die große, egal wie groß die Entfernung von dieser ist, aber die gespeicherte Elektrizitätsmenge wird sich mit der Entfernung stark ändern und proportional zu seinem Spannungsunterschied und der Spannung des gegenüberliegenden Mediums sein. Wenn die kleine Kugel der großen sehr nah ist, dann wird dieser Unterschied und ebenfalls die Ladung gering sein. Aber wenn sich die kleine Kugel in großer Entfernung von der großen befindet, wobei die auf das Medium durch dieselbe übertragene Ladung gegen Null geht, dann wird die Elektrizitätsmenge q, die in der kleinen Kugel gespeichert wird, ziemlich gewaltig sein und Qr/R entsprechen. Um dies zu verdeutlichen: wenn r = 1/100 cm und R = 1 000 cm und Q = 10^8 EL wie zuvor angenommen, dann ist q = 1 000 EL, was tausendmal mehr ist, als zuvor erhalten werden konnte. In einer Entfernung 2R vom Mittelpunkt des Terminals, wo der Spannungsunterschied zwischen der kleinen Kugel und dem gegenüberliegenden Medium die Hälfte der Gesamtspannung betragen wird oder 15 000 000 Volt, wird q = 500 EL sein, und aus theoretischen Erwägungen scheint es so, dass die besten Ergebnisse gewährleistet werden können, wenn das Teilchen in dieser Entfernung in einem hohen Vakuum aufgeladen wird. Dies kann umso leichter erreicht werden, je geringer der Radius des Terminals ist, und dies ist einer der Gründe, weshalb meine Verbesserung, die in Abb. 3 dargestellt wird, von großer praktischer Bedeutung ist.

Wie man aus der Zeichnung ersehen kann, ist der kugelförmige Rahmen des Terminals mit Aufsätzen versehen, von denen eins unterhalb in Vergrößerung gezeigt wird, und die aus Birnen 2 aus Glas oder anderen isolierenden Materialien und einer Elektrode aus dünnem Metallblech, das passend abgerundet ist, bestehen. Das letztere ist durch einen Stützdraht mit einer metallischen Fassung verbunden, der mit Hilfe einer Mutter 3 an den Rahmen 1 passend befestigt ist. Die Birne ist auf das höchstmögliche Vakuum evakuiert, und die Elektrode kann eine extreme Ladungsdichte aushalten. Auf diese Weise ist es möglich, die Spannung des Terminals auf jeden beliebigen Wert zu erhöhen, sozusagen unbegrenzt, und die üblichen Verluste werden vermieden. Ich bin davon überzeugt, dass bis zu hundert Millionen Volt mit einem solchen Sender erreicht werden können und auf diese Weise für praktische Zwecke und wissenschaftliche Forschungen ein Werkzeug mit unschätzbarem Wert zur Verfügung steht.

Meine vielleicht wichtigste Erfindung ist ein neuartiger elektrostatischer Hochspannungsgenerator, der in Abb. 4 schematisch dargestellt ist, der mit meinem verbesserten Terminal ausgestattet ist, das aus einem kugelförmigen metallischen Rahmen 1 mit Aufsätzen 2 besteht, die an den ersten durch Muttern 3 befestigt werden können, wie zuvor beschrieben. Das Terminal besitzt eine Plattform im Innern des Rahmens, die dazu dient, Maschinen, Instrumente und Beobachter aufzunehmen, und wird von isolierten Stützträgern, die aus Gründen der Einfachheit in der Zeichnung weggelassen wurden, auf einer passenden Höhe gehalten. Um das Terminal aufzuladen, wird Druckluft mit hoher Geschwindigkeit durch einen hermetisch abgeschlossenen Kanal geleitet, der aus einem Turbokompressor 5 mit Einlass- und Auslassverbindungen, Rohrleitungen 7 und 8, speziellen Passtücken 9 und 10 und einem kurzen Rohr 11 besteht. Die Rohrleitungen 7 und 8 werden vorzugsweise aus polierten Porzellanstücken hergestellt, die dicht aneinandergeschraubt werden, wobei die Verbindungen durch passende Dichtungen luftdicht gemacht werden und auf der Aussenseite gerieft sind, um die elektrische Streuung zu minimieren. Die Passtücke 9 und 10 und das Rohr 11 können ebenfalls aus dem gleichen Material sein. Die Luft, genauso wie alle Geräte in der luftdichten Kammer 6, wird, bevor sie in den Kompressor eintritt und nachdem sie diesen wieder verlässt, durch die üblichen Mittel, die nicht dargestellt zu werden brauchen, gekühlt und auf einer konstanten Temperatur gehalten. Die Funktion der Maschine kann leicht verstanden werden, wenn man die sich bewegende Luftsäule mit einem laufenden Band vergleicht. Wenn die Luft, nachdem sie den Kompressor verlassen hat, das Gerät 12 erreicht, das Entladungsspitzen enthält, die durch Gleichstrom hoher Spannung aufgeladen werden, wird sie ionisiert, und die Ladung, die ihr übertragen wurde, wird nach oben zu einem speziellen Passtück 9 befördert, wo sie von den Saugspitzen abgezogen wird und das Terminal auflädt. Auf dem Weg zurück zum Kompressor geht die Luft durch ein spezielles Passtück 10 hindurch, wo sie entgegengesetzt aufgeladen wird und diese Ladung dann auf das Gerät 13 überträgt und von dort auf die Erde. Diese Vorgänge wiederholen sich in schneller Folge. Der Generator kann durch passende Verbindungen selbsterregend gemacht werden. Aus verschiedenen Gründen glaube ich, dass eine solche Maschine eine Ausgangsleistung haben wird, die ein Vielfaches derjenigen eines Riemengenerators der gleichen Größe beträgt. Abgesehen davon besitzt sie noch andere bedeutende konstruktive und funktionelle Vorteile.

Tesla wollte seine Anlage auch für radiotechnische Zwecke nutzen, um z.B. Kontakt mit anderen Planeten aufzunehmen, da sich damit Energie über Millionen von Kilometern übertragen lassen sollte. Laut seiner Angaben baute er sogar ein kleines kompaktes Gerät zu diesem Zweck: *Ich werde dem Französischen Institut eine genaue Beschreibung dieser Ge-*

räte mit Daten und Berechnungen vorlegen und den "Pierre Guzman-Preis" in einer Höhe von 100 000 Francs für Mittel zur Kommunikation mit anderen Planeten beanspruchen, und ich bin mir sicher, dass ich diesen Preis erhalten werde. Das Geld ist natürlich nur eine Nebensache, aber für die große historische Ehre, der Erste zu sein, der dieses Wunder vollbringt, wäre ich fast gewillt, mein Leben hinzugeben. Ich bin mir so sicher, dass mir der Preis zugesprochen werden wird, als hätte ich ihn schon in der Tasche. Sie müssen ihn mir überreichen. Es bedeutet, dass es unabhängig von der Entfernung möglich sein wird, einige tausend PS auf andere Planeten zu übertragen. An diese Entdeckung wird man sich noch erinnern, wenn alles, das ich getan habe, schon längst vergessen sein wird.

Tesla meinte, dass eine Schwierigkeit bei der Verwendung dieses Geräts darin liegen würde, andere Planeten mit dieser punktförmigen, gewaltigen Energie zu treffen, aber die Astronomen könnten dabei helfen, dieses Problem zu lösen. Diese punktförmige Energie könnte auf den Mond projiziert werden, und man könnte dann sehr leicht die Auswirkungen beobachten, den Aufprall und die Ausbreitung der Energie sehen. Er verwies auch auf die Möglichkeit, dass andere fortgeschrittene Denker auf anderen Planeten leben und ebenfalls auf diesem Gebiet experimentieren, aber die Teslasche Energie mit irgendeiner Form von kosmischen Strahlen verwechseln könnten.

Über seine offene Vakuumröhre sagte er Folgendes: *Ich bin der Ansicht, dass diese Erfindung nach ihrem Bekanntwerden weltweit eingesetzt werden und andere Röhren verdrängen wird, und dass damit Resultate erzielt werden können, von denen man früher nur träumen konnte. Unter anderem wird es damit möglich sein, Radiumersatzstoffe billig und in jeder gewünschten Menge herzustellen, und sie wird allgemein gesehen wesentlich effektiver zur Spaltung des Atoms und zur Umwandlung der Materie eingesetzt werden können als andere Geräte. Mit dieser Röhre wird es jedoch nicht möglich sein, die Atom- oder die Subatomenergie zu nutzen.*

Das Haupteinsatzgebiet dieser neuen Waffe sah Tesla jedoch in seiner Verwendung als unüberwindbares Schutzschild, um damit die Grenzen eines Landes schützten zu können. Indem alle 350 km eine solche Anlage, die ungefähr zwei Millionen Dollar gekostet hätte, aufgestellt würde, könnten alle Angreifer im Umkreis ausradiert werden, vor allem Flugzeuge. Es würde sozusagen ein Energiewall errichtet, der ein unüberwindliches Hindernis für jede wirkliche Aggression darstellen würde, wie Tesla in einem Interview mit dem *Liberty Magazine* vom Februar 1935 sagte.

Auf diese Weise hoffte er, könnte der Krieg ein für allemal ausgerottet werden, da ein konventioneller Angriff von vornherein zum Scheitern verurteilt wäre. O´Neill bemerkte hierzu: "Aber wenn er auch diese Erfindung als Verteidigungswaffe anbot, würde doch niemand verhindern können, dass sie schließlich als Angriffswaffe benutzt würde."

DAS PERPETUUM MOBILE

In seinem beiden Vorträgen aus den Jahren 1891 und 1892 erwähnt Tesla zum ersten Mal die Energiequelle der Zukunft. Bezugnehmend auf die elektrische Energieübertragung sagt er Folgendes: *Wir werden es nicht nötig haben, Energie auf diese Weise zu übertragen. Wir werden Energie überhaupt nicht übertragen müssen. Wenn viele Jahrhunderte vergangen sein werden, werden unsere Maschinen von einer Kraft angetrieben werden, die in allen Teilen des Universums allgegenwärtig ist. Dieses Konzept ist nicht völlig neuartig. Durch den Instinkt und die Vernunft sind die Menschen schon lange zu diesem Konzept geführt worden. Es wurde mit vielen Namen belegt und an vielen Orten bekannt gegeben, sowohl in der neueren wie auch in der älteren Geschichte. Wir finden es im klassischen Mythos von Antäus, der aus der Erde Energie gewann. Wir finden es auch in den Spekulationen einiger unserer brillantesten Mathematiker und in vielen Bemerkungen und Feststellungen von Denkern der heutigen Zeit. Überall im Universum gibt es Energie. Ist diese Energie statisch oder kinetisch? Falls sie statisch ist, dann sind all unsere Hoffnungen vergebens; falls sie kinetisch ist -- und wir wissen, dass dem so ist --, dann ist es nur eine Frage der Zeit, bis es der Menschheit gelingen wird, ihre Maschinen an das Uhrwerk des Universums anzuschließen.*

Es besteht aber auch noch die Möglichkeit, Energie nicht nur in Form von Licht, sondern auch als Antriebskraft und Energie in einer anderen Form auf direkterem Weg aus der Umgebung zu gewinnen. Es wird eine Zeit kommen, wenn dies erreicht werden wird. Und die Zeit ist bereits gekommen, wo man solche Dinge vor einem aufgeklärten Publikum äussern darf, ohne als Visionär angesehen zu werden. Wir rasen mit unvorstellbarer Geschwindigkeit durch den endlosen Raum, alles um uns herum dreht sich, alles bewegt sich und überall ist Energie vorhanden. Es muss irgendeinen Weg geben, auf dem wir diese Energie auf eine direktere Weise nutzen können. Mit dem Licht, dass aus dem Äther erhalten wird, mit der Energie, die aus ihm gewonnen wird, mit jeder Form von Energie, die ohne Anstrengung aus diesem unerschöpflichen Vorrat erhalten werden kann, wird die Menschheit dann mit Riesenschritten vorwärts schreiten.

Tesla entdeckte in den Neunziger Jahren die sogenannten kosmischen Strahlen, und fand bald eine Methode, diese oder auch andere Strahlungen zur Erzeugung von Elektrizität nutzbar zu machen. Im Jahr 1901 erhielt er ein Patent auf diese Erfindung, die er auch in Deutschland anmeldete und eigentlich hauptsächlich als Empfangsgerät für sein Radiosystem gedacht war. Hierin heisst es:

Gegenstand der Erfindung ist ein Verfahren nebst Vorrichtung zur Nutzbarmachung von durch den Äther gesendeten Impulsen, zu dem Zwecke, die Wirkung der Impulse oder Schwingungen zu verstärken und ein vollkommeneres Arbeiten beispielsweise im Dienste der Nachrichtengebung zu erzielen, als dieses nach bekannten Systemen möglich ist.

Zu diesem Zwecke werden Strahlen, wie ultraviolette Lichtstrahlen, Katoden- oder Röntgenstrahlen usw., welche elektrische Leiter zu laden und zu entladen vermögen, zum Laden einer der Belegungen eines Kondensators benutzt, während die andere Kondensatorbelegung von einer unabhängigen Stromquelle gespeist wird, und der Kondensator wird durch einen geeigneten Empfänger entladen. ...

Wenn Sonnenstrahlen oder andere die beschriebene Wirkung erzeugende Strahlen 2 auf die Platte 1 der dargestellten Empfangsvorrichtung fallen, so erfolgt eine Ansammlung von Energie im Kondensator 3. Diese Erscheinung lässt sich vielleicht am besten wie folgt erklären: Die Sonne oder andere Strahlenquellen werfen winzige Teilchen positiv elektrischer Materie aus, die, auf die Platte 1 auftreffend, ihr eine elektrische Ladung mitteilen. Da das andere Ende des Kondensators beispielsweise mit Erde verbunden ist, die man als ein großes Reservoir negativer Elektrizität ansehen kann, so fließt fortwährend ein schwacher Strom in den Kondensator. Da ferner jene Materieteilchen einen unmessbaren kleinen Krümmungshalbmesser haben und daher auf ein relativ sehr hohes Potential geladen sind, so kann die Ladung des Kondensators, wie praktische Versuche ergeben haben, fast unbegrenzt fortdauern, selbst bis zum Durchbruch des Dielektrikums. Der in den Stromkreis geschaltete Stromschließer, welcher Art er auch sei, wird dann den Strom schließen, wenn das Potential im Kondensator die gewünschte Höhe erreicht hat.

Die heutige Technik gewährt die Mittel, um die Empfangsvorrichtung so äusserst empfindlich herzustellen, dass sie auf die allerschwächsten Einflüsse aus sehr großen Entfernungen ansprechen, die bisher weder durch die bekannten Vorrichtungen verwertet werden konnten.

Ob es Tesla zu dieser Zeit schon gelungen war, die Strahlungsenergie der Umgebung zur Stromerzeugung im größeren Maßstab zu nutzen, ist nicht bekannt, wenn es auch Gerüchte gibt, dass er Morgan in dieser Hinsicht Pläne gezeigt haben soll, wofür allerdings keine Unterlagen vorliegen. Es ist allerdings auch möglich, dass hier eine Verwechslung mit Teslas Plänen für die drahtlose Energieübertragung vorliegt, die er ja belegbar Morgan angeboten hat.

Wie dem auch sei, die nächsten drei Jahrzehnte blieb es in dieser Hinsicht ruhig und erst 1931 finden sich hierüber weitere Informationen. Laut

NIKOLA TESLA in NEW-YORK.

Verfahren zur Nutzbarmachung von aus der Ferne durch den Äther gesandten Einwirkungen.

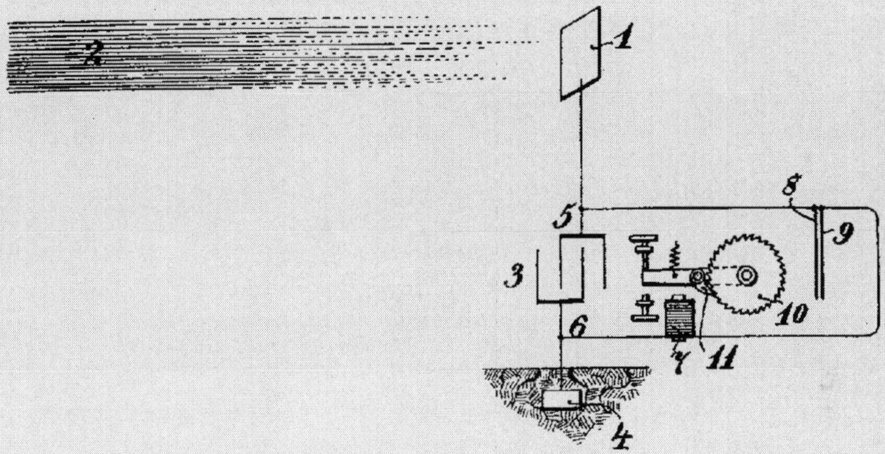

Zu der Patentschrift

№ 139466.

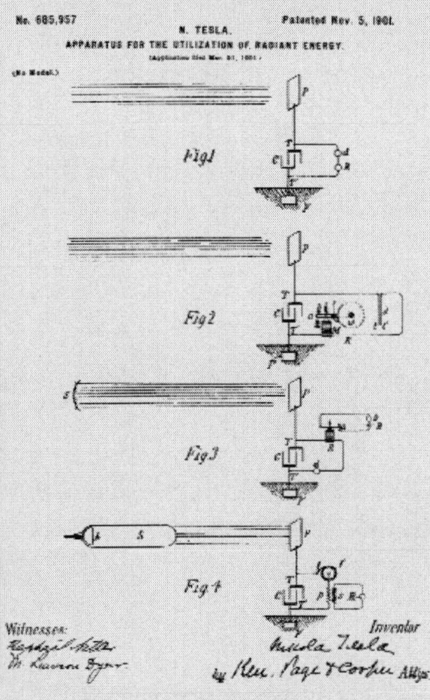

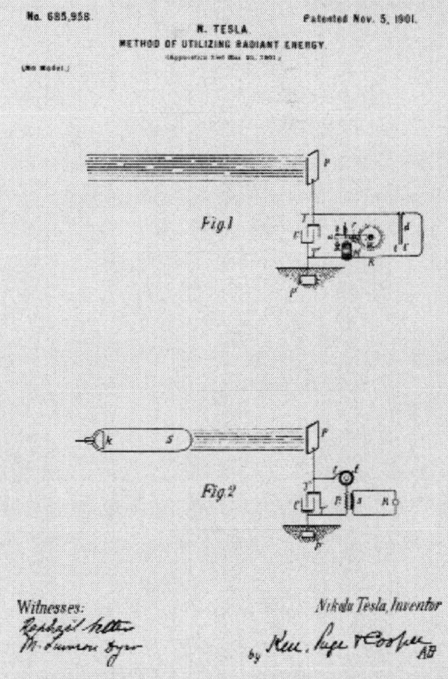

eines 1899 geborenen Neffen Teslas namens Peter Savo soll er ein wesentlich verbessertes Gerät dieser Art in einem Pierce Arrow, einem Luxusauto dieser Zeit, getestet haben. Zu diesem Zweck hatte er seinen Neffen mit nach Buffalo genommen, wo er geschäftlich unterwegs war, um den abschließenden Tests des Autos beizuwohnen. Bei diesem Fahrzeug war der Benzinmotor durch einen kommutatorlosen Elektromotor ersetzt worden, der angeblich 1 m lang und 70 cm im Durchmesser und eine Leistung von 80 PS gehabt haben soll. Dies darf man allerdings stark bezweifeln, da ein solches Monstrum wahrscheinlich an die drei Tonnen wiegen würde und wahrscheinlich überhaupt nicht in ein solches Auto passen würde. Man darf davon ausgehen -- falls die Geschichte der Wahrheit entspricht --, dass das geschlossene Gehäuse auch noch andere Geräte enthalten hat, worauf wir später noch eingehen wollen.

Den Strom für den Betrieb des Motors erzeugte Tesla mit Hilfe eines "Energiekonverters", der in einem Gehäuse untergebracht war, das ungefähr 60 cm lang, 25 cm breit und 15 cm hoch war, und 12 Radioröhren enthielt. "Drei dieser Röhren waren Modell 70-L-7. Eine vertikale Antenne, die aus einem 1,8 m langem Stab bestand, war am Energieempfänger angebracht. Der Empfänger wiederum war mit dem Motor durch zwei schwere und auffallende Kabel verbunden. Aus dem Empfänger ragten zwei Stifte, die ungefähr 0,5 cm dick und 7,5 cm lang waren, in Richtung Fahrer. Tesla drückte diese vor dem Starten hinein und sagte: "Wir haben nun Energie."

Diese Stäbe waren mit zwei Starkstromkabeln verbunden, die aus der Rückseite des Konverters herausführten und anscheinend zwei unabhängige Starkstromschalter betätigten. Es war eine 12-Volt-Willard-Batterie im Wagen vorhanden, aber sie war nur für die Lampen und viel zu klein, um den Wagen anzutreiben.

Auf alle Fälle war der Motor ein Wechselstrommotor. ... Der Motor war völlig geschlossen, und als Peter ihn zum ersten Mal sah, lief er nicht. Später als die Maschine gestartet wurde, bat Dr. Tesla Peter unter die Motorhaube zu sehen, um nachzuprüfen, ob der Ventilator lief. Peter fragte, für was der Ventilator gut sei, und Tesla sagte ihm, dass der Motor ganz schön heiss laufe. Die maximale Drehzahl betrug 1800 Umdrehungen pro Minute und die Leistung 80 PS.

Um den Wagen zu starten, gab Dr. Tesla Peter eine Art Zündschlüssel. Peter steckte ihn hinein, woraufhin auf dem Armaturenbrett ein grünes Licht anging. Dr. Tesla sagte daraufhin: "Der Motor läuft nun." Der Motor konnte vom Fahrersitz aus überhaupt nicht gehört werden. Wenn man bei laufenden Motor unter die Motorhaube horchte, konnte man ein leises Summen hören. Zur Geschwindigkeitsregelung wurde ein übliches Gaspedal verwendet. Kupplung, Bremsen und Getriebe waren unverändert.

Die Instrumente auf dem Armaturenbrett waren von üblicher Art. Allerdings war ein Voltmeter vorhanden, um die Leistung des Empfängers zu

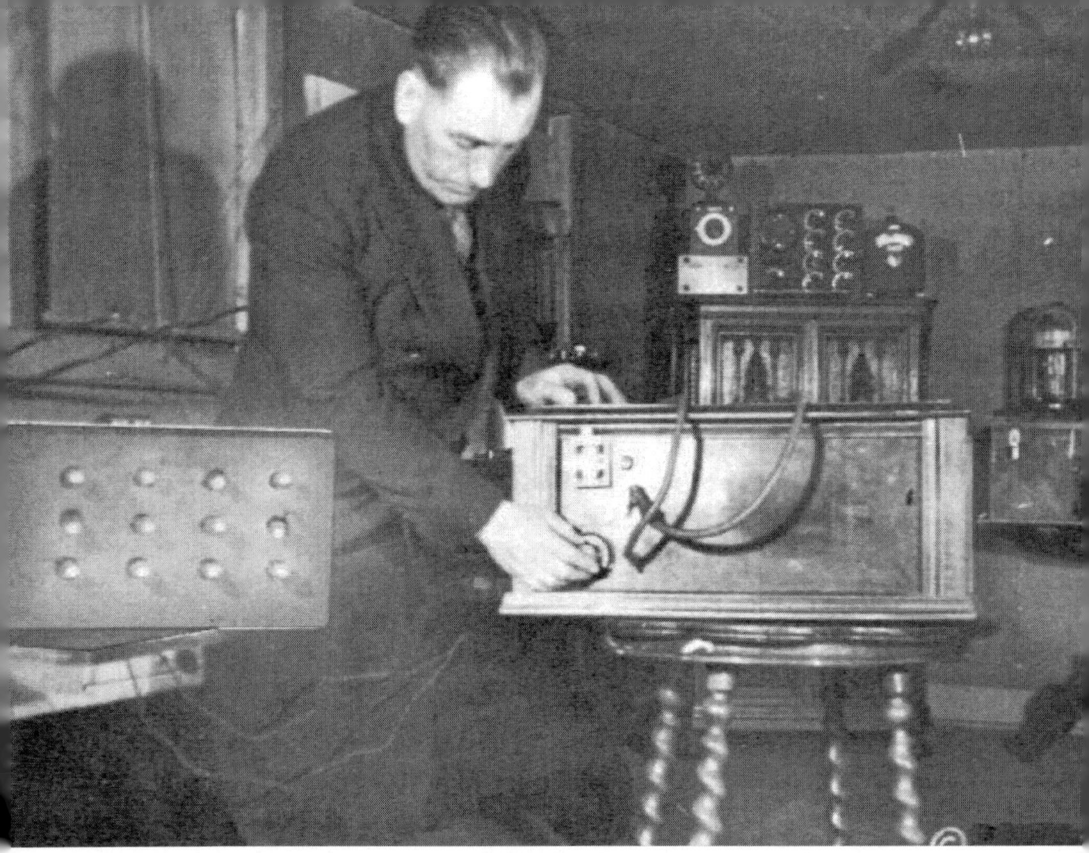

Thomas Henry Moray mit seinem Energiekonverter aus den Zwanziger Jahren

messen. Dr. Tesla bemerkte, dass der Empfänger genügend Reserven hätte, so dass man den Wagen in die Nähe eines Hauses fahren, an die Stromleitung anschließen und das ganze Haus damit beleuchten könnte. Auf dem Armaturenbrett war auch eine Art hydraulischer Druckmesser vorhanden. Peter fragte nach dessen Zweck, aber Tesla wolle es ihm nicht sagen. Peter fuhr den Wagen ungefähr 80 km mit einer Geschwindigkeit bis zu 150 km/h (das Tachometer ging bis 200 km/h). Die Leistung erschien mindestens genauso gut zu sein wie bei einem normalen Pierce-Arrow-Motor, vor allem schien die Beschleunigung im zweiten Gang besonders gut zu sein. Das Schalten schien irgendwie leichter zu gehen als bei einer normalen Maschine.

Tesla schien von der ersten Testfahrt sehr begeistert zu sein und sagte: "Peter, dieser Tag wird in die Geschichte eingehen!" Als Peter fragte, woher die Antriebskraft für den Motor stamme, sagte Dr. Tesla: "Es ist eine geheimnisvolle Strahlung, die dem Äther entstammt. ... Er sagte, dass sie in unbegrenzten Mengen vorhanden sei und dass die Menschheit dafür dankbar sein sollte, da damit bald Schiffe, Autos, Züge und Flugzeuge angetrieben werden würden. Dr. Tesla und Peter verbrachten acht Tage in Buffalo, um den Wagen zu testen.”

Nachdem Tesla den Zündschlüssel und die Radioröhren entfernt hatte, wurde der Wagen ungefähr 30 km von Buffalo entfernt auf einer Farm abgestellt und dort entsprechend bewacht. Ausser Peter Savo soll auch Lee de Forest über den Wagen Bescheid gewusst haben. Angeblich verhandelte Tesla auch mit einer großen Schiffbaufirma, um ein größeres Modell seines Motors für Schiffe bauen zu lassen. Aus diesem Grund muss man den Verdacht äussern, dass es sich bei dem “Wechselstrommotor” eher um Teslas Turbine gehandelt haben dürfte oder um eine Kombination aus beiden. Zusätzlich könnte vielleicht auch noch eine Hochfrequenzmaschine vorhanden gewesen sein. Ausserdem gibt eine Tesla-Turbine ebenfalls ein summendes Geräusch ab, und ein Druckmesser wird eher für eine Turbine benötigt als für einen Wechselstrommotor. Auch hätte Tesla mit keiner Schiffbaufirma verhandelt, um seinen Wechselstrommotor auf Schiffe einbauen zu lassen. Aus all diesen Gründen muss man davon ausgehen, dass hier schon eine gröbere Verwechslung vorliegt, falls die ganze Story auf Tatsachen beruht, was nicht so unwahrscheinlich ist, da Tesla sich zu dieser Zeit wirklich in dieser Gegend aufgehalten hat, was durch andere Quellen seine Bestätigung findet. Allerdings stimmt die Verwendung einer Turbine mit anderen Angaben von Peter Savo nicht überein, allerdings müssen diese Daten nicht unbedingt richtig sein, denn Tesla war als Witzbold bekannt, der die Leute gern an der Nase herumgeführt hat, und sicherlich hat er seinem Neffen auch nicht die ganze Wahrheit gesagt.

Alle diese Daten wurden auf jedem Fall im Jahr 1967 von Derek Ahlers, einem Flugzeugingenieur, der Peter Savo persönlich kannte, zusammengetragen. Wie weit sie nun auf Tatsachen beruhen, darüber lässt sich wie gesagt nur spekulieren, allerdings hat Tesla im Jahr 1932 auch gegenüber O´Neill behauptet, dass er einen solchen Konverter gebaut hätte, mit dem die kosmischen Strahlen genutzt werden könnten, und auch in einem Artikel aus dem Jahr 1931 schreibt er, dass er ausreichend experimentelle und theoretische Beweise besitze, um ein solches Gerät zu bauen. Man kann jedoch mit Sicherheit davon ausgehen, dass es absolut möglich ist, ein Fahrzeug auf diese Weise durch einen solchen Energieerzeuger mit Energie zu versorgen, denn von Thomas Henry Moray wurde in den Zwanziger Jahren ebenfalls ein solches Gerät gebaut, das praktisch auf dem selben Prinzip beruhte und bei dem ebenfalls Radioröhren verwendet wurden. Und über Morays Gerät gibt es eindeutige Unterlagen, deren Glaubwürdigkeit ausser Frage steht. Allerdings ist es bis heute noch nicht gelungen, seinen Konverter nachzubauen, da er von irgendwelchen Geheimagenten zerstört wurde.

VERSCHIEDENE ARBEITEN UND ERFINDUNGEN

Der Vollständigkeit halber wollen wir hier auch noch die etwas unbekannteren Erfindungen Teslas kurz beschreiben oder zumindest erwähnen. In den Jahren 1885 bis 1887 erhielt er insgesamt 8 Patente auf sein Bogenlichtsystem (Electric Arc-Lamp), sowie auf **Dynamoelektrische Maschinen** und Regulatoren für diese. Am 30. März 1896 reichte er ein Patent für einen **Thermomagnetischen Motor** ein, das die Nummer 396.121 trägt. Hierbei macht er sich die Eigenschaft von Magneten zunutze, dass es bei deren Erhitzung zu einer Verminderung der magnetischen Feldstärke kommt, um einen verbesserten Typ einer solcher Maschine zu konstruieren. Auf ein ähnliches Prinzip basiert sein **Pyromagnetischer elektrischer Generator**, den er am 25. Mai 1889 (Nr. 428.057) anmeldete. Einen weiteren Generator ließ er am 23. März 1889 unter der Nummer 406.968 patentieren. Es handelt sich hierbei um einen wesentlich verbesserten **Unipolargenerator**, auf dem heute viele der sogenannten "Freien-Energie-Maschinen" basieren.

Daneben sind noch zwei Patente (Nr. 455.068 vom 27. März 1891 und Nr. 514.973 vom 15. Dezember 1893) zu nennen, die sich auf **elektrische Messgeräte** beziehen, wobei Tesla im ersten auf das Prinzip der elektrischen Dissoziation in Flüssigkeiten zurückgreift und im zweiten eine evakuierte Röhre verwendet und die Abtragung von der Elektrode als Maßstab für die Stromstärke hernimmt. Eine andere und ebenfalls äusserst unbekannte Erfindung ließ Tesla am 2. Juni 1892 unter dem Titel "Electric Railway System" und der Nummer 514.972 patentieren. Hiermit ist ein **Stromabnehmer für Elektrofahrzeuge** wie Lokomotiven und Straßenbahnen gemeint, der mit einem zwischen den Gleisen im Boden eingelassenen Stromkabel verbunden ist.

Zwei weitere Patente beziehen sich auf den Bereich der Hochfrequenz- und Hochspannungstechnik. Einmal sein Patent "Electrical Conductor" mit der Nummer 514.167 vom 2. Januar 1892, in dem der heute sogenannte **Litzendraht** geschützt wird, also eines Drahtes, der in Abschnitte unterteilt ist, die kürzer als die Wellenlänge sind. Das andere Patent bezieht sich auf eine **Zündvorrichtung für Kraftstoffmotoren** und trägt den Titel "Electrical Igniter for Gas Engines" (Nr. 609.250 vom 17. Februar 1897). Dieses Patent bildet natürlich die Grundlage für alle Zündanlagen für Automobile.

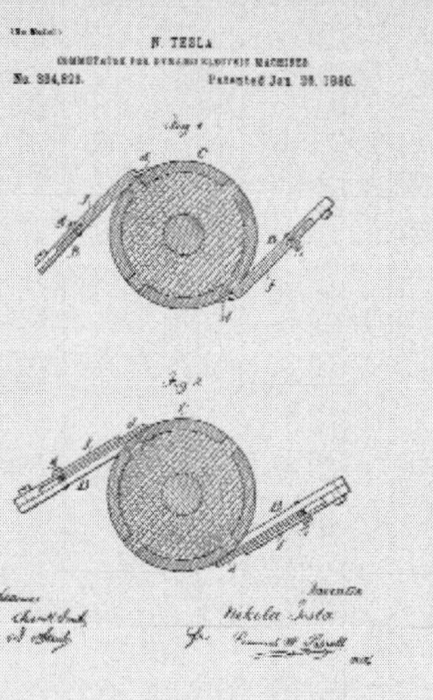
(No Model.)
N. TESLA.
COMMUTATOR FOR DYNAMO ELECTRIC MACHINES.
No. 334,823.
Fig. 1
Fig. 2
Witnesses
Inventor
Nikola Tesla

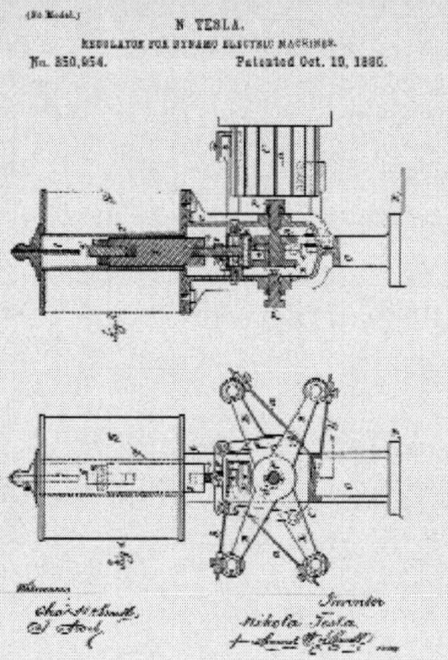
(No Model.)
N. TESLA.
REGULATOR FOR DYNAMO ELECTRIC MACHINES.
No. 350,954.
Patented Oct. 19, 1886.
Witnesses
Inventor
Nikola Tesla

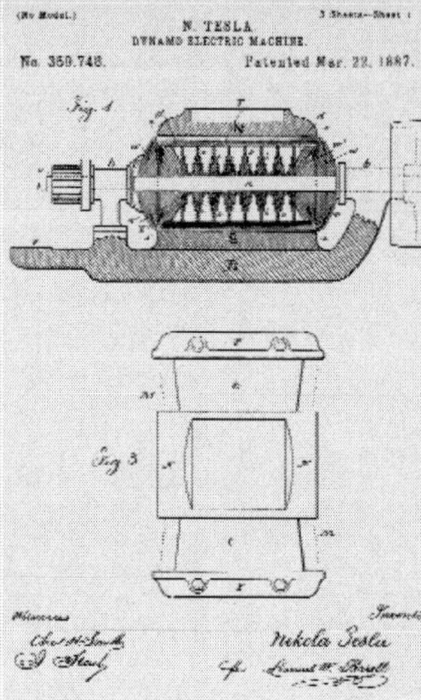
(No Model.)
3 Sheets—Sheet 1.
N. TESLA.
DYNAMO ELECTRIC MACHINE.
No. 359,748.
Patented Mar. 22, 1887.
Fig. 1
Fig. 3
Witnesses
Inventor
Nikola Tesla

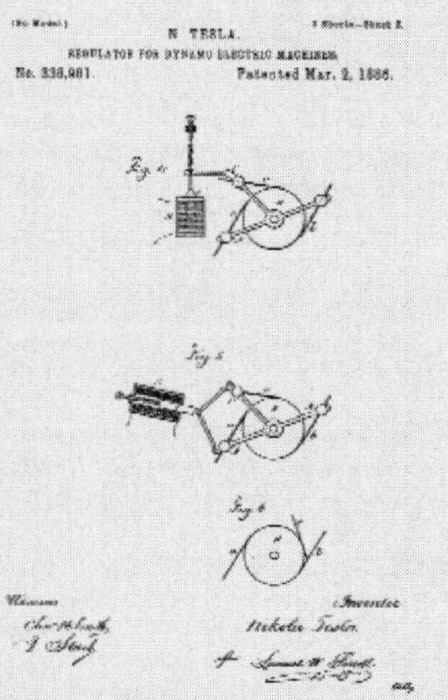
(No Model.)
2 Sheets—Sheet 2.
N. TESLA.
REGULATOR FOR DYNAMO ELECTRIC MACHINES.
No. 336,961.
Patented Mar. 2, 1886.
Fig. 4
Fig. 5
Fig. 6
Witnesses
Inventor
Nikola Tesla

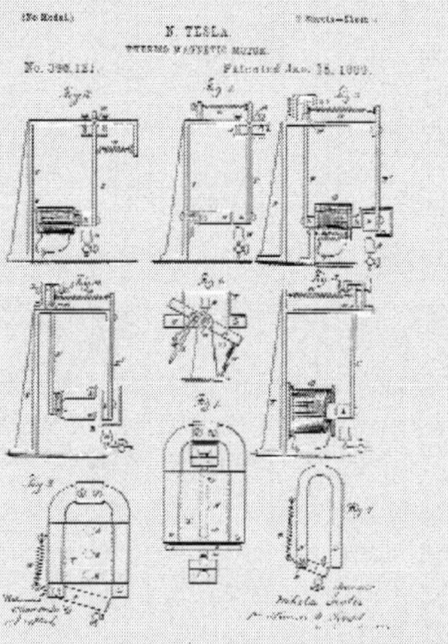
(No Model.)
N. TESLA.
THERMO MAGNETIC MOTOR.

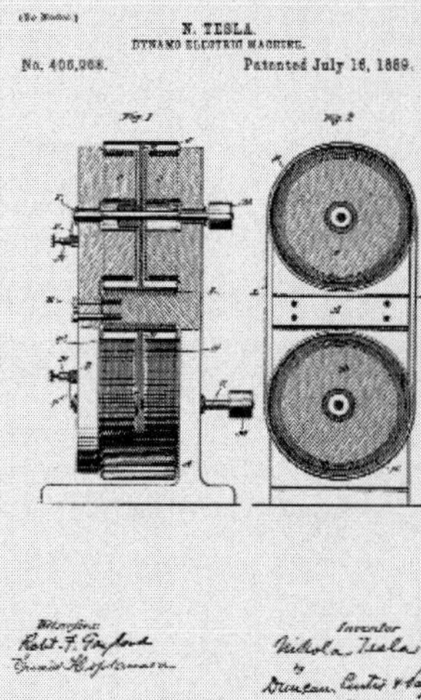
(No Model.)
N. TESLA.
DYNAMO ELECTRIC MACHINE.
No. 406,968.
Patented July 16, 1889.
Fig. 1
Fig. 2
Witnesses:
Robt. F. Gaylord
Inventor
Nikola Tesla
by
Duncan, Curtis & Page
Attorneys.

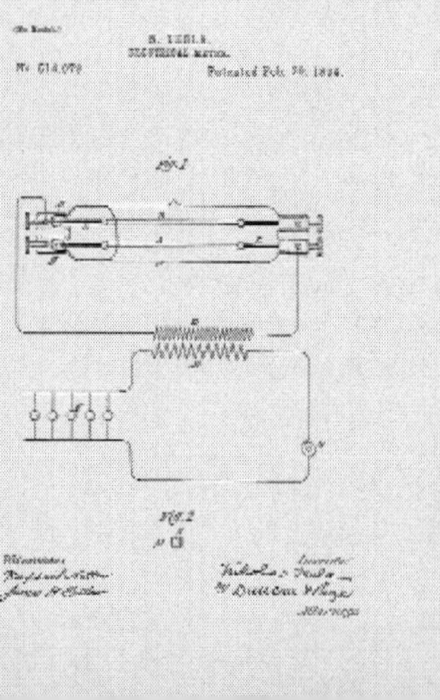
(No Model.)
N. TESLA.
ELECTRICAL METER.
Fig. 1
Fig. 2

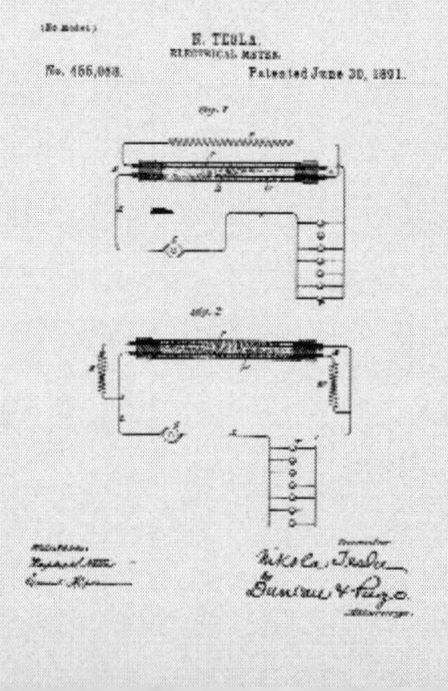
(No Model.)
N. TESLA.
ELECTRICAL METER.
No. 455,068.
Patented June 30, 1891.
Fig. 1
Fig. 2
Nikola Tesla
Duncan & Page
Attorneys.

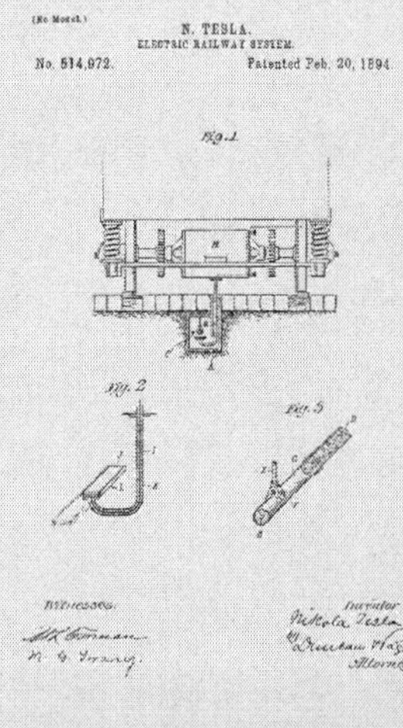
(No Model.)
N. TESLA.
ELECTRIC RAILWAY SYSTEM.
No. 514,972.
Patented Feb. 20, 1894.
Fig. 1
Fig. 2
Fig. 3
Witnesses
Inventor
Nikola Tesla
Duncan & Page
Attorneys.

(No Model.)

N. TESLA.

ELECTRICAL CONDUCTOR.

No. 514,167. Patented Feb. 6, 1894.

Fig. 1

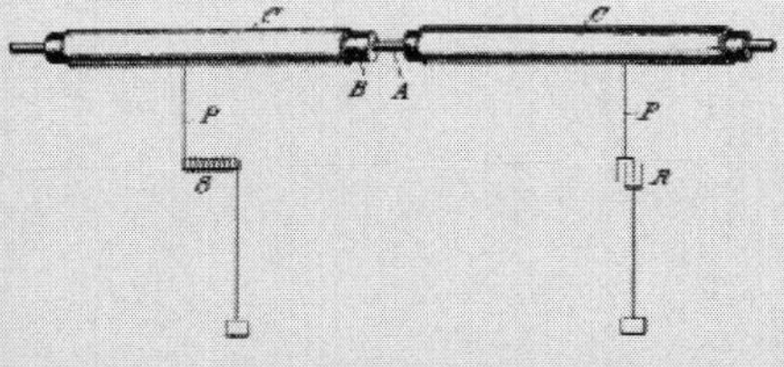

Fig. 2

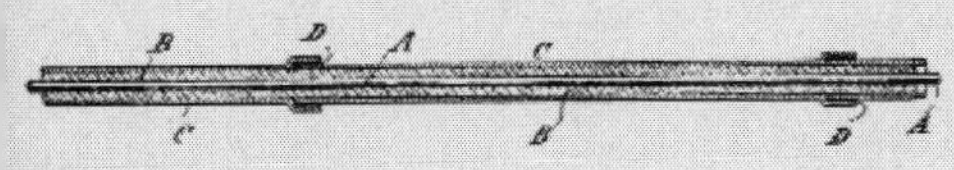

Witnesses:
Raphael Netter
Ernest Hopkinson

Nikola Tesla, Inventor
by Duncan & Page
Attorneys.

No. 609,250. Patented Aug. 16, 1898.

N. TESLA.

ELECTRICAL IGNITER FOR GAS ENGINES.

(Application filed [illegible])

(No Model.)

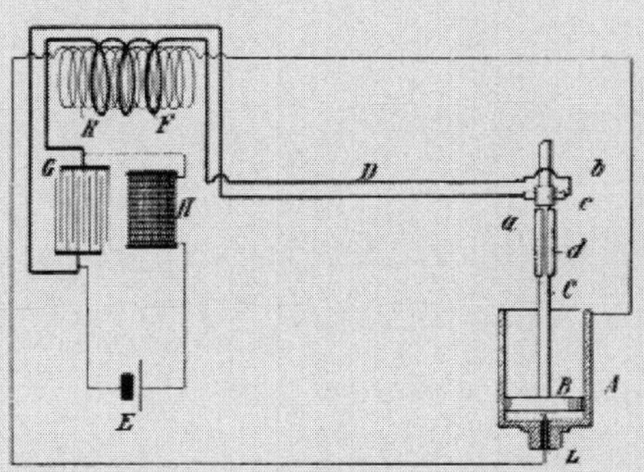

Witnesses:
M. Lawson Dyer
Edwin B. Hopkinson

Nikola Tesla, Inventor
by Kerr, Curtis & Page, Attys.

(No Model.) 2 Sheets—Sheet 1.

N. TESLA.

APPARATUS FOR PRODUCING OZONE.

No. 568,177. Patented Sept. 22, 1896.

Fig. 1

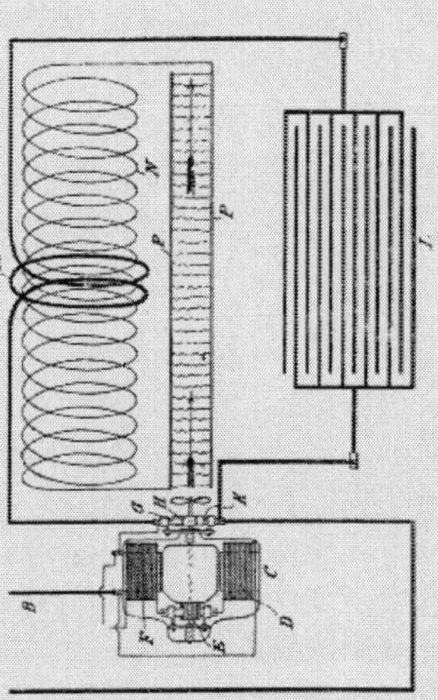

Witnesses:
Raphael Netter
Drury W. Cooper

Nikola Tesla, Inventor
by Kerr, Curtis & Page. Attys.

(No Model.) 2 Sheets—Sheet 2.

N. TESLA.

APPARATUS FOR PRODUCING OZONE.

No. 568,177. Patented Sept. 22, 1896.

Fig. 2

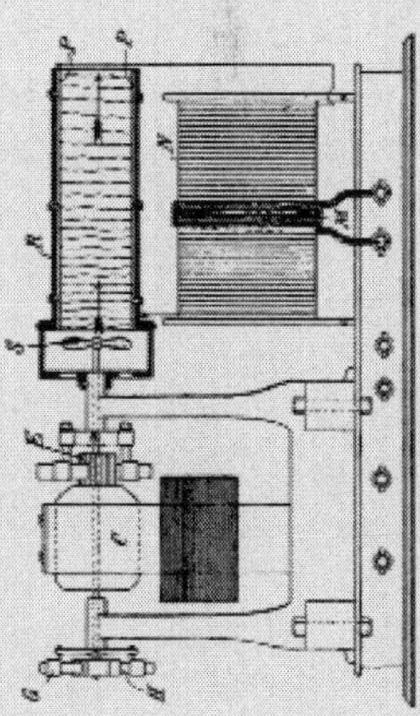

Witnesses:
Raphael Netter
Drury W. Cooper

Nikola Tesla, Inventor
by Kerr, Curtis & Page Attys.

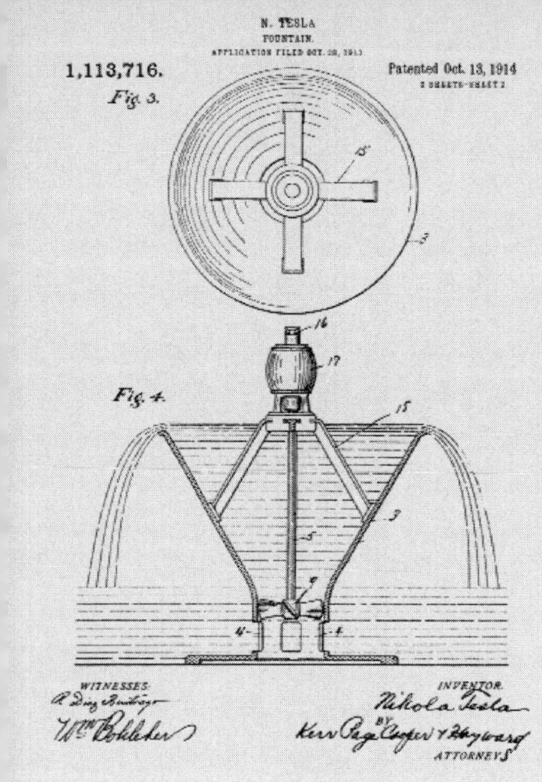

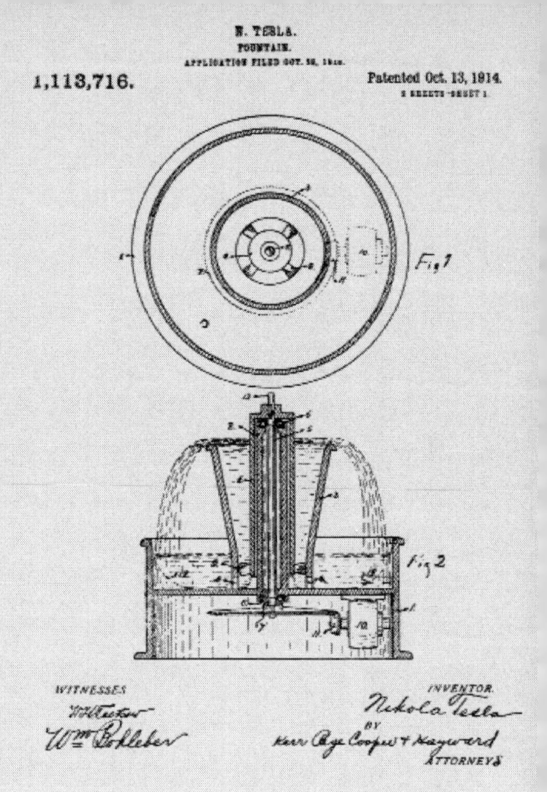

Teslas Patent seines Springbrunnens, der nach dem Wirbelprinzip arbeitete

Bei seinen Experimenten mit Hochfrequenzströmen hatte Tesla des öfteren einen starken Ozongeruch festgestellt und war dadurch auf die Idee gekommen, diese Erscheinung für die **Ozonherstellung** einzusetzen. Am 17. Juni 1896 meldete er unter der Nummer 568.177 ein elektrisches Verfahren zur Ozonerzeugung an und legte damit den Grundstein für die industrielle Ozongewinnung.

Am 28. Oktober 1912 meldete Tesla ein Patent (Nr. 1.113.716) auf einen **Springbrunnen** an. Diese Erfindung unterscheidet sich von anderen Einrichtungen dieser Art dadurch, dass damit eine große Wassermasse mit Hilfe eines konischen Trichters mit einem äusserst geringen Energieaufwand bewegt werden kann. Z.B. kann mit einer Leistung von nur 1/25 PS bei einem Hub von 45 cm 400 l/min Wasser bewegt werden. Durch entsprechende Ausgestaltung und Beleuchtung kann damit ein grandioses Schauspiel erzeugt werden, wie Tesla sagt. Ausserdem wird durch seine Konstruktion verhindert, dass ein solcher Springbrunnen als Brutstätte von Insekten dient, wie das bei anderen Brunnen üblicherweise der Fall ist. Zudem wird die Umgebung gekühlt, da es sich praktisch um einen künst-

N. TESLA.
SHIP'S LOG.
APPLICATION FILED DEC. 18, 1916.

1,314,718. Patented Sept. 2, 1919.

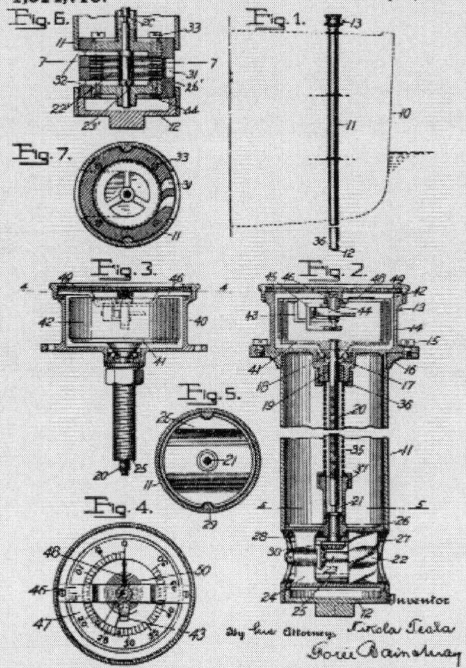

N. TESLA.
FREQUENCY METER.
APPLICATION FILED DEC. 18, 1916.

1,402,025. Patented Jan. 3, 1922.

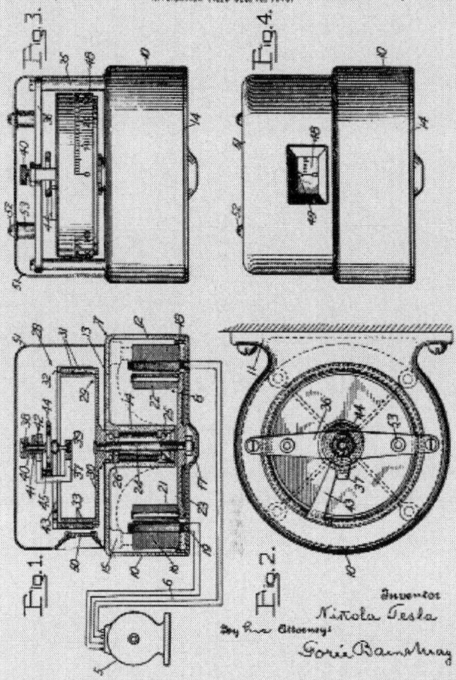

N. TESLA.
FLOW METER.
APPLICATION FILED DEC. 18, 1916.

1,365,547. Patented Jan. 11, 1921.

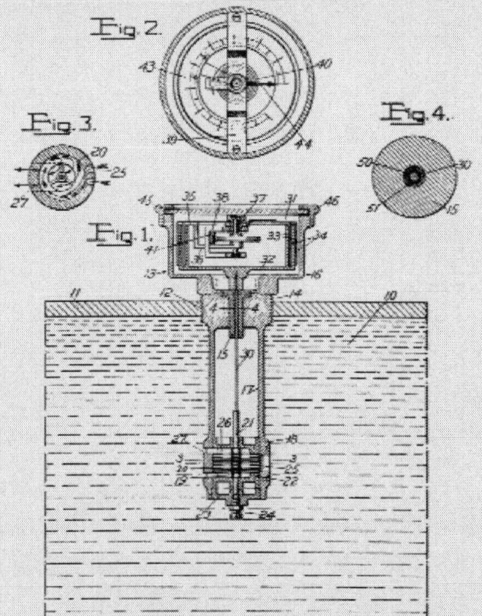

N. TESLA.
SPEED INDICATOR.
APPLICATION FILED DEC. 18, 1916.

1,274,816. Patented Aug. 6, 1918.

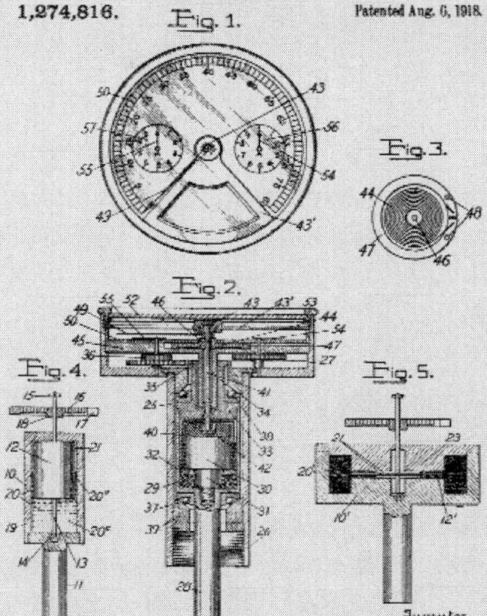

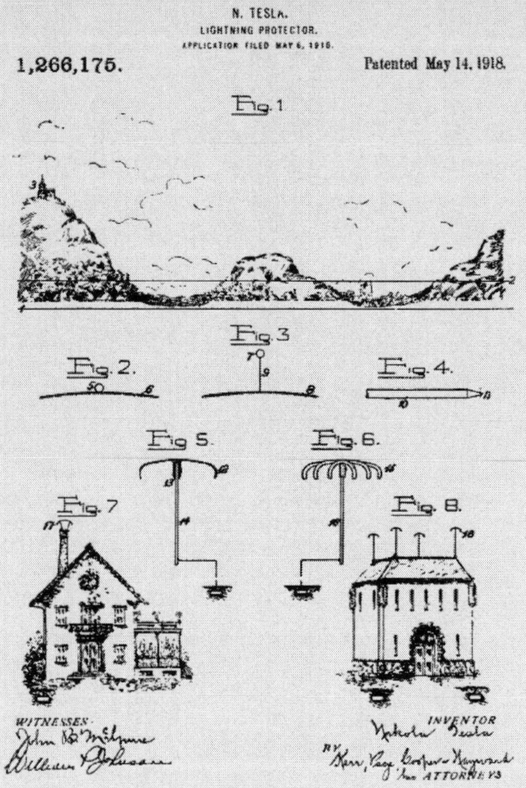

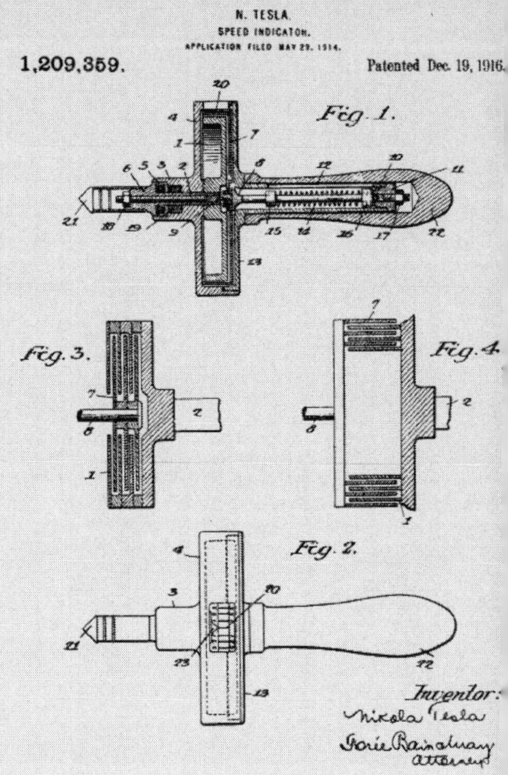

Teslas neuer Blitzableiter und sein Tachometer mit Scheibenläufer

lichen Wasserfall handelt. Diese schon etwas erstaunlichen Eigenschaften dieses Springbrunnens dürften vor allem dem Einsatz des Wirbelprinzips zu verdanken sein, das ja später von Viktor Schauberger sehr erfolgreich für seine **Implosionsmaschinen** verwendet wurde.

Aus seiner Zusammenarbeit mit der *Waltham Watch Company* resultierten insgesamt fünf Patente, die sich auf **Geschwindigkeitsmesser** oder **Tachometer**, auf ein Durchflussmessgerät und ein **Frequenzmessgerät** beziehen. Sie tragen folgende Nummern: 1.209.359 ("Speed Indicator", 29. Mai 1914), 1.274.816 ("Speed Indicator", 18. Dezember 1916), 1.314.718 ("Ship´s Log", 18. Dezember 1916), 1.365.547 ("Flow Meter", 18. Dezember 1916) und 1.402.025 ("Frequency Meter", 18. Dezember 1916). Bei all diesen Patenten verwendet Tesla das Prinzip seiner Turbine mit glatten Scheiben, die hierbei als Drehmomentüberträger dienten.

Am 6. Mai 1916 meldete Tesla ein Patent (Nr. 1.266.175) auf einen neuartigen **Blitzableiter** an, da er erkannt hatte, dass der von Franklin im

Jahr 1755 erfundene Blitzableiter aufgrund der in seinem Aufbau vorhanden Fehler gefährlich werden kann. *Die scharfe Spitze, von der geglaubt worden ist, dass sie für dessen Funktion vorteilhaft und unverzichtbar wäre, ist in Wirklichkeit ein schwerer Defekt, der den praktischen Wert des Geräts beträchtlich verringert. Ich habe eine wesentlich verbesserte Form eines Blitzableiters entwickelt, der sich durch die Verwendung eines Terminals mit großer Fläche und großem Krümmungsradius auszeichnet, der eine höhere Ladungsdichte besitzt und die Ionisation der Luft unmöglich macht. Diese Blitzableiter wirken quasi abstoßend, und bisher ist noch keiner von einem Blitz getroffen worden, obwohl sie schon lange Zeit im Betrieb sind. Es ist experimentell bewiesen, dass ihre Sicherheit wesentlich größer ist als die jener von Franklin. Durch ihre Verwendung können mehrere Millionen Dollar, der nun jährlich verlorengehen, eingespart werden.*

Eine andere große Entdeckung, die Tesla zu verdanken ist, ist das Prinzip des **Radars**. Schon im Jahr 1900 hatte er ja die Ortung von Gegenständen durch seine stationären Wellen vorgeschlagen. In einem Interview für den *Electrical Experimenter* aus dem Jahr 1917 beschreibt er eine Ortungsmethode mittels ultrakurzer Wellen, woraus sich zwanzig Jahre später das moderne Radar entwickelte. Tesla hatte auf die Frage nach Abwehrmöglichkeiten gegen U-Boote folgendes geantwortet:

Es besteht die Möglichkeit, den Aufenthaltsort eines Unterseebootes festzustellen, und zwar mittels elektromagnetischer Wellen. Wenn ein Bündel konzentrierter Wellen sehr hoher Frequenz, die durch einen Oszillator erzeugt werden, im Bruchteil einer Sekunde abgestrahlt wird, und wenn wir dieses nach seiner Reflexion durch das Unterseeboot auf einem fluoreszierenden Schirm sichtbar machen, so können wir auf dem Schiff, von welchem das Bündel angestrahlt wurde, feststellen, wo sich das Unterseeboot befindet.

Das elektrische Bündel muss eine sehr kurze Wellenlänge besitzen. Das ist das Wichtigste, und ausserdem muss eine gewaltige Kraft entwickelt werden, d.h. es müssen Impulse von einigen tausend Kilowatt erzielt werden. Ich habe schon Schwingungen erzeugt, deren Wellenlänge nur einige Millimeter betrug.

Nehmen wir z.B. an, dass das Schiff mit einem Projektor solcher Strahlen versehen ist. Werden nun die Strahlenbündel in sehr kurzen Zeitintervallen schnell hintereinander ausgesandt, ließen sich Impulse erzeugen, deren Energie mehrere tausend PS betragen würde. ...

Stellen wir uns nun weiter vor, dass wir ein Wellenbündel ausgesandt haben und dass dieses das Unterseeboot getroffen hat. Was wird geschehen? Genau das Folgende: Das Bündel wird vom Unterseeboot reflektiert, und mit entsprechenden Vorrichtungen sind wir dann in der Lage, es aufzufangen und bis zum fluoreszierenden Schirm zu leiten, an welchem das Bündel ähnliche Wirkung ausüben würde, wie die X-Strahlen. Für das

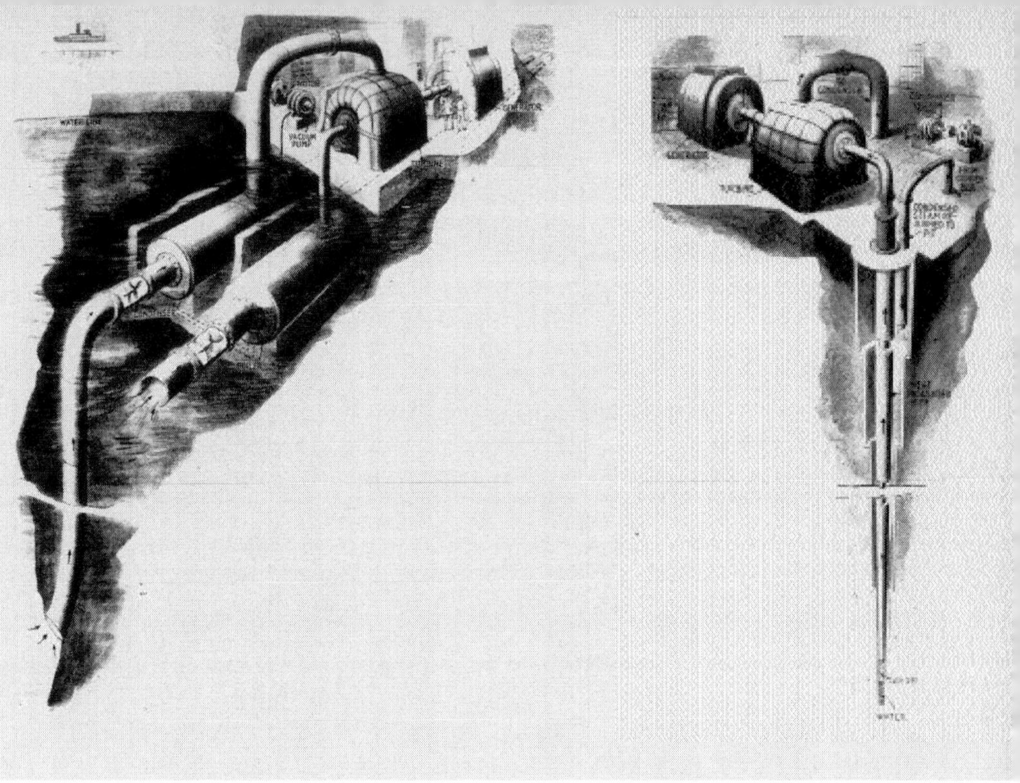

Teslas Pläne für ein Meereskraftwerk und ein geothermisches Kraftwerk

bloße Auge wäre der Strahl unsichtbar, wir könnten ihn aber sichtbar machen und erreichen, dass das Schiff, welches das Bündel aussendet, sein Echo in vorher bestimmten Zeitintervallen empfängt, entsprechend der Absendegeschwindigkeit. Das Schiff müsste sich dabei in verschiedenen Richtungen bewegen, damit man die reflektierten Wellen auffangen könnte, da dann die Reflexion nicht dieselbe Richtung hätte, wie die vorher ausgesandten Bündel.

Dieser Vorschlag Tesla blieb fast zwanzig Jahre von der Wissenschaft unberücksichtigt. Erst 1934 wurde in Frankreich durch Emil Giradeau, der mit Teslas Hochfrequenzforschungen sehr gut vertraut war, ein erstes Radarsystem entwickelt. Er benutzte hierzu Apparate, die nach den von Tesla genannten Prinzipien konstruiert waren, wie er selbst sagte.

In Deutschland, Amerika und Großbritannien arbeitete man ebenfalls an der Entwicklung brauchbarer Radaranlagen. Der Engländer Robert A. Watson-Watt wird allgemein als der Erfinder des Radars angesehen. Sein System aus dem Jahr 1935 wurde im Zweiten Weltkrieg zur Abwehr gegen deutsche Bomberangriffe eingesetzt.

Alle diese Radargeräte waren nur in der Lage, relative lange Wellen (ca. 1-10 m) auszusenden, erst 1942 durch die Vervollkommnung des sogenannten Magnetrons mit Oxydkathoden war es möglich, Mikrowellen entsprechend großer Leistung zu erzeugen, wie sie für die Ortung von bewegten Objekten mit Hilfe von Radiowellen erforderlich sind.

In seinem Artikel "Die Steigerung der menschlichen Energie" beschreibt Tesla das Prinzip einer **"selbsttätigen Maschine"**, die ihre Energie aus der Umgebung bezieht. So etwas wird heute als **Wärmepumpe** bezeichnet, deren Funktionsprinzipien also von Tesla stammen. Er schreibt hierzu: *Es gab genügend Wärmeenergie in der Umgebung, aber nur ein kleiner Teil hiervon konnte durch bekannte Prozesse für den Betrieb eines Motors nutzbar gemacht werden. ... Ich überlegte gerade, wie dies erreicht werden könnte, als ich einige Aussagen von Carnot und Lord Kelvin (damals noch Sir William Thomson) las, die besagten, dass es für den leblosen Mechanismus einer selbsttätigen Maschine praktisch unmöglich sei, das verwendete Medium unter die Umgebungstemperatur abzukühlen und durch die abgezogene Wärme betrieben zu werden. Ein Lebewesen war aber genau dazu in der Lage, und da mich die Erfahrungen meiner Kindheit ... davon überzeugt hatten, dass ein Lebewesen nur ein Automat ist oder anders ausgedrückt eine selbsttätige Maschine, kam ich zu dem Schluss, dass es möglich sein müsste, eine Maschine zu konstruieren, die hierzu ebenfalls fähig wäre.*

Mit Teslas Apparat sollte eine künstliche "Senke" erzeugt werden, was durch einen ständigen Kühlprozess erreicht werden sollte. Laut seiner Angaben arbeitete er schon seit 1889 an der Entwicklung einer solchen Gefrieranlage, aber durch den Brand in seinem Laboratorium im Jahr 1895 wurde diese Arbeit unterbrochen, und kurz danach gab Linde die Verflüssigung der Luft bekannt, womit es dann möglich war, erste Kühlmaschinen herzustellen. Tesla scheint sich allerdings danach nicht mehr mit dieser Art der Energiegewinnung befasst zu haben.

Im Jahr 1931 veröffentlichte Tesla in der Zeitschrift *Everyday Science & Mechanics* Pläne für ein **geothermisches Kraftwerk** und ein **Meereskraftwerk**, das auf die Temperaturunterschiede der einzelnen Wasserschichten basiert. Geothermische Kraftwerke sind zwar keine Erfindung Teslas, da zuvor auch schon andere Vorschläge in dieser Richtung gemacht hatten, aber er war einer der Ersten, der detaillierte Pläne vorlegte, die in thermodynamischer Hinsicht brauchbar waren. Die Anlage bestand aus einem Dampfkessel in großer Tiefe, einem Kondensator an der Oberfläche, der durch Flusswasser oder anderes Wasser, das zur Verfügung steht, gekühlt wird, einer Turbine, die an einen Generator gekuppelt ist, und einer motorgetriebenen Vakuumpumpe. Der Dampf oder der Dunst, der im Dampfkessel erzeugt wird, wird der Turbine und dem Kondensator durch eine isolierte Hauptleitung zugeführt, während eine andere kleinere

Rohrleitung, die ebenfalls mit einer adiathermischen Ummantelung versehen ist, dazu dient, das Kondensat durch die Wirkung der Schwerkraft in den Dampfkessel zu befördern. *Alles was nötig ist, um unbegrenzte Energieressourcen für die Welt zu eröffnen, ist eine Methode zu finden, mit der ein tiefer Schacht schnell und wirtschaftlich in den Boden getrieben werden kann.*

Als nächstes wollen wir uns mit der **Flugzeugtechnik** befassen, da Tesla auf diesem Gebiet einiges geleistet hat. Wie man aus seinen Äusserungen in verschiedenen Artikeln aus dem Jahr 1908 ersehen kann, war er ein Gegner des propellergetriebenen Flugzeugs oder des Flugzeugs, das schwerer als Luft ist, wie man damals sagte. Diesen Flugzeugtyp sah er als uneffektiv an, wenn er auch nach der Entwicklung leistungsfähiger Verbrennungsmotoren zugeben musste, dass das Flugzeug "Gestalt angenommen hat". Er sah die Zukunft der Luftfahrt anfangs eher in der Verwendung von **Luftschiffen** wie den Zeppelin, der seiner Ansicht nach bald zu einem allgemeinen Reisemittel werden sollte: *Während sich der lenkbare Ballon schnell dem Stadium der Marktreife nähert, ist mit dem Flugzeug in praktischer Hinsicht bisher noch nichts erreicht worden. Ohne Ausnahmen sind die Apparate dürftig und unzuverlässig. Der Motor, der für seine Leistung zu schwer ist, gibt nach ein paar Minuten Betrieb den Geist auf, die Propeller fliegen weg, das Ruder bricht ab und nach einer Reihe solcher Pannen erfolgt die unvermeidliche Bruchlandung. ...*

Die Grenzen der Verbesserungen der Flugmaschine, die durch ihre eigene Kraft angetrieben wird, zeigen sich schon deutlich ab. Wir wissen ziemlich genau, was wir von der endgültigen Entwicklung eines Verbrennungsmotors, dem zu überwindenden Widerstand und den Einschränkungen der Schraubenpropeller erwarten können. Der Spielraum ist nicht sehr groß. Aus vielen Gründen ist die drahtlose Übertragung von Energie die beste und dauerhafteste Lösung, um hohe Geschwindigkeiten zu erreichen.

In dieser Hinsicht irren sich viele Fachleute. Es wird allgemein angenommen, dass in der Luft gewaltige Geschwindigkeiten erreicht werden können, da diese nur ein Zehntel der Dichte von Wasser besitzt. Aber das ist nicht der Fall. Man muss sich vor Augen führen, dass Luft einhundertmal zäher ist als Wasser, und schon allein aus diesem Grund kann die Geschwindigkeit eines Flugzeugs nicht wesentlich höher sein als die eines entsprechend konstruierten Wasserfahrzeugs. ...

Im starken Kontrast zu diesen unnötigen und gefährlichen Versuchen stehen die ernsten und würdigen Bemühungen von Graf Zeppelin, der eine wirkliche Flugmaschine baut, die sicher und zuverlässig ist, ein Dutzend Männer und Ausrüstung über Entfernungen von Tausenden von Kilometern befördern kann und das mit einer Geschwindigkeit, die wesentlich höher ist als die von Flugzeugen. ... Ausserdem würde es den Passagie-

ren den Komfort bieten, der notwendig ist, um diese Art des Reisens populär zu machen. Natürlich sind bei der praktischen Verwendung solch monströser Aufbauten erhebliche Hindernisse zu überwinden. Sie können leicht durch Stürme beschädigt werden, und ich glaube auch durch Blitzeinschläge, die durch die Verwendung von Helium nicht verhindert werden können. Ich erwarte jedoch, dass diese Schwierigkeiten bald überwunden werden.

Ein lenkbares Luftschiff mit ausreichender Leistung braucht keinen Sturm zu fürchten; es kann über diesen hinweg- oder herumfliegen. Die einzige Gefahr eines Sturmes liegt ohnehin nur darin, dass das Schiff vom Kurs abkommt, denn wenn es sich mit dem Sturm bewegt, ist es nicht in Gefahr, da es sich mit der gleichen Geschwindigkeit bewegt wie der Wind, und die Passagiere würden sich in absolut ruhiger Luft befinden, so dass sogar eine Kerze an Deck angezündet werden könnte.

Durch die Explosion der Hindenburg ist diese Art des Lufttransports leider schnell von der Bildfläche verschwunden, was seinen Grund natürlich nur in der Verwendung von explosiven Gasen hatte. Erst heutzutage werden wieder Versuche unternommen, um Luftschiffe ausser zu Werbezwecken auch als Lastentransporter als Ersatz für Lastwägen einzusetzen, was natürlich eine wesentlich effektivere und umweltfreundlichere Methode darstellen würde.

Nach dem Bau seiner ersten Turbine machte sich Tesla selbst an die Entwicklung eines eigenen Flugzeugs. 1919 schrieb er darüber folgendes: *Wie ich bei einer früheren Gelegenheit schon feststellte, habe ich als Student an der Hochschule eine Flugmaschine geplant, die den heutigen ziemlich unähnlich war. Das Grundprinzip war korrekt, aber es konnte nicht in die Praxis umgesetzt werden, da keine entsprechende Antriebskraft vorhanden war. In den letzten Jahren habe ich dieses Problem ausreichend gelöst, und ich plane nun Flugmaschinen, die keine Flügel, Querruder, Propeller oder andere äussere Zusatzgeräte besitzen und die in der Lage sind, hohe Geschwindigkeiten zu erreichen und mit großer Wahrscheinlichkeit als sehr schlagkräftige Argumente für einen Frieden in der nahen Zukunft dienen werden.* Diese Maschine sollte nur durch Rückstoßkräfte in Gang gehalten und angetrieben und entweder mechanisch oder durch drahtlose Energie gesteuert werden. *Wenn man entsprechende Kraftwerke aufbaut, dann wird es möglich sein, ein Geschoss dieser Art in die Luft zu katapultieren und es fast an jedem beliebigen Punkt, den man sich aussucht und der auch Tausende von Kilometern entfernt sein kann, abzuwerfen.*

Ausser einer Zeichnung liegen uns über diesen Flugapparat, bei dem es sich anscheinend um eine ferngelenkte Rakete handelt, die von seiner Turbine angebtrieben werden sollte, leider keine weiteren Unterlagen vor. Ein anderes von ihm konstruiertes Flugzeug ließ Tesla jedoch patentieren.

Jan. 3, 1928. 1,655,114

N. TESLA

APPARATUS FOR AERIAL TRANSPORTATION

Filed Oct. 4, 1927 2 Sheets-Sheet 1

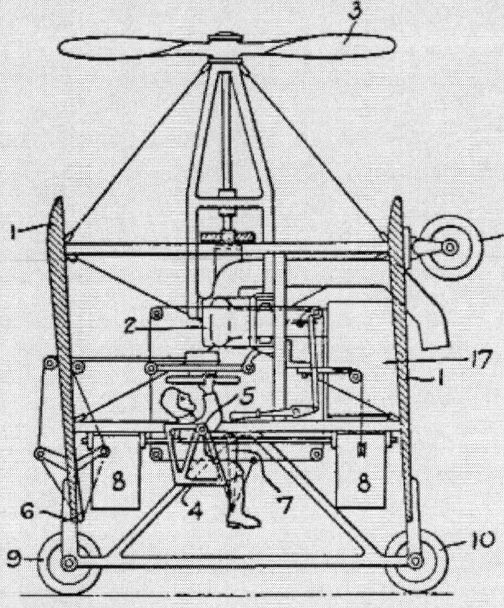

FIG. 1.

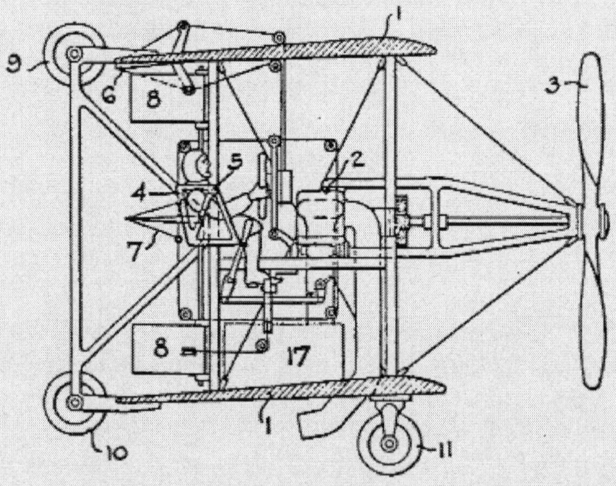

FIG. 2.

INVENTOR.
NIKOLA TESLA.
BY
ATTORNEY.

Jan. 3, 1928. **1,655,114**

N. TESLA

APPARATUS FOR AERIAL TRANSPORTATION

Filed Oct. 4, 1927 2 Sheets-Sheet 2

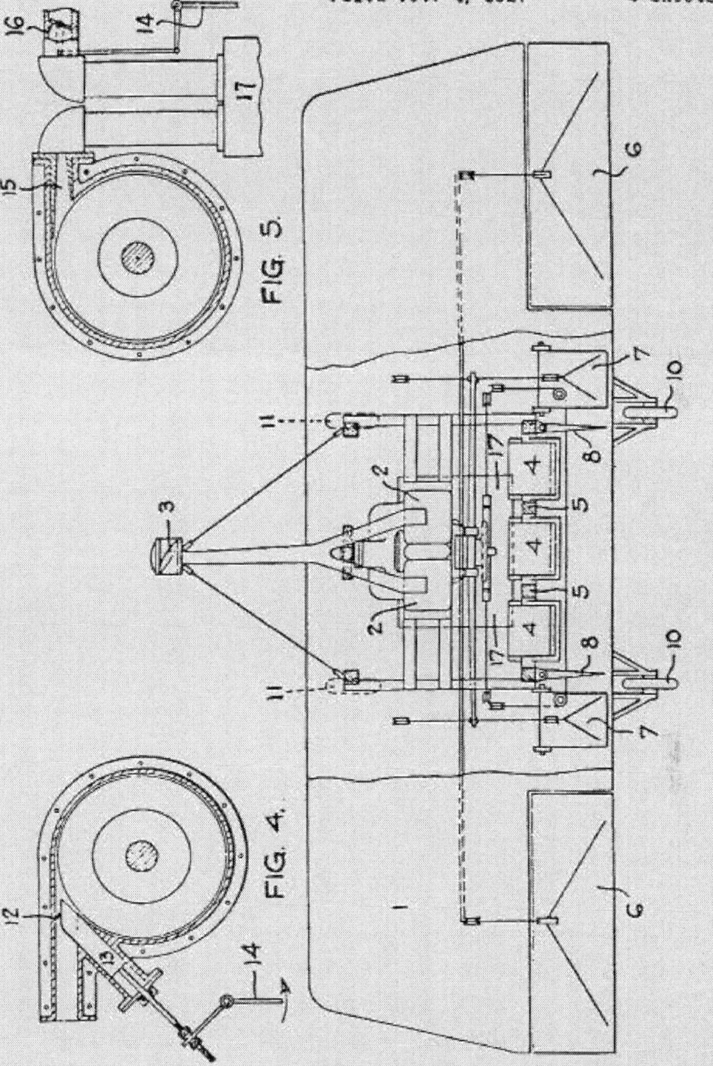

INVENTOR.

NIKOLA TESLA.

BY John P. Tarbo[illegible]

ATTORNEY.

Hieraus resultierten dann seine beiden letzten Patente, die aus den Jahren 1921 und 1927 stammen und den Titel “Method of Aerial Transportation” oder auf deutsch **“Methode des Lufttransports”** tragen und praktisch fast gleichlautend sind. Aus diesen wichtigen Patenten mit den Nummern **1.655.113** und **1.655.114** wollen wir nun folgendes zitieren:

Die Verwendung des Flugzeugs als Transportmittel ist aufgrund der inhärenten Unfähigkeit schnell zu starten und zu landen, beträchtlich eingeschränkt und seine kommerzielle Einführung wird hierdurch aufgehalten, ... Ein weiterer sehr ernstlicher Nachteil einer solchen Flugmaschine vom praktischen Gesichtspunkt aus gesehen ist, dass es sich im Fall des Ausfalls der Motoren nicht mehr in der Luft halten kann, ... und dies ist ein fataler Hinderungsgrund für ihre kommerzielle Verwendung. ...

Meine Erfindung erfüllt die derzeitigen Anforderungen in einer einfachen Art und Weise ... Kurz gesagt besteht sie in einer neuen Methode des Transports von Körpern durch die Luft, nach der die Maschine mit Hilfe des Propellers aufsteigt und landet und im horizontalen Flug durch den Auftrieb der Flügel gehalten wird. ...

Es sind ausserdem Vorkehrungen getroffen, dass die Flugmaschine automatisch oder auf Kommando des Piloten sowohl als Hubschrauber als auch als Flugzeug fliegen kann.

Als Motor dient natürlich eine Kraftstoff- oder Dampfturbine Teslascher Konstruktion, die einen normalen Propeller antreibt, und eine ausreichende Leistung besitzt und erhebliche Überlasten aushalten kann, um ein solches Flugzeug (tatsächlich einen Doppeldecker) anzutreiben.

Der Start und die Landung erfolgt also wie bei einem Hubschrauber, und beim Horizontalflug wird der Propeller langsam in die Waagrechte gedreht. Der fehlende Auftrieb durch die Flügel bei Start und Landung wird durch entsprechend erhöhten Turbinenschub, sprich also erhöhter Propellergeschwindigkeit ausgeglichen. Beim Ausfall des Motors, also der Turbine, kann das Flugzeug im Notfall sogar im Gleitflug landen, meint auf jeden Fall Tesla.

Ein solches Flugzeug verbindet die Vorteile eines normalen Flugzeugs und eines Hubschraubers und scheint die Anforderungen an eine kompakte, äusserst schnelle und trotzdem sehr sichere Maschine für den kommerziellen Einsatz am besten zu erfüllen.

Teslas Flugapparat darf man als Vorbild für senkrechtstartende düsengetriebene Flugzeuge wie die Harrier oder die Hawker und die propellergetriebene V-22 Osprey ansehen, die völlig nach Teslas Plänen konstruiert und auch im Irakkrieg eingesetzt wurde.

Wie schon erwähnt baute Tesla wahrscheinlich für Astor ungefähr um 1910 herum ein Luftkissenfahrzeug, also einen **Hovercraft** und war damit seiner Zeit fünfzig Jahre voraus. Hierzu verwendete er seine Turbine, die in der Mitte des Fahrzeugs angebracht war, wobei durch die ausströmende Luft ein Luftkissen erzeugt wurde, auf dem sich das Fahrzeug dann fortbewegte. Von der amerikanischen Armee wurde ein solches Fahrzeug Ende der Fünfziger Jahre entwickelt und als "Luftjeep" bezeichnet. Bald danach wurden solche Fahrzeuge auch für den kommerziellen Einsatz konstruiert und unter anderem als Passagierschiffe auf dem Ärmelkanal eingesetzt, wie ja weithin bekannt ist. Auch für Rennboote wurden Hoovercrafts erfolgreich verwendet, da hiermit natürlich sagenhafte Geschwindigkeiten erreicht werden können. In Frankreich wurden vor einigen Jahrzehnten Versuche unternommen, um Hovercrafts, die in Betonrinnen glitten, als Ersatz für Züge zu verwenden. Obwohl die Tests sehr positiv verliefen, wurden diese Pläne schließlich fallen gelassen.

Wie wir schon kurz angedeutet haben, soll Tesla in seinen letzten Jahren am **Philadelphia-Projekt** beteiligt gewesen sein. Leider gibt es hierzu keine zuverlässigen Quellen, was an der Geheimhaltung solcher Versuche liegt und der ganzen Lügenmaschinerie, die sich um solche Dinge herum entwickelt hat. Ausserdem ist natürlich bei allen in diesem Bereich agierenden Personen ein erheblicher Intelligenzdeffekt festzustellen. Der rationelle Gesichtspunkt, der eine Beteiligung Teslas an solchen Geheimprojekten glaubhaft machen könnte, ist natürlich, dass praktisch alle seine Entwicklung militärisch verwendbar waren und auch verwendet wurden. Dies gilt vor allem für seine Anlage zur Erzeugung von Todesstrahlen, die Ende der Dreissiger Jahre tatsächlich von amerikanischen Militärs erfolgreich getestet worden sein soll. Ausserdem war er natürlich ein Experte auf dem Gebiet der Hochfrequenz- und Hochspannungstechnik, die er ja schließlich begründet hatte. Und schließlich kannte er viele einflussreiche Leute und soll auch ein Freund des Präsidenten Franklin Roosevelt gewesen sein. Aus all diesen Gründen ist es eher wahrscheinlich, dass er tatsächlich an geheimen Projekten gearbeitet hat, ausserdem erwähnte er einmal auf einer seiner Geburtstagspartys, dass er für die Regierung in verschiedenen Labors gearbeitet habe, aber hierzu nichts weiter sagen könne.

Wie dem auch immer sei, es sind in einer amerikanischen Veröffentlichung mit dem Titel "Matrix III", das auf deutsch auszugsweise als "Die Interviews zum Montauk-Projekt" erschien, folgende Informationen enthalten: Irgendwann in den Dreissiger Jahren wurde ein Projekt mit Namen "Rainbow" gegründet, das später dann in "Philadelphia-Projekt" umbenannt und von der amerikanischen Marine finanziert wurde, um Objekte und Menschen unsichtbar zu machen, zu dessen Leiter Tesla irgendwann ernannt worden sein soll. Neben ihm sollen auch noch folgende Personen beteiligt gewesen sein: John Hutchinson, der österreichische Physiker Emil Kurtenauer und der aus Budapest stammende John Erich von Neumann. Die Versuche verliefen so erfolgreich, dass es dieser Gruppe und anderen Wissenschaftlern schon 1940 gelungen sein soll, ein kleineres

Schiff unsichtbar zu machen. Danach ging man dazu, über größere bemannte Kriegsschiffe für die Tests zu verwenden. Da Tesla der Ansicht war, dass es hierbei zu ernsten Problemen mit der Besatzung kommen würde, soll er einen solchen Test sabotiert haben und im März 1942 aus diesem Grund völlig aus dem Projekt ausgestiegen sein. Danach übernahm von Neumann dessen Leitung. Er war es auch dann, der das berühmte Philadelphia-Experiment durchführte, bei dem im Oktober 1943 ein Kriegsschiff namens Eldrigde nicht nur unsichtbar gemacht, sondern auch teleportiert wurde. Als das Schiff wieder zurückkehrte, waren mehrere Besatzungsmitglieder verrückt oder steckten im Stahldeck des Schiffes fest, und andere waren abwechselnd unsichtbar und dann wieder sichtbar. Zwei Besatzungsmitglieder waren im Verlauf des Experiments von Bord gesprungen und dann erst vierzig Jahre später auf Long Island wieder aufgetaucht, weshalb sie glaubten, dass sie eine **Zeitreise** unternommen und den erwähnten Zeitraum im “Hyperraum” verbracht hätten. Das ist natürlich alles Käse. Wenn sich das Experiment so abgespielt hat, was nicht unwahrscheinlich ist, dann wurden die beiden durch die Generatoren, die sich auf dem Schiff befanden, in einen höheren Schwingungszustand und damit in eine höhere Dimension versetzt, die sich selbstverständlich im gleichen Raum befindet, da es nur einen solchen gibt. Da dort die Zeit wesentlich schneller vergeht, meinten sie, dass sie eine Zeitreise gemacht hätten, als sie vierzig Jahre später wieder auftauchten. In Wirklichkeit hatten sie sich einfach vierzig Erdjahre in einer höheren Dimension befunden. Auf deutsch gesagt heisst das, dass es keine richtige Zeitreisen gibt, sondern dass man höchstens in eine andere Dimension versetzt werden kann, was auch auf natürliche Weise passieren kann und auch schon passiert ist. Bei Reisen in die Vergangenheit wird man einfach in eine Aufzeichnung der damaligen Ereignisse versetzt und nicht wirklich in die Vergangenheit, deshalb kann man natürlich durch Zeitreisen auch die Gegenwart nicht mehr verändern, wie einige absolute Oberpfeiffen und Endblöde glauben. Die grundsätzlichen Theorien für solche Dinge stammen natürlich wie üblich von Joseph H. Cater.

ZUSAMMENFASSUNG UND KOMMENTAR

Wie es unsere Angewohnheit ist, können wir es zum Schluss dieses Buches dem Leser nicht ersparen, ihn mit einer abschließenden Bewertung und einigen neuen Theorien, die natürlich von Cater stammen, zu malträtieren. Hier warten einige Überraschungen auf den technisch-wissenschaftlich angehauchten Leser.

Beginnen wir mit der Erfindung, die Tesla berühmt gemacht hat, nämlich seinem **Induktionsmotor**. Da es bis heute noch nicht gelungen ist, die Funktionsweise eines solches Geräts theoretisch zu erklären, wollen wir hier eine mehr oder minder grundsätzliche Theorie anführen. Bei einem Induktionsmotor handelt es sich im Prinzip um rotierende Elektromagnete. Um diese herum ist bekannterweise ein Magnetfeld vorhanden. Wie Cater herausgefunden hat, handelt es sich bei einem Magnetfeld um Ätherteilchen, die um den Magnet herumwirbeln. Durch diesen Ätherwirbel werden auch weiche Elektronen (Orgonenergie oder Od) angesaugt, wodurch auch ein Orgonenergiewirbel entsteht. Durch die spezielle Anordnung und Schaltung der Magnete beim Induktionsmotor wird ein rotierendes Magnetfeld erzeugt, also insgesamt auch ein Ätherteilchenwirbel. Folglich wiederum auch ein Orgonenergiewirbel, wobei sich die weichen Elektronen entlang der Feldlinien bewegen. Durch die starke Agitation dieser Teilchen werden diese teilweise aufgelöst, wodurch die harten Elektronen, die sich in deren Innern verbergen, teilweise freigesetzt werden, was zum erfolgreichen Funktionieren dieses Motors erheblich beiträgt und überhaupt die Quelle des Stromes in den Magnetspulen ist. Die Energie für den Betrieb des Motors wird also mittels der angesaugten weichen Elektronen teilweise von aussen zugeführt. Nach hundert Jahren haben die wissenschaftlichen Autoritäten und Techniker auf diesem Gebiet diese Tatsache immer noch nicht kapiert, weil die Ochsen tatsächlich fest glauben, dass es weder Orgonenergie oder weichen Elektronen noch Ätherteilchen gibt. Soviel Dummheit auf einen Haufen ist natürlich schon eine ganze Latte von Nobelpreisen wert. Mit ihren mathematischen Formeln können sie selbstverständlich das Funktionsprinzip eines Wechselstrommotors nicht erklären.

Auf den Wechselstrommotor oder -generator (was die völlig gleichen Geräte sind) basiert bis heute die gesamte Energieversorgung und -übertragung. Auch auf diesem Gebiet sind große Verständnisdefizite vorhanden. Bis heute sind alle Experten und jeder Laie der Ansicht, dass der elektrische Strom tatsächlich im Kraftwerk erzeugt wird oder dort entsteht und die Elektronen (das ist nämlich die Elektrizität) dann wie die Soldaten über die Hochspannungsleitungen im Gleichschritt zum Verbraucher marschieren. Mit Verlaub, das ist gelinde gesagt eine etwas kindische Vorstellung, die der Realität nun gar nicht entspricht. In Wirklichkeit ist es so: In einem Kraftwerk wird eine Spannung erzeugt. Hierdurch wird in den Drähten der Hochspannungsüberlandleitungen eine gewaltige Senke für weiche Elektronen und andere negative Teilchen geschaffen. Die weichen Elektronen strömen wirbelförmig aus der Umgebung auf den Draht zu (wie Karl Freiherr von Reichenbach schon vor 170 Jahren erkannt hat), durchdringen diesen, werden durch die starke Agitation und die angelegte Spannung aufgelöst und geben dadurch die härteren Elektronen frei, bis hin zu den harten Elektronen des elektrischen Stromes. Diese harten Elektronen, die also aus der Umgebung der Hochspannungsleitungen stammen, marschieren dann wie die Soldaten zum Verbraucher. Auf deutsch gesagt sind Elektrizitätswerke also mehr oder minder "Freie-Energie-Maschinen", wie das heute bezeichnet wird, früher hat man Perpetuum mobile gesagt. Der Strom, der in den Kernkraftwerken erzeugt wird, stammt ebenfalls aus der Umgebung. Durch die Kettenreaktion werden nur die weichen Elektronen angezogen. Eine Kernspaltung findet hierbei natürlich nicht statt. In Wirklichkeit ist es noch niemanden gelungen, ein Atom oder einen Kern zu spalten. Das Ganze heisst natürlich nicht, dass man für den Strom aus Kraftwerken nichts bezahlen muss, denn ohne die Spannung, die dort erzeugt wird, würden nunmal keine weichen Elektronen aus der Umgebung angesaugt werden können, und das muss man eben bezahlen.

Teslas Wechselstromsystem arbeitet mit einer sehr niedrigen Frequenz (in Deutschland z.B. 50 Hertz). Hierbei handelt es sich um eine Frequenz im ELF-Bereich. Hierdurch werden durch die Elektronen die entsprechenden Äther gestört und ELF-Photonen gebildet, die sich wie üblich aufgrund von Zusammenstößen zu weichen Elektronen zusammenschließen, welche die Photonen dann begleiten, wie dies bei allen Wellen der Fall ist. ELF-Photonen und die dazugehörigen weichen Elektronen sind im Vergleich zu Lichtphotonen wesentlich größer und können riesige Mengen an härteren (und damit kleineren) Elektronen aufnehmen, was sie auch machen, wenn sie in den menschlichen Körper eindringen, und dazu sind weiche Elektronen nunmal in der Lage. Die Folge hiervon ist, dass diese die weichen Elektronen, die der menschliche Körper für seine Funktion benötigt und im Bereich der Lichtfrequenzen liegen, einfangen. Dies führt natürlich dazu, dass der Körper schlechter funktioniert, geschädigt und krank wird. Seit der Einführung des Wechselstromsystems ist der Gesundheitszustand der Bevölkerung immer schlechter geworden, was selbstverständlich nicht nur am elektrischen Strom und den damit betriebenen Geräten liegt. Besonders signifikant war der Anstieg der Herzinfarkte und Krebserkrankungen.

Von der Wechselstromtechnik ist kein so weiter Weg zur **Hochfrequenztechnik** (die ebenfalls komplett von Tesla entwickelt worden ist), da die ersten Hochfrequenzmaschinen praktisch Induktionsmotoren mit mehreren hundert Polen waren. Um noch höhere Frequenzen zu erzielen, setzte Tesla schon bald den Kondensator ein, wodurch er mehrere Millionen Hertz erreichen konnte. An den Geräten zur Erzeugung von Hochfrequenzschwingungen hat Tesla fast ein Jahrzehnt gearbeitet, und das nicht umsonst, denn hierbei ist es ihm gelungen, universelle Geräte zu konstruieren, die für eine große Zahl vollkommen unterschiedlicher Zwecke verwendet werden können, wie wir ja gesehen haben.

Bei Hochfrequenzschwingungen handelt es sich laut heutiger Theorien um "elektromagnetische Wellen" oder Energie, was immer das sein mag, denn darüber schweigen sich die Physiker lieber aus. In Wirklichkeit handelt es sich um Photonen, eben im Frequenzbereich der als Hochfrequenz bezeichnet wird und der unterhalb der Lichtfrequenzen liegt. Photonen bewegen sich selbstverständlich in Längsrichtung, es handelt sich also um Longitudinalschwingungen. Photonen, die quer zu ihrer Ausbreitungsrichtung schwingen, gibt es absolut nicht. Die in dieser Hinsicht aufgestellten Theorien sind völliger Unsinn. Photonen bestehen aus Ätherteilchen, wie könnte es auch anders sein, da sie durch Störungen der Äther entstehen, wodurch sich Ätherteilchen dann zu Photonen zusammenschließen.

Wir müssen hier kurz einfügen, wie eine **Teslaspule** funktioniert. Der Strom, der in einem solchen Gerät fließt, stammt wie üblich von den aussen in den Draht eindringenden weichen Elektronen, die sich auflösen und hierdurch ihre im Innern verborgenen harten Elektronen freisetzen. Wenn Drähte auf Spulen gewickelt werden, werden die Elektronen durch die Zentrifugalkraft nach aussen geschleudert, da sie sich ja im Kreis bewegen müssen, was zu einer erhöhten Auslösungsrate der weichen Elektronen führt. Das gleiche Prinzip gilt auch für Teslas spiralförmige Spulen. Allerdings werden hierbei in der Sekundärspule nicht annähernd so hohe Spannungen erzeugt, wie Tesla geglaubt hat, da hauptsächlich weiche und keine harten Elektronen gebildet werden, nämlich aus dem Äther.

Tesla setzte seine Hochfrequenzgeneratoren anfangs zur **Lichterzeugung** ein, also zur Erzeugung von Schwingungen, die im Bereich der Lichtfrequenzen liegen. Hierzu verwendete er Vakuumröhren, aber auch Birnen, die unter normalem Luftdruck standen, konnte er zum Leuchten bringen. Bei diesem Verfahren werden natürlich ebenfalls Äther gestört, und es kommt zur Abstrahlung von Lichtphotonen.

Ein weiteres wichtiges Anwendungsgebiet der Hochfrequenzströme, dem Tesla von Anfang an große Aufmerksamkeit schenkte, war die **Fern-**

steuerung irgendwelcher Objekte, was Tesla als die Technik der Teleautomaten bezeichnet, hat, ein Name, der sich leider nicht durchgesetzt hat. Sein radiogesteuertes Boot, das er im Jahr 1898 zum ersten Mal öffentlich vorführte, war der erste Automat, praktisch der Urvater aller Roboter. Ausserdem war es der erste Apparat, den Tesla auch mittels drahtloser Energie betrieb, wie er selbst einmal sagte. Diese Erfindung hat sich erst nach Jahrzehnten als sehr fruchtbar erwiesen, sowohl in positiver als leider wie üblich auch in negativer Hinsicht. Mit dem letzten Punkt meinen wir die militärische Anwendung dieser Erfindung, z.B. für ferngesteuerte Raketen, wie sie im Dritten Reich zum ersten Mal in Form der sogenannten Vergeltungswaffen (V1 bis V4 oder so) zum Einsatz kamen. Dann auch Torpedos, mit denen jederzeit sämtliche Schlachtschiffe zerstört werden könnten. Man erinnere sich hier nur an die berühmten französischen Exocet-Raketen, die den englischen Schiffen im Falkland-Krieg schwer zugesetzt haben. Der Höhepunkt dieser Entwicklung sind selbstverständlich die Cruise missiles, die genau den Terror verbreiten, den Tesla fast hundert Jahre zuvor vorausgesagt hat.

Zu den positiven Aspekten der Fernsteuerungstechnik gehört die **Weltraumfahrt**, die ohne diese Technik (und klarerweise der plumpen Raketentechnik) kaum möglich gewesen wäre. Aber auch UFOs und Antischwerkraftflugzeuge benötigen irgendwelche Funkeinrichtungen. Sonden sind ferngesteuerte Objekte und teilweise Roboter oder mit solchen versehen.

Eines der herausragendsten und schönsten Einsatzgebiete der Teslaschwingungen sind in der **Medizin** zu finden. Über Röntgenstrahlen und Elektrotherapie brauchen wir uns an dieser Stelle nicht weiter auszulassen, aber über den elektromechanischen Oszillator Teslas müssen wir doch ein paar Worte verlieren. Wenn man die Wirkungen dieses fantastischen Geräts in der Mechanischen Therapie betrachtet, dann darf man getrost behaupten, dass es sich hierbei um eine der größten medizinischen Erfindungen handelt, die in einiger Hinsicht Geräte wie den Zapper oder Orgonakkumulatoren oder Pyramiden sogar noch übertrifft, jedenfalls was die schnelle Reinigung eines verseuchten Körpers betrifft. Ein solcher Oszillator ist in der heutigen Zeit der komplett verpesteten Körper von unschätzbarem Wert und wird vielleicht im nächsten Jahrtausend (Beginn ca. 2001) neben Generatoren für Browns Gas von herausragender Bedeutung sein oder auch nicht.

Das nächste Stichwort lautet **Radiotechnik**. Dies ist natürlich ein sehr weites Feld. Die heutigen Experten auf diesem Gebiet haben in Wirklichkeit nicht den blassesten Schimmer, wie die Nachrichtenübertragung in theoretischer Hinsicht erfolgt. Sie rechnen nur mit irgendwelchen Formeln herum und meinen damit, die Vorgänge, die sich hierbei abspielen, erklären zu können. Wie wir schon darauf hingewiesen haben, führt die schnelle Bewegung von Elektronen in elektrischen Generatoren immer zu Störungen des Äthers, wodurch sich Photonen bilden. Das sind dann die berühmten Radiowellen oder elektromagnetischen oder Hertzschen Wellen. Ein Radiosender strahlt also Photonen im entsprechenden Frequenzbereich ab. Das ist jedoch nicht alles. Diese Photonen marschieren nämlich nicht schön brav in Reih und Glied, sondern stoßen dauernd zusammen, wodurch sich Photonenzusammenballungen bilden. Da diese eine negative Ladung besitzen, werden solche Zusammenballungen als Elektronen bezeichnet, und da sie "weicher" sind als die normalen Elektronen, werden sie als "weiche Elektronen" bezeichnet, zu englisch von Cater eben "soft electrons". Weiche Elektronen besitzen die Fähigkeit, alle Arten von härteren Elektronen in sich aufzunehmen, die sie bei Zusammenstößen oder beim Auftreffen auf einen elektrischen Stromkreis wieder abgeben, da sie sich hierbei wieder teilweise auflösen. Die Radioübertragung funktioniert als im Prinzip so: Ein Sender strahlt Photonen und weiche Elektronen ab. Wenn die weichen Elektronen auf einen Empfangsstromkreis treffen (über eine Empfangsantenne) werden sie aufgelöst und geben ihre harten Elektronen frei. Hierdurch wird der Empfänger in Tätigkeit gesetzt und die in den Wellen enthaltenen Informationen (Musik, Sprache, Bilder oder irgendwelche Zeichen), die Hunderte und Tausende Kilometer, ja gar Millionen Kilometer entfernt losgesandt worden sind, übertragen.

Teslas Theorien auf dem Gebiet der **Radioübertragung** können aufgrund der genannten Dinge einigermaßen beurteilt werden. Kommen wir zuerst zur Reflexion der Radiowellen an der Ionosphäre. Tesla war der Meinung, dass durch eine mehrfache Reflexion der Wellen nur ein verschwindend kleiner Anteil der Wellenenergie den Empfänger erreichen würde. Das wäre im Prinzip richtig, wenn die Radiophotonen nicht von weichen Elektronen begleitet würden, welche harte Elektronen enthalten, was Tesla natürlich noch nicht gewusst hat. Die versteckten harten Elektronen sorgen also dafür, dass auch noch nach einer größeren Zahl von Reflexionen genügend Energie am Empfänger ankommt.

Weiterhin hat Tesla ständig davon gesprochen, dass bei seinen Sendern der Anteil der Hertzschen Wellen sehr gering ist. Damit kann er nur gemeint haben, dass bei den langen Wellen, die er hauptsächlich für die Übertragung verwendete, der Großteil der Energie unterhalb der Erdoberfläche fließt. Wie das genau theoretisch funktioniert ist leider nicht bekannt. Ausserdem werden solche Wellen praktisch nur für militärische Zwecke genutzt, und aus diesem Grund sind hier recht wenig Informationen vorhanden.

Insgesamt muss man sagen, dass Teslas Radiosender ebenfalls nur Photonen, also elektromagnetische Wellen, wenn man das so bezeichnen will, abgestrahlt haben, also Längswellen. Alle Theorien, die von anderen aufgestellt wurden, sind völliger Unsinn, da solche Leute nicht kapieren, dass es keine elektromagnetischen Querwellen gibt, was die gesamten Wissenschaftler bis heute glauben.

Nun wollen wir uns mit der Frage befassen, weshalb Tesla mit seiner Radiostation in Wardenclyffe so kläglich gescheitert ist. Dafür gibt es mehrere Gründe. Erstens, wie Tesla selbst gesagt hat, war er seiner Zeit zu weit voraus. Zweitens gab es von Anfang an eine ganze Reihe von Plagiatoren, die sich selbst als Erfinder des Radios ausgegeben haben, vor allem Marconi, wie wir gesehen haben. Solche korrupte, verlogene und hinterhältige Leute sind natürlich für die Machtelite und ihre Helfer wesentlich handsamer als ein Mensch wie Tesla, der seine Erfindungen zum Wohl der Menschheit einsetzen wollte. Auf diese Weise ist es dann gekommen, dass Teslas Pionierarbeit auf dem Gebiet der Radiotechnik vollkommen untergegangen ist und bis heute in der Öffentlichkeit die Plagiatoren als Erfinder des Radios genannt werden. Ein dritter und sehr gewichtiger Grund war, dass Tesla ein weltumspannendes Radio- und Nachrichtennetz aufbauen wollte. Dies war zur damaligen Zeit von der Machtelite anscheinend nicht erwünscht, jedenfalls sollte der Normalbürger davon nicht profitieren. Tesla wollte "die heterogenen Elemente der Menschheit" vereinigen und die Menschen einander näher bringen, wie er immer wieder sagte. Ein weiterer und entscheidender Grund war selbstverständlich, dass Tesla mit seiner Anlage in Wardenclyffe auch Energie drahtlos übertragen wollte, und daran waren die Finanziers auf keinen Fall interessiert, weil sie Angst hatten, zu wenig bis gar kein Geld damit zu verdienen. Dann ist auch der Einfluss der Militärs nicht zu unterschätzen, welche die Radiotechnik von Anfang an unter ihre alleinige Kontrolle bringen wollten und irgendwie auch gebracht haben. Diese haben Teslas System der Langwellen übernommen und damit ein weltumspannendes Nachrichtennetz aufgebaut. Dieses wird auch heute noch teilweise verwendet, z.B. beim sogenannten Unterwasserfunk, der natürlich mit den ultralangen Wellen Teslas arbeitet. Was Morgans Weigerung betrifft, Tesla weiter zu unterstützen, kann man nur spekulieren, aber man darf wohl annehmen, dass dieser Bankier, der ja nur ein Ableger der französischen und englischen Rothschilds war, die noch nie etwas Gutes im Sinn gehabt haben, Tesla ausschalten wollte, um dessen Erfindungen dann auf andere und einfachere Weise auszubeuten, was ja dann durch die Bildung der großen Radiogesellschaften wie RCA, an der Morgan natürlich federführend beteiligt war, auch geschehen ist. Tesla ist bei der kommerziellen Nutzung seiner diesbezüglichen Erfindungen auf jeden Fall völlig leer ausgegangen. Nur die genannten Plagiatoren haben reichlich Gewinn aus seiner jahrelangen Forschungsarbeit gezogen, wie das eben so üblich ist auf dieser Welt.

Um Teslas Telegrafen-, Telefon- und Radiostation in Wardenclyffe in Betrieb zu nehmen, hätten ja nur 100 000 bis 200 000 Dollar gefehlt, was im

Vergleich zu den Unsummen, die später in die Radiotechnik investiert wurden, absolut vernachlässigbar ist. Aber man hat lieber abgewartet, bis sämtliche Patente Teslas abgelaufen waren und man dann seine neuen Techniken ausbeuten konnte, ohne weiterhin Rücksicht auf diesen unbeliebten Erfinder nehmen zu müssen.

Heutzutage verwenden kommerziellen Radiostationen jedenfalls praktisch nur Ultrakurzwellen, nämlich genau die Wellen, die auch Hertz verwendet hat. Diese besitzen nur eine geringe Reichweite von ca. 50 km, was für kommerzielle Zwecke (Werbung) am besten geeignet ist und völlig ausreicht. Für größere Reichweiten werden Relaisstationen eingesetzt.

Zur Gefährlichkeit von Radiosendern muss man folgendes sagen: Da diese Photonen und weiche Elektronen abstrahlen, die noch dazu eine große Zahl harter Elektronen enthalten, kommt es natürlich zu den üblichen Schädigungen (z.B. vermehrtes Baumsterben und Krankheitsfälle um Sendeanlagen herum). Es ist im Fall des menschlichen Körpers wiederum so, dass die großen weichen Elektronen, die vom Sender abgestrahlt werden und die im Bereich des Senders natürlich eine wesentlich größere Dichte besitzen als in größerer Entfernung, die weichen Elektronen im Bereich der Lichtfrequenzen, die der menschliche Körper für seine Funktion benötigt, aufsaugen, was zu Krankheiten führt. Je länger die Wellenlänge ist, desto größer sind auch die weichen Elektronen und desto größere Schäden richten sie im Standardfall an. Handys arbeiten mit aufgelagerten langen Wellen (Schwere Glatzenbildung; Folge: Glatzen kommen in Mode. Frauen werden gehirngewaschen, damit die Glatzköpfigen nicht einsam und allein bleiben müssen). Aus diesen Gründen ist es vielleicht besser, dass sich die langen Wellen Teslas nicht durchgesetzt haben, aber es kommt natürlich auch auf die Stärke der Wellen an und vielleicht auch noch auf ganz andere Dinge, und hierzu gibt es zuwenig Informationen und Erfahrungswerte, um die Sache richtig beurteilen zu können. Ausserdem wollen die zuständigen "Experten" einfach nicht kapieren, dass Rundfunksender nur Photonen und weiche Elektronen abstrahlen. Der Name Rundfunk kommt übrigens davon, dass bei der Funkentladung die Photonen oder Radiowellen rundherum abgestrahlt werden, es wird also rundherum gefunkt, genauso wie das auch bei Blitzentladungen der Fall ist.

Im Zusammenhang mit der Radiotechnik steht Teslas System der **drahtlosen Energieübertragung**, welches er bis zum Ultimum propagiert hat. Aufbauend auf sein Wechselstromsystem der Übertragung der elektrischen Energie mittels Überlandleitungen z.B. aus Wasserkraftwerken, wollte Tesla die Energie von Wasserfällen auch drahtlos übertragen. Sein anfänglicher Plan sah vor, die Luft in den oberen Atmosphärenschichten leitend zu machen, da er beobachtet hatte, dass sich bei Anlegen einer gewaltigen Spannung eine Art Aurora borealis bildete, wobei es sich nebenbei bemerkt ebenfalls um weiche Elektronen handelt, die sich in ihre Lichtbestandteile also Photonen auflösen. Ob dadurch Energie (nämlich harte Elektronen, die sich in den weichen Elektronen verbergen und aus der Umgebung abgesaugt werden) über größere Entfernungen übertragen werden kann, darüber fehlen leider die nötigen Forschungsergebnisse, um hier an dieser Stelle etwas Definitives zu sagen.

Ein weiterer Plan Teslas sah die Verwendung ultralanger Wellen bis zu 12 000 km Länge vor, nämlich ELF-Wellen. Diese Wellen, also Photonen, werden natürlich wie alle elektromagnetische Wellen von weichen Elektronen der entsprechenden Wellenlänge begleitet, die im Vergleich zu den weichen Elektronen des Lichtes gigantisch sind (10^{13}-mal größer). Aus diesem Grund enthalten sie auch riesige Mengen harter Elektronen. Tesla war der Ansicht, dass er durch Reflexion dieser Wellen stationäre Wellen erzeugen konnte, was allerdings von Cater bestritten wird, da dieser glaubt, dass es sich bei der vorgeblichen Energieübertragung nur um lokale Effekte gehandelt hat. Allerdings können heute schon Flugzeuge drahtlos mit Energie versorgt werden, selbst wenn für diesen Zweck Kurzwellen eingesetzt werden.

Tesla hat immer wieder behauptet, dass ein Kraftwerk zur drahtlosen Energieübertragung "leer laufen" würde, wenn kein Strom durch einen Verbraucher abgenommen würde. Dies kann man dadurch erklären, dass die abgestrahlten weichen Elektronen und die darin enthaltenen harten Elektronen natürlich erst "verbraucht" oder aufgelöst werden, wenn sie auf einen Empfänger, also einen Stromkreis treffen. Die Energie geht also nicht anderweitig verloren, ausserdem kommt sie sowieso aus der Umgebung. Dies ist oder wäre bei einem drahtlosen Kraftwerk genauso der Fall wie bei einem normalen Kraftwerk. In beiden Fällen wird eben nur eine ausreichende Spannung erzeugt, um die Elektronen aus der Umgebung anzuziehen.

In Bezug auf seine Ansicht, dass die Energie an den Antipoden sogar noch größer ist als am Ausgangspunkt, muss man eben das Gesagte bedenken, dass die Energie sowieso von aussen kommt und erst frei wird (aus den weichen Elektronen), wenn diese sich auflösen.

Eine herausragende Erfindung Teslas, die praktisch völlig untergegangen ist, ist seine **schaufellose Turbine**, die nur mit blanken Scheiben arbeitet. Hierbei handelt es sich genauso wie bei Schaubergers Implosionsmotor um ein Gerät, bei dem Orgonenergie (weiche Elektronen) aus der Umgebung angesaugt wird. Durch die Drehbewegung der Scheiben entsteht ein "Leerraum" oder ein Raum, in dem eine sehr geringe Orgonenergiekonzentration vorhanden ist, hierdurch strömen andere weiche Elektronen aus der Umgebung rasch in diesen Unterdruckraum nach, wodurch sich ein Orgonenergiewirbel bildet. Durch diesen Wirbel werden die Wasser- oder Gasteilchen oder irgendwelche feste Gegenstände mitgeführt. Die Scheiben werden ausserdem negativ aufgeladen, wodurch der Transport der Stoffe noch wesentlich erleichtert wird. Das Ganze ist natürlich auch der Grund, weshalb eine Teslaturbine lautlos läuft. Teslas Erklärung der Funktionsweise seiner Turbine mit Hilfe der Viskosität und der Adhäsion ist natürlich nicht ausreichend, genauso wie alle anderen Theorien.

Aus all den Gründen braucht man sich nicht zu wundern, dass sich diese Erfindung nicht durchgesetzt hat, zumindest als Turbine. Als Pumpe wird sie ja anscheinend im bescheidenen Maß eingesetzt. Aber als Antriebsmaschine oder Motor ist absolut noch nichts in Sicht. Wenn eine solche Turbine z.B. für Flugzeuge mit Doppelacht-Propeller, die ebenfalls keinen Lärm machen, gekoppelt würde, könnten zweifelsohne herausragende Ergebnisse erzielt werden. Allerdings gibt es heute Düsentriebwerke, die sehr schnell sind und einigermaßen gut funktionieren, wenn auch ab und zu ein damit ausgestattetes Flugzeug abstürzt. Selbstverständlich können wir hier nicht genau voraussagen, was mit einer Teslaturbine auf dem Gebiet der Flugzeugtechnik erreicht werden könnte, aber man darf ohne weiteres annehmen, dass sie den heutigen Systemen ebenbürtig wäre. In Bezug auf die Schallemission und die Umweltverträglichkeit wäre eine Teslaturbine Strahltriebwerken auf jeden Fall haushoch überlegen.

Ein wesentlicher Unterschied zu einem Schaubergerschen Implosionsmotor, abgesehen davon, dass bei diesem gewellte Scheiben eingebaut sind, ist, dass diese sich in waagrechter Richtung drehen, während die Scheiben der Teslaturbine senkrecht angeordnet sind. Der Schaubergersche Motor kann hierdurch sogar als Antrieb für UFOs verwendet werden, da bei höheren Drehzahlen der gesamte Apparat so stark negativ aufgeladen wird, dass er von der Erdgravitation abgestoßen und nach oben geliftet wird, wie dies bei den klassischen UFOs eben der Fall ist. Da nach dem 2. Weltkrieg die Schaubergerschen und andere Flugscheiben nach Amerika verfrachtet worden sind und in den USA auch Ausserirdische mit solchen Apparaten gelandet sind, hat man sich in diesem Land still und heimlich an die Entwicklung von UFOs gemacht und heute besitzt das amerikanischen Militärs ganze UFO-Flotten, die auch im Weltraum agieren und dort herumballern.

Apropos Herumballern, denn damit sind wir gleich beim nächsten Punkt angelangt, nämlich Teslas **Todestrahlen**. Es ist schwer anzunehmen, dass diese Erfindung sofort von militärischer Seite weiterentwickelt worden ist, alles andere wäre ein Wunder. Und dafür gibt es einige deutliche Indizien, wenn auch nicht mehr, da solche Waffen bis heute ultrageheim sind und nur von militärischen Astronauten der UFO-Flotte (US-UFO-Force) eingesetzt werden. Einmal wurde diese Waffe, welche die Form der Teslaschen offenen Vakuumröhre besitzt, in einem James-Bond-Film aus den Sechziger Jahren gezeigt. Zweitens existieren Aufnahmen, welche die

Strahlenspur einer sogenannten Thor-Waffe zeigen, mit der auf ein UFO gefeuert wurde. Dass es sich hierbei um eine Laserwaffe gehandelt hat, darf stark bezweifelt werden, obwohl auch durch Reflexion von Lichtstrahlen mittels Spiegeln brachial durchschlagskräftige Laserstrahlen erzeugt werden können. Man darf deshalb immerhin vermuten, dass Teslas Todesstrahlen im Geheimen im Einsatz sind, ausserdem steht die mehrfach veröffentlichte Beschreibung seiner Anlage immer noch unter Geheimhaltung, was schon sehr seltsam bis verdächtig ist.

Als letzten Punkt wollen wir nun kurz auf Teslas **"Perpetuum mobile"** eingehen. Tesla hatte schon in den Neunziger Jahren davon gesprochen, dass in Zukunft Energie aus einer Quelle gewonnen würde, die im gesamten Universum vorhanden ist. Bei dieser Energie handelt es sich natürlich um Orgonenergie oder weiche Elektronen eben. Wenn sich Orgonenergieteilchen auflösen, werden Elektronen frei, die dann als elektrischer Strom irgendwelche elektrische Geräte antreiben können. So etwas nennt man heutzutage "Freie-Energie-Maschinen", von denen einige existieren und auch funktionieren. In Bezug auf Teslas Forschungen und Arbeiten auf diesem Gebiet können wir uns leider nur auf eine Quelle berufen (abgesehen von seinem Patent zur Nutzung der Strahlungsenergie), nämlich auf das Interview, das Derek Ahlers mit Teslas Neffen Peter Savo geführt hat. Aus dieser Aufzeichnung darf man schließen, dass Tesla wahrscheinlich ein weiterentwickeltes Gerät gebaut hat, bei dem Radioröhren zum Einsatz kamen, um die Orgonenergie aus der Umgebung aufzuspalten und einen elektrischen Strom zu erzeugen. Dieses Strom hat er allerdings nicht zum direkten Antrieb des Motors verwendet, bei dem es sich mit Sicherheit um seine Teslaturbine gehandelt hat, sondern einen Generator und wahrscheinlich eine Wechselstrommaschine dazwischengeschaltet.

Wir werfen nun einen kurzen Blick auf Teslas **Weltanschauung**. Alle seine Erfindungen dienten seiner Ansicht nach hauptsächlich dem Ziel, die Entfernung aufzuheben, also eine bessere Kommunikation zwischen den Menschen auf diesem Planeten zu ermöglichen, z.B. mit dem Radio, dann mit Flugzeugen oder ferngesteuerten Raketen, um auch Menschen, die sich in weiter Ferne befinden, in die Luft jagen zu können. Alles hat eben seine Kehrseite. Auf jeden Fall ist heute dieses Ziel in einem begrenzten Ausmaß erreicht worden, und wenn endlich UFOs und Antigravitationsflugzeuge (von Cater erfunden) hoffähig würden, dann wären die Grenzen sowieso ohne Bedeutung, mit all den Nachteilen, die sich hieraus ergeben würden, wie man dies ja bei der Öffnung des Ostens gesehen hat, die zufällig von Cater verursacht wurde, weil er alle Reptoiden und Grauen eliminiert hat, die den seltsamen Kalten Krieg schätzungsweise überhaupt erst angezettelt haben.

Immerhin war Tesla schon fast vor hundert Jahren davon überzeugt, dass auch andere Planeten bewohnt sind. Selbst heute lautet die allgemeine Ansicht, dass die Erde der einzige bewohnte Planet im ganzen Universum ist (die fieberhafte Suchen nach Leben im All ist in Wirklichkeit eine der gröbsten Verarschungen, die es gibt). Stupider geht´s nun wirklich nicht, wie schon Tesla gemeint hat.

Damit haben wir auch gleich ein neues Stichwort an der Hand, nämlich stupide, und dies charakterisiert die **Relativitätstheorie** Einsteins nunmal sehr gut. Dieser soll ja angeblich immerhin 6 Mio. Dollar dafür bekommen haben, dass er nicht herausposaunt, dass es sich hierbei physikalisch gesehen um einen völligen Blödsinn handelt. Deshalb hat er in seinen letzten Lebensjahren die Zunge so gern herausgestreckt, um allen Studenten und anderen zu sagen: Ihr seid ganz schön blöd, mein Bild in eurem Zimmer aufzuhängen, allerdings kriegt ihre keine 6 Mio. Dollar dafür.

Tesla hat auch schon die grundsätzlich richtige Äthertheorie vertreten, nämlich, dass der Äther gasförmiger Natur ist und alle Ätherwellen, nämlich Photonen, in Längsrichtung schwingen und nicht quer zur Ausbreitungsrichtung, wie alle Unwissenschaftler glauben.

In Bezug auf das Elektron hat Tesla die revolutionäre Theorie aufgestellt, dass dessen Ladung nicht konstant ist. Das ist ebenfalls in gewisser Hinsicht richtig, denn die Ladung eines Teilchens hängt von der Geschwindigkeit ab, und die elektrostatische Ladung wird dann in elektromagnetische Ladung umgewandelt, wie wiedermal Cater herausgefunden hat. Tesla hat ebenfalls erkannt, dass es sich bei der Radioaktivität um die Abstrahlung von Elektronen handelt, jedenfalls teilweise. Ausserdem, dass die radioaktive Strahlung aufhört, wenn das Atom keine Energie von aussen erhält. Dies ist ungefähr richtig, da radioaktives Material zu strahlen aufhört, wenn es mit einem Reichschen Wolkenbrecher beaufschlagt wird, wodurch die weichen Elektronen (äussere Energie) aus den Atomen abgezogen werden, und sich diese deshalb dann auch nicht mehr auflösen können, um die harten Elektronen (Radioaktivität) freizusetzen.

Auch über die Natur der kosmischen Strahlen hat sich Tesla geäussert. Kosmischen Strahlen, die natürlich von allen Sternen ausgehen, wie Tesla richtig erkannt hatte, bestehen wiederum aus Orgonenergie und anderen Teilchen, welche Materie oder eben die Kruste eines Planeten leicht durchdringen können. Dabei lösen sie sich teilweise auf und geben die harten Elektronen frei, was dann den Anschein erweckt, dass es sich um eine sehr energiereiche Strahlung (Neutrinos, die es natürlich gar nicht gibt) mit einem großem Durchdringungsvermögen handelt. Dies hat auch Tesla fälschlicherweise angenommen, und bis heute glaubt dies sogar noch die gesamte Wissenschaft.

Zum Schluss dieses Buches wollen wir uns auch noch kurz den **Menschen Tesla** ansehen. Hier sind in erster Linie die geistigen Bilder, die ihm in seiner Kindheit ziemlich Angst eingejagt haben, aussergewöhnlich. Schätzungsweise handelte es sich hierbei um Projektionen der Ausserirdischen, die ihn auf die Erde gebracht haben, was auch bei der Eingebung, die er in Budapest hatte, als er das magnetische Drehfeld entdeckte, der Fall gewesen sein dürfte. Der nächste auffallende Punkt ist Teslas Asketentum. Der rationelle Hintergrund hierfür ist, dass er die ganze Zeit über seine Erfindungen nachdenken musste und ihn eine Frau davon zu stark abgelenkt hätte. Dass er deswegen gleich homosexuell gewesen sein soll, wie einige behaupten, weil er mehrere homosexuelle Freunde gehabt hat, darf man schon bezweifeln. Aber nichts genaues weiß man eben nicht, vor allem was die letzten Jahrzehnte seines Lebens betrifft.

Aber wie dem auch immer sei, ein Großteil der technischen und industriellen Entwicklung auf dem Gebiet der Elektrotechnik basiert auf Tesla, sowohl in positiver wie auch in negativer Hinsicht.

BIBLIOGRAPHIE

Bibliographien:

Anderson, Leland: Bibliography, Dr. Nikola Tesla,
The Tesla Society, Minneapolis, 1956
Ratzlaff, John T., Anderson Leland: Dr. Tesla Bibliography,
Ragusan Press, San Carlos, California, 1979

Gesamtausgaben der Schriften Teslas:

Nikola Tesla (1856-1943), Lectures-Patents-Articles,
Nikola-Tesla-Museum, Belgrad, 1956
Heerd, Ulrich, Ferzak, Franz: Nikola Tesla, Collected Articles
and Lectures, Volume 1 and 2, MVV Peiting, 2000
Heerd, Ulrich, Ferzak, Franz: N. Tesla (Gesammelte Werke)
MVV Peiting, 1997

Biographien in deutscher und englischer Sprache:

Beckhard, Arthur J.: Electrical Genius, Nikola Tesla,
Julian Messner, Inc., New York, 1959
Boksan, Slavko: Nikola Tesla und sein Werk, Deutscher Verlag für
Jugend und Volk, Wien, New York, Leipzig, 1932
Cheney, Margaret: Tesla -- Man Out of Time,
Prentice Hall, Inc., Englewood, Cliffs, New York, 1981
Cheney, Margaret: Nikola Tesla, Düsseldorf 1995
Dommermuth-Costa, Carol: Nikola Tesla:, Minneapolis 1994
Ferzak, Franz: Nikola Tesla, FFWASP, 1986
Hunt, Inez, Draper Vanetta: Lighting in His Hand, The Story of
Nikola Tesla, Omni Publications, Hawthorne, California, 1964, 1977
O´Neill, John J.: Prodigal Genius, The Life of Nikola Tesla,
Ives Washburn, New York, 1944
O´Neill, John J.: Der Gegenspieler Edisons,
Rohrer Verlag, Wien, Innsbruck, Wiesbaden, 1951
Seifer, Marc: Wizard -- The Life and Times of Nikola Tesla,
Carol Publishing Group, New York, 1996
Seifer, M.: N. Tesla ,The Man Who Harnessed Niagara Falls, Kings.1991
Storm, Margaret: Return of the Dove, Baltimore, 1956
Health Research, Mokelumne Hill, California, 1972

Bücher über Teslas Werk in deutscher und englischer Sprache:

Tribute to Nikola Tesla, Presented in Articles-Lectures-Documents, Nikola-Tesla-Museum, Belgrade, 1961

Colorado Springs Notes (1899-1900), Nikola-Tesla-Museum, Belgrade, 1978

Allen, Gordon: Overlords and Olympians, Health Research, Cal., 1974

Allen, Gordon: Enigma Fantastique, Health Research, Cal., 1966

Anderson I. Leland: Nikola Tesla on his Work with Alternate Currents and Their Application to Wireless Telegraphy, Telephony, and Transmission of Power, Twenty First Century Books, Breckenridge, Colorado 1992

Anderson I. Leland: Lectures, New York Academy of Sciences, Twenty First Century Books, Breckenridge, Colorado, 1996

Anderson I. Leland: Guided Weapons & Computer Technology, Twenty First Century Books, Breckenridge, Colorado, 1998

Anderson I. Leland: Nikola Tesla´s Teleforce & Telegeodynamics Proposals, Twenty First Century Books, Breckenridge, Colorado, 1998

Anderson, I. Leland: Ball Lightning & Teslas Electric Fireballs, Twenty First Century Books, Breckenridge, Colorado, 1998

Anderson, I. Leland: Priority in the Invention of Radio, Twenty First Century Books, Breckenridge, Colorado, 1993

Anderson, I. Leland: Wireless Transmission of Power, Twenty First Century Books, Breckenridge, Colorado,

Anderson, I. Leland: John Stone Stone on Nikola Tesla´s Priority in Radio and Continuous-Wave Radiofrequency Apparatus, Twenty First Century Books, Breckenridge, Colorado, New York 1986

Anderson, I. Leland: Nikola Tesla´s Residences, Laboratories, and Offices, Twenty First Century Books, Breckenridge, Colorado, 1990

Anderson, I. Leland, Rice, Warren: Tesla Turbine References, Twenty First Century Books, Breckenridge, Colorado

Baumgartner, Walter, Pond, Dale: Nikola Tesla´s Earthquake Machine, Twenty First Century Books, Breckenridge, Colorado

Cater, Joseph H.: The Awesome Life Force, FFWASP, Neuenhinzenhausen, 1997

Cater, Joseph H.: The Ultimate Reality, FFWASP, 1998

Constable, Trevor James: The Cosmic Pulse of Life, Merlin Press, Santa Ana, California, 1985

Corum Kenneth & James: Vacuum Tube Tesla Coil, Twenty First Century Books, Breckenridge, Colorado

Deyo, Stan: The Cosmic Conspiracy, Australia, 1978

Hayes, Jeffery A.: Tesla´s Engine -- A New Dimension for Power, Tesla Engine Builders Association, Milwaukee, Wisconsin, 1994

Heerd, Ulrich: Das Haarp-Projekt, Edition Neue Energie, Peiting 1998

Heerd, Ulrich, Ferzak, Franz: Nikola Tesla, Collected English and German Patents, MVV Peiting, 2000
Hull, Richard: Tesla Coil Builder´s Guide to the Colorado Springs Notes, Twenty First Century Books, Breckenridge, Colorado
Jovanovic, Branimir: Tesla I Svet Vazduhoplovstva, Belgrad, Nikola Tesla Museum, 1988
Martin, Commerford Thomas: The Inventions, Researches and Writings of Nikola Tesla, New York, 1894
Martin, Commerford Thomas: Nikola Teslas Untersuchungen über Mehrphasenströme und über Wechselströme hoher Spannung und Frequenz, Wilhelm Knapp, Halle a.d.S., 1895
Mathews, Arthur: The Wall of Light, Tesla Book Company 1971, 1973
Merigeault, E.: Frictional Turbines or Tesla Turbines, Twenty First Century Books, Breckenridge, Colorado
Nichelson, Oliver: Fuelless Generator & Wireless Method, Twenty First Century Books, Breckenridge, Colorado
Schaffranke, Rolf: A Rational Approach to Gravity Control, 1977
Ratzlaff, John T., Jost, Fred A.: Dr. Nikola Tesla, Colorado Springs Notes, English/Serbocroatian Diary Comparision, Tesla Book Company, Ventura, California, 1979
Ratzlaff, John T.: Dr. Nikola Tesla, Complete Patents, Tesla Book Company, Ventura, California, 1983
Ratzlaff, John T.: Dr. Nikola Tesla, Selected Patent Wrappers, Tesla Book Company, Ventura, California, 1980
Ratzlaff, John T.: Tesla Said, Tesla Book Company, Ventura, California, 1984
Peterson, Gary: Tesla Oscillator / Fluorescent Tube Driver, Twenty First Century Books, Breckenridge, Colorado
Peterson, Gary L.: The Tesla Bladeless Turbine, Twenty First Century Books, Breckenridge, Colorado
Trinkaus, George: Tesla -- The Lost Inventions, High Voltage Press, Portland, Oregon
Trinkaus, George: Radio Tesla, High Voltage Press, Portland, Oregon, 1993
Trinkaus, George: Tesla Coil, High Voltage Press, Portland, Oregon
Wiseman, George: Tesla Pump Comments, Twenty First Century Books, Breckenridge, Colorado
Yost, Charles A.: The Tesla Experiment, Tesla Book Company, Ventura, California, 1983
Proceedings, Tesla Symposium, 1984, 1988, 1990, 1992, Twenty First Century Books, Breckenridge, Colorado
Nikola Tesla Museum Tesla Correspondence, Twenty First Century Books, Breckenridge, Colorado

Vorträge vor wissenschaftlichen Vereinigungen:

"A New System of Alternate-Current Motors", 16. Mai 1888, New York Amerikanisches Institut der Elektroingenieure (AIEE),
"Experiments with Alternate Currents of Very High Frequency and Their Application to Methods of Artificial Illumination", 20. Mai 1891, New York, AIEE
"Experiments with Alternate Currents of High Potential and High Frequency", 3. Februar 1892, London, Institut der Elektroingenieure
4. Februar 1892, London, Royal Institution
19. Februar 1892, Paris, Société Internationale des Electriciens und Société Francaise de Physique
"On Light and Other High Frequency Phenomena",
24. Februar 1893, Philadelphia, Franklin Institut
1. März 1893, St. Louis, National Electrical Light Association
"Mechanical and Electrical Oscillators"
25. August 1893, Chicago, International Electrical Congress
29. November 1893, New York, New York Electrical Society
"On the Streams of Lenard and Roentgen, and Novel Apparatus for Their Production", 6. April 1897, Toronto
British Association for the Advancement of Science
"High Frequency Oscillators for Electro-therapeutic and Other Purposes", 13. September 1898, Buffalo, American Electro-Therapeutic Society
"Teleautomatics", 13. Mai 1899, Chicago, Commercial Club

Adressen:

(Der größte Teil der aufgeführten Bücher kann über die Twenty First Century Book Company und MVV Peiting bezogen werden).

Nikola Tesla Museum
Proleterskin Brigada 51
11000 Beograd
Jugoslawien

Health Research
P.O. Box 850
Pomeroy, WA 99347
U.S.A

Twenty First Century Books
P.O. Box 2001
507 Summit County Road 528
Breckenridge, Colorado 80424
U.S.A

MVV Peiting
Ammergaustr. 70
86971 Peiting
Deutschland
FAX: 08861-67091

NAMENSVERZEICHNIS

Die kursiv gesetzten Zahlen bezeichnen die Abbildungen.

FRANZ FERZAK
KARL FREIHERR
VON REICHENBACH

FRANZ FERZAK
WILHELM REICH

ipl. Ing. Maschinenbau Franz Ferzak
HUMDIDLDUMS ABENTEU

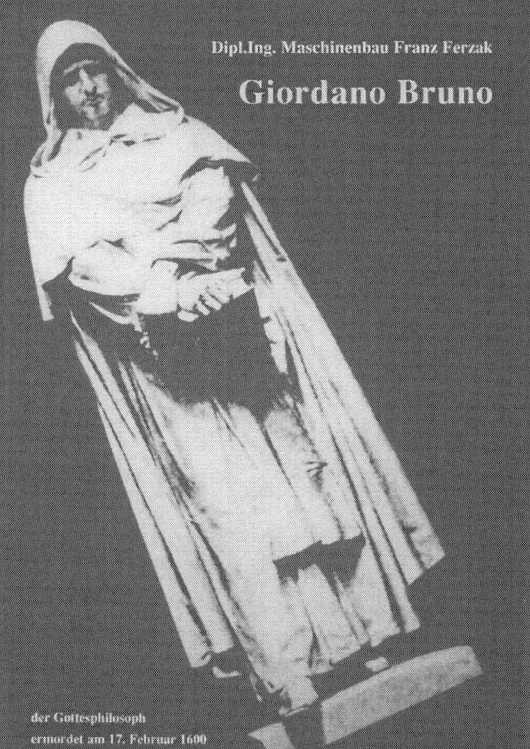
Dipl.Ing. Maschinenbau Franz Ferzak
Giordano Bruno
der Gottesphilosoph
ermordet am 17. Februar 1600

Dipl. Ing. Maschinenbau
Franz Ferzak ist
JESUS VON
SECHACHA
(QUMRAN)
INRI
Die höchste Inkarnation, die je auf dieser Erde
gelebt hat

FRANZ FERZAK
VIKTOR
SCHAUBERGER

JOSEPH H. CATER
DIE ULTIMATIVE
UFO-STORY
WASP
was here

Franz Ferzak
DIE REVOLUTION
DER ASTRONOMIE

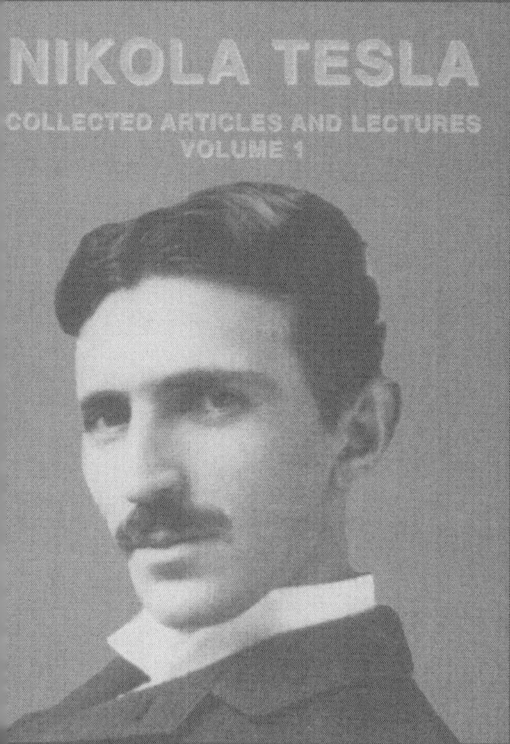
NIKOLA TESLA
COLLECTED ARTICLES AND LECTURES
VOLUME 1

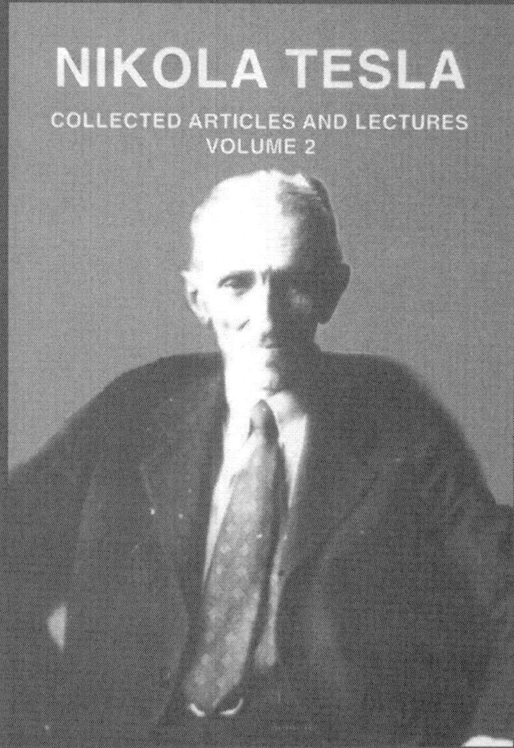
NIKOLA TESLA
COLLECTED ARTICLES AND LECTURES
VOLUME 2

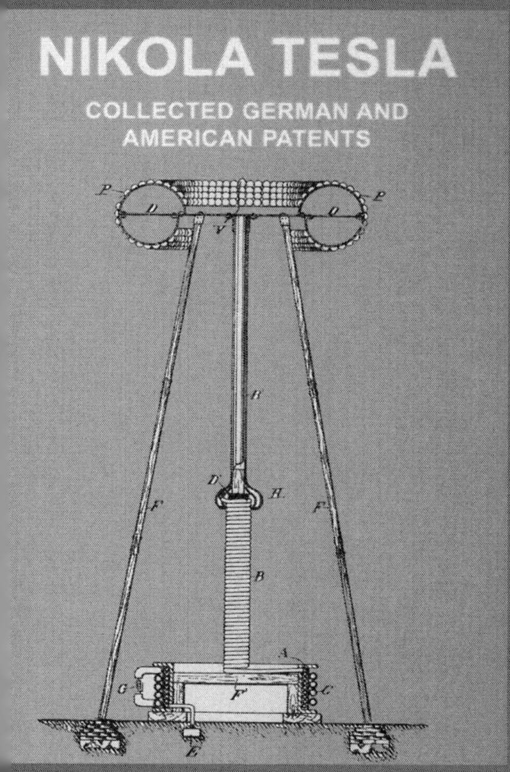
NIKOLA TESLA
COLLECTED GERMAN AND
AMERICAN PATENTS

NIKOLA TESLA
TESLA - BILDBAND
THE NIKOLA TESLA PHOTO COLLECTION

NIKOLA TESLA
Der Erfinder des Radios
Edition Tesla

NIKOLA TESLA
COLORADO SPRINGS
AUFZEICHNUNGEN

Technologie
der
Götter
David Hatcher
Childress
Michaels Verlag

Etidorhpa
Oder eine Reise in das hohle
Innere der Erde
Michaels Verlag